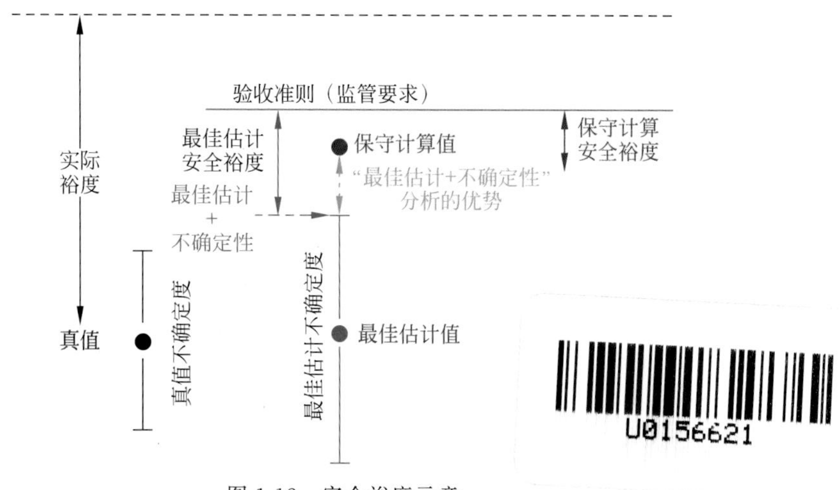

图 1-12　安全裕度示意

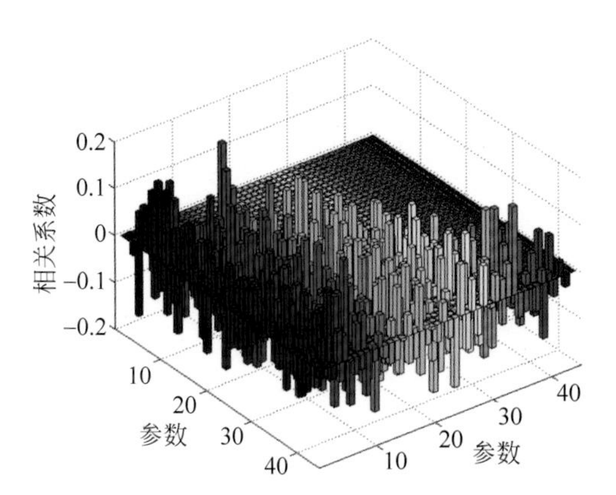

图 4-5　采用 LHS 抽样产生的样本空间 $\boldsymbol{Z}_{\mathrm{S}}$ 的相关系数矩阵

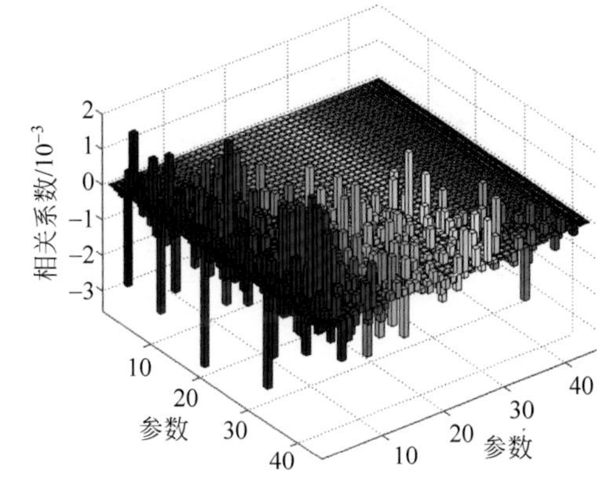

图 4-6　采用 LHS-CDC 抽样产生的样本空间 $\boldsymbol{Z}_{\mathrm{S}}^{*}$ 的相关系数矩阵

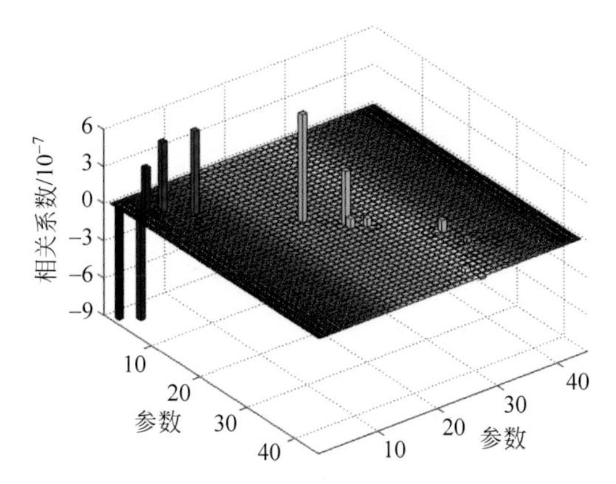

图 4-7　采用 LHS-SVDC 抽样产生的样本空间 $\boldsymbol{Z}_{\mathrm{S}}^{*}$ 的相关系数矩阵

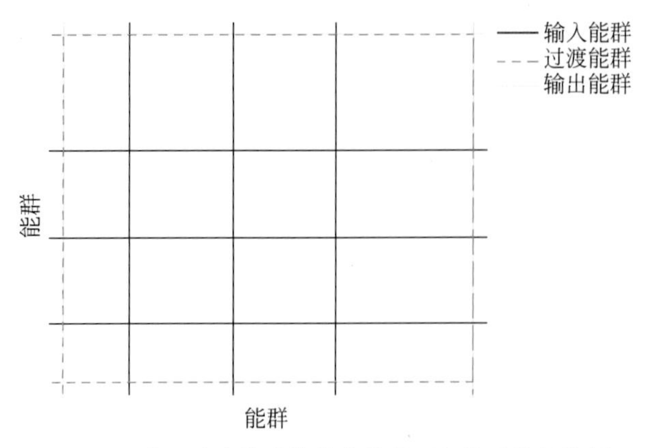

图 5-17　建立过渡能群结构的核截面相关系数矩阵图

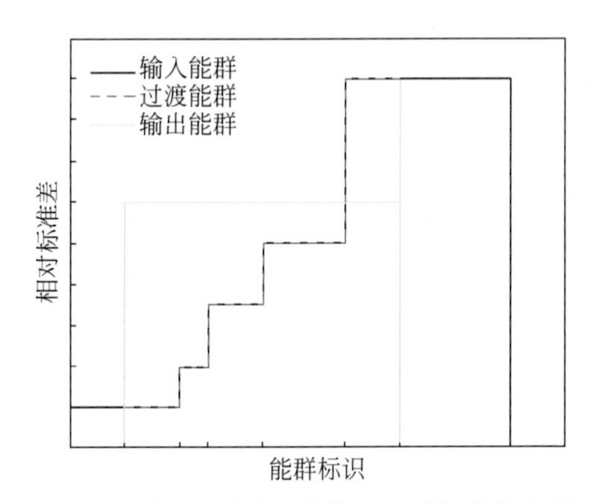

图 5-18　建立过渡能群结构的相对标准偏差图

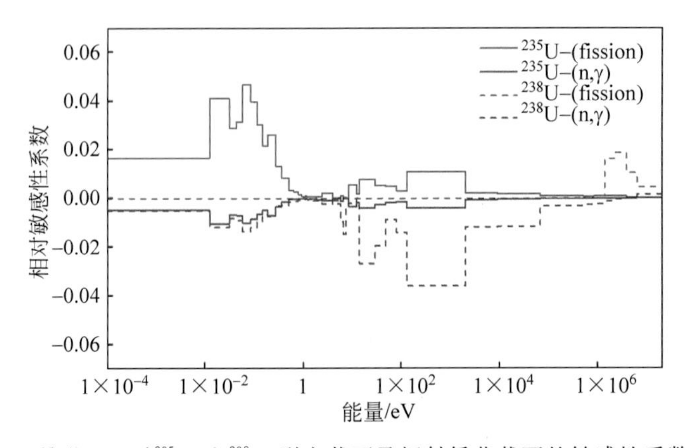

图 7-2　堆芯 k_{eff} 对 ^{235}U 和 ^{238}U 裂变截面及辐射俘获截面的敏感性系数分布

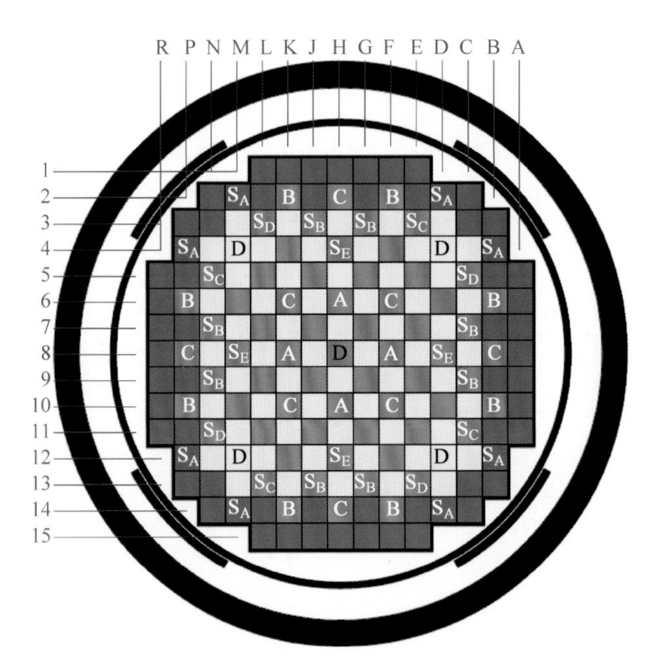

图 9-6　BEAVRS 堆芯控制棒束径向布置

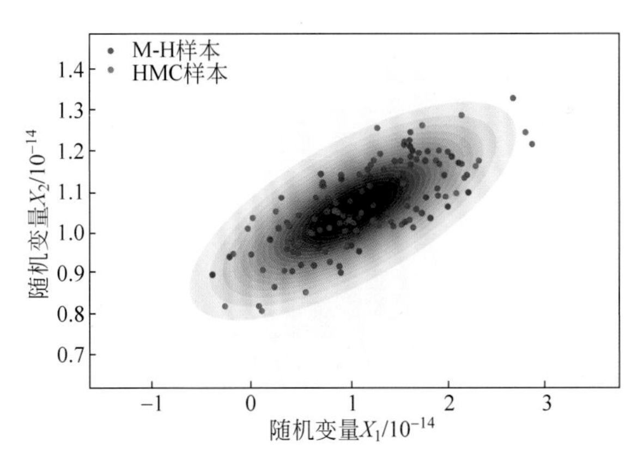

图 10-2　M-H 样本与 HMC 样本对比(二维正态分布后验分布采样实例)

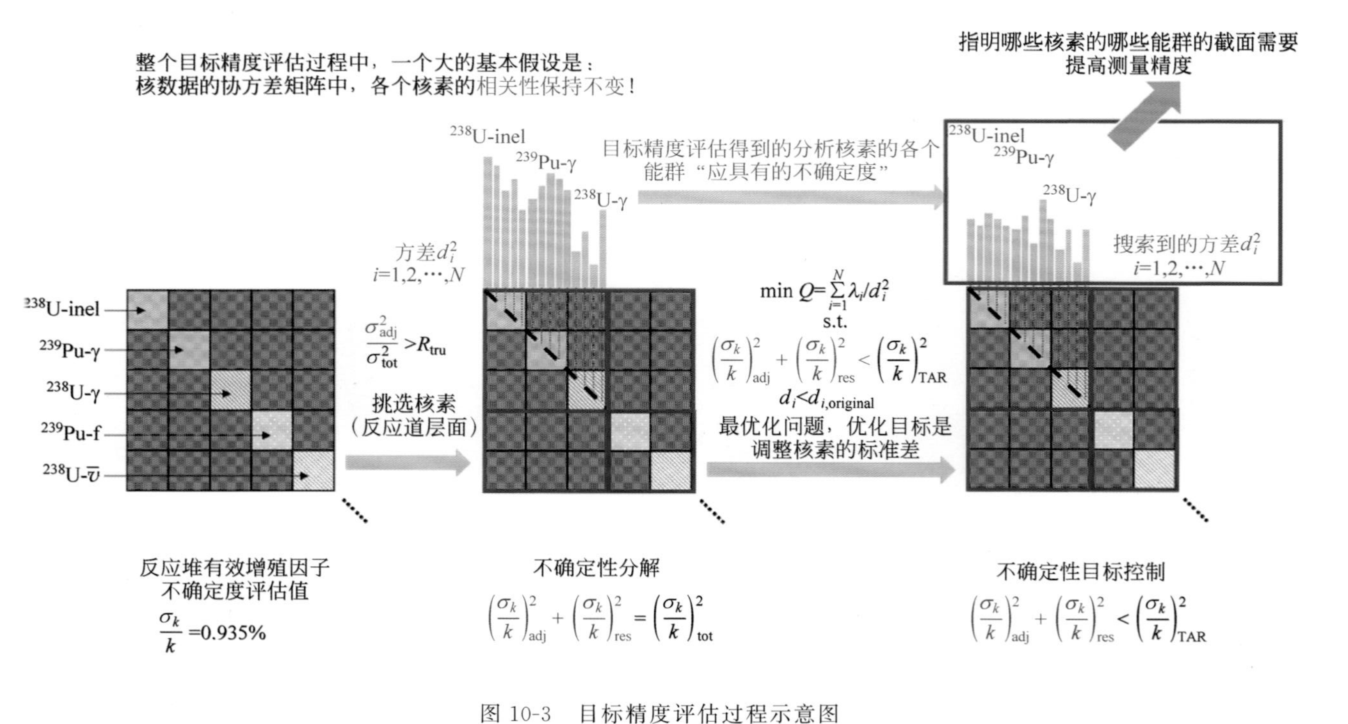

图 10-3　目标精度评估过程示意图

核反应堆

物理计算不确定性分析

郝琛 李富 著

清華大學出版社
北京

内 容 简 介

本书从不确定性分析的需求出发，系统地分析、梳理和总结了核反应堆物理计算不确定性分析的研究概貌，并阐述了不确定性分析的基本原理和先进方法，进而基于不确定性传播的思路，全面介绍了核反应堆物理计算不同环节中开展计算不确定性分析的具体方法、数值实现策略及实际工程应用案例和分析。

本书主要面向核反应堆研究领域的工程技术、科学研究、教学及管理人员，力求基于本书的方法及数值方案，帮助读者快速、系统地开展核反应堆数值计算不确定性分析。同时，对于从事数值计算并对计算不确定性分析感兴趣的读者也具有一定的参考价值。

图书在版编目(CIP)数据

核反应堆物理计算不确定性分析/郝琛，李富著.—北京：清华大学出版社，2022.9
ISBN 978-7-302-61336-7

Ⅰ.①核… Ⅱ.①郝… ②李… Ⅲ.①反应堆－数学物理方法－数值计算 Ⅳ.①TL4

中国版本图书馆CIP数据核字(2022)第122369号

责任编辑：黎 强 孙亚楠
封面设计：常雪影
责任校对：欧 洋
责任印制：丛怀宇

出版发行：清华大学出版社
网 址：http://www.tup.com.cn，http://www.wqbook.com
地 址：北京清华大学学研大厦A座 **邮 编**：100084
社 总 机：010-83470000 **邮 购**：010-62786544
投稿与读者服务：010-62776969，c-service@tup.tsinghua.edu.cn
质量反馈：010-62772015，zhiliang@tup.tsinghua.edu.cn
印 装 者：小森印刷霸州有限公司
经 销：全国新华书店
开 本：170mm×240mm **印 张**：17.25 **插 页**：2 **字 数**：348千字
版 次：2022年11月第1版 **印 次**：2022年11月第1次印刷
定 价：98.00元

产品编号：093595-01

序

FOREWORD

郝琛和李富写的这本《核反应堆物理计算不确定性分析》，我看了很受启发。

对于核电站项目的安全审查，核安全当局不但要求提供详细的安全分析结果，还要求对这些安全分析结果提供不确定性分析。因此，不确定性分析显得很重要，需要进行深入的研究。核电站由非常复杂的系统所集成，影响因素诸多，各系统之间相互关联。设计、分析、仿真用的数值模型需要采取很多近似和简化，而且核反应本身就是一个随机过程，因此不确定性分析和敏感性分析确实是一个很重要的分析手段，这是对于反应堆系统特性认识的另一种思路，是从另一个角度来进行研究，做到不但知其然，还要知其所以然。通过不确定性分析和敏感性分析，可以识别定量化有哪些不确定性源头，哪些不确定性源头对系统特性影响大，并最终确定整个系统响应的不确定性范围，这对于保证反应堆的安全性、深入了解反应堆系统的特性、更好地控制各个源头的不确定性、进一步发展出更好的数值计算方法，很有意义。

我认识作者很长时间了。他们长期从事反应堆物理分析、高温气冷堆的设计和相关的研究。他们能在繁忙进行教学、科研、工程设计的同时，抽出时间，把自己的心得体会总结成一本书，是一件值得庆贺的事情，也再次印证了我平时感觉到的他们的勤奋精神和不断追求进步、不断追求完善的精神。祝他们今后在学术、工程、教学方面取得更好的发展。

我衷心希望，这本书能给广大读者提供参考，推动不确定性分析方法的推广应用和提高。

清华大学核能与新能源技术研究院

吴宗鑫

2021 年 6 月于清华园

前言

PREFACE

这些年我们研究团队一直在从事不确定性分析相关的研究工作。最初是从高温气冷堆物理的不确定性分析出发，除了大家都关注的核截面引起的不确定性之外，还遇到了一些高温气冷堆的特殊情况，包括堆芯内球形燃料元件流动分布的不确定性、裂变产额的不确定性、反应堆停堆后余热的不确定性、事故后燃料最高温度的不确定性等。在此基础上，随后的研究还延伸到了其他堆型，扩展到诸如控制棒反应性价值的不确定性等。在这些工作中有不少体会和收获，开发了一些工具，有一些粗浅的认识，想借此机会，系统梳理自己的思路，整理成书，与同行进行交流，期望抛砖引玉，能共同推进不确定性分析方法的发展。

近年来，不确定性分析和敏感性分析已成为核反应堆分析，特别是安全分析的重要分支和研究热点。安全分析领域的研究、实践和发展已经证明：最佳估计加上不确定性分析比保守假设更安全、更可信、更全面，甚至能减少过度的保守性，因而更合理，越来越得到安全当局的推荐和核电站设计方的青睐。同时，通过不确定性分析，还可以对核电厂的特性有更深入的理解，对所采用的安全分析方法各个环节的合理性和优缺点有更深入的了解，甚至还能发现计算方法上可以改进的方面，对计算方法和理论形成更深入的理解。

鉴于必要的安全裕量是保证核反应堆安全的基本原则，在核反应堆的安全分析领域，不确定性分析与最佳估计通常需要配套使用，充分考虑由安全验证实验导出的各种以经验关系式为代表的模型的不确定性，以保证充分的安全裕量。

在其他领域，不确定性分析作为一个独立的分析方法而存在的情况也比较常见，是对自然世界天然存在的各种不确定性、数值模拟又增加新的不确定性的这个本质现象的一个通用分析方法和必然的要求。

反应堆物理计算就是一个典型的例子。因为各种核反应本身就是随机事件，核电站稳定链式裂变反应就是大量随机事件的累积，核截面本质上就是核反应发生概率的度量。由于人们对核反应机理理解的局限和测量手段的局限，包括量子力学的测不准原理所决定的测量不确定性，所有这些，使得反应堆物理计算最基础的核截面数据天然带有不确定性。而反应堆物质组成、加工装配误差、运行状态和运行历史也会存在各种不确定性，同时反应堆物理计算的数值计算方法本身所必然具有的模型和过程的简化和近似的特点，也可以用不确定性来表征（虽然有时候实际上是偏差或误差），这使得反应堆物理计算必然会存在不确定性。再考虑物理计算最终要与热工水力学计算耦合，要与反应堆运行的燃耗过程耦合，与堆芯换料方案和换料过程耦合，要与外部电网的需求耦合，与各种手动或自动的控制系统耦合，更多的复杂因素影响整个计算，更多不确定性源头会导致计算结果更大的不确定性。而且事实上，测量到的反应堆的输出本身，如核功率、冷却剂流量、发电量等，本来就具有不确定性，测量本身也具有不确定性，所以测量到的输出与计算值之间也就很难完全吻合。最终，我们需要知道：从计算程序得到的分析结果，最可能的值是什么，有多大的不确定性范围，概率分布上服从什么规律。这些都是可以用不确定性分析方法来进行深入研究的。在这个过程中，很难确定什么是保守假设，什么是最佳估计。虽然不确定性分析方法的概念提出很早，而在二十年前，我们是没有能力、没有条件来研究这些不确定性因素的。

不确定性分析的方法，总体上可分为微扰理论和抽样法。微扰理论通常针对线性方程，或对复杂问题线性化后进行，并与敏感性分析可以很好地结合，与 3.6 节介绍的“三明治”公式可以很好地结合，能对复杂问题的关键特性给出简洁、直观的度量，给出机理性的解释。抽样法则更直接、更全面，能给出整个系统的不确定性的更完整的图像，但计算量大，要求足够的、合理的抽样量。我们所面对的真实世界，其天然是非线性问题，存在着复杂机制，原则上抽样法对其适应性更好。但复杂问题也必须简化，才能数值化求解。因此，在不确定性分析领域，通常用微扰理论与抽样法相结合的手段，互相配合，互相验证，互相促进。

反应堆物理计算中的不确定性问题与其他过程计算中的不确定性问题也存在一些差别。反应堆物理计算通常是基于物质构成和核截面，采用 Boltzmann 方程或其简化方程（输运、扩散、碰撞概率等）来求解，再耦合燃耗方程、换料过程、热工水力学方程等，并可能涉及事故发展过程中堆芯状态的发展和剧烈变化，如温度变化、相变。Boltzmann 方程或其简化方程本身的特点是线性方程，与燃耗过程、换料过程、热工水力学方程的耦合通常通过修正截面或物质组成来实现，通过迭代与线性的反应堆物理计算进行耦合。而线性方程本身性质很好，可以方便地利用微扰理论来进行不确定性分析，这也是早期有很多针对反应堆物理问题采用微扰理论进行不确定性分析的研究活动的原因之一。若要进行完整的耦合后反应堆物理问题的分析，这是一个高度非线性的问题，可以先线性化，再用微扰理论，但若要精细分析，则还需要抽样法。此外，对于反应堆物理分析，还需要对基于反应堆物理计算的各种导出量进行不确定性分析，有些是反应率的积分，有些是反应率积分的比值，有些是分布的最大值或最小值。对控制棒价值，则还涉及两个与反应率积分值相关的值的差值。研究它们的不确定性，则还需要发展专门的分析方法。而对于反应堆热工、流体、力学，它们从根本上就是非线性问题，而且热工流体问题中涉及大量通过实验结果拟合得到的经验关系式，对于最终分析结果的不确定性影响，也具有很大的特殊性，所以，针对热工流体问题的不确定性分析，抽样法是其必然的选择。但是，把这些非线性问题线性化，用微扰理论进行分析，并进行敏感性分析，依然能够获得很有价值的结果，因此仍然是很有价值的手段。因此，反应堆物理分析与其他领域的分析各具特色，要分别处理。本书主要针对反应堆物理计算的不确定性分析，还未涉及其他耦合特性的分析，以及其他领域的不确定性分析。可以预见，针对其他领域的不确定性分析，虽然有很多共同的理论和方法，但还有更多的问题、更多的方法、更多的技巧、更多的挑战值得我们去探索、研究。

当然，现在对于反应堆系统的不确定性分析，特别是从物理计算的栅元、组件到全堆，热工水力学计算从栅元、单通道、组件到全堆，物理热工耦合计算从棒栅元、组件到全堆，再到耦合燃耗计算、分析完整的典型事故序列，通常采用不确定性传递的方式，每级的不确定性都可以以均值、方差、协方差的形式表达。从最基础的核截面的不确定性，结合制造公差，结合燃耗计算的不确定性，结合热工计算的不确定性，传递到栅元截面的不确定性；结合组件层次的新的不确定性，传递到组件截面的不确定性；再结合全堆层次的不确定性，传递到全堆计算的不确定性，包括典型事故序列的不确定性。这种沿着整个计算链，分步考虑各环节引入的不确定性及最终传递到最终计算结果的不确定性的方法，被认为是目前得到较广泛认可的、能够有效分析复杂系统的不确定性的一种方法，在 OECD/NEA LWR UAM，IAEAHTGRUAM 的 benchmark 项目等都有使用。详情可参见第 2 章的介绍。

虽然从表面上看，不确定性分析是针对某个计算过程，对其计算结果的不确定性进行定量化，但实际上不确定性分析完全可以被认为是独立存在的专门分析方法，以及成为一个专门的学科，而我们现在所做的是这类方法在某个特定领域的应用，并要解决某个特定领域的特殊需求，比如反应堆物理计算的不确定性、热工计算的不确定性、事故分析的不确定性等。诸如不确定性源头的定量化、不确定性源头的概率分布、不确定性源头之间的相关性、微扰理论、三明治公式、抽样法、统计理论、降方差技巧、复杂模型的降阶方法、数据同化方法、贝叶斯公式、Markov 过程等，这些都是不确定性分析中要用到的数学方法和手段，并要针对特定物理问题进行适应性调整或适应性改造。同时，通过对某个计算过程进行不确定性分析，会发现哪些不确定性源头起更重要的作用，哪些计算环节或因素对不确定性贡献更大，这样，可对原计算过程得到更深入的理解，或者提出对某些环节进行深入研究、对某些环节可以进一步简化或采取措施降低某个不确定性源头（如某个反应道的不确定性）等优化建议，从而推动对物理过程、物理过程的计算方法、不确定性源头的改进和提高。因此不确定性分析方法与所针对的物理过程的计算互相配合，互相促进。

本书主要介绍了笔者在反应堆物理计算的不确定性分析方面的收获和体会。第 1 章介绍不确定性分析的需求，第 2 章介绍不确定性分析方法在国际和国内的发展历史和现状，第 3 章介绍反应堆物理分析的不确定性分析中应用很广的基于微扰理论的基本方法，第 4 章介绍更通用的基于抽样统计的基本方法，第 5 章介绍反应堆物理分析中比较基础的核截面的不确定性描述方法和处理方法，第 6 章介绍反应堆物理分析中比较特殊的共振截面的不确定性处理方法，第 7 章比较具体地介绍输运计算过程的不确定性分析，第 8 章介绍燃耗计算过程带来的不确定性，第 9 章介绍控制棒价值计算的不确定性分析方法，第 10 章介绍应用不确定性分析方法进行核数据调整及目标精度评估的考虑。由此期望给读者提供一个反应堆物理计算的不确定性分析过程的概貌。

在研究工作中我们体会到，特别是在写完此书后我们进一步感受到，不确定性分析是一个博大精深的领域，它既有通用的方法体系，特别是以随机过程和数理统计为基础的方法体系，它又要针对具体问题做出调整，解决具体问题的特殊要求。它的实施要求有各种数据库的配合，例如，核截面（基础评价库和各种多群截面库）的不确定性数据库、各种制造公差数据库、各种实验过程的详细不确定性数据库，包括核物理的实验、各种临界装置、各种反应堆上运行数据、各种热工水力学实验及对各种物理过程本身的详细了解。有了这些，才能真正对反应堆系统的各种不确定性进行深入的研究。

同时，我们也体会到，对于不确定性分析，抽样法确实是一个更通用、更实用的方法。它可应对任何复杂问题，还可以采用各种降方差技巧，如拉丁超立方抽样方法，以提高分析效率。同时，抽样法可以用在不同领域广泛采用的蒙特卡罗模拟的思路、方法、技巧来进行理解、实施、改进。因此，不确定性分析方法可以与很多领域的分析方法实现互相借鉴、互相提高。

最后，随着在不确定性分析领域的不断探索，不断尝试，不断接触新领域的问题，我们越来越感到知识的不足、认识的不充分、手段的缺乏、基础不确定性数据的缺乏和分析工具的不完善。因此更想把我们有限的经验尽快共享出来，与同行交流，抛砖引玉，促进不确定性分析的深入和共同提高。但由于笔者水平有限，疏漏和不足之处在所难免，希望广大读者、各位同行批评指正。

郝琛，李富

2021 年 6 月

目录

CONTENTS

第1章

不确定性分析的需求

建模与仿真技术已广泛应用于核能开发、海洋系统、航空航天等众多领域。然而，在建模与仿真的具体实践中，不可避免地存在不确定性，同时还会引入新的不确定性和误差。这些不确定性与误差随着建模与仿真过程不断地传播，使得最终仿真结果存在一定的不确定性。因此，需要清晰鉴定建模与仿真过程的主要不确定性源及误差，明确不确定性的传播途径与方法，开展不确定性分析，以定量地评估所有不确定性因素对目标仿真计算结果不确定性的影响与贡献。

核反应堆系统是一个多物理、多模块、多尺度耦合的复杂系统，而建模与仿真技术一直是核反应堆系统设计、研发、优化和安全分析的重要研究手段。在核反应堆建模与仿真的各个环节，其模型、计算方法、输入参数等都存在不确定性，从而导致计算结果存在一定的不确定性。基于现代建模与仿真技术的发展需求，需要开展不确定性分析，以传播和量化核反应堆系统建模与仿真过程的不确定性。更为重要的是，核反应堆系统的安全性和经济性分析也要求核反应堆关键参数的不确定性必须被鉴定出来并且被量化。因此，开展不确定性分析对于保证核反应堆系统安全性和提高经济性具有十分重要的意义，不确定性分析已经成为现代核反应堆建模与仿真的重要环节。

1.1 建模与仿真

1.1.1 建模与仿真技术概述

建模与仿真技术是一门通用性强、跨学科、与计算机技术紧密结合且应用面广的综合性技术，已成功应用于核能开发、海洋系统、航空航天、地震工程、材料、军事、社会、经济等众多领域。广义而言，仿真就是采用建模的方法建立现实客观物理现象的概念模型和数学模型，即对现实客观物理现象进行抽象、映射、描述及复现，进而应用计算机技术、软件技术及信息技术，将概念模型转换为计算机仿真模型，以模拟现实客观物理现象，如图 1-1 所示。

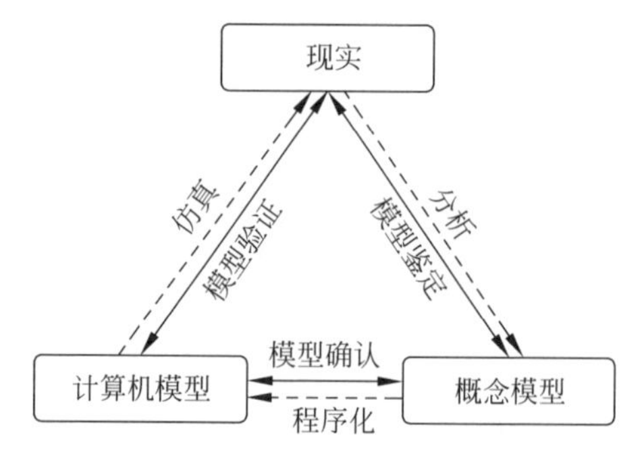

图 1-1　建模与仿真的三个基本元素及相互关系[1]

但由于系统和环境(边界条件及初始条件)、人与系统交互作用等存在不确定性，系统仿真无法精确预测物理现象。因此，实际应用建模与仿真技术时，必须充分考虑系统和环境等的不确定性特征，开展不确定性分析，量化系统和环境的不确定性对不同系统响应预测值不确定性的贡献。图 1-1 虽然清晰地反映了建模与仿真的两个关键技术之间及与现实客观物理现象之间的关系，也包括了模型鉴定、模型验证与模型确认环节，但未涉及详细的数学模型建立与求解、计算机模型建立与程序实现、不确定性评估等环节，上述内容将在 1.1.2 节详细介绍。

目前，随着计算机技术的迅猛发展，尤其是网络技术的快速发展，建模与仿真技术正在向数字化、智能化、网络化、虚拟化及协同化快速发展。

1.1.2　建模与仿真的主要任务

针对复杂大系统，实际应用建模与仿真技术时，首先需要认真分析现实客观物理现象及明确建模目的，以建立物理系统的概念模型，进而建立数学模型并评估其可行性，并指定求解该数学模型的一个或多个可行的数值方法；而在计算机仿真阶段，需要将不同的数值方法程序化实现，并对代码进行调试，且所有的建模过程均需要模型的验证与确认，并明确各个阶段的不确定性来源与信息传递过程。因此，实际应用建模与仿真技术需要清晰地定义不同阶段及相互关系，如图 1-2 所示，该图显示了大规模仿真分析中所需的主要任务，其中实线表示不同任务间的信息和数据传递方向，虚线反映了各个任务之间的反馈作用，文献[2]中详细描述了各个任务。

物理系统的概念建模：首先，对现实物理系统和环境要有明确的定义，并明确建模与仿真的需求。进而，基于建模与仿真的需求分析及物理系统响应对物理事件、物理过程及物理系统和环境的敏感性分析，确定需要分析的物理事件、事件序

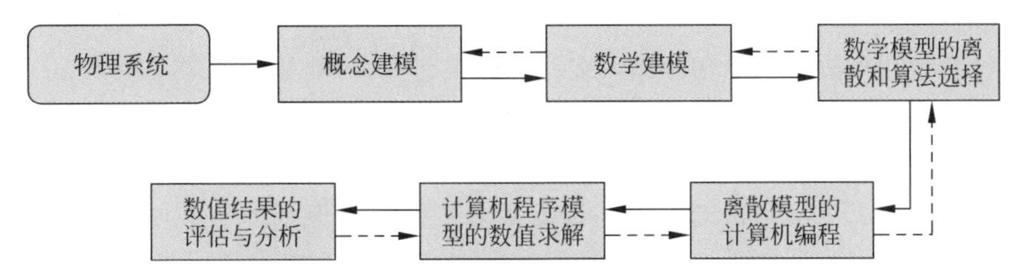

图 1-2 建模与仿真的主要任务及相互关系

列、不同物理过程的耦合关系。建立物理系统的概念模型，重点在于确定影响建模与仿真需求的所有可能因素，而确定可能的物理事件序列类似于核反应堆概率安全分析中建立故障树的过程。同时，概念建模阶段不需要建立任何数学方程式，但要明确各个可能的物理事件和物理过程的基本假设条件。在物理系统的概念模型建立阶段，还需识别出物理系统和环境的所有不确定因素，按照偶然或认知不确定性分类。但是，该阶段并不考虑这些不确定性因素的数学表征及传播方式。

概念模型的数学建模：针对已确立的概念模型，开发其详细且精确的数学模型，包括精确地描述不同物理事件或过程的数学方程式(如偏微分方程)、辅助方程式、边界条件及初始条件。实际上，任何一个复杂物理系统或物理过程的数学模型均由若干个数学子模型组成，数学模型的复杂性取决于如下因素：物理事件的复杂性、物理事件的数量及不同物理过程的耦合程度。同时，要为建立概念模型时识别出的偶然和系统不确定性选择适当的数学表达式和模型。

另外，需要强调的是，数学模型的预测能力取决于其准确识别物理系统的主要控制因素及其影响的能力，而不取决于模型的复杂性。随着计算能力的迅猛发展，采用更为复杂、精细模型的趋势越来越明显，但经典有效的简单模型仍然发挥着重要作用。任何数学模型，无论其物理描述多么详细，依旧是对现实物理系统的一种简化和近似，所谓的“全物理仿真”只能被视为一种营销术语罢了。

数学模型的离散和算法选择：将数学模型转换为可通过计算求解的形式。第一，将连续的数学模型转换为离散模型或数值模型，简而言之，将数学模型从微积分问题映射到算术问题。离散化的重点是将数学模型的连续数学形式转换为离散数学形式，而不是物理的连续和离散模型，比如欧拉模型和拉格朗日模型。离散化过程要解决如下问题：离散方程与连续方程(如偏微分方程)的一致性、数值方法的稳定性、连续和离散几何体影响的差异及数学奇异值的近似等。第二，指定不确定性量化与传播的方法。例如，可以选择蒙特卡罗方法或响应面方法传播不确定性。同时，该阶段还包括计算机数值试验方案的设计。

离散模型的计算机编程：采用相应的编程语言将上一阶段中定义的算法和求解方案开发成计算机程序或软件，具体包括：输入准备、模块设计及编程、编译和链接。其中，输入准备具体指软件工程师将数学模型和离散模型中的元素转换为程序代码可用的等效数据元素。同时，还需对程序进行调试与验证，以确认仿真程序正确反映了输入和输出数据。

计算机程序模型的数值求解：运行计算机仿真程序，计算得到一系列数值解，也就是具有有限精度的离散值和离散解。例如，具有特定空间分布和时间步长的数值解。同时，计算机仿真的数值解需要进行不确定性量化，因为之前所有阶段存在的以及新引入的不确定性因素和误差因素均会传播至最终的数值解，使其具有一定的不确定性。而计算机程序模型的数值求解过程同样会引入误差，如时空收敛标准、迭代收敛标准、不确定性传播收敛标准及截断误差积累。

数值结果的评估与分析：建模和仿真的最后阶段是对仿真数值解的评估和分析，基于物理系统原型的有效数据、模型与仿真的验证标准及专家经验，确认建模与仿真正确表示了现实物理系统，进而基于仿真数值结果进行分析，得出结论。其中仿真数值解包括不同的过程解及系统的最终解，不同受众对数值解有不同的兴趣与需求，比如决策者通常使用系统的最终解，而工程师、物理学家及数值分析师更关注不同物理过程解，因为过程解可提供相关物理问题的详细信息，比如采用某种数值方法计算偏微分方程准确解的可信度、系统对不同边界条件和初始条件的响应等。

1.2 不确定性与误差

1.2.1 基础数据的不确定性与误差

实验测量数据是建模与仿真的基本输入，但由于没有完美的测量方法，建模与仿真过程中各个环节所需的基础数据均包含一定的不准确性，且因素众多。充分理解这些不准确性的来源与评估方法，对于建模与仿真过程非常重要。

考虑建模与仿真过程中的一个稳定输入变量 X，其真实值为 $X_{真值}$。但该输入变量的测量值受众多基本误差因素影响，如用于测量仪器校准的标准误差或不完善的校准过程，测量环境的温度、湿度、压力、振动及电磁效应变化等引入的误差，测量仪器或传感器安装不正确等引入的误差，观测者的操作和观察能力所引入的误差等。例如，采用某测量系统连续测量得到 N 个变量 X 的测量值，其中假定该测量系统有 6 个显著的误差来源，如图 1-3 所示。

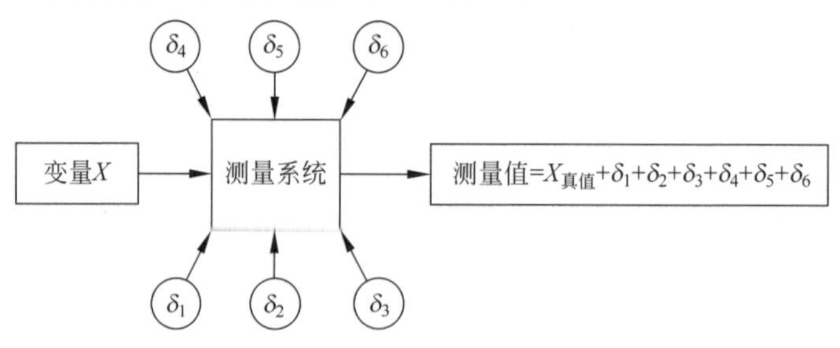

图 1-3 变量 X 的测量及主要误差来源

变量 X 的 N 个测量值可以表示为

$$\left.\begin{aligned} X_1 &= X_{真值} + (\delta_1)_1 + (\delta_2)_1 + (\delta_3)_1 + (\delta_4)_1 + (\delta_5)_1 + (\delta_6)_1 \\ X_2 &= X_{真值} + (\delta_1)_2 + (\delta_2)_2 + (\delta_3)_2 + (\delta_4)_2 + (\delta_5)_2 + (\delta_6)_2 \\ &\vdots \\ X_N &= X_{真值} + (\delta_1)_N + (\delta_2)_N + (\delta_3)_N + (\delta_4)_N + (\delta_5)_N + (\delta_6)_N \end{aligned}\right\} \tag{1-1}$$

其中，δ_i 表示第 i 个误差源引入的误差。

上述误差来源不同，对测量的影响也不同，总体可分为两类：一类是由系统效应引起的，该类效应是由固定不变的或按照确定规律变化的因素造成的，系统效应使得测量值恒定地向某一方向偏移，重复连续测量时，此偏移的大小和方向不变；另一类是由随机效应引起的，该类效应由未预料到的变化或影响量随时间、空间等变化所致，它使得测量值每次都不相同。基于传统命名经验，用 β 表示由系统效应引入的不随测量过程而变化的误差，ε 表示由随机效应引入的随测量过程而不断变化的误差。其中，系统误差由于人类认识的不足，不能确切知道其数值，因此无法完全清除，但通常可以减小。同时，部分系统误差是可以识别的，有些是未知的，对于可识别且能定量化的系统误差，可使用估计的修正值或修正因子加以修正或消减。但随机误差不能借助修正进行补偿，可通过多次测量而减小，其期望值为零。假设上述误差源中 1，2 和 3 由系统效应引起，4，5 和 6 由随机效应引起，则

$$\left.\begin{aligned} X_1 &= X_{真值} + \beta + (\varepsilon)_1 \\ X_2 &= X_{真值} + \beta + (\varepsilon)_2 \\ &\vdots \\ X_N &= X_{真值} + \beta + (\varepsilon)_N \end{aligned}\right\} \tag{1-2}$$

其中，$\beta=\beta_1+\beta_2+\beta_3$，$\varepsilon=\varepsilon_4+\varepsilon_5+\varepsilon_6$。

对变量 X 的连续测量过程如图 1-4 所示。第一个测量值 X_1 如图 1-4(a)所示，测量值与真实值之间的差别是总的误差 δ_{X1}，它是系统误差 β 与随机误差 ε 的和。图 1-4(b)展示了第二个测量值 X_2，其总误差 δ_{X2} 势必与 δ_{X1} 不同，因为每次测量的随机误差并不相同。如果继续测量获取变量 X 的其他测量值，则可绘制概率直方图，其值表示测量值介于 X 和 $X+\Delta X$，$X+\Delta X$ 和 $X+2\Delta X$，$X+2\Delta X$ 和 $X+3\Delta X$ 等的概率，其中 ΔX 是任意选定宽度，如图 1-4(c)所示，这样清晰地展示了 N 个变量 X 测量值的分布。于是，N 个测量值的均值可以计算获得，而标准差 σ 表示 X 测量值分布的宽度，也就是由随机误差引起的测量值的离散程度。随着测量次数趋于无穷大，可获得测量值的“真实”分布，如图 1-4(d)所示，其中均值 μ 相对于真实值 $X_{真值}$ 偏离 β，也就是所有系统误差的总和。

事实上，变量 X 的真实值往往是未知的，我们可基于上述测量所得的数据样本，指定某一范围($X_{最佳}\pm\sigma_X$)，认为变量 X 的真实值落在该范围。通常，变量 X 的最佳值 $X_{最佳}$ 等于 N 个测量值的均值。而 σ_X 表示不确定性，是区间($\pm\sigma_X$)大小的估计，该区间包含了可能影响测量值的所有误差。总体来说，误差 δ 是具有特

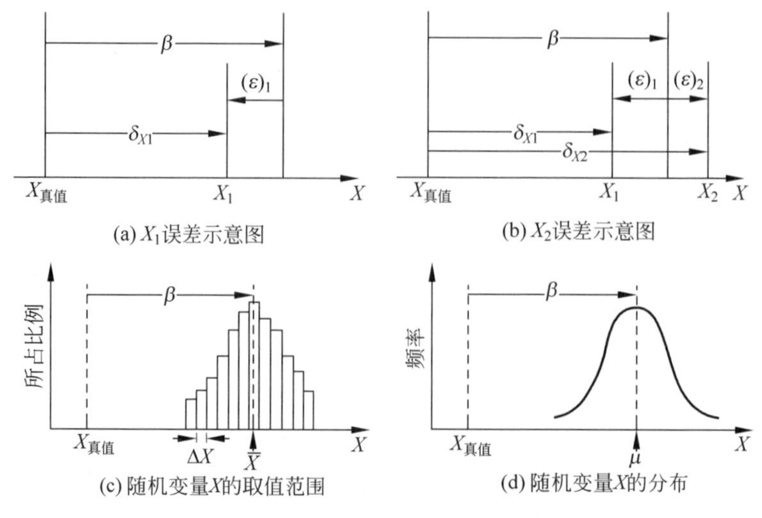

图 1-4　误差对变量 X 的不同测量值的影响

定符号(可能为正,也可能为负)和大小的量,某一误差 δ_i 是由第 i 误差源引起的测量值或模拟值与其真实值之间的差。通常,假定系统误差中已消除了可识别且能定量化的误差,即符号和大小已知的系统误差已被修正或消除,而剩余误差(包括部分系统误差和全部随机误差)都是未知其符号和大小的,于是采用区间($\pm\sigma$)评估所有剩余误差及评定误差的范围。因此,不确定性是测量值或模拟值可能出现的范围的一个估计;($X_{最佳}\pm\sigma_X$)是一个区间估计,以确保具有一定误差 δ 的真实值(实际上是未知的)以一定的概率落入该区间。显然,该区间越窄,即不确定性越小,用测量值或模拟值表示真值的可靠性就越高。如图 1-5 所示,不确定性区间($\pm\sigma_d$)包含了未知符号和大小的误差 δ_d。

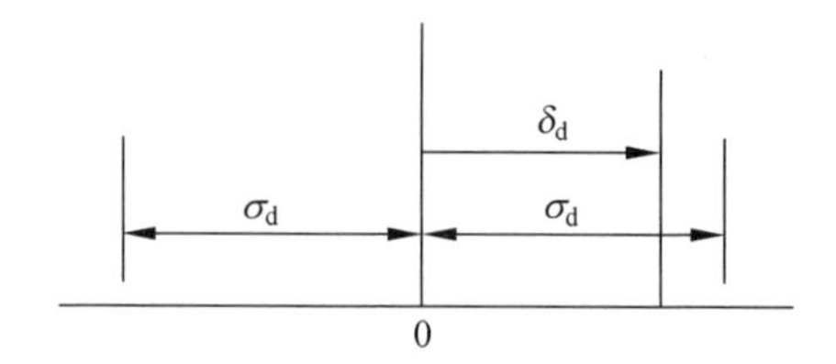

图 1-5　不确定性区间包含了未知符号和大小的误差

不确定性可定义为一系列具有特定误差的测量值或模拟值的标准偏差估计。以变量 X 的测量值为例,要将不确定性与 X 的测量值相关联,需要对所有基本误差源进行基本不确定性估计。也就是说,不确定性 σ_1 定义了一个区间($\pm\sigma_1$),误差 β_1 以一定概率落入该区间;不确定性 σ_3 定义了另一区间($\pm\sigma_3$),误差 ε_3 同样以一定概率落入该区间。基于标准偏差的传递公式,X 的测量值的不确定性可表示为

$$\sigma_X = \sqrt{\sigma_1^2 + \sigma_2^2 + \sigma_3^2 + \sigma_4^2 + \sigma_5^2} \tag{1-3}$$

对于变量 X 的 N 个测量值，样本数据的标准偏差可由下式计算得到：

$$s_X = \left[\frac{1}{N-1}\sum_{i=1}^{N}(X_i - \overline{X})^2\right]^{\frac{1}{2}} \tag{1-4}$$

其中，均值计算公式如下：

$$\overline{X} = \frac{1}{N}\sum_{i=1}^{N}X_i \tag{1-5}$$

事实上，s_X 只包含随机误差的贡献，并不包括系统误差的贡献，因为系统误差不随测量过程而变化。于是，针对变量 X，s_X 只反映了随机误差源 3，4 和 5 的贡献，于是式(1-3)改写为

$$\sigma_X = \sqrt{\sigma_1^2 + \sigma_2^2 + s_X^2} \tag{1-6}$$

其中，系统误差的不确定性可以用多种方法估算，如基于已有经验、制造商规格、校准数据、分析模型的结果等，细节可参考相关文献[1]，本书不再赘述。

1.2.2 置信度与置信区间

从 1.2.1 节引入标准不确定性的概念可知，我们希望从一系列数据样本中获取信息以确定某个范围($X_{最佳} \pm \sigma_X$)，认为变量 X 的真实值落在该范围。但是 1.2.1 节定义的 σ_X 是标准不确定性，σ_X 表征不确定性区间时并没有与之对应的概率或置信度。因此，我们需要一个新的不确定性估计 u_X，以表征变量 X 的真实值落在不确定性区间($X_{最佳} \pm u_X$)具有 C%的置信度。通常假设 $X_{最佳}$ 是 N 次测量的平均值(如果 $N=1$，则为单次测量的值)，u_X 是变量 X 的不确定性，具有 C%的置信度，也就是说总误差(系统误差和随机误差的总体影响)落在不确定性区间($\pm u_X$)内的概率是 C%。例如，假设不确定性 u_X 具有 95%的置信度，重复测量 100 次，则变量 X 的真实值落在不确定性区间($X_{最佳} \pm u_X$)的次数约为 95。

定义不确定性的置信度是非常必要的，因为量化数据的不确定性时我们已经做了合理的估计。比如，我们 100%确信变量的真实值会落入正、负无穷大之间，但是将 u_X 指定为无穷大并不会为任何人提供有价值的信息。因此，给出一定的置信度并量化该置信度下的置信区间对于建模与仿真过程分析更有意义。

通常情况下，系统误差和随机误差引起的总误差服从正态分布。因此，下面以正态分布为例，介绍确定具有一定置信度的置信区间的基本思路与方法。

正态分布数学表达式如下：

$$f(X) = \frac{1}{\sigma\sqrt{2\pi}}\mathrm{e}^{-(X-\mu)^2/(2\sigma^2)} \tag{1-7}$$

其中，$f(X)\mathrm{d}X$ 表示变量 X 的值位于区间(X，$X+\mathrm{d}X$)之间的概率，μ 是均值，定义为

$$\mu = \lim_{N \to \infty} \frac{1}{N} \sum_{i=1}^{N} X_i \tag{1-8}$$

σ 是标准偏差，定义为

$$\sigma = \lim_{N \to \infty} \left[\frac{1}{N} \sum_{i=1}^{N} (X_i - \mu)^2 \right]^{\frac{1}{2}} \tag{1-9}$$

式(1-7)的归一化形式为

$$\int_{-\infty}^{\infty} f(X) \mathrm{d}X = 1.0 \tag{1-10}$$

式(1-10)直观地显示：变量 X 的值位于区间$(-\infty,\infty)$的概率等于1。

变量 X 的值落入某一区间$(\mu-\Delta X,\mu+\Delta X)$的概率可表示为

$$\mathrm{Prob}(\Delta X) = \int_{\mu-\Delta X}^{\mu+\Delta X} \frac{1}{\sigma\sqrt{2\pi}} \mathrm{e}^{-(X-\mu)^2/(2\sigma^2)} \mathrm{d}X \tag{1-11}$$

定义归一化偏差：

$$\tau = \frac{X-\mu}{\sigma} \tag{1-12}$$

则式(1-11)改写为

$$\mathrm{Prob}(\tau_1) = \frac{1}{\sqrt{2\pi}} \int_{-\tau_1}^{\tau_1} \mathrm{e}^{-\tau^2/2} \mathrm{d}\tau \tag{1-13}$$

其中，$\tau_1 = \Delta X/\sigma$。

$\mathrm{Prob}(\tau_1)$的值对应于$-\tau_1$ 和 τ_1 之间的高斯曲线下的面积，如图1-6所示，正态分布的负尾和正尾部分都包括在积分中，$\mathrm{Prob}(\tau_1)$称为两尾概率。由于正态分布的对称性，无量纲值落在0和 τ_1 之间或$-\tau_1$ 和0之间的概率相等，均为$\frac{1}{2}\mathrm{Prob}(\tau_1)$，称为单尾概率。表1-1给出了 τ 在(0.0,5.0)变化时 $\mathrm{Prob}(\tau)$的值。

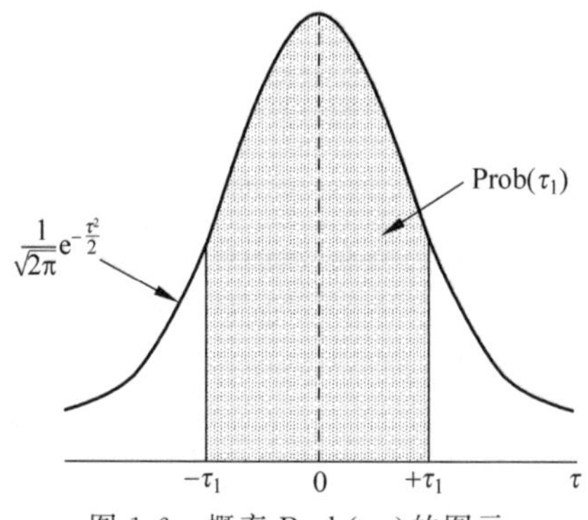

图1-6 概率 $\mathrm{Prob}(\tau_1)$的图示

由表1-1中所列出的概率可知：50%的服从正态分布的值落在区间$(\mu\pm0.675\sigma)$内，68.3%的值落在$(\mu\pm1.0\sigma)$内，95%的值落入$(\mu\pm1.96\sigma)$内，99.7%的值位于$(\mu\pm3.0\sigma)$，99.99%的值位于$(\mu\pm4.0\sigma)$。

表 1-1　正态分布概率表

τ	Prob(τ)	τ	Prob(τ)	τ	Prob(τ)	τ	Prob(τ)	τ	Prob(τ)
0.00	0.0000	0.80	0.5763	1.60	0.8904	2.40	0.9836	3.50	0.9995347
0.02	0.0160	0.82	0.5878	1.62	0.8948	2.42	0.9845	3.55	0.9996147
0.04	0.0319	0.84	0.5991	1.64	0.8990	2.44	0.9853	3.60	0.9996817
0.06	0.0478	0.86	0.6102	1.66	0.9031	2.46	0.9861	3.65	0.9997377
0.08	0.0638	0.88	0.6211	1.68	0.9070	2.48	0.9869	3.70	0.9997843
0.10	0.0797	0.90	0.6319	1.70	0.9109	2.50	0.9876	3.75	0.9998231
0.12	0.0955	0.92	0.6424	1.72	0.9146	2.52	0.9883	3.80	0.9998552
0.14	0.1113	0.94	0.6528	1.74	0.9181	2.54	0.9889	3.85	0.9998818
0.16	0.1271	0.96	0.6629	1.76	0.9216	2.56	0.9895	3.90	0.9999037
0.18	0.1428	0.98	0.6729	1.78	0.9249	2.58	0.9901	3.95	0.9999218
0.20	0.1585	1.00	0.6827	1.80	0.9281	2.60	0.9907	4.00	0.9999366
0.22	0.1741	1.02	0.6923	1.82	0.9312	2.62	0.9912	4.05	0.9999487
0.24	0.1897	1.04	0.7017	1.84	0.9342	2.64	0.9917	4.10	0.9999586
0.26	0.2051	1.06	0.7109	1.86	0.9371	2.66	0.9922	4.15	0.9999667
0.28	0.2205	1.08	0.7199	1.88	0.9399	2.68	0.9926	4.20	0.9999732
0.30	0.2358	1.10	0.7287	1.90	0.9426	2.70	0.9931	4.25	0.9999786
0.32	0.2510	1.12	0.7373	1.92	0.9451	2.72	0.9935	4.30	0.9999829
0.34	0.2661	1.14	0.7457	1.94	0.9476	2.74	0.9939	4.35	0.9999863
0.36	0.2812	1.16	0.7540	1.96	0.9500	2.76	0.9942	4.40	0.9999891
0.38	0.2961	1.18	0.7620	1.98	0.9523	2.78	0.9946	4.45	0.9999911
0.40	0.3108	1.20	0.7699	2.00	0.9545	2.80	0.9949	4.50	0.9999931
0.42	0.3255	1.22	0.7775	2.02	0.9566	2.82	0.9952	4.55	0.9999946
0.44	0.3401	1.24	0.7850	2.04	0.9586	2.84	0.9955	4.60	0.9999957
0.46	0.3545	1.26	0.7923	2.06	0.9606	2.86	0.9958	4.65	0.9999966
0.48	0.3688	1.28	0.7995	2.08	0.9625	2.88	0.9960	4.70	0.9999973
0.50	0.3829	1.30	0.8064	2.10	0.9643	2.90	0.9963	4.75	0.9999979
0.52	0.3969	1.32	0.8132	2.12	0.9660	2.92	0.9965	4.80	0.9999984
0.54	0.4108	1.34	0.8198	2.14	0.9676	2.94	0.9967	4.85	0.9999987
0.56	0.4245	1.36	0.8262	2.16	0.9692	2.96	0.9969	4.90	0.9999990
0.58	0.4381	1.38	0.8324	2.18	0.9707	2.98	0.9971	4.95	0.9999992
0.60	0.4515	1.40	0.8385	2.20	0.9722	3.00	0.9973	5.00	0.9999994
0.62	0.4647	1.42	0.8444	2.22	0.9736	3.05	0.9977		
0.64	0.4778	1.44	0.8501	2.24	0.9749	3.10	0.9980		
0.66	0.4907	1.46	0.8557	2.26	0.9762	3.15	0.9983		
0.68	0.5035	1.48	0.8611	2.28	0.9774	3.20	0.9986		
0.70	0.5161	1.50	0.8664	2.30	0.9786	3.25	0.9988		
0.72	0.5285	1.52	0.8715	2.32	0.9797	3.30	0.9990		
0.74	0.5407	1.54	0.8764	2.34	0.9807	3.35	0.9991		
0.76	0.5527	1.56	0.8812	2.36	0.9817	3.40	0.9993		
0.78	0.5646	1.58	0.8859	2.38	0.9827	3.45	0.9994		

随之，我们提出一个新的问题：假设变量 X 服从正态分布，其均值为 μ，标准偏差为 σ。如果对变量 X 进行测量或模拟，我们该如何确定一个区间估计，以保证任何测量值或模拟值 X_i 落入该区间具有95%的置信度。实施如下：

基于式(1-12)，定义 X_i 相对于均值 μ 的归一化偏差：

$$\tau=\frac{X_i-\mu}{\sigma} \tag{1-14}$$

从表1-1可知，如果 $\text{Prob}(\tau)=0.95$，则 $\tau=1.96$。此时，概率表达式可以写成如下形式：

$$\text{Prob}\left(-1.96\leqslant\frac{X_i-\mu}{\sigma}\leqslant 1.96\right)=0.95 \tag{1-15}$$

将括号中每项乘以标准偏差 σ，然后各项再加均值 μ 可得如下表达式：

$$\text{Prob}(\mu-1.96\sigma\leqslant X_i\leqslant\mu+1.96\sigma)=0.95 \tag{1-16}$$

基于上述分析可知：95%的测量值或模拟值位于区间($\mu\pm1.96\sigma$)，相当于有95%的置信度保证任何测量值或模拟值 X_i 落入区间($\mu\pm1.96\sigma$)内。换言之，$+1.96\sigma$ 和 -1.96σ 是变量 X 测量值或模拟值的95%置信区间的上限和下限。事实上，置信区间是不确定性分析的另一重要基础概念。

我们又引入另外一个问题：如何确定某一特定测量值或模拟值的一个区间估计，以保证分布的均值落入该区间具有95%的置信度。

将式(1-16)中 X_i 与 μ 重新排列，我们发现：

$$\text{Prob}(X_i-1.96\sigma\leqslant\mu\leqslant X_i+1.96\sigma)=0.95 \tag{1-17}$$

因此，如图1-7所示，均值 μ 落入($X_i\pm1.96\sigma$)区间具有95%的置信度，原因是95%的测量值或模拟值将落入($\mu\pm1.96\sigma$)区间内。实际测量或模拟过程中，通常无法获得变量 X 的母本总体平均值 μ。因此，95%置信区间帮助我们确定一个区间估计，以保证总体平均值 μ 位于该区间。

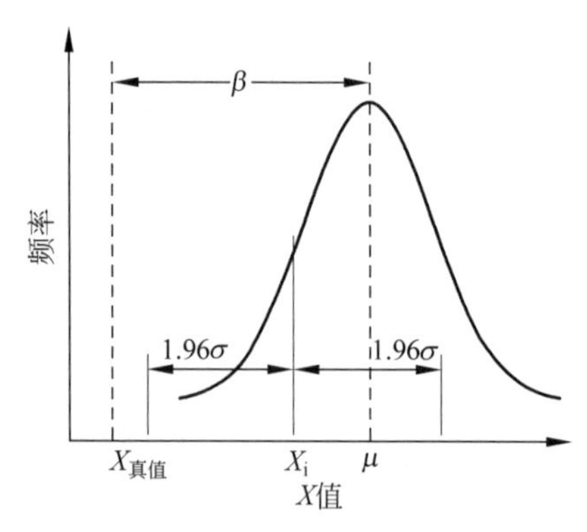

图1-7 服从正态分布的某一测量值或模拟值的95%置信区间

1.3　建模与仿真过程的不确定性与误差

1.3.1　偶然不确定性、认知不确定性及误差

建模与仿真过程的各个阶段不可避免地存在不同的不确定性及误差来源，两者相互联系又有区别，概念容易混淆。因此，有必要明确定义建模与仿真过程中的不确定性与误差。其中，不确定性的涵义很广泛，包括随机性、模糊性、不稳定性、不一致性及不完全性等，而随机性和模糊性又是最基本的。本书中，通过引入"偶然不确定性"及"认知不确定性"的概念以区分不确定性。

偶然不确定性也可称作"统计不确定性"或"随机不确定性"，用于描述物理系统或边界条件的随机变化引入的不确定性，其中物理系统或边界条件的变化用一系列已知或已确定范围的随机分布值来描述，当有效信息充足且对其认识全面时，我们可估计其服从何种分布类型。通常，偶然不确定性用具有一定概率的分布值来表征，但其准确值是不可知的。

认知不确定性也可称作"主观不确定性"或"系统不确定性"，是指由于对物理系统或边界条件缺乏充分的认知，使得建模与仿真过程的任何阶段可能存在的潜在不准确性。因而，认知不确定性的第一个特点是"潜在的不准确性"，表示这个不准确性可能存在，也可能不存在。比如，在预测某一物理过程时，由于缺乏对物理过程及规律的充分认知，我们不能完全确定已建立模型的准确性和正确性，但恰好该模型能模拟正确的物理规律，此时，便不存在不准确性。第二个特点表现为认知不确定性来源于"信息的不完整"或"知识和数据的不完备"，如系统信息定义的不明确或不清楚、一组模拟值中只有一个值是正确或合适的，但是由于信息不足，而无法得知其真实值等均会导致信息的不完整。

在建模与仿真过程中，误差通常是指可以被识别的不准确性。与认知不确定性不同，该不准确性并不是由于缺乏充分的认知而引起的，基于有效检查技术可识别或明确这些不准确性。本质上，是存在一种公认的或正确的建模与仿真技术，如果能明确指出与正确或更准确方法之间的差异，则可以修正误差；但受限于实际建模与仿真过程的特殊需求，如修正误差需要巨大的计算成本、精度满足分析需求等，该误差通常被认为是可接受的，则保留该误差。同时，可识别性将误差进一步细分为两类：公认误差及未确认误差。公认误差就是分析人员能识别出的误差，当分析人员将公认误差引入建模与仿真过程时，其对此类误差的严重程度或影响是有充分认知的，如计算机的有限精度计算、为简化物理过程建模所引入的假设和近似以及将偏微分方程转换为离散的数值方程等。未确认误差是指某些分析人员无法识别的误差，但事实上该误差是可识别的。如分析人员计划在建模与仿真过程中做 A 事件，但由于人为错误或失误，做成 B 事件。此时，没有简单直接的方法

可以评估或界定该未确认误差的影响,但可能被其他分析人员所发现或修正,如多次调试或检查计算程序发现编码错误,或性能测试发现冗余程序引入的误差等。

1.3.2 不确定性与误差的识别与传播

不确定性与误差在建模与仿真的各个阶段或任务天然存在,同时还会引入新的不确定性和误差,这些不确定性与误差随着建模与仿真过程不断传播,使得最终系统的仿真结果存在一定的不确定性。因此,需要清晰鉴定各个任务的主要不确定性源(偶然不确定性及认知不确定性)及误差(公认误差及未确认误差),并明确不确定性的传播途径与方法。图 1-8 显示了建模与仿真的 6 个任务的主要不确定性源、误差。

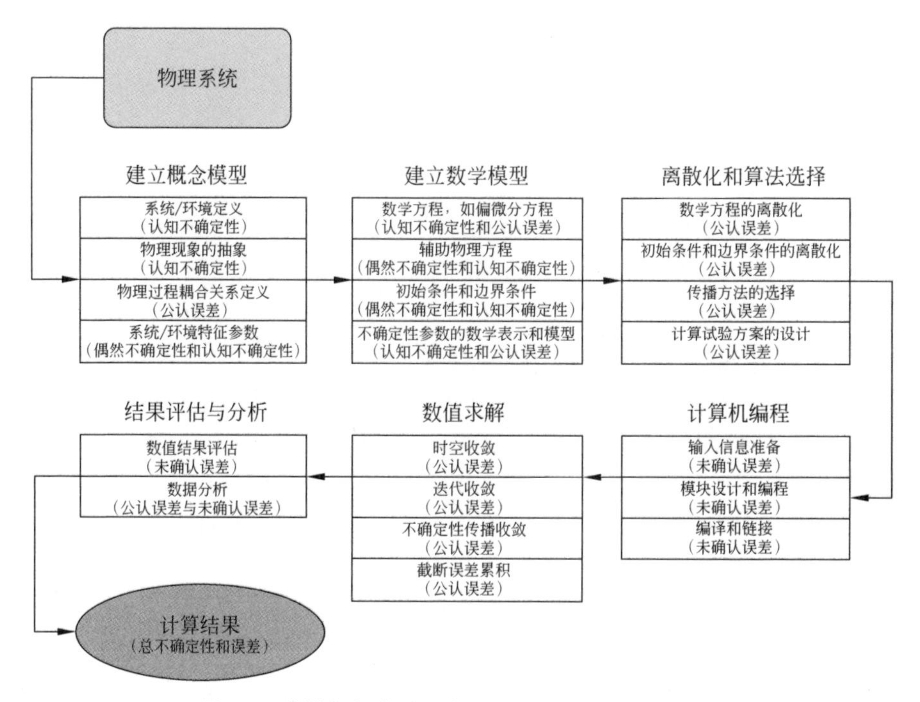

图 1-8　建模与仿真过程中主要的不确定性与误差源

物理系统的概念建模:系统与环境的定义、客观物理现象的抽象均会对建模与仿真过程引入认知不确定性;物理过程耦合关系的确定通常会引入公认误差;而系统与环境自身存在偶然不确定性与认知不确定性。

其中,系统和环境的某些特征参数由于制造过程或物理上的随机过程会发生随机的变化,这些参数对建模与仿真过程引入偶然不确定性,比如核反应堆中描述中子与燃料发生反应概率的截面信息、燃料棒的导热系数等;而某些参数由于对其缺乏充分的认知或信息的不完整,向建模与仿真过程引入了认知不确定性,如表征核反应堆裂变反应产额不确定性信息的协方差数据缺失,而目前研究中采用一个保守不确定性来估计。

概念模型的数学建模：建立数学模型时，不仅需考虑概念模型传播给数学模型的不确定性与误差信息，更需重点识别建立数学模型新引入的不确定性与误差。

实际上，对一个物理系统开展仿真研究，只有一种数学模型是正确的，或者说是更为精确的。但是，这些信息通常是预先未知的。另外，建立该优选模型或应用该模型开展仿真研究往往代价很大。于是在实际应用中，往往应用准确度相对较低的模型。这种情况下，数学模型将引入一定的认知不确定性和公认误差。也就是说，由于对物理事件或过程的认识不足或有限，描述物理事件或过程的数学方程（如偏微分方程）不可避免地会引入认知不确定性，如核反应堆中的湍流、两相流方程等；而数学方程的简化与近似又会引入公认误差，但是可以利用方程的高保真数学形式以减小或修正该误差。

物理系统的基本参数、辅助物理方程、边界条件及初始条件通常引入偶然不确定性，主要由这些方程式中连续参数的固有随机性所致，通常采用概率随机抽样方法分析及传播偶然不确定性，但前提是根据第一性原理、有效数据分析确定偶然不确定性因素的概率分布函数。但当数据不足时，往往基于主观评估给出其数值，此时引入了认知不确定性。

另外，为概念模型阶段识别出的偶然和认知不确定性因素选择适当的数学表达式和模型时，也会引入一定的认知不确定性和公认误差。

数学模型的离散化和算法选择：将连续的数学模型转换为离散模型从根本上说是一个数学近似，当所有自变量的离散化程度都接近零时，如空间网格趋于零时，离散模型与连续模型将得到一致的解。因此，数学模型的离散化，包括偏微分方程的离散、边界条件和初始条件的离散化，引入的是公认误差，而不是不确定性。

不确定性传播方法的选择，如采用蒙特卡罗方法还是拉丁超立方体抽样方法，以及计算试验方案的设计，如不同模型间的结果如何有效结合以最大限度提高计算准确性和效率等，都是致力于将所要分析的不确定性因素转换为计算机仿真程序的多次运行或计算，该过程往往引入的是公认误差。

离散模型的计算机编程：计算机编程阶段往往引入未确认误差，也就是错误，并且在输入准备、编程、编译和链接的各个过程均会出现。除了明显的编程错误（经常发生）引入的误差，还有未定义行为导致的微妙错误，如未初始化变量的使用、解引用野指针及数组越界访问等。而编译和链接同样可能引入未确认误差，如目标库函数自身就存在未发现或未记录的误差，通过链接，将目标库函数的误差引入了建模与仿真过程。

计算机程序模型的数值解：数值求解过程主要引入公认误差，如时空收敛标准、迭代收敛标准、不确定性传播收敛标准及截断误差积累，均会对计算机仿真程序的数值结果产生影响，但是这些影响是可知的。

仿真数值解的评估与分析：数据的评估过程会引入未确认误差，但这些误差实际上是可以被识别的。数据分析过程会引入公认误差和未确认误差。其中，由离散的数值解还原连续解时可能引入公认误差。比如，采用高阶多项式拟合离散数值解，得到的连续函数可能会发生振荡。而如果对数值解有不正确的理解或认知时，数据分析会引入未确认误差。

针对建模与仿真过程的6个主要任务，每个任务又细分为不同的子任务，并且清晰地鉴定出了各个任务的不确定性与误差来源以及两者的区别与联系，这对于开展建模与仿真的不确定性分析非常有意义。而在具体实施阶段，还需清晰地鉴定每个任务的输入不确定性、输出不确定性、自身新引入的不确定性与误差以及用于传播的不确定性参数，并选择合适的不确定性传播方法，以实现不确定性在建模与仿真全过程的有效传播。最终，量化主要不确定性及误差来源对于系统仿真数值解不确定性的贡献。

1.4 核反应堆中子输运问题的应用实例

为了更加清晰地描述建模与仿真过程的主要任务及各个任务的不确定性、误差来源与传播，我们以典型压水反应堆堆芯物理中子输运问题的建模与仿真过程为例来逐一说明。采用建模与仿真技术，求解反应堆堆芯内的中子通量分布及有限增殖因子，是核能系统仿真的关键和基础。

1.4.1 物理系统的概念建模

概念建模的首要任务是对现实存在或新提出的物理系统进行系统和环境定义。所谓系统，就是由相互作用、相互依存的若干组成部分结合而成的具有特定功能的有机整体。同时，系统的状态受外部物理过程或活动的影响，而外部物理过程或活动通常被认为是环境的一部分。实际上，一个系统受环境的影响，但环境不会对系统做出响应，也就是说，系统和环境不会相互作用。

针对一个现实存在或新提出的物理系统，其系统与环境的定义并不是唯一的。图1-9只显示了反应堆堆芯物理系统三种可能的系统与环境定义。定义1中将反应堆堆芯活性区与堆芯内的冷却剂作为系统，堆芯活性区外侧的反射层作为环境的一部分。该定义允许开展详细的核热耦合分析，而反射层仅为堆芯活性区中子通量分布计算提供边界条件。定义2将堆芯活性区与反射层作为系统，而堆芯内的冷却剂作为环境的一部分。该定义将堆芯活性区与反射层作为整体可获得更准确的堆芯中子通量分布等信息，而热工水力计算为中子物理计算提供边界条件。定义3仅将堆芯活性区视为系统，而堆芯内冷却剂、反射层等都视为环境的一部分。尽管定义最简单，但足以清晰地描述建模与仿真的各个任务等。

物理现象抽象的目的在于确定影响分析目标的所有可能的物理事件或事件序列。图1-9中显示了三类核反应堆可能的运行工况：正常运行、预计运行工况及事故工况。而本实例中只关注反应堆正常运行的情况。

对于复杂的堆芯活性区物理系统,存在多种变化的物理过程,如中子与原子核的裂变反应、碰撞、吸收、中子运动、燃料成分变化、核材料辐照蠕变、化学腐蚀等。因此,需要清晰定义不同物理过程的耦合关系及明确耦合水平。图 1-9 中显示了三种可能的耦合关系定义,但实际上的耦合关系远比图 1-9 复杂。而本实例重点考虑物理计算自身的耦合关系,包括中子与原子核的相互作用、燃耗过程等,而忽略了燃料性能分析、辐照蠕变、化学腐蚀等耦合物理过程。

关于上述任务的不确定性及误差,在 1.3 节中已经详细讲述。而针对系统和环境特征参数不确定性定义,本实例中给出了两种定义,如图 1-9 所示。定义 1 中详细定义堆芯活性区特征参数的不确定性来源,包括具有偶然和认知不确定性的核反应截面、具有偶然不确定性的材料密度、燃料富集度、几何参数等,而裂变份额具有认知不确定性。对于堆芯中子物理问题,核反应截面是最重要和基础的参数,定义 2 中假定只有核反应截面具有不确定性,而其他参数是特定的值,即只关注核截面不确定性对建模与仿真结果的影响。

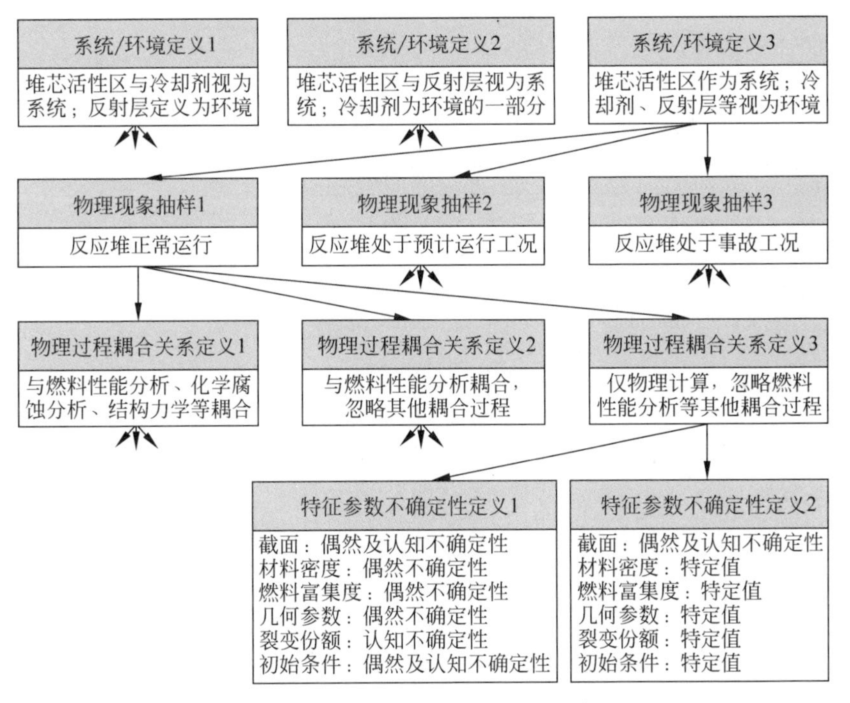

图 1-9 堆芯中子输运问题的概念建模

1.4.2 概念模型的数学建模

建立数学模型,简而言之就是针对概念模型中确定的物理系统的特征依存关系,借助数学符号、公式等数学语言概括或近似地表述出来。在数学建模过程中,要把物理系统的本质及关系反映出来，而把非本质的、对反映客观物理规律影响不大的内容去掉，使数学模型在保证一定精确度的条件下，尽可能简单可操作。因此，任何数学模型，无论其物理规律描述得多么详细，它依旧是对现实物理系统的一种简化和近似。

针对堆芯活性区中子输运问题的概念模型，本实例中选择了三种数学方程来描述中子在堆芯中的行为和变化：三维中子输运方程、三维中子扩散方程及点堆动力学方程，如图 1-10 所示。其中，三维中子输运方程精确地描述了中子在堆芯的运动与分布。扩散方程和点堆动力学方程均是引入一定的近似和假设条件后得到的简化数学物理方程。事实上，人们对于上述两个方程的建立与物理近似过程等已非常熟悉，其引入的误差大小是可估计的。但是，对于更复杂的物理过程，如反应堆内湍流现象，目前建立精确的数学方程以真实地反映湍流过程是不可能的。

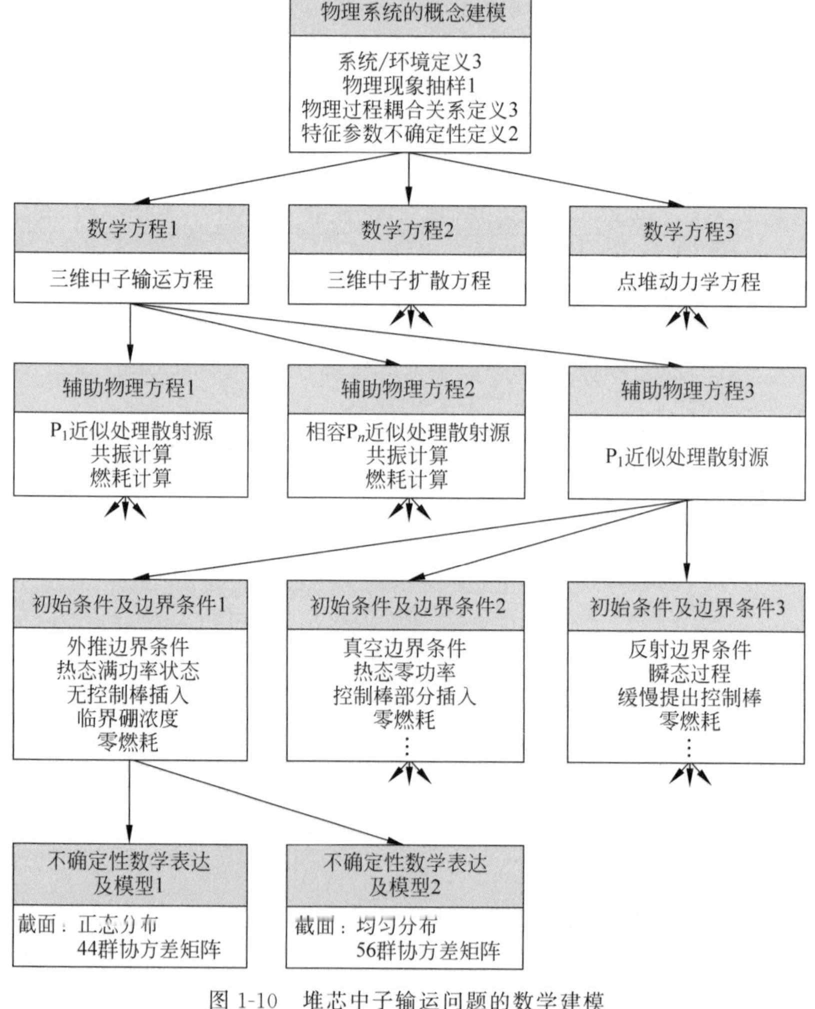

图 1-10　堆芯中子输运问题的数学建模

因此，数学方程近似不再像本实例中被认为是公认误差，而是认知不确定性。

关于辅助物理方程，本实例中给出了三种主要的组合，如图 1-10 所示，主要包括燃耗方程、共振计算及散射源近似处理方程。其中 P_1 散射近似忽略了高阶散射源，而燃耗方程和共振计算的作用在于更新确定论方法求解三维中子输运方程时所需的多群截面信息，此内容将在下面的章节介绍。本实例中仅考虑了 P_1 近似处理散射源。针对该实例，基础截面天然存在偶然不确定性和认知不确定性，因此，燃耗计算和共振计算更新截面信息时也会将偶然不确定性和认知不确定性引入中子输运的建模与仿真过程，而共振计算建立的方程，如采用子群方法建立的固定源方程等，也存在一定的近似和简化，这次将引入认知不确定性和公认误差。

本实例中的边界条件包括真空、全反射及外推边界，而初始条件因素较多，图 1-10 中只给出了几种重要的初始条件，如堆芯功率、控制棒位置、硼浓度、燃耗水平等。边界条件及初始条件通常引入偶然不确定性或认知不确定性。

在中子输运问题的概念建模阶段，只考虑了截面信息的不确定性，而其他特征参数具有特定的值。但确定截面不确定性信息的数学模型和表达式，同样引入了认知不确定性和公认误差，如截面的不确定性信息通常用多群协方差矩阵表示，常用的有 SCALE 程序自带的 44 群和 56 群协方差库[3]，其来源于不同基础核数据库及专家经验，而分布类型可选正态分布或均匀分布。

1.4.3　数学模型的离散化及算法选择

针对已建立的数学模型，首先确定合适的数学方程及数值计算方法。针对本实例中的中子输运方程，其可细分为积分形式的中子输运方程和微分形式的中子输运方程。数值求解中子输运方程的方法主要分为两类：确定论方法和随机模拟方法。本实例中采用确定论方法求解积分形式的中子输运方程，如图 1-11 所示。然后，对求解区域及数学模型分别进行离散化处理。三维积分形式的中子输运方程是一个与空间、角度、能量与时间等 7 个自变量相关的方程，空间离散化通常将求解空间划分为若干个互不重合的子区域，而采用特征线方法求解积分输运方程时，还需在求解空间的不同角度方向各布置一组特征线段；角度离散化通常是将中子通量的连续角度分布转换成在 4π 空间内用一些特定的离散方向来近似，如采用高斯求积组；通过多群近似方法引入一个离散的能量变量，将连续能量的中子输运方程离散成多群方程组。就理论而言，如果空间划分得足够小、角度方向选得足够多、能群划分得足够细，离散化中子输运方程可以得到与连续方程一致的解，但是实际上数值解的精度要受到计算条件的限制。因此，三维中子输运方程的离散化不可避免地引入了公认误差，而不是不确定性。

针对本实例中核截面不确定性的量化，可以采用基于微扰理论或基于抽样统计理论的不确定性分析方法，而不确定性的传播，既可以采用协方差矩阵或敏感性系数的传播方法，也可以直接采用蒙特卡罗方法或拉丁超立方体抽样方法等，大家

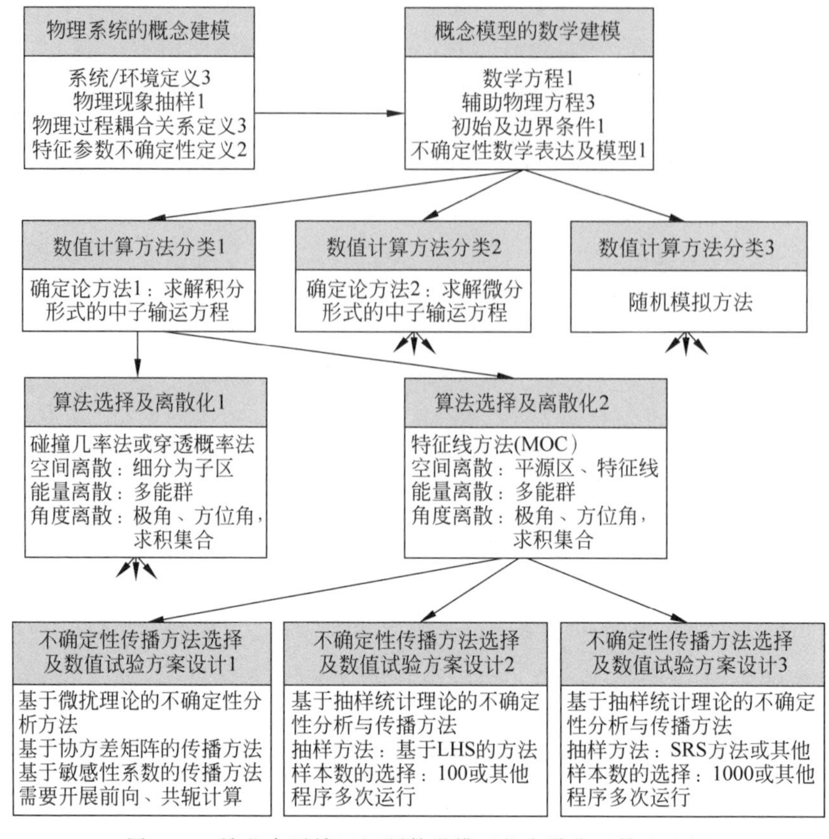

图 1-11　堆芯中子输运问题数学模型的离散化及算法选择

对于上述方法是比较熟悉的，因此，不确定性分析与传播方法的选择会引入一定的公认误差。而计算试验方案的设计同样会引入公认误差，如采用基于抽样统计理论的不确定性分析与传播方法时，抽样方法的选择不仅决定最终样本的质量和数量，也决定数值仿真试验运行的次数等。受计算条件和需求的限制，不可能开展无限次仿真计算，只能选择特定次数的数值仿真，但计算误差是可以通过增大计算次数而减少或消除的，或可以通过误差棒以量化。因此，该过程会引入一定的公认误差。

1.4.4　编程仿真及数值结果评估与分析

关于离散模型的计算机编程及应用计算机程序求解数值解，对所有建模与仿真过程都是一致的，都是采用相应的编程语言将上述三个阶段中定义的算法和求解方案开发成相应的计算机程序或软件，再结合具体分析的案例开展建模与仿真分析，得到一系列数值结果。关于数值解的评估与分析，需结合具体的物理系统开展，本实例中重点获取堆芯活性区的中子通量分布，以求解堆芯的功率、有效增殖因子等，并通过不确定性传播与量化方法，量化核截面自身不确定性对最终数值解计算不确定性的贡献。

1.5 不确定性分析的必要性

1.5.1 建模与仿真过程中不确定性分析的必要性

建模与仿真技术是科学研究的重要手段,它可以用于综合分析知识、预测物理系统的行为及制定最佳解决方案等,且建模与仿真技术正成为21世纪认识和改造世界的重要研究手段[4]。然而,由于现实物理系统的复杂性与人类对客观世界认知的不完备性,不确定性天然存在于世界的各个领域。因此,对现实物理系统的建模与仿真不可避免地会引入大量的不确定性,这些不确定性可能来自建模与仿真的各个阶段和任务。

现实物理系统经过概念建模、数学建模过程得到的数学模型,经离散化、程序化后在计算机上仿真运行,得到的数值结果应该与实验测量值进行对比验证。但是,仿真计算结果与测量结果之间总是存在差异。这种差异的根源在于实验测量过程及建模与仿真过程均不可避免地存在或引入误差和不确定性。同时,数学模型的确切形式及基础数据的确切值往往是不可知的,因此只能估计它们的数学形式。而评估模型传统采用如下方法:首先采用参数的名义值来执行模型计算,其次使用预期会产生极端输出响应的参数组合来执行一系列模型计算,最后计算输入参数差异引起的输出结果差异,以粗略获得输出结果相对于输入参数的导数估计,并绘制输出与输入的散点图。上述步骤对于评估模型肯定是有用的,但远远不足以评估该模型的可靠性和实用性。

另外,数学模型包括自变量、因变量以及这些变量之间的关系,如数学方程式或变量拟合关系等。数学模型还包含一些参数,由于人类对它们的不完全认知或不确定性,这些参数的确切值是不清楚的,但是可能会在一定范围内变化。这些模型不确定性参数会对目标计算结果产生影响。此外,解决各种方程所需的数值计算方法本身会引入数值误差、编程实现会引入未确认误差等。因此,必须采用合理的方法量化此类误差和参数变化对模型仿真结果的影响,以评估相应模型仿真结果的有效范围及量化仿真结果正确性的置信度。

因此,在建模与仿真的具体实践中,科学家和工程师们不可避免地会面临如下的问题[5]:

(1) 所考虑及建立的模型,包括物理模型、数学模型、计算机模型等,在多大程度上反映了物理系统的潜在物理现象?

(2) 模型仿真结果确认正确的置信度是多大?

(3) 模型仿真结果能够外推多远?

(4) 模型仿真结果的可预测或外推的限制如何扩展或改进?

上述问题是完全合乎逻辑的，也很容易被提出。但是，单纯的建模与仿真是难以定量地回答上述问题的。

然而，不确定性分析为解决上述问题提供了有效思路和方法，能提供上述问题的所有答案。实际上，不确定性分析还包括另一项重要的任务：敏感性分析。其中，不确定性分析是定量地评估所有不确定性因素对目标仿真计算结果不确定性的影响与贡献，而敏感性分析是量化单个不确定性因素变化对目标仿真计算结果的影响，以及对所有不确定性因素按照重要性、影响力等进行分级排列。不确定性分析被认为是评估数据和模型的有效方法，因为不确定性分析方法可以定量地评估输出变量的变异性和输入变量的重要性。通过系统的不确定性分析，可以对数据和模型进行全面的评估。因此，不确定性分析的科学目标不是确认先入之见，如某一特定参数的相对重要性，而是发现和量化所研究模型或建模与仿真过程的最重要特征，即不确定性。

随着现实物理系统的计算机辅助建模与分析技术的不断发展与多样化，不确定性分析已经成为建模与仿真技术的一种不可或缺的科学研究技术，且成为最重要的应用数学研究方向之一。目前，不确定性分析在科学和工程研究的众多领域中应用越来越广泛，如核科学与工程、电气工程、航空航天科学与工程、大气和地球物理科学、计量经济学等，几乎涵盖了所有实验数据处理及建模与仿真过程。

1.5.2 核反应堆计算不确定性分析的必要性

核反应堆系统是一个多物理、多模块、多尺度耦合的复杂系统，存在中子输运、流动传热、热-流-固耦合、化学腐蚀、辐照损伤等复杂的耦合物理过程，并跨越微观和宏观尺度。从第一座核反应堆开始，建模与仿真技术一直是核反应堆系统设计、研发、优化和安全分析的重要研究手段。为推动核电技术创新与进步，世界核电强国不断创新先进建模与仿真技术，模型与数值计算方法逐步精细化和“去近似化”，同时考虑多物理、多尺度耦合的精确模拟，并充分考虑下一代核反应堆设计研发的需求，开发数字化反应堆。

但是，对于比较复杂的核反应堆建模与仿真或核反应堆计算，其建模全过程、仿真计算输入、仿真计算过程、数值计算结果均存在不确定性。首先，针对现实核反应堆物理系统的概念建模与数学建模过程，不可避免地引入近似与假设条件；其次，核反应本身是具有随机性的，通过实验确定的核反应截面自身带有一定的偶然不确定性和认知不确定性；最后，核反应堆各种部件的几何尺寸、物质构成在制造安装过程中带有随机误差。另外，核反应堆运行过程也不会是理想的长期满功率运行。同时，反应堆的运行、控制本身所依赖的测量也带有一定的随机误差。而在核反应堆的实际计算过程中，通常会涉及分步进行的中子能谱计算、共振自屏计算、栅元计算、组件计算、全堆物理计算、全堆热工水力计算、系统瞬态计算、燃耗计算、燃料优化与换料管理等多个环节，每个环节都会采用特定的近似模型和简化数值计算方法。因此，在核反应堆计算的各个环节，其计算模型、计算方法、输入参数都存在不确定性，从而导致计算结果存在不确定性。即使当前研究热点——数字化反应堆，也是对现实核反应堆物理系统的一种简化与近似，不确定性因素仍然天然存在。但是，在核反应堆物理计算领域，计算模型和计算方法发展比较成熟，计算准确度和精度较高，其不确定性主要来源于输入参数，如核数据不确定性、制造公差等。

基于现代建模与仿真技术发展需求，需要开展不确定性分析，以识别和量化核反应堆计算各个阶段中的不确定性，并合理传播不确定性，最终量化核反应堆计算的目标参数和结果的不确定性信息。

更为重要的是，核反应堆系统的安全性和经济性分析也要求核反应堆关键参数的不确定性必须被鉴定出来并且被量化。比如，美国联邦法规(10 CFR 50.46)于20世纪80年代首次提出关于核电厂安全参数的计算允许最佳估计计算而不是保守的程序模型计算，以审核关键参数的变化幅度是否满足安全准则[6]。近年来，随着核能技术的快速发展，核研究、核工业、核安全和核监管等领域对于提供核反应堆安全参数的"最佳估计预测值＋不确定性"的需求日益增长[7]。

从核反应堆系统安全的角度来看，早期的核反应堆系统的设计及安全分析通常使用保守的模型、假设和取值，并预留充足的安全裕度，如图1-12所示。但这种保守分析不仅牺牲经济性，还引入大量不确定性，无法充分保障核反应堆系统的安全性。通过高保真计算程序能够得到系统参数的最佳估计值，而其精度、可信度以及是否在安全限制内需要通过不确定性分析来衡量，因此，开展不确定性分析是鉴定安全裕度必不可少的环节。

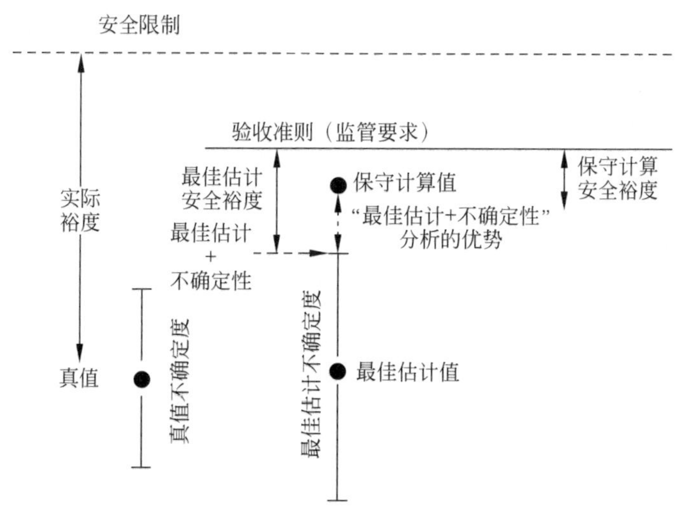

图1-12　安全裕度示意图(见文前彩图)

另一方面，通过不确定性分析可以更加深入地理解核反应堆系统特性、更有针对性地指导系统参数优化改善，从而进一步提高目标参数的精度。此外，由于"最佳估计＋不确定性”分析能够给出计算结果的分布或者可靠的置信区间，核反应堆计算结果更加可信，使得系统设计和操作运行等环节可以在保证安全的前提下优化参数，从而使核能系统具有更好的经济性表现[8]。

因此，开展不确定性分析对于保证核反应堆系统安全性和提高经济性具有十分重要的意义，不确定性分析已经成为现代核反应堆分析的重要环节。

1.6 最佳估计加不确定性分析

最佳估计加不确定性分析（best estimate plus uncertainty analysis，BEPU）是近些年在核工程领域经常被提及的一个方法，且已逐步取代传统的保守分析方法，用于核工程的安全分析、核电厂的执照申请等[9-11]。其中，最佳估计计算使用更合理、精细的模型以更加准确地反映核反应堆系统的物理规律，提供更加全面、精细和可靠的数值仿真计算结果；而不确定性分析综合评估各个环节存在或新引入的不确定性和误差影响，是对最佳估计值所有可能误差的一个综合预测，并通过调整参数以兼顾安全性和经济性。同时，不确定性分析可以对最佳估计计算程序进行验证和确认，评估仿真程序是否足够准确。

实际上，最佳估计加不确定性分析的理念在建模与仿真领域早有应用，并逐步成为主要发展趋势和研究热点，只是“最佳估计”这一说法在不同研究领域不同罢了，总体思路基本上是通过建立更加精细的概念模型和数学模型、采用高保真的数值计算方法、考虑更精确的多物理耦合过程等，基于大规模并行计算，获取现实物理系统的最佳估计值。而不确定性分析需要结合具体分析对象研究特定的方法，主要是在概率和非概率的理论框架下研究不同的不确定性分析方法。其中，概率框架为不确定性分析提供了良好的工具并被广泛使用。基于概率论的思想，绝大部分不确定性可建模成为随机变量或函数，进而不确定性分析转化为求解物理系统及建模与仿真过程的随机问题，如蒙特卡罗及其改进方法[12-13]、微扰方法[14]、多项式逼近方法[15]、随机配置法[16]等。

总体来说，最佳估计加不确定性分析主要包括以下三个特征：

（1）最佳估计与保守分析：在工程计算中，通常使用“保守分析”来掩盖知识的缺乏或认知水平的限制；或者在某些情况下，获得比设计要求更高的标准以确保系统的安全。“最佳估计”并不意味着消除了保守。相反，只是赋予了仿真计算值与实际技术和认知水平一致的最小保守性。

（2）系统仿真程序的功能和限制：现实物理系统经概念建模、数学建模、离散化及选择合适算法后，建立了物理系统的计算机仿真程序，这是最佳估计加不确定性分析的基本计算工具。虽然在程序开发和验证方面均付出了巨大的努力，但是这些程序的功能和特性仍然不可避免地存在一定的误差。

（3）不确定性分析：仿真结果的可接受性和不确定性直接或间接地与不确定

性评估相关。应用仿真程序开展特定物理系统的运行规律仿真，首先需要将建模与仿真过程中存在或新引入的误差及不确定性识别出来并量化，以确定其可接受性。同时，不确定性分析是对仿真结果中所有可能误差的一个综合预测，需要研究特定的不确定性分析方法及程序以量化和传播不确定性。

参考文献

[1] SCHLESINGER S. Terminology for model credibility [J]. Simulation, 1979, 32 (3): 103-104.

[2] WILLIAM L O,SHARON M D,BRIAN M R,et al. Error and uncertainty in modeling and simulation[J]. Reliability Engineering and System Safety,2002,75(3): 333-357.

[3] ZZ-SCALE6.0/COVA-44G. NEA Data Bank: A 44-group cross section covariance matrix library retrieved from the SCALE 6.0 package[DB]. 2011.

[4] 李伯虎. 建模与仿真技术正成为21世纪中认识和改造世界的重要研究手段[A]. 中国科学技术协会学会学术部. 新观点新学说学术沙龙文集8: 仿真——认识和改造世界的第三种方法吗[C]. 中国科学技术协会学会学术部: 中国科学技术协会学会学术部,2007: 8.

[5] DAN G,CACUCI. Sensitivity & uncertainty analysis, Volume 1: Theory [M]. CRC Press,2003.

[6] US NRC,10 CFR 50.46. Acceptance criteria for emergency core cooling systems for Light Water Nuclear Power Reactors,Appendix K to 10 CFR Part 50: ECCS evaluation models [S]. Code of Federal Regulations,1996.

[7] 郝琛. 球床式高温气冷堆计算不确定性研究[D]. 北京: 清华大学,2014.

[8] 王黎东. 球床高温气冷堆核数据不确定性分析方法研究与应用[D]. 北京: 清华大学,2018.

[9] IAEA. Best estimate safety analysis for nuclear power plants: Uncertainty evaluation[R]. Vienna(A): IAEA,2008.

[10] D'AURIA F. Best estimate plus uncertainty (BEPU): Status and perspectives [J]. Nuclear Engineering and Design,2019,352: 110-190.

[11] D'AURIA F, CAMARGO C, MAZZANTINI O. The best estimate plus uncertainty (BEPU) approach in licensing of current nuclear reactors[J]. Nuclear Engineering and Design,2012,248: 317-328.

[12] FISHMAN G S. Monte Carlo: Concepts, algorithms, and applications [R]. New York: Springer-Verlag,1996.

[13] LOH W. On Latin hypercube sampling[J]. Annals of Statistics,1996,24(5): 2058-2080.

[14] WILLIAMS M L. Perturbation theory for nuclear reactor analysis[M]. CRC Handbook of Nuclear Reactors Calculations,1986,3: 63-188.

[15] XIU D,KARNIADAKIS G E. The Wiener-Askey Polynomial Chaos for stochastic differential equations[J]. SIAM Journal on Scientific Computing,2002,24: 619-644.

[16] BABUŠKA I,NOBILE F,TEMPONE R. A stochastic collocation method for elliptic partial differential equations with random input data[J]. SIAM Journal on Numerical Analysis,2007,45(3): 1005-1034.

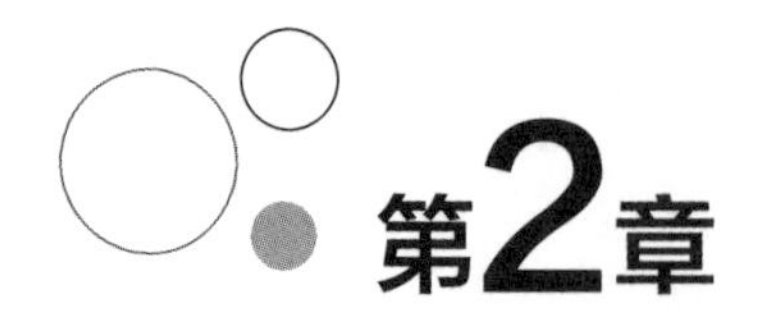

第2章

核反应堆计算不确定性分析研究概述

“最佳估算＋不确定性分析”的需求引发了人们对于不确定性分析的浓厚兴趣。比如，1989年美国核管会修订了关于核反应堆应急堆芯冷却系统性能评估准则，要求关键参数的不确定性必须被鉴定出来并且被量化。最初，不确定性分析主要应用于压水堆的失水事故分析，以应用于核电厂许可申请。目前，不确定性分析几乎覆盖了核反应堆建模与仿真的全过程，如核反应堆物理计算、热工水力分析、燃料性能分析、严重事故分析等。研究对象也从最初的轻水反应堆扩展到高温气冷堆、钠冷快堆等。为了促进不确定性分析方法的发展，特别是传播和量化不同堆芯建模与仿真中重要参数的不确定性，国际上启动了系列代表性国际协调研究计划，如世界经济合作与发展组织/核能署/核设施安全委员会组织的最佳估算方法、不确定性及敏感性评估项目、国际原子能机构的高温气冷堆建模不确定性分析国际协调研究计划等。然而，核反应堆计算不确定性分析在世界范围内仍然是一个较新的研究方向。虽然不确定性分析方法和工具已基本成熟，但针对特定堆芯，还需结合具体分析的堆芯的设计和特点开展深入研究以提高方法和工具的适用性和实效性。特别是在处理多物理、多尺度耦合建模过程中的不确定性传播与量化仍存在挑战。

2.1 核反应堆计算不确定性发展历程

物理实验在科学研究和工程设计中有着不可估量的价值和作用。但针对核反应堆系统，开展真实物理实验研究的成本往往是很高的，且对实验人员和环境可能带来真正的安全风险，如反应堆安全实验可能使用放射性物质等。随着计算机科学技术的发展，建模与计算机仿真技术已成为核反应堆系统安全分析和设计的重要手段，逐步补充甚至替代部分实验。

事实上，从第一座核反应堆开始，核反应堆的设计和安全分析均已采用了建模与仿真技术。尽管大规模地使用计算机模拟程序开展核反应堆的安全分析（主要采用热工水力分析程序开展失水事故分析等）起始于20世纪70年代，但真正功能强大、用户友好的分析程序开始于80年代。如第1章所述，建模与仿真过程中不可避免地存在或引入不确定性。为确保反应堆的安全，早期核反应堆设计及安全分析通常使用保守的模型、假设和取值，并预留充足的安全裕度。比如，美国核管会于1974年颁布的美国联邦法规导则10CFR 50.46及附录K[1]，明确了反应堆失水事故（LOCA）分析时必须遵守的保守型原则并首次用于核反应堆的安全分析。因此，不确定性也是通过保守估计来量化。从安全角度来看，这种保守分析通常是合理的，也得到了世界各国核安全监管部门的广泛接受。但是，保守分析以损失经济性为代价，且不能对安全限制的实际安全裕度进行精确的量化。

20世纪七八十年代，核电厂的许可申请主要基于10CFR 50.46及附录K的保守程序分析。但是，用于核反应堆设计、安全分析等的模拟程序在应用于安全分析及许可申请时，必须完成验证和确认（V&V）过程，其中不确定性分析是程序验证和确认过程的一个必要部分。在80年代末，对于采用不确定性分析方法以预测不可避免的误差的需求逐步清晰和明确，即在安全分析程序的计算结果中加入不确定性。同时，随着对LOCA物理过程认知的不断深入，逐步发现附录K规定的评价模型在实际分析中过于保守。比如，基于保守模型计算得到的燃料包壳峰值温度比最佳估计计算的结果高出400～500K[2]。为了能够更真实地评估核反应堆的安全裕度，特别是针对LOCA事故分析，同时为核电运行增加收益，在20世纪70年代后期到80年代的近10年中，美国能源部和核管会开展了大规模的数据收集分析工作，并资助一系列旨在提高对核反应堆模拟至关重要的物理现象认知水平的测试与实验[3]。并于1989年修改了其法规导则（10CFR 50.46）[4]，首次以法规的形式提出关于核电厂安全参数的计算中，允许最佳估计计算加不确定性分析或保守分析，以审核关键参数的变化幅度是否满足安全准则。但是，如果采用最佳估算程序开展安全分析，计算结果或关键参数的不确定性必须被鉴定出来并且被量化。其中，一项重要成果就是发布了用于压水堆大破口失水事故（LB-LOCA）分析的程序缩比模拟、应用和不确定性分析方法（code scaling，applicability and uncertainty，CSAU）[5]，促使了最佳估计计算加不确定性分析的快速发展。

随后，核工业界逐步应用最佳估算结合CSAU的方法来执行核电厂的许可申请，并对过去20多年来的核电功率提升有着直接贡献[6]。比如，经过美国核管会三年多的严格审查，1996年美国西屋公司在大破口事故的评估中提供的最佳估算程序（WCOBRA/TRAC）结合不确定性分析方法（CSAU）首次得到美国核管会的批准，取得许可申请的资格。因此，不确定性分析引起了全球核研究、核工业、核安全和核管理界广泛的关注和讨论。2002年，国际原子能机构（IAEA）发布的安全丛书第23号《核电站事故分析》中建议如果最佳估算程序用于核电站许可申请，则需要开展不确定性和敏感性分析[7]。随后在2008年发布了安全丛书第52号《核电站最佳估计安全分析：不确定性评估》，详尽全面地介绍了可行的不确定性分析方法[8]。2009年，IAEA又发布了安全导则SSG-2《核电站确定论安全分析》，该文件提供了三种用于核电站许可申请的方法，其中包括最佳估算加不确定性分析。SSG-2导则表明最佳估算加不确定性分析的应用在逐步增多且变得重要[9]。可以肯定的是，21世纪第一个十年中已突破了在核电厂许可申请中使用最佳估算加不确定性分析的方法。比如，阿根廷Atucha Ⅱ压重水反应堆的许可申请过程中，最终安全分析报告的第15章内容就是全部基于最佳估算加不确定性分析方法[10]。目前，最佳估算加不确定性分析的方法已在全球范围内广泛应用于基于LOCA事故分析的许可申请（美国、巴西、韩国、荷兰等），并逐步应用于其他安全分析以供将来在核电站许可申请中使用（加拿大、法国、日本、中国等）。

关于不确定性分析方法，20世纪90年代，在世界经济合作与发展组织/核能署/核设施安全委员会（OECD/NEA/ CSNI）的倡导下，开展了不确定性方法研究（uncertainty method study，UMS）的国际合作研究项目，主要针对日本的LSTF实验台架的小破口失水事故的分析及应用，各个国家提出了不同的不确定性分析方法，如德国的GRS方法[11]、意大利的UMAE方法[12]、英国的AEAW方法[13]、法国的IPSN方法[14]及西班牙的ENUSA方法[15]。该项目的目标在于逐步比较新提出的五种不确定性分析方法、比较不同方法预测的不确定性结果与实验结果、识别和解释预测不确定性之间的差异及在LSTF小破口事故这一特定应用中证明上述方法可应用于最佳估算程序开展不确定性分析。UMS是国际上首次针对小破口事故的不确定性分析项目。在1994年OECD/NEA/ CSNI组织召开的不确定性分析研讨会上对上述五种方法做了详细讨论，并在1998年发表的不确定性方法研究报告中详细对比了上述五种方法及分析结果，对不确定性方法的使用和选择给出建议。随后，在2000年和2004年，美国核学会分别组织召开了最佳估算会议[16-17]，广泛讨论了最佳估算程序中的不确定性分析方法和应用。更为重要的是，这些会议促使更多的国家开始发展自己的不确定性分析方法，也表明了国际社会对最佳估算加不确定性分析的重视程度越来越高。为了全面评估最佳估算加不确定性分析方法在压水堆LOCA事故分析中的实用性及可靠性，进而推广该方法，2005年国际经合组织/核能署/核设施安全委员会启动了为期6年的最佳估算方法、不确定性及敏感性评估（BEMUSE）项目[18]。

近年来，随着核能技术的快速发展，核研究、核工业、核安全和核管理等领域对于提供核反应堆关键参数的"最佳估计预测值＋不确定性"的需求也日益增长，不确定性分析不再局限于失水事故分析，而是覆盖核反应堆建模与仿真的全过程。2005年世界经济合作与发展组织/核能署/核科学委员会（OECD/NEA/NSC）会议上深度讨论了核反应堆计算模型不确定性分析，建议组建世界范围内的专家团队及建立专门机构开展轻水反应堆建模不确定性分析以优化轻水反应堆的设计、提高运行效率和安全裕度。此项研究于2006年正式启动[19]，该项目以欧盟的核安全研究项目CRISSUE-S框架为基础[20]，在耦合的反应堆物理/热工水力计算的各个阶段，建立了包括压水堆（pressurized water reactor，PWR）和沸水堆（boiling water reactor，BWR）堆芯的不确定性分析研究的基准题，以量化和传播轻水反应堆系统重要参数的计算不确定性。经过世界不同国家十余年的研究与努力，OECD轻水反应堆建模不确定性研究项目取得了重要阶段性进展，但主要集中在堆芯物理计算不确定分析方面。同时，OECD轻水反应堆建模不确定性研究的发展，为后续开展高温气冷堆、钠冷快堆的建模不确定性研究奠定了重要基础。2009年，国际原子能机构（IAEA）气冷反应堆技术工作组提议进行关于高温气冷堆建模不确定性分析国际协调研究计划（HTGR UAM CRP），经过三次IAEA专家咨询会后于2012年2月正式启动，主要借鉴OECD/NEA轻水反应堆建模不确定性研究项目经验，同时结合高温气冷堆设计的特殊性和模型要求开展高温气冷堆建模不确定性研究，选取球床式高温气冷堆和棱柱式高温气冷堆两种主要堆芯作为研究对象，参与该国际协调研究计划的国家主要有美国、德国、中国、韩国、南非和俄罗斯[21]。目前，该项目第一期已经结束，也取得了重要研究进展，与OECD轻水反应堆建模不确定性研究项目一样，主要成果均集中于反应堆物理方面。基于轻水反应堆和高温气冷堆建模计算不确定性研究项目经验和基础，2015年OECD核能署启动了钠冷快堆设计、运行和安全分析的建模不确定性研究项目，以评估最佳估算程序和核数据。其中，主要针对3600MW氧化物燃料钠冷快堆和1000MW金属燃料钠冷快堆两种堆芯，通过定义一系列基准例题，以系统地评估核数据在钠冷快堆数值模拟中的影响，进而发展和评估与最佳估算相配套的计算不确定性的分析方法和模型[22]。同时，为了发展系统方法以定义先进反应堆系统所需的核数据信息及对世界范围内核数据信息进行全面评价，OECD/NEA国际合作评估工作组（WPEC）针对第四代反应堆系统开展了敏感性和不确定性分析，以评估核数据不确定性对反应堆积分参数的影响，如k_{eff}、反应性系数、功率分布等，选取的堆芯有钠冷快堆、气冷快堆、铅冷快堆、超高温气冷堆等[23]。经过10余年的研究与分析取得了一定进展，并且开发了新的核截面协方差数据库BOLNA。

2018年，在意大利卢卡再次召开了最佳估算加不确定性分析国际会议，主题是多物理、多尺度模拟的不确定性分析。这次会议表明：继2004年在美国召开的最佳估算会议以来，最佳估算加不确定性分析领域有了重要的发展，但主要集中在不确定性分析方法研究及应用方面，而不是整个最佳估算加不确定性分析过程。同时指出，最佳估算加不确定性分析是一种有效的方法，可以增加对确定论安全分析中所包含的不确定性及偏差信息的理解和认知，但在核电厂的许可申请应用中仍然受限。同时，实验数据对于最佳估算加不确定性分析方法和实施至关重要，需要有效地使用可用的实验数据[24]。因此，有必要在较短的时间内重新审视已发现的问题并寻求解决方案，以在核电站安全分析及许可申请中更广泛、一致地应用最佳估算加不确定性分析方法。

虽然国内开展核反应堆计算不确定性研究起步较晚，但基于国内核能快速发展的需求及通过参加国际合作研究计划等，近十年也取得了比较重要的进展，研究内容涉及不确定性分析方法的研究、自主化不确定性分析程序的开发、不同堆芯物理、热工建模与仿真过程中计算不确定性的传播与量化、不同堆芯安全分析过程的不确定性量化等[25-34]。

总体来说，1989 年美国核管会修订了关于核反应堆应急堆芯冷却系统性能评估准则，引发了人们对于最佳估算加不确定性分析的浓厚兴趣。最初的研究中，最佳估算加不确定性分析主要应用于分析压水堆失水事故，促使最佳估算加不确定性分析方法在核电厂许可申请中开展应用。此后，逐渐开始了核反应堆物理计算、燃料性能分析、严重事故分析、裂变产物的产生与输运等过程的不确定性传播与量化，研究对象也从轻水反应堆扩展到高温气冷堆、钠冷快堆等。而不确定性分析方法也从美国核管会最初提出的 CSAU（程序缩比模拟、应用和不确定性分析方法）方法论开始，不同国家不同组织不断开发和应用了多种最佳估算加不确定性分析方法。目前，核反应堆计算不确定性分析在世界范围内仍然是一个较新的研究方向，最佳估算加不确定性分析方法论仍然没有系统化，也无法有效处理多物理、多尺度耦合分析问题。虽然，不确定性分析方法和工具已基本成熟，但针对特定堆芯，还需结合具体分析的堆芯的设计和特点开展深入研究以提高方法和工具的适用性和实效性。同时，实验数据对于最佳估算加不确定性分析方法和实施至关重要，需要有效地使用可用的实验数据。因此，在核电站安全分析及许可申请中更广泛、一致地应用最佳估算加不确定性分析方法，仍需很长的路要走。

2.2 国际代表性研究计划

2.2.1 OECD 最佳估算方法、不确定性及敏感性评估项目

从 20 世纪 50 年代核能用于发电以来，事故工况下对核电站性能的评估一直是全球热工水力安全分析的主要研究内容，特别是 LOCA 事故的分析。欧洲部分国家及美国开发了一系列热工水力的最佳估算程序，如 RELAP，TRAC，TRACE 等，目前被世界各国广泛使用以开展压水堆的热工水力瞬态计算分析及安全分析等。但由于核电站系统缺乏合适的测量手段，因此，无法直接评估计算程序预测结果的可靠性。只能通过简单管路实验或综合实验装置等缩比实验的数据与程序计算结果的对比来评估程序预测能力。因此，如果应用开发的热工水力计算程序来预测真实反应堆的行为必须满足以下两个条件：

（1）用于验证程序的实验数据必须能重现核电站预期的物理现象或行为；

（2）程序必须能定性和定量地重现上述选择的缩比实验数据。

特别是,应用最佳估算程序模拟核电厂的瞬态行为必须评估程序计算结果的不确定性,同时,还需开展敏感性分析寻找影响结果的关键参数等。

另外,当时已存在一些适用于最佳估算的不确定性分析方法,并且被核工业、核监管及核安全等机构的研究组织所使用。特别是在核电站设计基准事故分析中的应用,显现了最佳估算加不确定性分析在提高核电站安全裕度方面的优势,并且不确定性分析在 LOCA 事故分析的广泛应用有益于现有核电站的功率提升及新型反应堆的设计等。但对于最佳估算加不确定性分析的实用性及可靠性并没有全面系统的评估,也未达成共识。在此背景下,2004 年国际经合组织事故管理与分析工作组启动了最佳估算方法、不确定性及敏感性评估(BEMUSE)项目[18],并得到了经合组织核设施安全委员会的认可。该项目积极推动了可靠的最佳估算、不确定性及敏感性分析方法在大破口失水事故分析中的应用。BEMUSE 项目重点关注将不确定性分析方法应用于大破口失水事故分析,主要评估最佳估算加不确定性和敏感性分析方法在积分实验和真实反应堆中的应用能力,最终实现如下目标:

(1) 评估最佳估算方法的实用性、性能及可靠性,特别是在核反应堆安全分析应用中的不确定性评估;

(2) 在上述研究领域达成共识;

(3) 促进监管机构和工业领域应用最佳估算加不确定性分析方法。

为实现上述目标,BEMUSE 项目主要分为两个步骤,每个步骤又包括三个阶段。第一步是执行 LOFT L2-5 实验装置[35]的不确定性和敏感性分析,第二步是针对真实核电站 ZION[36]的大破口事故的不确定性与敏感性分析。其中,LOFT 装置是美国爱达荷国家实验室建立的一个 50MW 压水堆实验装置,以模拟压水堆在失水事故情况下的主要行为,而 LOFT L2 系列实验给出了不同应急堆芯冷却系统条件下发生冷段双端断裂事故的热工水力和燃料特性数据,主要用于压水堆失水事故分析程序的验证与评估。具体信息如下:

步骤一

阶段Ⅰ:对项目参与者所使用的不确定性评估方法的“先验”。包括 10 种不确定性分析方法,其中 9 种方法是基于输入参数不确定性的传播方法,均采用统计抽样方法,另外一种采用输出参数不确定性外推方法。

阶段Ⅱ:对于基于 LOFT L2-5 实验数据定义的国际标准问题第 13 号进行重新分析。通过开展基于 LOFT L2-5 实验数据的大破口失水事故的最佳估算解决计算程序的缩比及不确定性分析能力的相关问题,特别是针对计算节点的选择、稳态结果的评估和时间相关的计算数据与实验数据的定量和定性对比。其中,共 7 种不同的热工水力系统程序用于计算分析和评估。

阶段Ⅲ:针对 LOFT L2-5 的计算结果开展不确定性评估,以给出计算不确定性分析方法适用性、可靠性等的初步结论和改进建议。主要通过与实验数据相比,分析不确定性结果是否包络实验数据以评估不确定性分析方法等。采用敏感性分析技术，寻找影响输出参数最为重要的一些现象和参数，为后续真实核电站大破口事故不确定性分析提供指导和经验。

步骤二

阶段Ⅳ：真实核电站大破口事故的最佳估算分析。基于阶段Ⅱ的经验，模拟ZION核电站的大破口事故，但是没有实验数据作支撑。其主要目标是：通过模拟大破口事故，以重现与真实现象相关的瞬态行为，为下一步采用不同方法和程序量化得到的不确定性结果之间的比较提供一致的、公认的基础。该阶段的计算结果是下一阶段不确定性评估的基础。

阶段Ⅴ：基于阶段Ⅳ获得的基准计算结果，开展ZION核电站大破口失水事故的不确定性与敏感性分析，基本过程与阶段Ⅲ类似。最终希望获得包壳最高温度、上腔室压力、最大峰值包壳温度等的不确定性带，同时通过敏感性分析方法评估所选择的输入参数对上述关键参数的影响，并对比分析程序及计算结果。

阶段Ⅵ：项目各个阶段的主要结果总结及分析、不确定性方法分类说明、给出结论及相关建议，撰写总体项目报告。

本项目中，主要采用了两类不确定性分析方法，一类是基于输入不确定性的传播，另一类是基于输出不确定性的外推。其中，基于输入不确定性的传播方法首先为选定的不确定性参数分配概率分布函数，进而抽样获取输入参数的样本空间，作为计算程序的基本输入，随后进行多次程序计算以获得大量计算结果，对输出结果进行统计分析以获得输出参数的不确定性。程序的计算次数与不确定性输入参数的个数无关，只与样本数和置信水平相关。其中，样本数的选择由Wilks公式确定，而不确定性主要由知识的不准确性和热工水力计算程序的近似引起。该方法应用广泛，但需要合理量化每个变量的不确定性及可能的分布类型。而基于输出参数不确定性外推的方法，需要可用的实验数据做基础，将程序计算结果与实验值进行比较，获取程序计算不确定性，进而进行外推，以得到计算程序对目标研究对象的计算不确定性。与基于抽样统计的输入参数不确定性传播方法相比，该方法不依赖于输入参数的数量和类型，也无需对输入参数的不确定性进行量化，因此理论上可以考虑所有潜在的不确定性因素。但是该方法的应用也存在局限性，首先需要充足完备的实验数据，同时需要假设从实验到真实反应堆的尺度变化对程序计算精度的影响不大等。因此，本项目研究中大部分参与者采用了基于输入参数不确定性传播的方法，只有意大利比萨大学采用了输出不确定性外推的CIAU方法(code with internal assessment of uncertainty)。

来自10个国家的14个研究小组参与了该项目，共使用了6种不同的热工水力计算程序，如RELAP5，TRACE等，经过6年的研究与发展，完成了该项目，其主要成果、结论及相关建议汇总如下：

(1) 认为本项目所采用的不确定性分析方法是成熟的，可应用于LOCA事故分析及许可申请。但应用不同不确定性方法量化同一物理过程计算结果的不确定性时会有差异，而这些差异引起了人们对于不确定性分析方法应用于系统分析程序所获得的不确定性结果有效性的担忧。这些差异可能来源于所使用的不同程序和不确定性方法，其中，应用不同抽样统计方法的差异主要由不同的输入不确定性所致，如输入参数的分布和不确定性范围；应用CIAU方法的差异可能由所使用的不同数据库所致。

(2) 应用基于抽样统计的输入参数不确定性传播方法时，建议不要过度强调样本数量，也就是程序执行的次数，而应该重点关注程序的基准计算，尽管增加程序计算次数，可有效减少不确定性结果的离散度或误差棒。其中，程序模型能否有效传播不确定性的关键是程序得到充分的验证，需结合必要的实验数据和专家经验以确保程序模型计算得到良好的基准结果。更为重要的是，输入参数自身的不确定性及分布类型非常重要，需要深入研究。

(3) 参与者如何使用程序模拟反应堆物理现象同样会给计算结果带来不可忽视的影响，如不同节点的选择、不同系统程序的使用等。但不确定性分析的目的是利用系统程序传播输入参数的不确定性，以量化程序计算结果的不确定性，而不是弥补程序自身或使用程序的缺陷。因此，开展不确定性分析时需首先明确所选择的程序及建立的模型能否真实地模拟反应堆的物理现象。另外，参与者自身认知能力的影响也不可忽略，如定义输入参数的不确定性时，由于对于输入参数缺乏充分认知，为重要的输入参数指定了不合理的不确定性范围等。

(4) 建议：在未来的国际合作研究中，应关注建模不确定性分析方法的研究和量化模型对计算结果不确定性的影响，可基于成熟的实验，对比计算结果与实验数据来评估建模不确定性和方法。另外，为了使不确定性分析结果更可靠且适用，优化程序及发展高精度的程序预测能力是至关重要的。

总体来说，BEMUSE项目的顺利开展，全面评估了最佳估算加不确定性分析方法在压水堆LOCA事故分析中的实用性及可靠性，有助于核电站的许可申请。通过该项目的研究，也积极促进了不确定性分析的快速发展和国际合作，使得最佳估算加不确定性分析方法从压水堆LOCA事故分析中的应用向着更广阔的领域延伸，也促进了不同堆芯建模不确定性研究的发展。

2.2.2 OECD轻水反应堆计算不确定性分析研究项目

在最佳估算加不确定性分析的需求推动下，2005年世界经济合作与发展组织/核能署/核科学委员会(OECD/NEA/NSC)会议上深入讨论了核反应堆建模中的不确定性(uncertainty analysis in modelling，UAM)，并且提议建立相关的专家组和专题讨论会。2006年UAM专题研讨会在意大利比萨大学召开并且确定了以轻水反应堆(LWR)为研究对象，包括压水堆(PWR)、沸水堆(BWR)和水-水动力反应堆(VVER)三种堆芯。针对轻水反应堆的设计、运行和安全分析，OECD/

NEA不确定性分析专家组定义了一系列轻水反应堆建模不确定性分析(OECD LWR UAM)基准问题[37],在一系列实验数据可用、电厂运行细节已经发布的基准练习上鉴定不确定性的传播,同时现有的OECD/NEA/NSC耦合程序瞬态基准分析,如沸水反应堆汽轮机事故停机[38]、压水堆主蒸汽管道破裂[39]等瞬态基准分析也被列入轻水反应堆模型不确定性分析框架中。OECD LWR UAM项目主要实现如下目标:

(1) 确定在稳态和瞬态工况下核反应堆系统的建模不确定性,量化多物理耦合过程中各个计算过程不确定性的影响,包括:

① 中子物理计算;

② 热工水力建模;

③ 燃料行为变化。

(2) 针对上述多物理耦合过程的各个计算过程,鉴定并确定主要的不确定性来源,包括:

① 基础数据,如核数据、几何信息、材料物质参数等;

② 数值计算方法;

③ 物理模型。

(3) 为上述各个物理过程计算开发和测试可传播与量化主要不确定性来源的方法,以实现对多物理耦合过程的不确定性评估。

(4) 开发基准例题整体框架,以实现可用的实验数据和核电站运行数据与分析和数值基准练习相结合。

(5) 在实验数据可获得且可用的情况下,实验数据将用于测试不同物理过程的计算及多物理耦合过程的计算。

事实上,反应堆计算通常采用复杂的计算链,包括精细能谱计算、共振屏蔽计算、栅元组件计算、燃耗计算、全堆物理计算、系统瞬态分析、物理热工耦合计算、燃料管理优化等,其中多个计算环节之间还存在迭代和反馈。对此,OECD LWR UAM的思路可以总结如下:将复杂的物理、热工等多物理耦合的轻水反应堆系统计算细分为不同的步骤,其中每个步骤对于整体耦合系统计算的不确定性都有贡献;对于每一步骤要鉴定清楚输入、输出和假定条件,计算出每一步骤的传播不确定性。进而将每个步骤的不确定性传播到最终耦合系统模型,同时这些步骤应拥有完整可用的电厂运行数据或实验数据以评估计算机程序的计算不确定性。具体框架如下[37]:

第一阶段:中子物理学

Exercise Ⅰ-1:“栅元物理学”——多群微观截面数据库的导出及不确定性(协方差数据库);

Exercise Ⅰ-2:“组件物理学”——少群宏观截面库的导出及不确定性(协方差数据库);

Exercise Ⅰ-3："堆芯物理学"——稳态独立中子物理学计算及不确定性。

第二阶段：堆芯

Exercise Ⅱ-1："燃料物理学"——稳态和瞬态过程中的燃料热特性；

Exercise Ⅱ-2："时间相关中子物理学"——中子动力学和独立燃料燃耗特性；

Exercise Ⅱ-3："棒束热工水力学"——燃料棒束热工水力学特性。

第三阶段：系统

Exercise Ⅲ-1："堆芯多物理"——堆芯物理/热工水力耦合特性(具有特定边界条件下的耦合稳态、耦合燃耗及耦合堆芯瞬态分析)；

Exercise Ⅲ-2："系统热工水力"——热工水力系统特性；

Exercise Ⅲ-3："耦合堆芯系统"——耦合的中子、热工水力堆芯/热工水力系统特性；

Exercise Ⅲ-4：最佳估算加不确定性分析与保守分析计算结果比较。

针对上述基准例题及练习，OECD/NEA LWR-UAM 专家组在 2007 年发布了第一阶段中子物理学计算的基准题定义和支持数据 1.0 版本。经过 6 年左右的研究与经验积累，在 2013 年发布了第一阶段基准定义和支持数据的更新版本 2.1[37]，并建议使用最新的协方差数据库信息等。随后陆续发布了第二阶段堆芯部分的基准定义及支持数据[40]。因为最初推荐参与者使用的是 SCALE 6.0 版本中的 44 群核截面协方差数据，但目前 SCALE 6.2 版本增加了基于 ENDF/B Ⅶ.1 的核数据库和协方差数据库，其中新增了裂变产额、衰变常数等核数据的不确定性信息[41]。2019 年，第二阶段堆芯部分的基准题定义和支持数据 3.0 版本及第三阶段系统部分的基准题定义和支持数据 4.0 版本相继向参与者发布[42]。

其中，第一阶段中子物理学建模不确定性分析的首要研究目标是：量化核数据自身不确定性及其对核反应堆物理计算关键参数计算不确定性的贡献，并将其在后续的堆芯阶段和系统阶段的计算中有效传播，作为核反应堆热工水力计算、瞬态安全分析、系统分析等方面的不确定性分析的基本输入。第一阶段中子物理学建模不确定性分析中，关于核数据不确定性量化与传播的主要结论有：

(1) 在热中子反应堆中，UOX 燃料干净堆芯的有效增殖因子计算不确定性范围为 0.5%～0.6%，其主要贡献来源于 ^{238}U 的辐射俘获反应。究其原因是 UOX 燃料中存在大量 ^{238}U，并且具有很大的俘获截面。同时，有效增殖因子与 ^{238}U 吸收反应的相关系数最大。当考虑燃耗过程时，^{239}Pu 平均裂变中子数反应逐步取代 ^{238}U 的辐射俘获反应成为有效增殖因子计算不确定性的最大贡献者。且有效增殖因子计算不确定性也随着燃耗过程增加，以桃花谷二号沸水反应堆(Peach Bottom Unit-2)为例，在燃耗深度为 60GWd/MTHM 时，有效增殖因子计算不确定性高达 0.891%，其中 ^{235}U，^{238}U，^{239}Pu 相关反应贡献不超过 1.5%，但 ^{149}Sm 贡献高达 16.3%。

(2) 当堆芯采用 MOX 燃料时，堆芯有效增殖因子计算不确定性会增加，如使用MOX燃料时，有效增殖因子计算不确定性约为1%，而UOX燃料对应的计算不确定性范围是0.5%~0.6%。其原因是具有MOX燃料的堆芯能谱更硬，^{238}U非弹性散射反应对计算不确定性贡献增加。同时，^{239}Pu自身不确定性很大，其对于有效增殖因子计算不确定性有重要的贡献，特别是^{239}Pu平均裂变中子数反应。

(3) 温度升高，堆芯有效增殖因子降低，但其计算不确定性增加。究其原因是温度升高，多普勒效应使得有效增殖因子对于^{238}U的辐射俘获反应的敏感性增加，也就是说对于有效增殖因子计算不确定性贡献最大的反应受能谱偏移的影响很大。

(4) 一般来说，堆芯高通量处，功率计算不确定性最大，如VVER堆芯中心区域功率因子计算不确定性接近10%，而TMI-1堆芯中心功率分布不确定性为5.5%~6.0%。但对于基准例题中的沸水堆芯PB-2，其中心功率具有较低的不确定性。

总体来说，OECD轻水反应堆建模不确定性分析项目第一阶段的中子物理计算基准题和支持数据已经完善，经过十几年的发展与研究，参与者提供了大量的关于栅元、组件和稳态堆芯的不确定性分析结果，同时利用最新的核截面、协方差数据和计算工具完成了基准例题的计算与对比，并于2020年发布了第一阶段的总结报告。而第二阶段堆芯计算部分的基准例题及支持数据也基本更新和完善，也有了部分计算结果。而第三阶段系统部分仅完成了基准例题定义及支持数据准备，相关不确定性研究仍在进行中。

2.2.3 IAEA高温气冷堆建模不确定性分析国际协调研究计划

世界范围内高温气冷堆计算不确定性研究开展相对较晚、较少，最新的研究项目是国际原子能机构的高温气冷堆建模不确定性分析国际协调研究计划(IAEA HTGR UAM CRP)。2009年IAEA气冷反应堆技术工作组(GCR-TWG)提议进行关于高温气冷堆建模不确定性分析协调研究计划(CRP)，经过三次IAEA专家咨询会后于2012年2月正式启动[43-44]。其工作思路是：针对自成体系的高温气冷堆计算分析程序和特殊性，借鉴正在进行的OECD/NEA轻水反应堆建模不确定性研究项目经验和思路，开展高温气冷堆建模不确定性的研究。目前参与该协调研究计划的国家和组织包括国际原子能机构、德国、美国、中国、韩国、南非和俄罗斯等。

由于研究范围较广，计算模型较完整，且设计方案具有代表性，两种主要的高温气冷堆堆芯设计方案被选为研究对象和参考堆芯：美国通用原子公司(GA)设计的350MW热功率MHTGR棱柱状模块式高温气冷堆[44]；以德国西门子设计的HTR-MODUL和中国设计的HTR-PM进行融合和简化的250MW热功率的球床模块式高温气冷堆[45-46]。目前参与棱柱状高温气冷堆建模不确定性分析的国家及机构较多，参与球床式高温气冷堆计算模型不确定性分析的国家及机构主要有中国的清华大学、哈尔滨工程大学和南非，而清华大学核能与新能源技术研究院发挥着主要作用。

参考 OECD 轻水反应堆建模不确定性分析思路，IAEA CRP 确定的高温气冷堆建模不确定性研究的思路是：首先将物理、热工、燃耗耦合核反应堆系统的计算分解为不同的阶段，每一阶段对整个耦合系统的不确定性都有贡献，同时要清晰地鉴定每一阶段的输入不确定性、输出不确定性和假设条件。对于每一阶段不确定性的计算要充分考虑所有不确定性的来源，包括两部分：上一阶段传播下来的不确定性及新引入的不确定性。同时要明确鉴定每一步的输出不确定性和传播的不确定性参数。具体分析思路如下：

第一阶段：局部独立模型

Exercise Ⅰ-1："局部中子物理学计算"，该阶段关注多群微观截面数据库的产生、少群宏观截面数据库的产生和堆芯稳态独立中子动力学计算。目标是处理基础核数据的不确定性、核数据和协方差矩阵加工过程及双重非均匀性和自屏效应处理过程的不确定性。其中输入不确定性因素有细群截面协方差数据、制造公差、堆芯填充率、泄漏率、物质材料杂质率等，输出不确定性有无限增殖因子，^{235}U，^{239}Pu，^{238}U 裂变率和俘获率等，传播给下一阶段的不确定性因素为多群截面协方差矩阵和多群截面方差信息、动力学参数。

Exercise Ⅰ-1a："栅元物理"关注多群微观截面库的生成。

Exercise Ⅰ-1b："组件物理"关注少群宏观截面库的生成。

Exercise Ⅰ-2："局部热工水力学计算"。

Exercise Ⅰ-2a："独立热工水力学计算"，关注正常运行状态下燃料热工水力计算模型，主要研究稳态运行情况时、固定冷却剂温度下单个燃料球元件的局部热响应和热排出的不确定性，输入不确定性因素有燃料球功率及功率分布、石墨导热系数、冷却剂温度、对流换热系数、辐射系数、空间尺寸变化，输出不确定性有燃料球元件温度分布、多普勒温度及慢化剂温度。

Exercise Ⅰ-2b：考虑了燃料球元件的精细分布即考虑包覆颗粒的影响，此时输入不确定性因素还应包括包覆颗粒材料特性。

Exercise Ⅰ-3："局部功率激增瞬态情况"，考虑在固定冷却剂温度和一定功率水平下单个燃料球元件功率激增时的瞬态效应，同时不考虑中子反馈效应。输入、输出不确定性因素与 Exercise Ⅰ-2 相同，增加传播不确定性因素为与时间相关的多普勒温度。

第二阶段：全局独立模型

Exercise Ⅱ-1a："堆芯物理"关注临界状态下独立中子计算。

Exercise Ⅱ-1b："堆芯物理"关注无反馈的独立动力学计算。

Exercise Ⅱ-2a："独立热工水力学计算"关注正常运行状态下的堆芯热工水力计算模型。

Exercise Ⅱ-2b："独立热工水力学计算"关注 DLOFC 事故工况下的堆芯热工水力计算模型。

第三阶段：设计计算

Exercise Ⅲ-1："耦合稳态"关注中子物理和热工水力耦合情况下稳态堆芯特性。

Exercise Ⅲ-2："耦合燃耗"关注中子物理、热工水力及燃耗耦合情况下稳态堆芯特性。

第四阶段：安全计算

Exercise Ⅳ-1："耦合堆芯瞬态"关注有边界条件时中子物理和热工水力耦合情况下堆芯瞬态特性。

Exercise Ⅳ-2："耦合系统瞬态"关注堆芯、热工水力耦合情况下反应堆系统瞬态特性。

开展高温气冷堆建模不确定性研究具有一定的优势：用于轻水反应堆建模不确定性分析的核截面数据、工具、方法基本是通用的，如由橡树岭国家实验室(ORNL)开发的 SCALE 程序[41]、德国核设备与反应堆安全研究协会(GRS)开发的 SUSA 程序[47]、SCALE 程序中的 44 群和 56 群核截面协方差矩阵，都可以应用于高温气冷堆计算模型不确定性研究中。但考虑高温气冷堆设计的特殊性，如堆芯物质组成不同、采用石墨慢化、运行温度更高、燃料富集度更高、燃料燃耗更高；建模过程中需要考虑的问题也有很多不同，如包覆颗粒的共振处理、燃料的随机特性包括颗粒随机性、球形燃料的堆积随机性、球流运动的随机性、中子扩散长度长、中子能谱更硬等；另外，高温气冷堆分析程序也具有特殊性，如棱柱状高温气冷堆和球床式高温气冷堆的分析程序几乎完全不同，也几乎完全不同于轻水堆的分析程序。因此开展高温气冷堆建模不确定性研究仍存在较大的挑战。

针对棱柱状高温气冷堆建模不确定性分析，堆芯几何规整，可充分借鉴 OECD 轻水反应堆建模不确定性分析的研究经验，因此，IAEA CRP 项目组在基准定义中对棱柱状高温气冷堆的定义也相对完整。但对于球床式高温气冷堆，其计算框架上有很多特殊之处，在球流运动方面有很多特殊环节存在特殊的不确定性输入和传递方式，而且燃料最高温度的不确定性本身具有很高的关注度、重要性和复杂程度，这些研究重点在最初的 IAEA CRP 基准问题定义中并未包括，因为它与轻水堆、棱柱状高温堆差别太大，并未被别的专家所认识到或找到相应的解决方案。但随着研究的进展，本书作者在深入研究球床模块式高温气冷堆分析程序流程与框架，特别是事故工况下燃料最高温度计算流程的基础上，将其细分为不同的阶段，寻找到了各个阶段的主要输入、输出不确定性参数及传播不确定性参数。同时，在借鉴目前世界上流行的不确定性分析方法的基础上，结合球床模块式高温气冷堆计算不确定性分析的各个阶段特点，确定了球床模块式高温气冷堆计算不确定性分析各个阶段所使用的方法，最终建立了球床模块式高温气冷堆计算不确定性分析框架，如图 2-1 所示。这项工作进一步完善了 IAEA 高温气冷堆建模计算不确定性研究项目。

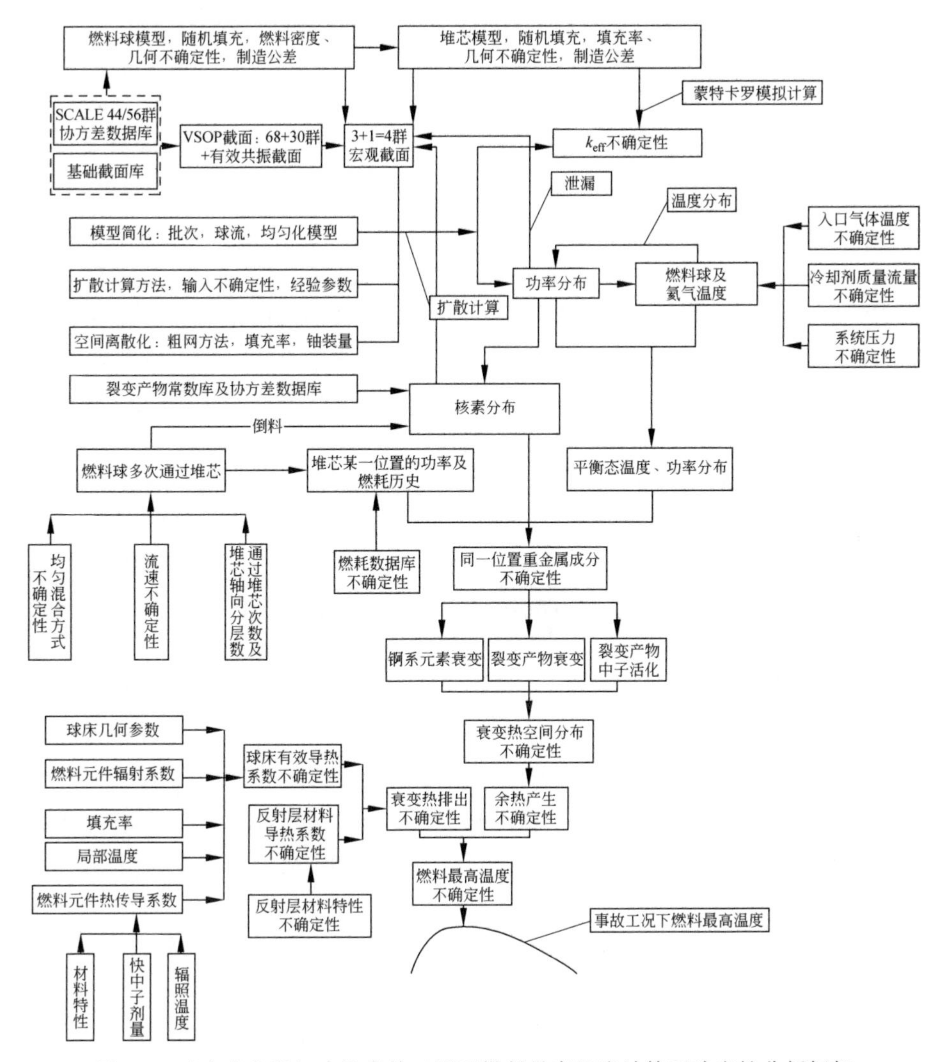

图 2-1　球床式高温气冷堆事故工况下燃料最高温度计算不确定性分析框架

IAEA 高温气冷堆建模计算不确定性研究项目第一期于 2019 年结束，并在 2020 年发布了高温气冷堆物理、热工及燃耗计算不确定性分析技术报告。与 OECD 轻水反应堆建模不确定性分析项目类似，该项目第一阶段及第二阶段的不确定性分析开展较为深入，虽然涉及堆芯热工水力计算、安全分析等不确定性分析，特别是开展了球床高温气冷堆失冷失压事故（depressurized loss of forced cooling）工况下的燃料最高温度计算不确定性分析[48]，但主要研究仍集中在中子物理计算不确定性方面，其中栅元、组件及全堆芯在稳态及燃耗过程中的核数据计算不确定性的量化与传播较为全面。同时，针对球床式高温气冷堆的特殊设计，如燃料颗粒随机排布、燃料球随机堆叠、球流随机性等开展了系统分析[49-51]。针对高温气冷堆建模不确定性分析研究，得出的主要结论总结如下：

(1) 由于核数据存在不确定性，导致堆芯有效增殖因子具有0.5%～0.7%的计算不确定性，其主要贡献来源于^{235}U的平均裂变中子数反应。但由于高温气冷堆中存在大量石墨，石墨的弹性散射反应对于有效增殖因子的贡献也特别突出，并且SCALE程序中的44群和56群协方差数据库中，石墨的弹性散射反应不确定性信息差异很大，因此还需进一步评价和分析。

(2) 与轻水反应堆一致，温度升高，堆芯有效增殖因子降低，其计算不确定性反而增加。但导致有效增殖因子计算不确定性增加的根源不同，以10MW高温气冷堆实验堆为例，温度升高，多普勒效应使得堆芯有效增殖因子对于石墨弹性散射反应的敏感性增加，而轻水反应堆中是对^{238}U的敏感性增加，究其原因就是高温气冷堆中应用了富集度较高的燃料，如10MW高温气冷堆实验堆的燃料富集度高达17%。同时，有效增殖因子计算不确定性也随着燃耗过程增加。

(3) TRISO燃料颗粒的随机排布、燃料球随机堆叠及球流随机性引入的不确定性不是很大，特别是对堆芯有效增殖因子影响较小。而燃料制造公差和几何信息引入较大的计算不确定性。

(4) 由于反应堆运行功率、余热空间分布、余热生成率、球床等效导热系数、石墨基体导热系数、燃料元件热容、反射层导热系数和反射层比热容存在不确定性且对燃料最高温度影响较大，最终使得球床式高温气冷堆失冷失压事故工况下燃料最高温度均值约为1493℃，且具有约5%的计算不确定性，能保证燃料元件最高温度在1620℃以下，确保球床高温气冷堆的固有安全特性。

总之，经过6年的努力，IAEA高温气冷堆建模不确定性国际协调研究计划取得了重要研究进展，第一期项目也顺利结题。但与OECD轻水反应堆建模不确定性研究项目一样，主要成果均集中于反应堆物理方面，且该项目第三阶段和第四阶段的基准定义还不完善，要完成高温气冷堆建模不确定性研究还需要很长时间。

2.2.4 OECD钠冷快堆建模不确定性研究项目

基于轻水反应堆和高温气冷堆建模计算不确定性研究项目经验和基础，2015年OECD核能署启动了钠冷快堆设计、运行和安全分析的建模不确定性研究项目(SFR UAM)，以评估最佳估算程序和核数据不确定性。目前阶段，主要针对3600MW氧化物燃料钠冷快堆和1000MW金属燃料钠冷快堆两种堆芯，在寿期初和寿期末，通过定义一系列与中子学相关的基准练习，以系统地评估核数据在钠冷快堆数值模拟中的影响，进而发展和评估与最佳估算相配套的计算不确定性分析方法和模型[52]。事实上基于较小的模型，可以比较不同方法、模型和核数据得到的计算结果，以明确差异和不确定性的来源。而通过敏感性分析技术，还可以明确对输出不确定性贡献最大的核反应。但如果上述分析在全堆芯尺度开展，由于各种补偿效应，不确定性信息可能被隐藏而不被发现。同时，与压水堆相比，快堆的运行经验很少，因此，开展不确定性分析以确定合适的安全裕度及寻找影响关键参数最重要的不确定性因素进而降低不确定性是至关重要的。另外，为保证新定义的基准练习的有效性，该项目组还包括了部分对中子学、热工水力学、燃料性能和系统的实验验证。其中，详细的中子学基准练习如下。

Exercise Ⅰ-1：燃料栅元模型。针对无限大栅格内的简单燃料栅元模型，研究及量化核数据和计算方法所引入的不确定性。由于模型简单，因此可充分评估不同核截面及协方差数据、用于输运计算、截面自屏、划分能群结构等的不同方法所引起的差异。其中，基于 1000MW 金属燃料钠冷快堆（MET1000）和 3600MW 氧化物燃料钠冷快堆（MOX3600）两种堆芯，定义了两种二维六边形燃料栅元模型。定义的输入不确定性包括：

（1）核数据不确定性，即核数据协方差矩阵；

（2）制造公差，如栅元的几何信息、核素密度等不确定性；

（3）栅元物理计算程序中所使用的方法和建模近似引入的不确定性，包括能群结构的划分与截面自屏方法等。但该基准练习重点在于分析核数据不确定性的影响，而栅元物理计算程序所采用的方法和模型近似所引入的不确定性主要取决于程序自身，本基准练习仅是对比分析采用不同方法和模型时的计算结果。

重点关注的输出包括无限增殖因子及其不确定性、1 群微观截面及不确定性、燃料区的 1 群宏观均匀化截面及不确定性。其中，还需明确对无限增殖因子计算不确定性贡献最大的前 5 种核反应。

Exercise Ⅰ-2：燃料组件模型。针对二维燃料组件，重点研究核数据不确定性及方法对物理计算的影响。同时，该阶段获得不确定性信息是全堆芯物理计算的重要不确定性来源，为了明确核数据不确定性及量化不同方法所引入的可能差异，该基准练习中还需对建模方法及能力进行深入分析。本阶段重点关注核数据不确定性的传播与量化，重点关注的输出信息包括：

（1）无限增殖因子及其计算不确定性，同时需明确对无限增殖因子计算不确定性贡献最大的前 5 种核反应；

（2）均匀化宏观 4 群截面及其不确定性，包括总截面、吸收截面、裂变截面及散射截面等；

（3）反应性系数，主要包括多普勒常数及钠空泡系数。

Exercise Ⅰ-3：超组件模型。与燃料组件模型不同，超组件模型中二维六角形控制棒组件被燃料组件包围，这样可以合理引入代表性的中子能谱。条件允许的情况下建议使用通量体积均匀化截面信息建立周围燃料组件均匀化模型，否则建立燃料组件的精细化模型，但中心的控制棒组件均需要建立精细化模型。针对超组件模型，与基准练习Ⅰ-2 一样，重点研究核数据不确定性及方法对物理计算的影响，同样需要对建模方法及能力进行深入分析。关注重点也是核数据不确定性的传播与量化，输出不确定性与基准练习Ⅰ-2基本一致，只是增加了控制棒价值计算结果的对比。

Exercise Ⅰ-4：反应堆堆芯模型。建立1000MW金属燃料钠冷快堆和3600MW氧化物燃料钠冷快堆的堆芯模型，在全堆芯尺度上研究核数据不确定性及方法对物理计算的影响，特别是核数据不确定性在全堆芯物理计算过程中的传播与量化，最终量化堆芯有效增殖因子的计算不确定性，部分反应性系数的计算不确定性及特定燃料组件的轴向、径向功率分布的计算不确定性。

同时，该项目还定义了部分验证基准练习，将同样的方法应用于验证练习，进而对比计算结果与实验结果，以验证基准练习所使用方法的正确性和有效性。其中，用于验证的基准练习基于国际临界安全基准实验手册中的实验[53]与MET1000和MOX3600燃料组件的相似性评估所建立。另外，该项目的目标之一是希望定义在不同事故工况下的堆芯熔化裕度，要求其在不确定性范围内，因此，不同来源(如计算方法、中子学、热工水力学、燃料行为等)的不确定性一旦被明确和量化后，便传播至后面的环节。为此，该项目先提出了两个简单事故工况以开展不确定性的传播与量化，即无保护超功率瞬态和失流瞬态。最近又新增了一个控制棒提出的基准例题。

目前，该项目的参与者们基于不同的协方差矩阵信息及计算程序，分别采用基于统计抽样和微扰理论的不确定性分析方法，开展了中子学基准练习和部分瞬态练习的不确定性分析，也取得初步结论：

(1) 对于不同关键参数，影响其不确定性的主要核反应不同。其中，^{238}U非弹性散射及^{239}Pu和^{238}U的裂变反应对有效增殖因子的计算不确定性贡献最大；^{238}U非弹性散射反应、^{239}Pu的辐射俘获反应及^{23}Na和^{56}Fe的弹性散射反应对多普勒常数的计算不确定性贡献最大；而^{238}U和^{23}Na的非弹性散射反应、^{238}U的辐射俘获反应、^{239}Pu的裂变反应等对钠空泡系数的计算不确定性贡献最大。

(2) 由于测量方法及模型差异，^{238}U的非弹性散射及^{23}Na的截面信息差异较大，后期需进一步研究。

(3) 核数据不确定性对瞬态行为的影响通常很小，而敏感性分析结果显示多普勒效应及钠密度对瞬态行为影响较大。

尽管OECD钠冷快堆建模不确定性分析项目的参与者们采用不同方法、不同数据和模型开展了一系列中子学相关的基准练习的不确定性分析，但该项目基准练习还需不断完善和优化，可用数据也需进一步分析和挖掘，实现该项目的研究目标，还有很长的路要走。

2.2.5 OECD先进核反应堆系统不确定性及目标精度评估项目

核数据是核能研究、反应堆设计的基础，更是核反应堆系统建模与仿真的基础数据，其自身不确定性在中子物理学计算阶段被引入，随后不断传播至整个核反应堆系统的数值计算过程中。因此,核数据不确定性是反应堆系统重要的不确定性来源。为了发展系统方法以定义先进反应堆系统所需的核数据信息及对世界范围内核数据信息进行全面评价,OECD/NEA 国际合作评估工作组(WPEC)在 2005 年成立了专门研究小组“subgroup 26”,针对第四代反应堆系统,如钠冷快堆、气冷快堆、铅冷快堆、超高温气冷堆等,采用最新的敏感性和不确定性分析方法,重点评估核数据不确定性对反应堆积分参数的影响,如 k_{eff}、反应性系数、功率分布等[54]。同时,确定在第四代反应堆计算精度要求下,核数据需要达到的精度要求,即目标精度评估。

在第一阶段,核数据对反应堆积分参数不确定性的贡献先是基于美国阿贡国家实验室(ANL)开发的协方差矩阵量化的,该协方差矩阵是基于一些积分实验中核数据的性能表现分析得到的。随后的研究中,研究小组“subgroup 26”中的部分参与者共同开发了新的协方差矩阵 BOLNA,基于该协方差矩阵又重新评估了积分参数的不确定性。其中,新的 BOLNA 协方差矩阵由美国布鲁克海文国家实验室(Brookhaven)、橡树岭国家实验室(Oak Ridge)、洛斯阿拉莫斯国家实验室(Los Alamos)、荷兰核研究与咨询公司帕腾研究所(NRG Petten)及美国阿贡国家实验室(Argonne)联合开发。就核数据协方差信息完整性和应用方法而言,BOLNA 协方差矩阵是有优势的。然而,核数据协方差矩阵的制作是一个相对较新的研究领域,尽管 BOLNA 协方差矩阵采用了最先进的技术,但它仍是一个初步的版本,部分信息仍未经系统的验证和评估。

本项目重点关注核数据对积分参数不确定性的贡献,同时,也对部分特殊参数开展了不确定性评估,如裂变谱不确定性、共振参数不确定性对多普勒效应的影响等。然而,所研究的堆芯积分参数不仅与堆芯相关,还与一些重要的燃料循环参数相关。在压水堆中可以开展燃料循环参数的详尽不确定性分析,但对于快堆仍存在挑战,特别是其燃料中包含大量次锕系元素。研究发现,核数据的相关信息,也就是协方差矩阵的非对角线元素,对积分参数不确定性评估的影响很大,因此,制作核数据协方差矩阵时应重点考虑同一核反应不同能群间的相关性、不同核反应间的相关性及不同核素的不同核反应之间的相关性。基于 BOLNA 协方差矩阵信息计算得到的积分参数不确定性在设计可行性研究的初期阶段是可以接受的,除了加速器驱动的次临界系统 ADS 外,其他反应堆堆芯的有效增殖因子的计算不确定性均小于 2%,反应性系数的计算不确定性小于 20%,而功率分布的计算不确定性相对较小。

然而,出于安全性和经济性的考虑,该项目所选择的核反应堆和燃料循环的后期概念设计及优化阶段均需要改进的核数据和方法,以减少裕度。基于此,该项目组提出了初步的“设计目标精度”需求并开展了目标精度评估研究,为核数据的改善方向提供有力的数据支持。比如,当前 BOLNA 协方差矩阵信息中的核数据不确定性,特别是 ^{235}U,^{238}U,^{239}Pu 的裂变反应和俘获反应的不确定性应用于快堆时存在问题，建议大幅度减少^{238}U 的非弹性散射反应、1～500keV 能量区间的^{241}Pu 的裂变反应及^{239}Pu 的俘获反应等不确定性。这些结论对于该研究项目中的所有快堆系统均适用，针对特定系统也有特定的结论，如针对铅冷快堆还需调整铅(Pb)的自身不确定性等。而针对超高温气冷堆，能量小于 400eV 的^{241}Pu 的裂变反应、能量低于 0.5eV 的^{239}Pu 和^{241}Pu 的俘获反应以及碳(C)的俘获和非弹性散射反应自身的不确定性需要改进。同时，核数据目标精度评估表明需要研究有效的方法及详细的分析和评估，以减少核数据的自身不确定性和对积分参数计算不确定性的贡献。

总之，本项目虽然只开展了重要的中子反应截面不确定性对堆芯和燃料循环过程中的重要参数计算不确定性的影响，但制作了新的 BOLNA 协方差矩阵，也为未来的核数据协方差矩阵的制作及核数据的优化提供了重要的思路和数据支撑，进一步拓展了计算不确定性的应用研究。

2.3 核反应堆物理计算不确定性分析及应用

2.3.1 核反应堆物理计算不确定性分析研究现状

事实上，从第一座核反应堆开始，所有核反应堆设计的第一步就是采用不同精度的数值模拟方法开展堆芯中子物理设计，因此，堆芯物理计算是核反应堆系统设计的核心和基础。同时，核反应堆物理计算也是核反应堆系统安全分析的基础，其预测结果的精度、不确定性和置信水平将直接影响核反应堆系统的安全性和经济性评估。分析 2.2 节的国际代表性研究计划可知，无论是对于传统的轻水反应堆，还是较为先进的高温气冷堆和快堆，均已形成了较为完整的不确定性分析的研究框架，然而目前的研究中更多的是关注物理计算的不确定性分析，其计算不确定性分析方法最为成熟，并取得了重要的研究成果，为核反应堆系统全面、深入的不确定性分析提供了重要的基础不确定性数据和分析方法。

对于核反应堆物理计算，其计算输入、计算过程和计算结果均存在不确定性，而不确定性来源主要有三个方面：输入参数不确定性、数学-物理模型简化近似及数值计算方法近似。随着核反应堆堆芯数学物理建模的日趋精细化、高精度数值计算方法的应用日趋广泛，特别是随着高性能计算的快速发展，全堆芯精细化建模和高保真堆芯物理计算也成为现实。因此，数学-物理模型简化近似和数值计算方法近似引入的不确定性大大降低，而输入参数的不确定性成为核反应堆物理计算不确定性分析的重要来源。输入参数的不确定性主要源于数据测量、处理和评价等过程，如核数据、几何尺寸、燃料富集度、物质组成等。而核数据作为反应堆物理计算最为基础的输入数据，其自身不确定性也是核反应堆物理计算最重要的不确定性来源。图 2-2 显示了^{238}U 非弹性散射截面及其自身不确定性，在某些能量段，其相对不确定性高达30%,如此大的不确定性能否被接受,对后续堆芯物理计算及耦合计算的影响有多大,均需要深入的分析和研究。相关研究表明,由于核数据自身存在不确定性,使得热中子反应堆堆芯有效增殖因子具有0.5%~0.6%的计算不确定性。而核数据的不确定性在中子物理计算阶段被引入,随后传播到核反应堆系统的所有计算和安全分析中。分析核数据不确定性对堆芯积分参数的影响,可以明确在特定堆芯中不同核反应对堆芯关键参数的影响,并通过对不确定性的分析或调整,寻找影响结果最重要的不确定性核截面参数,达到改善反应堆安全分析的保守裕度、优化工程设计等效果。因此,核数据不确定性在堆芯物理计算过程中的传播与量化是核反应物理计算不确定性分析的研究热点与重点。目前,核数据不确定性在中子物理热工耦合、中子输运燃耗耦合、中子输运与燃料性能分析耦合等多物理耦合过程中的传播机理及量化受到越来越多的关注与重视。

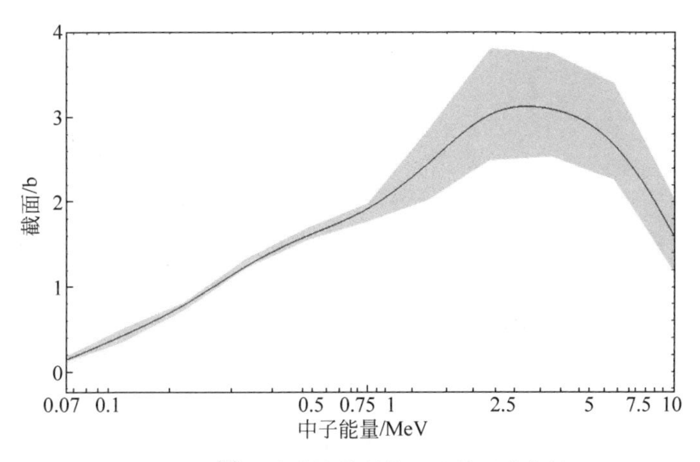

图 2-2　^{238}U 非弹性散射截面及其不确定性

针对核反应堆物理计算不确定性分析,国际上开展了广泛、深入的研究,主流的研究方法主要分为两类:基于抽样统计理论的不确定性分析方法和基于微扰理论的不确定性分析方法。基于抽样统计的不确定性分析方法在不确定性分析领域应用得最为广泛,在输入参数概率分布已知的情况下,通过随机抽样的方式获取表征输入参数不确定性的样本空间,进而将这些样本作为核反应堆物理仿真计算的输入,以执行多次物理计算,并通过计算模型传播不确定性,最后对计算模型的输入、输出数据进行统计加工,得到数学方差、标准差、不同输入输出间的相关信息等,以进行基础的不确定性分析与量化,如图2-3所示。基于抽样统计理论的不确定性分析方法的优势在于输入参数不确定性分析对计算模型或仿真系统的依赖性较小,计算模型通常被视为“黑匣子”,开展不确定性分析无须对其源程序进行修改,因此,该方法适用性强;同时,该方法是基于输入参数的概率分布函数对输入参数进行抽样,抽样及计算过程对物理系统不作低阶近似处理,因此,该方法传播和量化的不确定性结果无低阶近似。但是,为了获取可靠的不确定性量化结果,基于抽样统计理论的不确定性分析方法往往需要大量地重复模型计算，特别是应用高保真计算模型时，计算耗时特别严重。因此，研究高效的抽样方法及降维技术，以用尽量少的样本空间最大限度地表达输入参数的不确定性信息及输入参数间的相关信息，以减少模型的计算次数，是近些年核反应堆物理计算不确定性分析领域的另一研究热点[55-56]。另外，由于安全许可要求给出堆芯物理参数的不确定性边界，即不确定性结果的置信度和容许区间，采用该方法需要的模型计算次数可根据非参数估计理论确定。由于该方法的适用性强，针对核反应堆物理计算不同的不确定性输入，如核数据、制造公差、几何参数等，在核反应堆物理计算的各个环节，如共振计算、中子输运计算、燃耗计算、耦合计算等，均可采用基于抽样统计理论的不确定性分析方法开展核反应堆物理计算不确定性分析。

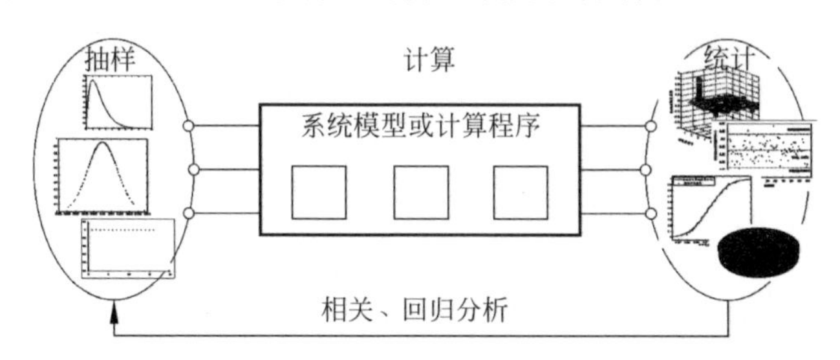

图 2-3　基于抽样统计理论的不确定性分析示意图

核反应堆物理计算的各个环节，如共振计算、中子输运或扩散计算、燃耗计算，其输入参数与输出参数或系统响应之间能够建立性质良好的数学方程，这些方程的共轭方程也存在并且容易求解。基于此，可应用微扰理论获取堆芯物理系统响应对输入参数的灵敏度函数，特别是对核截面数据的灵敏度系数，进而应用“三明治”公式量化堆芯物理系统响应的不确定性。因此，核反应堆物理计算不确定性分析领域发展了成熟的基于微扰理论的不确定性分析方法。针对该方法的学术名称有很多，例如，一阶不确定性量化或传播法、基于敏感性分析法、敏感性/不确定性、确定论分析法、误差传递公式等。虽然一直没有达成共识，但其核心都是假设堆芯物理积分参数或响应与输入参数是线性关系。事实上，核反应堆堆芯物理计算中堆芯响应与输入参数间具有很强的线性度，以此为基础，计算堆芯物理系统响应对于输入参数的灵敏度系数。灵敏度系数，又可称作敏感性系数，通常采用微扰理论来求解，但微扰理论对于不同的系统响应有不同的形式和处理方式。例如，对于特征值的敏感性分析，经典微扰理论和广义微扰理论均可采用，而对于具有双线性比率形式、反应率比率形式及归一化通量线性函数的响应，经典微扰理论将失效，需要采用广义微扰理论来求解不同堆芯物理系统响应对输入参数的灵敏度系数。表 2-1 给出了广义微扰理论可处理的部分系统响应[57]。此方法的优势在于只需要较少的模型测试与计算，即可直接获取堆芯系统响应对输入参数的灵敏度系数，进而量化堆芯物理系统响应的不确定性。但是，灵敏度系数的求解基于微扰理论，需要建立并求解对应的共轭方程，即需要修改物理系统求解程序并增加共轭中子通量或广义中子共轭通量密度的求解功能。因此，对物理系统求解源程序依赖性大，导致该方法适用性降低。同时，对于非线性系统，如物理热工耦合计算，此方法的应用存在极大的挑战。目前，基于微扰理论的不确定性分析方法主要应用于核数据不确定性的传播与量化，而关心的堆芯积分参数也主要集中在特征值、反应率、组件少群宏观截面、功率峰值等。

表 2-1　广义微扰理论可处理的部分堆芯物理系统响应

响　应	因变量	计算类型
功率峰值	中子通量	稳态特征值
控制棒价值	中子通量及共轭通量	稳态特征值
增殖比	中子通量	稳态特征值
反应率	中子通量	稳态特征值
点堆方程动态参数	中子通量及共轭通量	稳态特征值
慢化剂空泡份额	中子通量及共轭通量	稳态特征值
吸收剂量	中子及 gamma 通量	屏蔽
材料损伤	中子及 gamma 通量	屏蔽

同时，直接数值扰动方法通过差商求解偏导的方式也可求解堆芯物理系统响应对于输入参数的灵敏度系数[58]。该方法只需对输入参数进行指定大小的微扰，如±1%，然后分别开展堆芯物理计算获取相应的响应值，以计算灵敏度系数。虽然该方法中物理计算系统也被视为“黑匣子”，具有适用性强等优势，但是当输入参数较多时，需要逐个对输入参数进行微扰，进而开展敏感性和不确定性分析，不仅计算量巨大，而且烦琐。事实上，直接数值扰动方法通常被作为对标检验的方法，以验证基于微扰理论的灵敏度系数结果的正确性。

基于微扰理论的不确定性分析方法的基础在于首先获取中子物理方程的前向通量和共轭方程的共轭通量。针对求解中子物理方程的确定论方法和多群蒙特卡罗方法，可直接、便捷地建立共轭中子物理方程进而求解该方程获取共轭信息，因此可直接应用微扰理论求解灵敏度函数，进而开展不确定性分析。但针对连续能量的蒙特卡罗方法及程序，由于转置连续能量中子散射算符的复杂性及对截面的大量预处理[59]，通过求解共轭中子物理方程以获取共轭信息的流程将无法应用。针对上述问题，在使用连续能量蒙特卡罗方法开展特征值对于核数据敏感性分析的研究领域，广泛采用反复裂变概率法。该方法的数学物理基础在于：针对一个临界反应堆，在相空间某个点的共轭通量正比于引入相空间这个点的一个中子所引起的裂变中子的稳定状态的数目[60]，即反复裂变概率。因此，该方法允许通过前向计算直接求解共轭通量，不需要建立额外的共轭中子物理方程。但该方法内存占用严重，为改进该问题，相关学者提出了反复裂变概率法的数据分解策略、伴随维兰德法等[61-62]。同时,还有学者提出了与贡献相关的、通过经迹重要性描述的特征值敏感性/不确定性估计方法(CLUTCH)[63]及基于裂变的CLUTCH法[61]。而针对广义响应的敏感性分析,如增殖比、点堆方程动态参数等,有学者提出了蒙特卡罗方法的广义共轭响应法(GEAR-MC)[64],该方法是本书调研到的迄今为止唯一的在连续能量蒙卡程序使用广义共轭方程的方法,其余的方法均绕过了广义共轭通量的求解。该方法直接在前向计算中求解广义共轭通量加权的反应率,从而得到广义敏感性系数,无须执行广义共轭中子物理计算。然而,该方法的内存占用与需要进行敏感性分析的响应的数量以及蒙卡每代模拟的粒子数成正比。为了降低该方法的内存占用,相关学者又提出了基于CLUTCH法的GEAR-MC法、基于维兰德方法的GEAR-MC法、碰撞超历史法[61]等。

上述核反应堆物理计算不确定性分析所采用的方法,可以统称为输入参数不确定性传播方法,即该类方法将输入参数的不确定性通过计算模型传播给输出参数。应用该方法,首先需要确定输入参数的不确定性区间或者概率分布函数,但是不可避免地引入了计算模型的不确定性,且模型不确定性与输入参数不确定性一起传播,同时,该方法需要提供所有可能的不确定性来源。因此,可能存在不确定性的遗漏或低估。但是,目前核反应堆物理计算不确定性分析中仍主要采用输入参数不确定性传播方法。基于上述不确定性分析方法,国际上也开发了相应的分析程序,主要的堆芯物理不确定性分析程序见表2-2。总体来说,核反应堆物理计算不确定性分析在世界范围内是研究热点,国际上很早开展了核反应堆物理计算不确定性分析的相关研究工作,不确定性分析方法和程序已基本成熟,研究对象也从传统的轻水反应堆扩展到各种新型核反应堆,但需要结合具体分析的堆芯的设计和特点开展深入研究以提高方法和程序的适用性和实效性。

相比国外的研究现状,国内在核反应堆物理计算不确定性分析方面的研究工作起步较晚,在不确定性分析方法、研究内容及程序开发方面与国际先进水平还存在一定的差距。但近十年也取得了重要进展,研究堆芯覆盖轻水反应堆、高温气冷堆、钠冷快堆等,研究内容涉及传统不确定性分析方法的应用、先进不确定性分析方法的研究、自主化计算不确定性分析程序开发及验证等。同时,在核反应堆物理计算的各个环节,如共振计算、中子输运或扩散计算、燃耗计算、屏蔽计算、堆芯特殊设计等,也较系统地开展了计算不确定性分析,特别是核数据不确定性的传播与量化。一些代表性的研究汇总如下。

清华大学REAL实验室研究了连续能量蒙卡输运计算特征值对核数据敏感性分析方法、广义敏感性分析方法及一体化快速随机抽样流程,基于此,在自主化连续能量RMC蒙卡程序中开发了适用于输运和燃耗计算的核数据不确定性与敏感性分析模块,并对OECD轻水反应堆建模不确定性研究项目中的基准练习进行了计算分析,包括沸水堆全堆输运计算和压水堆栅元燃耗计算。

表 2-2　国内外主要的核反应堆物理计算敏感性/不确定性分析程序概况

程　序	开发者	敏感性及不确定性分析方法	是否基于共轭通量	输运求解方法	可以处理的响应	备　注
FORSS[65]	美国橡树岭国家实验室	一阶微扰理论、"三明治"公式	是	离散纵标法	增殖因子、反应率	主要应用于快堆或快堆装置，只考虑显示效应
TSUNAMI（1D, 2D,3D）[66-67]	美国橡树岭国家实验室	微扰理论、CLUTCH IFP、"三明治"公式	是	离散纵标法、蒙特卡罗法	增殖因子、少群截面、反应率等	实现对隐式效应的分析
CASMO-4[68]	芬兰国家技术研究中心	一阶微扰理论、"三明治"公式	是	特征线法	增殖因子、组件少群常数	应用于压水堆组件层面
ERANOS[69]	欧洲原子能研究中心	一阶微扰理论、"三明治"公式	是	变分节块法、离散纵标法	增殖因子、任意通量或共轭通量的线性泛函等	主要应用于快堆分析
SAMPLER[70]	美国橡树岭国家实验室	抽样统计方法	否	—	物理计算感兴趣的参数	与 SCALE 软件包相关程序耦合
SUSA/ XSUSA[71]	德国核设备与反应堆安全研究协会	抽样统计方法	否	—	物理计算感兴趣的参数	通过文本或程序接口可与多种输运程序连接
DAKOTA[72]	美国桑迪亚国家实验室	抽样统计方法	否	—	物理计算感兴趣的参数	通过文本或程序接口可与多种输运程序连接
NECP 系列软件[26-27,29]	西安交通大学 NECP 实验室	一阶微扰理论、抽样统计方法	是 否	特征线法、离散纵标法、变分节块法	增殖因子、少群截面、原子核密度、功率分布等 物理计算感兴趣的参数	可用于压水堆组件、全堆芯及快堆物理计算不确定性分析、隐式效应分析等
RMC[61]	清华大学 REAL 实验室	改进的 IFP、CLUTCH 方法，"三明治"公式	是	蒙特卡罗法	增殖因子、反应率比	提出若干种内存优化减少方案等
CUSA[55]	清华大学核能与新能源技术研究院及哈尔滨工程大学核科学与技术学院	抽样统计方法	否	—	物理计算感兴趣的参数	提出部分高效抽样方法，可直接调用其他计算程序

清华大学核能与新能源技术研究院和哈尔滨工程大学核科学与技术学院针对IAEA高温气冷堆建模不确定性分析国际协调研究计划中的球床式高温气冷堆，建立了球床模块式高温气冷堆计算不确定性的整体分析框架，并研究了高效的基于抽样统计理论的不确定性分析方法、基于微扰理论的不确定性分析方法、针对堆芯特殊设计的不确定性分析方法和燃料球多次通过堆芯模式下不确定性传播的方法。基于此，开发了自主化不确定性和敏感性分析软件CUSA和VSOP-UAM，并系统开展了球床式高温气冷堆物理计算不确定性分析，包括核数据不确定性在球床式高温气冷堆不同计算环节的传播与量化、堆芯特殊设计引入的不确定性及对核数据不确定性传播的影响、堆芯物理计算不确定性对堆芯安全分析的影响，特别是对事故工况下燃料最高温度计算不确定性的影响及贡献等。

针对轻水反应堆建模计算不确定性分析，哈尔滨工程大学核科学与技术学院进一步研究了基于抽样统计理论的高效不确定性传播方法及基于微扰理论的不确定性分析方法，并升级优化了CUSA程序及开发了HNET-SU程序，特别是重点开展了控制棒价值计算不确定性分析方法研究，量化了核数据、几何参数及燃料富集度等不确定性输入对控制棒价值计算不确定性的贡献。

西安交通大学NECP实验室系统地研究并发展了基于微扰理论及抽样统计理论的敏感性及不确定性分析方法，基于此，开发了一系列自主化计算不确定性分析程序，如NECP-SUNDEW，NECP-COLEUS及UNICORN。针对压水堆，分别开展了共振计算、组件计算、热态零功率堆芯计算和首循环堆芯跟踪计算、燃耗计算的不确定性分析，重点研究了核数据的不确定度对各个计算环节重要参数计算不确定性的贡献；针对钠冷快堆，实现了对基准实验装置和中国示范快堆的敏感性和不确定性分析，量化了核数据对堆芯有效增殖因子计算不确定性的贡献等。

中国原子能科学研究院基于一阶微扰理论和一维SN程序开发了SENS程序，针对简单的基准实验装置的有效增殖因子开展敏感性和不确定性分析，主要为核数据库的评估和优化提供必要的基础数据，同时还研究了核数据不确定性对ADS系统有效增殖因子的影响。北京应用物理与计算数学研究中心部分研究员同样基于一阶微扰理论和一维SN程序，开发了SURE程序，可实现特征值的敏感性和不确定性分析。华北电力大学核科学与工程学院相关学者基于抽样统计的不确定性分析方法开展了中子活化计算不确定性分析及核数据不确定性的传播与量化。另外，国内其他核能研究机构及相关高校，或采用国际通用的不确定性分析软件，或采用自主开发的软件，均在不同程度上开展了或正在开展针对特定堆芯或装置的计算不确定性分析的相关研究。

总之，核反应堆物理计算不确定性分析在世界范围内仍是一个较新的研究方向，不确定性分析方法和工具已基本成熟，但仍存在一定的近似处理和待完善之处，需要结合具体分析堆芯的特殊设计和特点开展深入研究以提高方法和工具的适用性和实效性。同时，研究内容更多关注轻水反应堆热态零功率堆芯计算层面，虽然燃耗过程、热工反馈效应等的堆芯物理计算及先进堆芯物理计算不确定性分析刚刚起步，还需深入研究，但是基本的不确定性分析方法是通用的。

2.3.2 核反应堆物理计算不确定性分析的应用

随着堆芯物理计算的快速发展，要求在高保真建模与仿真计算结果的基础上，提供数值模拟结果的计算不确定性，二者具有同等重要的价值，不确定性分析已经成为现代核反应堆物理分析的重要环节。因此，核反应堆物理计算不确定性分析的主要应用在于量化堆芯关键参数的不确定性，其中不确定性分析综合评估各个环节存在或新引入的不确定性和误差的影响，以对最佳估计预测值的不确定性进行综合预测和评价，而敏感性分析用于鉴定特定输入参数的不确定性对最佳估计预测值不确定性的贡献。由于不确定性分析可以给出最佳估计预测值的不确定性和置信度，因此使得核反应堆物理数值模拟结果更加可信，并通过对不确定性参数的分析与调整，可以在保证安全的前提下优化堆芯设计和运行参数，使核能系统具有提高经济性的潜力。

核反应堆物理计算不确定性分析不局限于只给出堆芯物理关键参数的不确定性，同时还被广泛地应用在堆芯物理计算程序的验证与确认、指导实验优化、目标精度估计及核数据的调整和改善等。在反应堆物理计算研究领域，计算程序应用于核反应堆的工程设计和分析之前，需要经过严格的程序验证与确认过程。其中，程序确认的目标在于检验程序所使用的数学物理模型和输入参数是否真实地反映物理过程的本质，传统是与基准实验装置的测量结果对比以开展程序确认工作。但是，基准实验装置的建造与实验的开展，均需投入大量的人力、物力、财力及时间，也无法满足新型反应堆的快速发展需求。而以核反应堆物理计算不确定性和敏感性分析为基础，开展相似性分析，可以确定已有的基准实验装置和新型核反应堆系统之间在中子物理学层面上的相似程度，进而对核反应堆系统堆芯关键物理参数进行最佳估计预测，以用于中子物理计算程序的确认过程。同时，核数据的不确定性天然存在，通过微观实验装置测量的方法短时间内无法显著提高其精度，同时也无法完全消除测量误差，而基于核反应堆物理计算不确定性与敏感性分析方法，可以明确核数据对于关键参数不确定性的贡献及寻找对关键参数计算不确定性影响最大的核反应，为核数据的调整和改善提供指导性的方向和数据支撑，进而采用贝叶斯理论、广义线性最小二乘算法等调整核数据。上述的相似性分析和核数据调整，均以核反应堆物理计算不确定性和敏感性分析为基础，国际上已开展了大量的研究，并将两者结合应用于对核反应堆物理计算程序的确认过程中，而国内在该方面的研究刚刚起步。

参考文献

[1] US NRC,10 CFR part 50.46 Acceptance criteria for emergency cooling systems for light water nuclear power reactors and App. K,ECCS evaluation models[S]. US NRC,1994.

[2] 冉旭,张晓华,李捷,等. 核电厂最佳估算加不确定性分析方法研究综述[J]. 科技视界,2015(24):11-13.

[3] US NRC. Compendium of ECCS research for realistic LOCA analysis: US NRC report NUREG-1230[R]. Office of Nuclear Regulatory Research,Division of Systems Research,Washington,DC: US NRC,1988.

[4] US NRC,10 CFR Part 50. Emergency core cooling systems,revisions to acceptance criteria [N]. US Federal Register,1988,53(180)

[5] D'AURIA F. Best estimate plus uncertainty (BEPU): Status and perspectives[J]. Nuclear Engineering and Design,2019,352: 110-190.

[6] First Energy Nuclear Operating Company. Beaver valley power station extended power uprate licensing report: FENOC report 6517-fm. doc-092304[R]. Akron,Ohio,2004.

[7] IAEA. Accident analysis for nuclear power plants: IAEA safety reports series[R]. Vienna (A): IAEA,2002.

[8] IAEA. Best estimate safety analysis for nuclear power plants: Uncertainty evaluation: IAEA safety reports series[R]. Vienna (A): IAEA,2008.

[9] IAEA. Deterministic safety analysis for nuclear power plants: SSG-2[R]. Vienna,Austria: IAEA,2010.

[10] UNIPI-GRNSPG. A Proposal for performing the Atucha Ⅱ accident analyses for licensing purposes-The BEPU report-Rev: 3[R]. Pisa (I): UNIPI-GRNSPG,2008.

[11] GLAESER H, et al. GRS analyses for CSNI uncertainty methods study (UMS) [Z]. Report on The Uncertainty Methods Study,1998.

[12] D'AURIA F,et al. UMAE application: Contribution to the OECD CSNI UMS[Z]. Report on The Uncertainty Methods Study,1998.

[13] SWEET W D,NEILL P A. AEA technology analyses for the CSNI uncertainty methods study (UMS) [Z]. Report on The Uncertainty Methods Study,1998.

[14] OUNSY M, et al. IPSN for the UMS [Z]. Report on The Uncertainty Methods Study,1998.

[15] LAGE C,et al. ENUSA contribution to UMS report[Z]. Report on The Uncertainty Methods Study,1998.

[16] On best-estimate methods in nuclear installation safety analysis (BE-2000) IX. ANS Int Meet,Washington D. C. (US),2000.

[17] On best-estimate methods in nuclear installation safety analysis (BE-2004) IX. ANS Int Meet,Washington D. C. (US),2004.

[18] GLAESER H. BEMUSE phase 6 report-status report on the area,classification of the methods,conclusions and recommendations: CSNI Report[R]. Paris (F): CSNI,2010.

[19] IVANOV K,AVRAMOVA M,KAMEROW S,et al. Benchmarks for uncertainty analysis

in modelling (UAM) for the design, operation and safety analysis of LWRs-volume I: Specification and support data for neutronics cases (phase I) [R]. Organisation for Economic Co-Operation and Development, 2013.

[20] D'AURIA F, BOUSBIA S A, GALASSI G M, et al. Neutronics/thermal-hydraulics coupling in LWR technology-CRISSUE-S WP2: State-of-the-art report[R]. OECD/NEA, 2004.

[21] REITSMA F, STRYDOM R, TYOBEKA B, et al. The IAEA coordinated research program on HTGR reactor physics, thermal-hydraulics and depletion uncertainty analysis: Description of the benchmark test cases and phases [R]. Proceedings of the 6th International Topical Meeting on High Temperature Reactor Technology (HTR 2012), Tokyo, Japan, 2012.

[22] OECD/NEA Benchmark for uncertainty analysis in best-estimate modeling (UAM) for design, operation and safety analysis of SFRs-third meeting (SFR-UAM-3) [R]. OECD Nuclear Energy Agency, 2017.

[23] SALVATORES M, JACQMIN R. Uncertainty and target accuracy assessment for innovative systems using recent covariance data evaluations: OECD/NEA WPEC subgroup 26 final report[R]. OECD NEA/WPEC, ISBN 978-92-64-99053-1, 2008.

[24] http://www.nineeng.com/bepu/.

[25] 郝琛.球床式高温气冷堆计算不确定性研究[D].北京：清华大学，2014.

[26] 刘勇.基于微扰理论的反应堆物理计算敏感性与不确定性分析方法及应用研究[D].西安：西安交通大学，2017.

[27] 杨超.燃耗计算不确定性计算方法及其在核废料嬗变分析中的应用研究[D].西安：西安交通大学，2016.

[28] 王黎东.球床高温气冷堆核数据不确定性分析方法研究与应用[D].北京：清华大学，2018.

[29] 万承辉.核反应堆物理计算敏感性和不确定性分析及其在程序确认中的应用研究[D].西安：西安交通大学，2018.

[30] 李冬.最佳估算模型的不确定性量化方法研究及再淹没模型评估的应用[D].上海：上海交通大学，2017.

[31] 刚直.核截面引起积分参数 k_{eff} 不确定度的一维分析程序开发[D].北京：中国原子能科学研究院，2006.

[32] 刘萍.核数据不确定性对 ADS 系统 k_{eff} 等积分量的影响和 WIMS82 群库的研制[D].北京：中国原子能科学研究院，2004.

[33] 黄彦平.反应堆大型热工水力分析程序计算结果不确定性的来源与对策[J].核动力工程，2000，21(3)：248-252.

[34] 丘意书.基于 RMC 的核数据敏感性与燃耗不确定度分析方法研究[D].北京：清华大学，2017.

[35] BAYLESS P D, DIVINE J M. Experiment data report for LOFT large break loss-of-coolant experiment L2-5 [R]. NUREG/CR-2826, EGG-2210, 1982.

[36] Simulation of a LB-LOCA in ZION nuclear power plant: BEMUSE phase IV report [R]. 2008.

[37] IVANOV K, AVRAMOVA M, KAMEROW S, et al. Benchmark for uncertainty analysis in modelling (UAM) for design, operation and safety analysis of LWRs, Volume 1:

Specification and supporting data for neutronics cases (Phase I) Version 2. 1 (Final Specifications)[S]. NEA/NSC/DOC (2013)7,2013.

[38] SOLIS J,IVANOV K,SARIKAYA B,et al. Boiling water reactor turbine trip (TT) benchmark: Final specifications[S]. OECD/NEA/NSC/DOC (2001)1,2001.

[39] IVANOV K N,BEAM T M,BARATTA A J,et al. Pressurised water reactor main steam line break (MSLB) benchmark Volume I: Final specifications[S]. OECD/NEA/NSC/DOC (99)8,1999.

[40] HOU J,BLYTH T,PORTER N. Benchmark for uncertainty analysis in modeling (UAM) for design,operation and safety analysis of LWR Volume II: Specification and support data for the core cases (phase II) [S]. OECD,2017.

[41] REARDEN B T,JESSEE M A. Scale code system,ORNL/TM-2005/39,Version 6. 2. 1, Oak Ridge National Laboratory: Available from radiation safety information computational center as CCC-834 [Z]. Oak Ridge,Tennessee,2016.

[42] HOU J,AVRAMOVA M,IVANOV K. Benchmark for uncertainty analysis in modeling (UAM) for design,operation and safety analysis of LWR Volume III: Specification and support data for the system cases (phase III) [S]. OECD,2017.

[43] REITSMA F. IAEA Coordinated research project on HTGR physics,thermal-hydraulics, and depletion uncertainty analysis,PBR 250MW Benchmark Definition[S]. IAEA,2012.

[44] STRYDOM G,BOSTELMANN F. IAEA Coordinated research project on HTGR physics, thermal-hydraulics, and depletion uncertainty analysis, prismatic HTGR benchmark definition: Phase I[S]. INL/EXT-15-34868,2015.

[45] NEYLAN A J,GRAF D V,MILLUNZI A C. The modular high temperature gas-cooled reactor (MHTGR) in the U. S. [J]. Nuclear Engineering and Design, 1988, 109(1-2): 99-105.

[46] ZHANG Z,WU Z,WANG D,et al. Current status and technical description of Chinese 2×250 MW_{th} HTR-PM demonstration plant[J]. Nuclear Engineering and Design,2009, 239(7): 1212-1219.

[47] KLOOS M,HOFER E. SUSA-PC,a personal computer version of the program system for uncertainty and sensitivity analysis of results from computer models,version 3. 2,user's guide and tutorial[Z]. Gesellschaft fürAnlagenund Reaktorsicherheit,1999.

[48] HAO C,LI P,SHE D,et al. Sensitivity and uncertainty analysis of the maximum fuel temperature under accident condition of HTR-PM[J]. Science and Technology of Nuclear Installations,2020,9235783.

[49] HAO C,LI F,GUO J,et al. Quantitative analysis of uncertainty from pebble flow in HTR [J]. Nuclear Engineering and Design,2015,295: 338-345.

[50] HAO C,LI F,GUO J,et al. Uncertainty and sensitivity analysis of filling fraction of pebble bed in pebble bed HTR[J]. Nuclear Engineering and Design,2015,292: 123-132.

[51] CHENG Y,HAO C,LI F. Uncertainty quantification of fuel pebble model and its effect on the uncertainty propagation of nuclear data in pebble bed HTR[J]. Annals of Nuclear Energy,2020,139.

[52] RIMPAULT G,BUIRON L,STAUFF E N,et al. Current status and perspectives of the OECD/NEA sub-group on uncertainty analysis in modelling (UAM) for design,operation

and safety analysis of SFRs (SFR-UAM) [R]. Bepu: OECD/NEA,2018.

[53] NEA. International handbook of evaluated reactor physics benchmark experiments[Z]. NEA-1765/11,2015.

[54] SALVATORES M,JACQMIN R. Uncertainty and target accuracy assessment for innovative systems using recent covariance data evaluations: OECD/NEA WPEC subgroup 26 final report[R]. OECD NEA/WPEC,2008.

[55] DU J,HAO C,MA J,et al. New strategies in the code of uncertainty and sensitivity analysis (CUSA) and its application in the nuclear reactor calculation[J]. Science and Technology of Nuclear Installations,2020,6786394.

[56] HUANG D. Exploratory study into the interaction between modeling and cross section uncertainties in neutronic calculations [D]. West Lafayette: Purdue University,2019.

[57] WILLIAMS M L. Perturbation theory for nuclear reactor analysis[M]. CRC Handbook of Nuclear Reactors Calculations,1986,3: 63-188.

[58] BALL M. Uncertainty analysis in lattice reactor physics calculations [D]. Hamilton: McMaster University,2012.

[59] HOOGENBOOM J E. Methodology of continuous-energy adjoint Monte Carlo for neutron, photon, and coupled neutron-photon transport [J]. Nuclear Science and Engineering the Journal of the American Nuclear Society,2003,143(2): 99-120.

[60] KIEDROWSKI B C,BROWN F B. Adjoint-based k-eigenvalue sensitivity coefficients to nuclear data using continuous-energy Monte Carlo[J]. Nuclear Science and Engineering the Journal of the American Nuclear Society,2013,174(3): 227-244.

[61] 丘意书.基于 RMC 的核数据敏感性与燃耗不确定度分析方法研究[D].北京:清华大学,2017.

[62] CHOI S H,SHIM H J. Efficient estimation of adjoint-weighted kinetics parameters in the Monte Carlo Wielandt calculations. PHYSOR 2014—The role of reactor physics toward a sustainable future[R]. The Westin Miyako,Kyoto,Japan,2014.

[63] PERFETTI C M. Advanced Monte Carlo methods for eigenvalue sensitivity coefficient calculations[D]. Ann Arbor: the University of Michigan,2012.

[64] PERFETTI C M,REARDEN B T. Development of a generalized perturbation theory method for sensitivity analysis using continuous-energy Monte Carlo methods[J]. Nuclear Science and Engineering,2016,182: 354-368.

[65] WEISBIN C R,MARABLE J H,LUCIUS J L,et al. Application of FORSS sensitivity and uncertainty methodology to fast reactor benchmark analysis [J]. Transactions of the American Nuclear Society,1976,24.

[66] REARDEN B T,WILLIAMS M L,JESSEE M A, et al. Sensitivity and uncertainty analysis capabilities and data in SCALE[J]. Nuclear Technology,2011,174 (2): 236-288.

[67] PERFETTI M C,REARDEN B T. Continue-energy Monte Carlo methods for calculating generalized response sensitivities using TSUNAMI-3D [R]. Kyoto, Japan: PHYSOR, 2014.

[68] PUSA M. Perturbation-theory-based sensitivity and uncertainty analysis with CASMO-4 [J]. Science and Technology and Nuclear Installations,2012 (2): 247-252.

[69] ALMIOTTI G,SALVATORES M. Developments in sensitivity methodologies and the

validation of reactor physics calculations [J]. Science and Technology and Nuclear Installations, 2012, 373(2): 727-736.

[70] WILLIAMS M, WIARDA D, SMITH H, et al. Development of a statistical sampling method for uncertainty analysis with SCALE[R]. Tennessee, USA: PHYSOR, 2012.

[71] AURES A, BOSTELMANN, HURSIN M, et al. Benchmarking and application of the state-of-the-art uncertainty analysis methods XSUSA and SHARK-X [J]. Annals of Nuclear Energy, 2017, 101: 262-269.

[72] ADAMS B M, EBEIDA M S, ELDRED M S, et al. Dakota, A multilevel parallel object-oriented framework for design optimization, parameter estimation, uncertainty quantification, and sensitivity analysis [R]. Albuquerque, USA: Sandia National Laboratories, 2014.

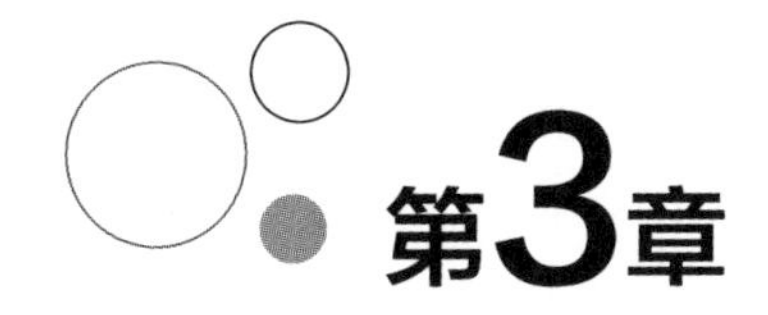

第3章

基于微扰理论的不确定性分析方法

敏感性和不确定性分析是试图采取合理方式定性或定量评估参数不确定性对系统目标参数影响的技术。不确定性分析评估所有不确定性因素共同引起的目标参数不确定性,敏感性分析则通过分析单个因素对目标参数不确定性的贡献对所有不确定性因素按照重要性进行分级排列。核反应堆计算不确定性分析已提出了很多方法,见表 3-1。从不确定性因素传播的角度分类,目前广泛应用的不确定性分析方法可以分为两大类[1]:①输入参数不确定性传播方法;②输出参数不确定性外推方法。针对核反应堆物理计算不确定性分析,目前广泛采用输入参数的不确定性传播方法。而从基础理论分类,不确定性分析方法可以分为如下两类:①基于抽样统计理论的不确定性分析方法;②基于确定论的不确定性分析方法。其中基于微扰理论的不确定性分析方法在核反应堆物理计算不确定性分析中应用得最为广泛。

本章重点介绍基于微扰理论开展敏感性和不确定性分析的基本原理和方法,其方法主要基于 Williams 编著的 *CRC Handbook of Nuclear Reactor Calculation Volume III* 一书[2]。

3.1 计算不确定性分析方法概述

3.1.1 输入参数不确定性传播方法

输入参数不确定性传播方法的基本思路如图 3-1 所示。首先,确定所研究问题的不确定性输入参数及根据基础数据或专家经验量化输入参数的不确定性,如变化范围或概率分布函数等,结合输入参数在计算过程中的特点,采用特定的不确定性传播方法及计算模型传播输入参数的不确定性至输出参数,进而量化输入参数不确定性对最终计算结果不确定性的贡献。

表 3-1 不同不确定性分析方法的比较[1]

方法	理论基础	易于实施	程序运行次数	程序运行代价	不确定性输入的选择	对新模型响应的灵活性	对模型改变的灵活性	精度
Monte Carlo	抽样统计	是	参数抽样，大量	全模型模拟，计算代价可能很高	基础数据、专家经验	是	是	取决于输入不确定性及样本质量
GRS/IPSN		是	非参数抽样，Wilks 公式			是	是	
ENUSA		是			PIRT 表	是	是	
简化模型法		建立额外的简化模型	可应用非参数抽样，可大量计算	低	基础数据、专家经验	需要建立能表征主要物理规律的简化模型		小于全模型
响应截面法		建立响应截面函数		低		需要建立响应截面函数		小于全模型
SFEM		建立额外的近似模型		少量输入参数时，低		需要建立能表征主要物理规律的近似模型		小于全模型
Dempster-Shafer		是	参数抽样，大量	全模型，高		是	是	取决于输入不确定性及样本质量
FAST		傅里叶级数展开	随着输入参数数量增长快速增加	可能很高		是	是	
原始 CSAU		响应截面	参数抽样，大量	可能很高	PIRT 表	需要建立响应截面函数		小于全模型
AREVA CSAU		是	非参数抽样	全模型模拟，计算代价可能高	PIRT 表	是	是	取决于输入不确定性
FSAP	确定论，主要是微扰理论	是	针对每个响应都要单独扰动输入		基础数据、专家经验	是	是	假设输入不确定性
ASAP		共轭计算功能开发	响应的前向、共轭计算各一次	额外的共轭计算		需要开发新的共轭计算模型		
UMAE-CIAU		是	一次	全模型模拟，计算代价可能高	无	可用的实验数据做支撑	是	取决于实验数据的质量

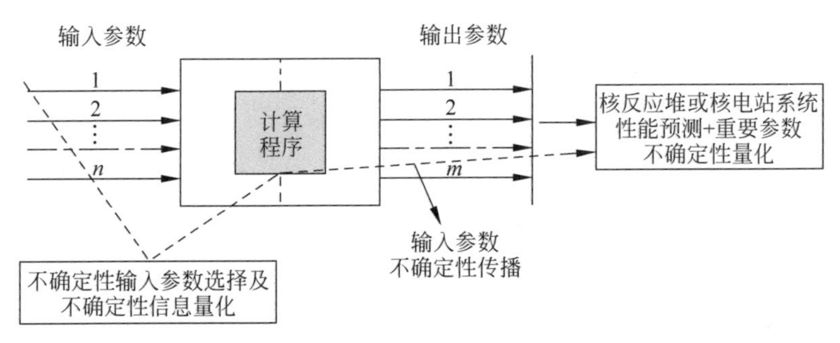

图 3-1 输入参数不确定性传播方法基本思路

针对不同的模型,可采用基于微扰理论或抽样统计理论的不确定性分析方法传播输入参数的不确定性。基于确定论方法,首先计算输出参数对每一个不确定性输入参数的敏感性系数,然后通过矩估计或最大似然估计等方法线性组合敏感性系数获得输出参数的点估计(均值及标准差等)。基于抽样统计理论,输入参数不确定性通过样本空间合理表征,进而分别导入计算程序开展计算以传播不确定性,最终对所有输出参数进行统计分析,获取平均值、标准差等以量化计算结果不确定性,最后通过回归分析等再进行敏感性分析。

输入参数不确定性传播方法的优点在于不需要实验数据对比分析,仅从理论上就能量化计算结果的不确定性,同时能明确不确定性的来源及贡献,为改善不确定性提供数据支撑。但应用该方法量化计算结果的不确定性,需要提供所有可能的不确定性来源,这样在实际应用中会存在不确定性来源的遗漏进而导致计算结果不确定性的低估;此外,应用该方法不可避免地引入了计算模型和数值方法的不确定性,两者同时传播,如何鉴定模型及方法的不确定性,需要专门的分析方法。目前,核反应堆物理计算不确定性分析广泛采用输入参数不确定性传播方法,其中主要采用基于微扰理论和抽样统计理论的不确定性分析方法以传播和量化不确定性。

3.1.2 输出参数不确定性外推方法

输出参数不确定性外推方法关注程序计算结果不确定性的外推,而不是输入参数及模型不确定性的传播。应用该方法开展不确定性分析,首先需要将计算程序的最佳估计预测值与不同小规模的单一因素或整体实验装置的实验数据进行对比,可采用基于快速傅里叶变换的方法量化程序计算的精度,即程序计算结果(Y_c)与实验结果(Y_e)之间的差异。事实上,为更加真实地预测及研究核反应堆系统行为,需要进行广泛的能反映核反应堆典型工况的实验,并考虑各种需求,以建立完整、可靠的实验数据库,然后应用计算程序对各个实验装置进行建模与仿真以获取计算结果,进而获取计算程序的精度信息。同时假设实验装置反映的物理现象及程序预测重要物理现象的能力不会随着实验装置规模的增加而改变。这样才可以将程序计算的精度外推至真实核反应堆或核电站系统。

基于该方法，程序计算结果与实验结果的差异表征了所有的潜在不确定性因素对计算结果不确定性的贡献。于是，基于不同实验装置的程序计算结果可以获取程序计算精度的分布，进而外推，得到程序对反应堆系统计算结果的不确定性。举例来说，针对 n 个实验装置，存在 n 组可用的实验数据，利用计算程序可获取 n 组计算结果，这样可以量化计算程序的平均精度，如下式所示：

$$\bar{A}=\frac{1}{n}\sum_{i=1}^{n}\mid(Y_e/Y_c)-1\mid$$

然后，基于程序计算平均精度可直接量化真实反应堆计算结果(Y_R)的平均不确定性为

$$\bar{U}=\bar{A}\times Y_R$$

综上所述，输出参数不确定性外推方法的基本思路如图 3-2 所示。该方法的优点是不依赖于输入参数的数量和类型，也不需要对输入参数的不确定性进行量化，因此理论上可以考虑所有潜在的不确定性因素。但该方法需要有充足完备的实验数据做基础，而不确定性结果的质量也取决于实验与真实尺寸系统的可比拟程度。这在核反应堆稳态运行和瞬态分析中是可行的，而不适合严重事故分析，而且也不能分析系统响应对特定的输入参数的灵敏度，上述因素极大限制了该方法在核反应堆计算不确定性分析中的应用。目前，该方法主要被意大利的 UMAE-CIAU 方法采用，进行核反应堆安全参数不确定性分析。此外，美国核管会、橡树岭国家实验室等机构在程序临界计算偏差及其不确定性量化方面也采用了该方法[3-4]，但针对核数据的不确定性分析方面尚未有应用。

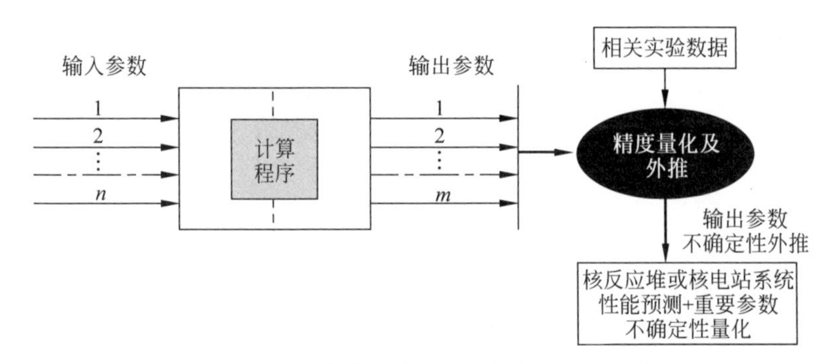

图 3-2 输出参数不确定性外推方法基本思路

3.2 基于微扰理论的不确定性分析方法

反应堆微扰理论是用于估计反应堆性质或参数微小变化对反应堆系统影响的技术，此方法类似于求解经典量子力学的自共轭方程的经典线性微扰理论。但在反应堆物理分析中，如中子扩散方程或玻尔兹曼输运方程并不是自共轭方程，因此

需要引入与之相关的共轭方程。尽管微扰理论应用于反应堆系统不同问题时所处理的数据和方程都不相同,但是所采用的方法是具有共性的。在核反应堆分析和计算中,在某些研究领域应用微扰理论不仅可以提高计算精度,还可降低计算成本,以下经典问题可以采用微扰理论来解决[2]:

(1) 检测堆芯或屏蔽装置的微小扰动;

(2) 多个不同固定源的重复计算;

(3) 反应性微小扰动的精确计算;

(4) 空间依赖的反应性系数计算;

(5) 核数据敏感性及不确定性分析;

(6) 核截面调整以提高反应堆系统积分参数计算准确度。

目前,世界范围内核反应堆计算不确定性的快速发展使得微扰理论得到了进一步的发展和应用。针对核反应堆物理计算的各个环节,其输入参数与输出参数或系统响应之间能够建立性质良好的数学方程,这些方程的共轭方程也存在并且容易求解。基于此,可应用微扰理论获取堆芯物理系统响应对于输入参数的灵敏度函数,特别是对于核截面数据的灵敏度系数,进而应用“三明治”公式量化堆芯物理系统响应的不确定性。

3.2.1 共轭算符及共轭方程

在本章的内容中,首先引入了算符的形式,以将中子物理方程写成简缩的形式。举例来说,考虑平板堆芯的一维单群临界方程,如果反应堆是非均匀的,则有

$$\frac{\mathrm{d}}{\mathrm{d}x}D(x)\frac{\mathrm{d}\phi(x)}{\mathrm{d}x}+F(x)\phi(x)=0 \tag{3-1}$$

其中,$D(x)$是扩散系数,$F(x)$是依赖于系统增殖和吸收性质的函数。引入算符的形式,式(3-1)可以简洁地写成

$$A\phi=0 \tag{3-2}$$

其中,A 表示如下算符:

$$A=\frac{\mathrm{d}}{\mathrm{d}x}D(x)\frac{\mathrm{d}}{\mathrm{d}x}+F(x) \tag{3-3}$$

事实上,在核反应堆物理计算领域,基本运算符可以分为四类:乘积算符、微分算符、积分算符及矩阵算符。

乘积算符:通常对应于函数和向量乘积。例如,$f(x)$ 和 $h(x)$ 是与 $f(x)=g(x)h(x)\equiv Ah(x)$ 相关的函数,其中 $g(x)$ 表示某个函数,则 $f(x)$ 可视为由乘积算符 $A=g(x)$ 作用于函数 $h(x)$ 而生成的。在反应堆物理计算分析中,最常见的乘积算符就是截面与中子通量的乘积生成反应率:$R(x)=\sum\phi(x)$。

微分算符:包括导数或偏导数形式。在反应堆物理计算中,有时间、空间相关的一阶偏导数($\mathrm{d}/\mathrm{d}t$,$\mathrm{d}/\mathrm{d}x$),梯度、散度和拉普拉斯算子(∇,$\nabla\cdot$,∇^2)及$\nabla\cdot D\nabla$,其

中 D 是空间相关的扩散系数。而中子输运方程中包含散度算子，作用于中子流；中子扩散方程中包含$\nabla \cdot D\nabla$算子，作用于中子通量。

积分算符：其定义为

$$Af=\int_a^b K(x'\to x)f(x')\mathrm{d}x'$$

在反应堆物理计算分析中，散射源项就是积分算符形式，如下所示：

$$A\phi=\int_0^\infty \Sigma(E'\to E)f(E')\mathrm{d}E'$$

矩阵算符：反应堆物理计算中的矩阵算符可能包含常量、函数及其他算符。例如，燃耗计算的贝特曼方程中的矩阵算符就只包含衰变常数等常量，而扩散方程或输运方程的矩阵算符包括上述定义的其他算符，以临界均匀板状几何的两群扩散方程为例：

$$D_1\frac{\mathrm{d}^2}{\mathrm{d}x^2}\phi_1-\Sigma_{\mathrm{r},1}\phi_1+\chi_1\left(\nu\Sigma_{\mathrm{f},1}\phi_1+\nu\Sigma_{\mathrm{f},2}\phi_2\right)=0$$

$$D_2\frac{\mathrm{d}^2}{\mathrm{d}x^2}\phi_2-\Sigma_{\mathrm{a},2}\phi_2+\Sigma_{\mathrm{s},1\to 2}\phi_1+\chi_2\left(\nu\Sigma_{\mathrm{f},1}\phi_1+\nu\Sigma_{\mathrm{f},2}\phi_2\right)=0$$

写成矩阵形式如下：

$$A\phi=\begin{bmatrix} D_1\frac{\mathrm{d}^2}{\mathrm{d}x^2}-\Sigma_{\mathrm{r},1}+\chi_1\nu\Sigma_{\mathrm{f},1} & \chi_1\nu\Sigma_{\mathrm{f},2} \\ \Sigma_{\mathrm{s},1\to 2}+\chi_2\nu\Sigma_{\mathrm{f},1} & D_2\frac{\mathrm{d}^2}{\mathrm{d}x^2}-\Sigma_{\mathrm{a},2}+\chi_2\nu\Sigma_{\mathrm{f},2}\end{bmatrix}\begin{bmatrix}\phi_1\\ \phi_2\end{bmatrix}=\begin{bmatrix}0\\ 0\end{bmatrix}$$

由上式可知，两个基本线性算符的和同样是线性算符，因此，可以基于多个基本线性算符构造新的线性算符。同样的道理，中子输运方程中由散度算符、乘积算符和积分算符组成的“玻尔兹曼算符”同样也是线性算符。

对于前述的基本线性算符，可以通过如下方式定义共轭算符：f 和 g 是某个线性算符 A 域中的两个元素，如果满足

$$\langle f,Ag\rangle=\langle g,A^* f\rangle$$

则 A^* 称为 A 的共轭算符。共轭算符具有如下特性：

$$(A^*)^*=A \tag{3-4a}$$

$$(A^*)^{-1}=(A^{-1})^* \tag{3-4b}$$

$$(A+B)^*=A^*+B^* \tag{3-4c}$$

$$(A\cdot B)^*=B^*\cdot A^* \tag{3-4d}$$

当 $A=A^*$ 时，A 称为自共轭算符。乘积算符显然是自共轭的，因为

$$\langle f,Ag\rangle=\langle g,Af\rangle$$

微分算符的共轭是由各部分积分得到的，并在共轭算符中引入了“双线性共轭”项，或者说“边界项”。去除边界项的共轭算符称为“形式共轭”。如果一个算符

与其形式共轭相等,则该算符称为“形式自共轭”。偶阶微分算符就是“形式自共轭”,如

$$\frac{\mathrm{d}^2}{\mathrm{d}t^2},\quad \nabla^2,\quad \frac{\mathrm{d}^4}{\mathrm{d}x^4}$$

因此有

$$\left(\frac{\mathrm{d}^2}{\mathrm{d}t^2}\right)^* = \frac{\mathrm{d}^2}{\mathrm{d}t^2},\quad (\nabla^2)^* = \nabla^2,\quad \left(\frac{\mathrm{d}^4}{\mathrm{d}x^4}\right)^* = \frac{\mathrm{d}^4}{\mathrm{d}x^4}$$

奇阶微分算符的形式共轭与前向算符的符号相反,如

$$(\nabla)^* = -\nabla,\quad \left(\frac{\mathrm{d}}{\mathrm{d}t}\right)^* = -\frac{\mathrm{d}}{\mathrm{d}t}$$

如上所述,微分算符的完整共轭算符还包括“边界项”,其定义在求解域的边界上。如果将共轭算符中的函数限制为服从某些边界条件的特定函数,可以将边界项去掉,此时,形式共轭与完整共轭算符是相同的。但是,针对某些问题,必须定义共轭边界条件。针对反应堆物理计算分析,部分微分算符边界条件定义见表 3-2。

表 3-2 部分微分算符的边界条件定义[2]

前向算符	共轭算符	前向边界条件	共轭边界条件
$\frac{\mathrm{d}}{\mathrm{d}t},\frac{\partial}{\partial t}$	$\frac{-\mathrm{d}}{\mathrm{d}t},\frac{-\partial}{\partial t}$	$\phi(t_0)=0$	$\phi^*(t_F)=0$
$\nabla\cdot\Omega$	$-\nabla\cdot\Omega$	$\phi(r_s,\Omega)=0;\ \hat{n}\cdot\Omega<0$ $\phi(r_s,\Omega)=\phi(r_s,-\Omega)$	$\phi^*(r_s,\Omega)=0;\ \hat{n}\cdot\Omega>0$ $\phi^*(r_s,\Omega)=\phi^*(r_s,-\Omega)$
$\nabla\cdot D\nabla$	$\nabla\cdot D\nabla$	$\phi(r_s)=0$ $D\phi'(r_s)=0$ $a\phi(r_s)+b\phi'(r_s)=0$	$\phi^*(r_s)=0$ $D\phi^{*\prime}(r_s)=0$ $a\phi^*(r_s)+b\phi^{*\prime}(r_s)=0$
$\frac{\mathrm{d}^n}{\mathrm{d}t^n}$	$(-1)^n\frac{\mathrm{d}^n}{\mathrm{d}t^n}$	$\frac{\mathrm{d}^i}{\mathrm{d}t^i}\phi(t_0)=0;\ i=0,n-1$	$\frac{\mathrm{d}^i}{\mathrm{d}t^i}\phi^*(t_F)=0;\ i=0,n-1$

具有定常实数元素的矩阵算符的伴随算符是该矩阵算符的转置。如果矩阵算符中包含其他算符的元素,如两群扩散方程示例中所示,则共轭算符是矩阵的转置,但每个元素都被其特定的共轭算符所替换。积分算符的共轭算符是其内核转置的积分。

对于给定边界条件的方程,通常称为“前向方程”,通过用共轭算符替换前向方程中相应算符的方式建立其共轭方程。同时,必须要指定共轭边界条件和共轭源项,而源项和边界条件对于不同的问题和响应有所不同。对于特征值响应,其共轭源项为零,即共轭特征值方程是另外一个特征值问题。如式(3-2)的共轭方程具有

如下形式：

$$A^{*}\phi^{*}=0 \tag{3-5}$$

而在实际应用中，通常使共轭源项等于响应对于因变量的导数。如果方程中包含微分算符，则必须指定共轭边界条件，且通常选择某些边界条件使得共轭算符中的边界项消失。共轭方程的解称为共轭函数。如果共轭函数等于前向方程的解，则称该问题是自共轭的。自共轭不仅需要有自共轭算符，还要求前向和共轭方程的源项及边界条件相等。在反应堆物理计算分析中，自共轭问题是较为普遍的。

3.2.2 线性微扰理论及敏感性系数

在本节开始，引入另外一个概念：系统响应。在本节中系统响应特指反应堆物理计算中的关键输出参数。在反应堆物理计算中，最常见的系统响应可表示为：①响应函数和中子通量的积分；②上述积分的比率。如

(1) 反应率：$R=\left\langle \Sigma(r,E),\phi(r,E)\right\rangle$。

(2) 特征值：$R=\dfrac{\langle w(r,E,\Omega)F(r,E,\Omega)\phi(r,E,\Omega)\rangle}{\langle w(r,E,\Omega)L(r,E,\Omega)\phi(r,E,\Omega)\rangle}$。

为了更好地理解微扰理论的优势和基本原理，定义一个更为普遍的响应表达式：

$$R=R[H(x),Y(x)] \tag{3-6}$$

其中，假设系统响应 R 由响应函数 $H(x)$和解函数 $Y(x)$共同决定，自变量 x 表示函数 H 和 Y 的所有变量。系统响应可能包括多个响应函数和解函数，系统响应就是这些函数的积分或比率。对于给定的响应函数，系统响应是定义在解函数域上的一系列值。而对于一个给定的响应函数和一个解函数，系统响应是一个值，如堆芯有效增殖因子。其中，函数 $Y(x)$对应物理系统的数学解或向量。比如，在核反应堆物理稳态计算中，中子通量密度通过求解中子扩散方程或中子输运方程获得，此时，系统响应取决于单个因变量，也就是 $Y(x)\rightarrow\phi(x)$。但是，在与时间相关的问题中，可能会有与时间相关的因变量。比如，核反应堆物理动力学计算中，系统响应与中子通量和缓发中子先驱核浓度相关，此时，解函数是向量，即 $\boldsymbol{Y}=(\phi,C,\cdots)$。类似地，在燃耗计算中，解向量还与时间相关的不同核素的原子密度相关。

假设解函数或向量 $\boldsymbol{Y}$ 通过求解下述形式的方程获得：

$$A\boldsymbol{Y}=Q \tag{3-7}$$

其中，A 表示线性算子，Q 表示非均匀的固定源项。当源项等于零时，式(3-7)表征特征值问题。当 A 包括空间导数时，式(3-7)表征边界值问题，其中 Y 在系统边界处需有唯一解。当 A 包含一阶时间导数时，该方程对应于一个初始值问题，需要

为 Y 在某些时间指定初始值。同时，假设 A 不依赖于 Y，也就是线性问题。而针对非线性问题，在应用微扰理论时也是将非线性问题线性化处理，同样用方程(3-7)表示。在核反应堆物理计算领域，线性算子 A 通常取决于原子密度、核截面数据、燃耗数据、材料温度、几何信息、物质组分等输入参数。输入参数的微扰会影响解函数 Y 的计算结果，进而影响系统响应。因此，系统响应不仅显式地依赖响应函数 $H(x)$中的数据，还隐式地依赖于求解 $Y(x)$方程中的数据。同时，在进行核反应堆物理设计和计算分析时，需要量化输入参数的变化对系统响应的影响，比如，量化输入参数不确定性对系统响应的影响和贡献。而微扰理论就是用于明确输入参数变化时系统响应如何变化。

令 α 表示输入参数，如多群核截面或原子密度。α_0 表示输入参数的初始值，$\alpha'=\alpha_0+\Delta\alpha$ 表示输入参数的扰动值。假设系统响应 R_0 由初始输入参数 α_0 决定，而扰动响应 R'由扰动值 α'决定。由于系统响应是输入参数 α 的隐式函数，可以基于参考值的泰勒级数展开表示扰动的系统响应 R'：

$$R'=R_0+\frac{\mathrm{d}}{\mathrm{d}\alpha}R(\alpha'-\alpha_0)+\frac{1}{2}\frac{\mathrm{d}^2}{\mathrm{d}\alpha^2}R(\alpha'-\alpha_0)^2+\cdots \tag{3-8}$$

如果 $\Delta\alpha$ 足够小，即 $\Delta\alpha^2\ll\Delta\alpha$，或系统响应 R 与输入参数 α 线性相关程度很强，则

$$\frac{\mathrm{d}^2}{\mathrm{d}\alpha^2}R\simeq 0$$

于是有

$$R'\simeq R_0+\frac{\mathrm{d}}{\mathrm{d}\alpha}R(\alpha'-\alpha_0) \tag{3-9}$$

式(3-9)表示了一阶或线性微扰理论的基本关系，即系统响应的变化与输入参数的变化成比例：

$$R'-R_0=\Delta R\simeq\frac{\mathrm{d}R}{\mathrm{d}\alpha}\Delta\alpha \tag{3-10}$$

如图 3-3 所示，在某输入参数处的响应曲线的斜率可用来外推新的输入参数处的响应值，如果新的输入参数 α 接近参考值 α_0，则使用线性外推可以非常准确地估计新的响应值，但是对于较大的变化，线性微扰理论将会失效。

应用微扰理论时，通常处理输入参数和系统响应的相对变化，也就是

$$\frac{\Delta R}{R}\simeq S_\alpha\frac{\Delta\alpha}{\alpha} \tag{3-11a}$$

$$S_\alpha=\frac{\alpha}{R}\frac{\mathrm{d}R}{\mathrm{d}\alpha}\simeq\frac{\Delta R/R}{\Delta\alpha/\alpha} \tag{3-11b}$$

其中，S_α 表示系统响应 R 对输入参数 α 的相对敏感性系数，也可称为敏感性系数。由于系统响应的变化与输入参数的微扰呈线性关系，M 个不同输入参数微扰对系统响应的净影响是各个扰动之和，即

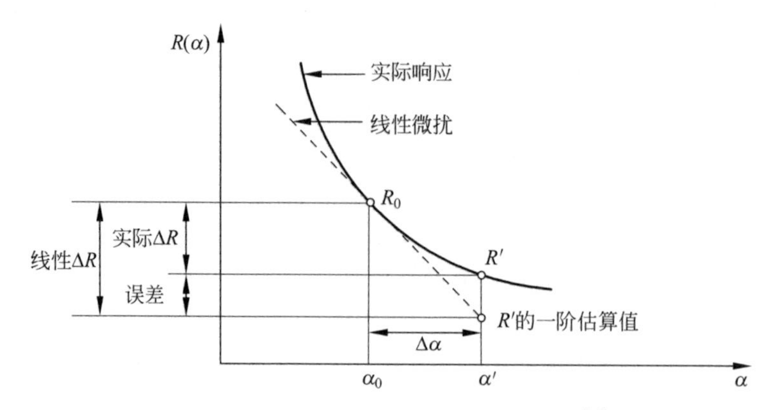

图 3-3　线性(一阶)微扰理论近似的图示[2]

$$\frac{\Delta R}{R}=\sum_{i=1}^{M}S_{\alpha,i}\ \frac{\Delta\alpha_i}{\alpha_i} \tag{3-11c}$$

如上文所述,开展核反应堆物理计算不确定性分析,必须首先有效地计算式(3-11a)中的敏感性系数。当然,一种简单的方法就是应用式(3-11b)直接计算 α 导数的有限差分近似值:

$$S_\alpha \simeq \frac{R'-R_0}{\alpha'-\alpha_0}\frac{\alpha}{R_0} \tag{3-12}$$

应用直接法求解敏感性系数的问题在于函数 $R(\alpha)$ 的隐式效应是无法直接量化的,因为系统响应 R 往往通过解函数 Y 而依赖于输入参数 α,也就是说 R 是输入参数 α 的隐式函数。因此,必须开展求解函数 Y 的中间步骤,以准确地评估输入参数微扰对系统响应的影响。同时,当函数 Y 难以求解时,如与空间-能量相关的中子通量密度函数,且需要考虑多个输入参数扰动对系统响应的影响时,直接法计算效率将大大降低且不实用。尽管如此,对于一些容易求解的物理系统,直接法还是可以成功地求解敏感性系数的,并且该方法常用作其他敏感性计算方法结果的对比基准。

而微扰理论可有效地解决上述难题。由式(3-6)定义的系统响应可知,输入参数 α 的变化不仅会扰动解函数,还可能扰动响应函数,即

$$H'=H(\alpha_0)+\Delta H$$

$$Y'=Y(\alpha_0)+\Delta Y$$

对 ΔH,ΔY 泰勒展开:

$$\Delta H=\frac{\partial H}{\partial\alpha}\Delta\alpha+O\Delta^2$$

$$\Delta Y=\frac{\partial Y}{\partial\alpha}\Delta\alpha+O\Delta^2$$

于是,扰动后的系统响应泛函可以用解函数和响应函数的扰动值来估计:

$$R'=R'[H',Y']$$

基于同样的函数展开方式，系统响应的泛函也可以用泰勒级数展开。而本节中，我们更关注的是线性泛函和线性泛函的比率。线性泛函具有如下形式：

$$R=\langle H(x),Y(x)\rangle$$

则系统响应 R 对响应函数和解函数的泛函导数为

$$\frac{\partial R}{\partial H(x)}=Y(x)$$

$$\frac{\partial R}{\partial Y(x)}=H(x)$$

而线性泛函比率响应可表示为

$$R=\frac{\langle H_1(x),Y(x)\rangle}{\langle H_2(x),Y(x)\rangle}$$

其中，H_1 和 H_2 分别表示不同的响应函数。类似地，线性泛函比率响应的泛函导数为

$$\frac{\partial R}{\partial H_1}=\frac{Y(x)}{\langle H_2,Y\rangle}=R\ \frac{Y(x)}{\langle H_1,Y\rangle}$$

$$\frac{\partial R}{\partial H_2}=-\frac{\langle H_1,Y\rangle}{\langle H_2,Y\rangle^2}Y(x)=-R\ \frac{Y(x)}{\langle H_2,Y\rangle}$$

$$\frac{\partial R}{\partial Y}=\frac{H_1(x)}{\langle H_2,Y\rangle}-\frac{\langle H_1,Y\rangle}{\langle H_2,Y\rangle^2}H_2(x)=R\ \frac{H_1(x)}{\langle H_1,Y\rangle}-\frac{H_2(x)}{\langle H_2,Y\rangle}$$

基于上述泛函和泛函导数的定义，扰动后的系统响应在参考点泰勒展开如下：

$$\begin{aligned}R'&=R_0+\left\langle\frac{\partial R}{\partial H}\Delta H\right\rangle+\left\langle\frac{\partial R}{\partial Y}\Delta Y\right\rangle+O\Delta^2\\&=R_0+\left\langle\frac{\partial R}{\partial H}\ \frac{\partial H}{\partial\alpha}\Delta\alpha\right\rangle+\left\langle\frac{\partial R}{\partial Y}\ \frac{\partial Y}{\partial\alpha}\Delta\alpha\right\rangle+O\Delta^2\end{aligned}\tag{3-13}$$

针对线性微扰理论，对于输入参数 α 的微小扰动，高阶项 $O\Delta^2$ 与一阶项相比很小，可以忽略。于是，系统响应的微扰可表示为

$$\begin{aligned}\Delta R&\simeq\left\langle\frac{\partial R}{\partial H}\Delta H\right\rangle+\left\langle\frac{\partial R}{\partial Y}\Delta Y\right\rangle\\&\simeq\left\langle\left(\frac{\partial R}{\partial H}\ \frac{\partial H}{\partial\alpha}+\frac{\partial R}{\partial Y}\ \frac{\partial Y}{\partial\alpha}\right)\Delta\alpha\right\rangle\end{aligned}\tag{3-14}$$

由式(3-14)可知，系统响应的微扰具有一阶精度，由响应函数和解函数的变化共同决定。第一项响应函数的影响很容易求解，因为与解函数无关。事实上，除非响应函数显式地依赖于输入参数 α，否则$\partial H/\partial\alpha=0$，于是式(3-14)的第一项可以消掉。第一项也称为输入参数 α 对系统响应的“直接效应”。另外一项包括 ΔY，称为“间接效应”，因为输入参数的变化通过解函数 Y 的变化而间接地影响系统响应。而 Y 的变化由方程(3-7)中输入参数的变化决定，于是，该方程的扰动形式为

$$(A+\Delta A)(Y+\Delta Y)=Q+\Delta Q \tag{3-15}$$

忽略扰动乘积项，上述方程可简化为

$$A\Delta Y=-\Delta AY+\Delta Q \tag{3-16}$$

该方程近似地描述了解函数 Y 的微扰，与未扰动方程(3-7)相比，具有相同的形式，均包含线性算子 A，只是扰动方程包含一个“有效”固定源项——$\Delta AY+\Delta Q$。同时，线性算子及固定源项的变化均与输入参数的变化相关，即

$$\Delta A=\frac{\partial A}{\partial \alpha}\Delta\alpha$$

$$\Delta Q=\frac{\partial Q}{\partial \alpha}\Delta\alpha$$

于是方程(3-16)变为

$$A\Delta Y=\left(-\frac{\partial A}{\partial \alpha}Y+\frac{\partial Q}{\partial \alpha}\right)\Delta\alpha \tag{3-17}$$

方程(3-17)描述了输入参数变化 $\Delta\alpha$ 与解函数变化 ΔY 之间的基本关系。理论上讲，基于上述方程可以直接求解 ΔY，进一步用于方程(3-14)来估计系统响应的变化 ΔR。但事实上并非如此，因为“有效”源项$(\partial A/\partial\alpha)Y\Delta\alpha$ 依赖于输入参数的变化。因此，和直接法类似，每个输入参数的变化均需要一次新的计算。

然而，方程(3-17)与物理系统的共轭方程结合使用，可以确定系统响应扰动表达式中的间接效应项，而无须显式地计算 ΔY，并可处理多个不同扰动的影响。因此，共轭方程的建立及求解是微扰理论的基础。假设共轭方程定义如下：

$$A^*Y^*=Q^*\equiv\frac{\partial R}{\partial Y} \tag{3-18}$$

其中，共轭源项 Q^* 等于系统响应 R 对于因变量 Y 的偏导数。将方程(3-17)的各项与 Y^* 做内积，并将 ΔY 与方程(3-18)的各项做内积，然后将两式相减，可得：

$$\langle Y^*A\Delta Y\rangle-\langle \Delta YA^*Y^*\rangle=-\left\langle Y^*\ \frac{\partial A}{\partial \alpha}Y\Delta\alpha\right\rangle+\langle Y^*\Delta Q\rangle-\left\langle\frac{\partial R}{\partial Y}\Delta Y\right\rangle \tag{3-19}$$

由于共轭算符的性质，假设 Y^* 的边界条件可以使 A^* 中的边界项均消失，因此，方程(3-19)左边等于零，于是有

$$\left\langle\frac{\partial R}{\partial Y}\Delta Y\right\rangle=-\left\langle Y^*\ \frac{\partial A}{\partial \alpha}Y\Delta\alpha\right\rangle+\langle Y^*\Delta Q\rangle \tag{3-20}$$

方程(3-20)提供了一种评估方程(3-13)中间接效应项的有效方法，而不需要显式求解 ΔY。将方程(3-20)代入方程(3-13)中可得系统响应变化的一阶(线性)微扰理论表达式：

$$\Delta R\simeq\left\langle\frac{\partial R}{\partial H}\Delta H\right\rangle-\left\langle Y^*\ \frac{\partial A}{\partial \alpha}Y\Delta\alpha\right\rangle+\langle Y^*\Delta Q\rangle \tag{3-21}$$

方程(3-21)对于所有变量来说都是具有一阶精度的，即使没有出现一阶微扰 ΔY。一个常见的误解是一阶微扰理论忽略了因变量 Y 的变化。这是不正确的，实

际上，微扰理论的目的是提供一种有效评估系统响应变化 ΔR 的方法，虽然有近似，但充分考虑了因变量 Y 的变化，且 Y 具有一阶精度。

方程(3-21)还可以写成如下形式：

$$\frac{\Delta R}{R} \simeq \left\langle \frac{\alpha}{R}\left(\frac{\partial R}{\partial H}\frac{\partial H}{\partial \alpha} - Y^* \frac{\partial A}{\partial \alpha}Y + Y^* \frac{\partial Q}{\partial \alpha}\right)\frac{\Delta \alpha}{\alpha}\right\rangle$$

于是，敏感性系数为

$$S_\alpha \simeq \frac{\alpha}{R}\left(\frac{\partial R}{\partial H}\frac{\partial H}{\partial \alpha} - Y^* \frac{\partial A}{\partial \alpha}Y + Y^* \frac{\partial Q}{\partial \alpha}\right) \tag{3-22}$$

如果响应函数 H 和固定源 Q 均不显式地依赖于 α，方程(3-22)简化为

$$S_\alpha \simeq -\frac{\alpha}{R}Y^* \frac{\partial A}{\partial \alpha}Y \tag{3-23}$$

方程(3-23)定义的敏感性系数广泛应用于核数据敏感性分析中。

上述线性微扰理论及敏感性系数的求解均是基于线性问题，而在核反应堆物理计算分析中，经常遇到与时间相关的非线性问题，如考虑反馈的堆芯动力学或燃耗计算。此类非线性问题的系统方程可以写成

$$A(Y) = Q \tag{3-24}$$

其中，$A(Y)$是函数 Y 的非线性算符。与线性算符不同，A 现在依赖于 $Y(t)$的参考解。如前所述，输入参数 α 的微扰会对系统方程产生扰动，因此，Y 的扰动服从如下方程：

$$\Delta A(Y) \simeq \frac{\partial Q}{\partial \alpha}\Delta \alpha \tag{3-25}$$

对于线性算符，也就是在方程(3-16)中，ΔA 的值仅仅依赖于输入参数的扰动，而与函数 Y 的扰动无关。对于非线性算符，情况不再如此，因为算符本身依赖于解函数。通过一阶泰勒级数展开可以获得非线性算符扰动的近似表达式：

$$\Delta A \simeq \frac{\partial A}{\partial \alpha}\Delta \alpha + \frac{\partial A}{\partial Y}\Delta Y \tag{3-26}$$

方程(3-26)中的第一项来自输入数据扰动引起的 A 的直接变化，第二项是由 ΔY 的反馈效应引起的。将方程(3-26)代入方程(3-25)可以得到解函数扰动 ΔY 的近似表达式：

$$\frac{\partial A}{\partial Y}\Delta Y = \frac{\partial Q}{\partial \alpha}\Delta \alpha - \frac{\partial A}{\partial \alpha}\Delta \alpha \tag{3-27}$$

该近似方程成为非线性方程的线性化形式，因为它实际上是 ΔY 的线性方程。对比方程(3-27)和方程(3-17)可知，两者均包含一个相同的有效源项

$$\frac{\partial Q}{\partial \alpha}\Delta \alpha - \frac{\partial A}{\partial \alpha}\Delta \alpha$$

和一个作用于解函数扰动 ΔY 的线性算符。因此，上述针对线性算符发展的线性微扰理论依旧对非线性问题有效，只需将线性问题中的 A 算符替换为$\partial A/\partial Y$。

于是,非线性系统的共轭方程表示为

$$\left(\frac{\partial A}{\partial Y}\right)^{*} Y^{*}=\frac{\partial R}{\partial Y} \tag{3-28}$$

其中,$(\partial A/\partial Y)^{*}$ 对应于线性化系统算符的共轭,而共轭算符依赖于未扰动的前向解 Y,不依赖于共轭函数解 Y^{*},于是方程(3-28)与方程(3-18)一样,也是线性的。

本节中重点介绍了线性系统和非线性系统的共轭算符和共轭方程的基本概念,并重点阐述了共轭通量为什么在微扰理论中有用,该理论具有通用性。而在后面的章节中将针对核反应堆物理计算中的特定问题开展具体分析及计算敏感性和不确定性分析应用。

3.2.3 基于微扰理论求解临界特征值的敏感性系数

在核反应堆物理计算领域,微扰理论广泛地应用在核反应堆引入微小扰动时预测临界特征值的变化。例如,在热中子反应堆计算中,应用微扰理论可以计算反应性系数来估计瞬态条件下的反馈效应;在快中子反应堆中,应用微扰理论估计钠空泡系数等。本书中,重点应用微扰理论计算反应堆物理关键参数对于输入参数的敏感性系数,以进一步量化其不确定性,如量化核数据不确定性导致的临界特征值的计算不确定性。

核反应堆有效增殖因子也可以定义为中子平衡方程的基本特征值,即

$$L\phi(x)-\lambda F\phi(x)=0 \tag{3-29}$$

其中,x 表示所有独立的变量,如中子的能量、空间位置及角度等;L 和 F 分别表示净消失和产生项,即中子净消失率和裂变产生率;λ 是特征值,等于 $1/k_{\text{eff}}$。

方程(3-29)本质上是描述中子的平衡关系,且可以采用不同方式近似,即 L 和 F 基于不同的近似有不同的表达式,如基于扩散理论、输运理论、粗网节块方法等。将方程(3-29)两边与某个任意、非零权重函数 $w(x)$ 做内积并求解特征值 λ:

$$\lambda=\frac{\langle w(x)L\phi(x)\rangle}{\langle w(x)F\phi(x)\rangle} \tag{3-30}$$

由式(3-30)可知,特征值可以看作一个响应,取决于 L 和 F 算符中所包含的基本输入数据及中子通量信息,且式(3-30)对定义在与中子通量相同域上的任意非零权重函数均有效。

L 和 F 算符中某些输入参数 α 的变化会对中子平衡产生扰动,但可通过特征值的变化进行数学补偿以保持平衡,扰动后的方程为

$$(L+\Delta L)(\phi+\Delta\phi)=(\lambda+\Delta\lambda)(F+\Delta F)(\phi+\Delta\phi) \tag{3-31}$$

其中,

$$\Delta L=\frac{\partial L}{\partial \alpha}\Delta\alpha \tag{3-32a}$$

$$\Delta F = \frac{\partial F}{\partial \alpha} \Delta \alpha \tag{3-32b}$$

同样，将权重函数 $w(x)$ 与方程(3-31)两边做内积，并求解特征值的变化如下：

$$\Delta \lambda = \frac{\langle w(\Delta L - \lambda \Delta F)(\phi + \Delta \phi) \rangle + \langle w(L - \lambda F) \Delta \phi \rangle}{\langle w(F + \Delta F)(\phi + \Delta \phi) \rangle} \tag{3-33}$$

式(3-33)是特征值变化的精确表达式，但是，为了求解特征值的变化，必须计算中子通量的扰动值。如果忽略所有涉及扰动乘积的项，即 Δ 的高阶项，则可获得特征值扰动的一阶近似估计：

$$\Delta \lambda \simeq \frac{\langle w(\Delta L - \lambda \Delta F) \phi \rangle + \langle w(L - \lambda F) \Delta \phi \rangle}{\langle w F \phi \rangle} \tag{3-34}$$

为了获得上述表达式，将式(3-33)中的分母扩展为

$$\langle w(F + \Delta F)(\phi + \Delta \phi) \rangle^{-1} = \langle w F \phi \rangle^{-1} \left[1 - \frac{\langle w \Delta (F \phi) \rangle}{\langle w F \phi \rangle} + \frac{\langle w \Delta (F \phi) \rangle^2}{\langle w F \phi \rangle^2} - \cdots \right]$$

其中，

$$\Delta(\phi F) \equiv F \Delta \phi + \Delta F \phi + \Delta F \Delta \phi$$

式(3-34)分子中第一项表示扰动算符与未扰动的中子通量相互作用引起的中子平衡变化，第二项由原始算符与中子通量变化相互作用引起。考虑到系统微小的扰动，忽略了所有涉及扰动算符与扰动中子通量相互作用的项。尽管式(3-34)比式(3-33)更为简单，但是分子中第二项仍然包括未知的中子通量扰动。然后，通过合理地选择权重函数 $w(x)$，是可以将第二项去掉的。假设 $w(x)$ 服从以下共轭方程：

$$L^* \phi^*(x) - \lambda F^* \phi^*(x) = 0 \tag{3-35}$$

对比方程(3-35)和方程(3-29)可知，假设前向方程和共轭方程的特征值 λ 相等，事实上也是如此。如果前向方程和共轭方程的特征值不等，则方程(3-35)应该具有如下形式：

$$L^* \phi^*(x) - \lambda^* F^* \phi^*(x) = 0 \tag{3-36}$$

其中，λ^* 是共轭方程的特征值。将方程(3-36)与前向通量 ϕ 做内积，方程(3-29)与共轭通量 ϕ^* 做内积，二者相减得：

$$\langle \phi^* F \phi \rangle (\lambda^* - \lambda) = 0 \tag{3-37}$$

其中，函数 $F\phi$ 对应于中子裂变源密度，是非负数，而共轭通量 ϕ^* 表示中子价值，也是非负数。因此，内积 $\langle \phi^* F \phi \rangle$ 不等于零，于是方程除以 $\langle \phi^* F \phi \rangle$ 得到如下等式：

$$\lambda^* - \lambda = 0$$

因此，前向方程与共轭方程的特征值是相等的。

如果权重函数 $w(x)$ 与方程(3-35)的解 ϕ^* 相等，则

$$\langle \phi^* (L - \lambda F) \Delta \phi \rangle = \langle \Delta \phi (L^* - \lambda F^*) \phi^* \rangle = 0$$

于是，方程(3-34)变为

$$\frac{\Delta\lambda}{\lambda} \simeq \frac{\langle \phi^* (\Delta L - \lambda \Delta F) \phi \rangle}{\lambda \langle \phi^* F \phi \rangle} \tag{3-38}$$

方程(3-38)表示中子平衡方程中的某输入参数扰动引起的特征值变化的一阶估计，通过巧妙地引入共轭通量，而不用显式地求解中子通量的变化。

事实上，堆芯有效增殖因子的变化与特征值的变化直接相关，如下所示：

$$\frac{\Delta\lambda}{\lambda} = \frac{k}{k'} - 1 = -\frac{\Delta k}{k} + O\Delta^2$$

于是，有效增殖因子相对变化量的一阶近似表达式为

$$\frac{\Delta k}{k} \simeq \frac{\left\langle \phi^* \left(\frac{1}{k} \Delta F - \Delta L \right) \phi \right\rangle}{\left\langle \phi^* \frac{F}{k} \phi \right\rangle} \tag{3-39}$$

基于敏感性系数的定义，有效增殖因子对于某输入参数 α 的敏感性系数为

$$S_\alpha^{k_{\mathrm{eff}}} = \frac{\Delta k_{\mathrm{eff}}}{k_{\mathrm{eff}}} \Big/ \frac{\Delta\alpha}{\alpha} = \frac{\alpha}{k_{\mathrm{eff}}} \frac{\left\langle \phi^* \left(\frac{1}{k} \Delta F - \Delta L \right) \phi / \Delta\alpha \right\rangle}{\left\langle \phi^* \frac{F}{k_{\mathrm{eff}}^2} \phi \right\rangle} \tag{3-40}$$

式(3-40)是求解有效增殖因子敏感性系数的通用公式，针对不同求解中子平衡方程的方法，该式中的各算符有不同的表达式，将在后面具体应用章节详细介绍。

3.2.4 广义微扰理论求解堆芯关键参数的敏感性系数

3.2.3 节应用经典的微扰理论求解中子输运方程或扩散方程基本特征值对输入参数的敏感性系数。本节重点介绍广义微扰理论及其在更普遍响应的敏感性系数计算中的应用。但是，中子输运方程是齐次方程，通过特征值作用于裂变源项以精确平衡中子的消失与产生，强迫系统满足了伪临界条件，而中子输运方程的解可具有任意的归一化因子，因此，广义微扰理论能处理的响应往往受限于以下三种：①前向通量的线性泛函比率，如功率峰值、少群宏观截面；②前向通量及共轭通量的双线性泛函比率，如点堆动态参数、有效增殖因子、控制棒价值等；③具有辅助归一化约束条件的前向通量线性泛函，如反应率响应等。

3.2.4.1 前向通量线性泛函比率形式响应的敏感性系数

针对前向通量的线性泛函比率，它与通量归一化因子无关，其定义是唯一的，具有如下通式：

$$R = \frac{\langle \Sigma_1 \phi \rangle}{\langle \Sigma_2 \phi \rangle} \tag{3-41}$$

由某输入参数 α（如多群核截面、原子密度等）的变化引起系统响应的变化为

$$R'=\frac{\left\langle(\Sigma_1+\Delta\Sigma_1)(\phi+\Delta\phi)\right\rangle}{\left\langle(\Sigma_2+\Delta\Sigma_2)(\phi+\Delta\phi)\right\rangle} \tag{3-42}$$

将方程(3-42)展开并忽略扰动乘积项，得到如下表达式：

$$\frac{\Delta R}{R}=\frac{\left\langle\Delta\Sigma_1\phi\right\rangle}{\left\langle\Sigma_1\phi\right\rangle}-\frac{\left\langle\Delta\Sigma_2\phi\right\rangle}{\left\langle\Sigma_2\phi\right\rangle}+\left\langle\left(\frac{\Sigma_1}{\left\langle\Sigma_1\phi\right\rangle}-\frac{\Sigma_2}{\left\langle\Sigma_2\phi\right\rangle}\right)\Delta\phi\right\rangle \tag{3-43}$$

其中，方程(3-43)右边的前两项称为“扰动的直接影响项”；后一项称为“间接项”，是由中子通量的扰动引起的。同时，扰动后的中子通量满足方程(3-31)，忽略扰动乘积项可得到中子通量扰动的一阶近似表达式：

$$(L-\lambda F)\Delta\phi=-(\Delta L-\lambda\Delta F)\phi+\Delta\lambda F\phi \tag{3-44}$$

定义一个广义共轭方程，如下：

$$(L^*-\lambda F^*)\Gamma^*=\frac{1}{R}\frac{\mathrm{d}R}{\mathrm{d}\phi}=\frac{\Sigma_1}{\left\langle\Sigma_1\phi\right\rangle}-\frac{\Sigma_2}{\left\langle\Sigma_2\phi\right\rangle}=S^* \tag{3-45}$$

其中，解 Γ^* 称为广义共轭通量或广义价值函数。

根据变分原理，构造一个新的辅助泛函数如下：

$$K[\alpha,\phi,\Gamma^*,\lambda]=R-\langle\Gamma^*(L-\lambda F)\phi\rangle \tag{3-46}$$

由式(3-46)可知，K 泛函取决于算符 L 和 F 中的输入参数 α、中子通量 ϕ、广义共轭通量 Γ^* 及特征值 λ，于是 K 泛函的总变化可以表示为

$$\begin{aligned}\delta K&=\left\langle\frac{\partial K}{\partial\alpha}\Delta\alpha\right\rangle+\left\langle\frac{\partial K}{\partial\phi}\Delta\phi\right\rangle+\left\langle\frac{\partial K}{\partial\Gamma^*}\Delta\Gamma^*\right\rangle+\left\langle\frac{\partial K}{\partial\lambda}\Delta\lambda\right\rangle\\&=R\left\langle\left(\frac{\Delta\Sigma_1}{\left\langle\Sigma_1\phi\right\rangle}-\frac{\Delta\Sigma_2}{\left\langle\Sigma_2\phi\right\rangle}\right)\phi\right\rangle-\langle\Gamma*(\Delta L-\lambda\Delta F)\phi\rangle-\\&\quad\left\langle\left[\frac{\partial R}{\partial\phi}-(L^*-\lambda F^*)\Gamma^*\right]\Delta\phi\right\rangle-\langle[(L-\lambda F)\phi]\Delta\Gamma^*\rangle+\langle\Gamma^*F\phi\rangle\Delta\lambda\end{aligned} \tag{3-47}$$

其中，

$$\Delta\Sigma_1=\frac{\partial\Sigma_1}{\partial\alpha}\Delta\alpha,\quad\Delta\Sigma_2=\frac{\partial\Sigma_2}{\partial\alpha}\Delta\alpha,\quad\Delta L=\frac{\partial L}{\partial\alpha}\Delta\alpha,\quad\Delta F=\frac{\partial F}{\partial\alpha}\Delta\alpha$$

为使 K 泛函的变化对于 $\Delta\phi$，$\Delta\Gamma^*$，$\Delta\lambda$ 不敏感，只需下列等式成立：

$$(L^*-\lambda F^*)\Gamma^*=\frac{\partial R}{\partial\phi}$$

$$(L-\lambda F)\phi=0$$

$$\langle \Gamma^* F\phi \rangle = 0$$

同时，$\delta K \simeq \Delta R$，于是有

$$\Delta R = R\left\langle \left(\frac{\Delta\Sigma_1}{\left\langle \Sigma_1 \phi \right\rangle} - \frac{\Delta\Sigma_2}{\left\langle \Sigma_2 \phi \right\rangle} \right) \phi \right\rangle - \langle \Gamma^* (\Delta L - \lambda \Delta F) \phi \rangle \tag{3-48a}$$

$$\langle \Gamma^* F\phi \rangle = 0 \tag{3-48b}$$

类似于特征值对于输入参数的敏感性系数，某相空间内响应 R 的敏感性系数同样定义为该相空间输入参数 α 的相对变化引起的 R 响应的相对变化：

$$S_{R,\alpha} = \frac{\Delta R / R}{\Delta\alpha / \alpha} \tag{3-49}$$

总响应的扰动是通过将整个相空间内任意 α 变化引起的响应扰动求和获得的：

$$\frac{\Delta R}{R} \cong \left\langle S_{R,\alpha} \frac{\Delta\alpha}{\alpha} \right\rangle \tag{3-50}$$

其中，响应 R 对于输入参数 α 的敏感性系数为

$$S_{R,\alpha} = \underbrace{\frac{\alpha}{R}\left[R\left\langle \left(\frac{1}{\left\langle \Sigma_1 \phi \right\rangle} \frac{\partial \Sigma_1}{\partial \alpha} - \frac{1}{\left\langle \Sigma_2 \phi \right\rangle} \frac{\partial \Sigma_2}{\partial \alpha} \right) \phi \right\rangle \right]}_{S_{直接}} - \underbrace{\frac{\alpha}{R}\left[\left\langle \Gamma^*, \left(\frac{\partial L}{\partial \alpha} - \lambda \frac{\partial F}{\partial \alpha} \right) \phi \right\rangle \right]}_{S_{间接}} \tag{3-51}$$

举例来说，在反应堆物理计算中，功率峰值就是典型的前向通量的线性泛函比率，其定义为堆芯功率密度最大值与堆芯功率密度的比值：

$$P_{\text{peak}} = \frac{V_{\text{core}}}{V_{\max}} \frac{\left\langle \Sigma_{\text{p}} \phi \right\rangle_{\max}}{\left\langle \Sigma_{\text{p}} \phi \right\rangle} \tag{3-52a}$$

其中，$\Sigma_{\text{p}} = E_{\text{f}} \times \Sigma_{\text{f}}$ 表示宏观功率截面，E_{f} 是每次裂变释放的平均能量，Σ_{f} 是宏观裂变截面，$V_{\max}$ 表示堆芯最大功率点所在网格体积，V_{core} 是堆芯体积，$\left\langle \Sigma_{\text{p}} \phi \right\rangle_{\max}$ 表示堆芯最大功率密度，$\left\langle \Sigma_{\text{p}} \phi \right\rangle$ 表示堆芯平均功率密度。令

$$\Sigma_1 = V_{\text{core}} \Sigma_{\text{p},\max}$$

$$\Sigma_2 = V_{\max} \Sigma_{\text{p}}$$

于是有

$$P_{\text{peak}} = \frac{\left\langle \Sigma_1 \phi \right\rangle}{\left\langle \Sigma_2 \phi \right\rangle} \tag{3-52b}$$

因此，功率峰值对于输入参数 α（如核截面）的敏感性系数表达式为

$$S_{P_{\text{peak}},\alpha}=\frac{\alpha}{P_{\text{peak}}}\left[P_{\text{peak}}\left\langle\left(\frac{\partial\Sigma_1/\partial\alpha}{\langle\Sigma_1\phi\rangle}-\frac{\partial\Sigma_2/\partial\alpha}{\langle\Sigma_2\phi\rangle}\right)\phi\right\rangle\right]-\frac{\alpha}{P_{\text{peak}}}\left[\left\langle\Gamma^*,\left(\frac{\partial L}{\partial\alpha}-\lambda\frac{\partial F}{\partial\alpha}\right)\phi\right\rangle\right]$$

其中，直接项是由于宏观功率截面变化直接引起的功率峰值变化，而间接项是由于输入参数变化，如核数据变化，引起反应堆中子通量变化，进而导致功率峰值发生变化。

基于广义微扰理论获得响应的敏感性系数后，如需进一步求解该敏感性系数，还需要求解广义共轭通量。事实上，由于广义共轭方程中的算符（$L^*-\lambda F^*$）是奇异的，因此方程(3-45)是非齐次方程。将前向中子通量与广义共轭方程(3-45)各项做内积并应用共轭算符特性，得到如下关系：

$$\langle\phi S^*\rangle=\left\langle\phi\,\frac{1}{R}\,\frac{\mathrm{d}R}{\mathrm{d}\phi}\right\rangle=0 \tag{3-53a}$$

上述关系是非齐次方程有解的必要条件，即广义共轭方程的固定源项需正交于前向中子通量，这个关系显然是成立的，如下：

$$\langle\phi S^*\rangle=\left\langle\phi\left(\frac{\Sigma_1}{\langle\Sigma_1\phi\rangle}-\frac{\Sigma_2}{\langle\Sigma_2\phi\rangle}\right)\right\rangle=\frac{\langle\Sigma_1\phi\rangle}{\langle\Sigma_1\phi\rangle}-\frac{\langle\Sigma_2\phi\rangle}{\langle\Sigma_2\phi\rangle}=0 \tag{3-53b}$$

然而，广义共轭方程(3-45)的解不是唯一的，通解 Γ^* 是一个特解和齐次解的和，即：如果 Γ_0^* 是广义共轭方程的一个特解，则函数（$\Gamma_0^*+a\phi^*$）同样也是该方程的解，其中 a 是任意的常数，此解可通过直接代入方程(3-45)来证明。对于广义微扰理论计算，一个有效的方法就是定义一个辅助条件以归一化广义裂变源项 $F^*\Gamma^*$，使其不包含基模信息，即

$$\langle\phi F^*\Gamma^*\rangle=\langle\Gamma^*F\phi\rangle=0 \tag{3-54}$$

通过定义下列常数可满足上述等式：

$$a=\frac{\langle\phi F^*\Gamma_0^*\rangle}{\langle\phi F^*\phi^*\rangle} \tag{3-55}$$

于是有

$$\Gamma^*\rightarrow\Gamma_0^*-\frac{\langle\phi F^*\Gamma_0^*\rangle}{\langle\phi F^*\phi^*\rangle}\phi^* \tag{3-56}$$

按照方程(3-54)归一化有两个主要原因：首先，方程(3-47)的最后一项可以去掉，于是 K 泛函的变化对于 $\Delta\lambda$ 不敏感。其次，数值求解时广义裂变源项收敛存在困难，特别是在外迭代过程中，与高阶谐波相比，基波分量会倍增。理论上，初始外迭代 $F^*\Gamma^*$ 如果不包括基模信息，则后期的迭代中也不会包含。但是，在实际计算过程中，由于数值近似和不完全收敛，往往将基模信息再次引入。因此，在每次

外迭代结束后应用式(3-56),可以消除基模的影响。

关于广义共轭方程的数值求解,可以采用如下两种方法:

(1) 纽曼级数法[5]:首先求解一个不带裂变源项的固定源问题,即

$$L^{*}\Gamma_{0}^{*}=S^{*} \tag{3-57}$$

将式(3-33)的解作为初值,对固定源问题按照下式进行迭代计算:

$$L^{*}\Gamma_{n}^{*}=\lambda F^{*}\Gamma_{n-1}^{*},\quad n=1,2,\cdots \tag{3-58}$$

最终得到该问题的解为

$$\Gamma^{*}=\sum_{n=0}^{\infty}\Gamma_{n}^{*} \tag{3-59}$$

(2) 外中子源法[6]:该方法将广义共轭项作为外源项,利用传统的幂迭代策略进行迭代计算,其迭代格式为

$$L^{*}\Gamma_{n}^{*}=\lambda F^{*}\Gamma_{n-1}^{*}+S^{*},\quad n=1,2,\cdots \tag{3-60}$$

上述迭代策略与传统的特征值问题的主要区别在于多了外源项,并且不需要进行特征值更新,但迭代过程是类似的。可以证明,当外中子源法中初值 Γ_{0}^{*} 取零时,该方法与纽曼级数法是等价的。实际操作中,对输运求解器进行适当修改,就可以求解广义共轭方程。以外中子源法为例,主要改进包括:建立广义共轭源作为问题的外源项;排除前向输运求解器中对于负通量可能的置零处理;外迭代过程中,有效增殖因子不参与迭代更新;修改裂变源的更新方式等。

3.2.4.2 前向通量及共轭通量的双线性泛函比率形式响应的敏感性系数

针对前向通量及共轭通量的双线性泛函比率,具有如下通式:

$$R=\frac{\left\langle\phi^{*}\Sigma_{1}\phi\right\rangle}{\left\langle\phi^{*}\Sigma_{2}\phi\right\rangle} \tag{3-61}$$

其中,Σ_1 和 Σ_2 表示响应函数或响应算符;ϕ 和 ϕ^{*} 表示前向中子通量和共轭中子通量,分别是方程(3-29)和方程(3-35)的解。同样根据变分原理,构造一个新的辅助泛函数如下:

$$K[\alpha,\phi,\Gamma^{*},\phi^{*},\Gamma,\lambda]=R-\langle\Gamma^{*}(L-\lambda F)\phi\rangle-\langle\Gamma(L^{*}-\lambda F^{*})\phi^{*}\rangle \tag{3-62}$$

其中,Γ^{*} 和 Γ 分别表示广义共轭通量和广义前向通量。辅助泛函 K 的变分可表示如下:

$$\begin{aligned}\delta K=&\left\langle\frac{\partial K}{\partial\alpha}\Delta\alpha\right\rangle+\left\langle\frac{\partial K}{\partial\phi}\Delta\phi\right\rangle+\left\langle\frac{\partial K}{\partial\Gamma^{*}}\Delta\Gamma^{*}\right\rangle+\left\langle\frac{\partial K}{\partial\phi^{*}}\Delta\phi^{*}\right\rangle+\left\langle\frac{\partial K}{\partial\Gamma}\Delta\Gamma\right\rangle+\left\langle\frac{\partial K}{\partial\lambda}\Delta\lambda\right\rangle\\=&R\left(\frac{\left\langle\phi^{*}\Delta\Sigma_{1}\phi\right\rangle}{\left\langle\phi^{*}\Sigma_{1}\phi\right\rangle}-\frac{\left\langle\phi^{*}\Delta\Sigma_{2}\phi\right\rangle}{\left\langle\phi^{*}\Sigma_{2}\phi\right\rangle}\right)-\langle\Gamma^{*},(\Delta L-\lambda\Delta F)\phi\rangle-\langle\Gamma,(\Delta L^{*}-\lambda\Delta F^{*})\phi^{*}\rangle+\\&\left\langle\left[\frac{\partial R}{\partial\phi}-(L^{*}-\lambda F^{*})\Gamma^{*}\right]\Delta\phi\right\rangle+\left\langle\left[\frac{\partial R}{\partial\phi^{*}}-(L-\lambda F)\Gamma\right]\Delta\phi^{*}\right\rangle-\end{aligned}$$

$$\langle[(L-\lambda F)\phi]\Delta\Gamma^{*}\rangle-\langle[(L^{*}-\lambda F^{*})\phi^{*}]\Delta\Gamma\rangle+\langle\Gamma^{*}F\phi\rangle\Delta\lambda+\langle\Gamma F^{*}\phi^{*}\rangle\Delta\lambda \tag{3-63}$$

为使泛函 K 的变化对于 $\Delta\phi,\Delta\phi^{*},\Delta\Gamma^{*},\Delta\Gamma,\Delta\lambda$ 不敏感，即

$$\frac{\partial K}{\partial\phi}=0\Rightarrow(L^{*}-\lambda F^{*})\Gamma^{*}=\frac{\partial R}{\partial\phi} \tag{3-64a}$$

$$\frac{\partial K}{\partial\Gamma^{*}}=0\Rightarrow(L-\lambda F)\phi=0 \tag{3-64b}$$

$$\frac{\partial K}{\partial\phi^{*}}=0\Rightarrow(L-\lambda F)\Gamma=\frac{\partial R}{\partial\phi^{*}} \tag{3-64c}$$

$$\frac{\partial K}{\partial\Gamma}=0\Rightarrow(L^{*}-\lambda F^{*})\phi^{*}=0 \tag{3-64d}$$

$$\frac{\partial K}{\partial\lambda}=0\Rightarrow\langle\Gamma^{*}F\phi\rangle=\langle\Gamma F^{*}\phi^{*}\rangle=0 \tag{3-64e}$$

其中，方程(3-64a)称为广义共轭方程，方程(3-64c)称为广义前向方程。由方程(3-64e)可知，广义共轭通量 Γ^{*} 正交于前向裂变源项，广义通量 Γ 正交于共轭裂变源项。广义源项的表达式如下：

$$\frac{1}{R}\frac{\partial R}{\partial\phi}=\frac{\Sigma_1^{*}\phi^{*}}{\left\langle\phi^{*}\Sigma_1\phi\right\rangle}-\frac{\Sigma_2^{*}\phi^{*}}{\left\langle\phi^{*}\Sigma_2\phi\right\rangle}=S^{*} \tag{3-65a}$$

$$\frac{1}{R}\frac{\partial R}{\partial\phi^{*}}=\frac{\Sigma_1\phi}{\left\langle\phi^{*}\Sigma_1\phi\right\rangle}-\frac{\Sigma_2\phi}{\left\langle\phi^{*}\Sigma_2\phi\right\rangle}=S \tag{3-65b}$$

同时，$\delta K\simeq\Delta R$，于是有

$$\Delta R=R\left(\frac{\left\langle\phi^{*}\Delta\Sigma_1\phi\right\rangle}{\left\langle\phi^{*}\Sigma_1\phi\right\rangle}-\frac{\left\langle\phi^{*}\Delta\Sigma_2\phi\right\rangle}{\left\langle\phi^{*}\Sigma_2\phi\right\rangle}\right)-$$
$$\langle\Gamma^{*}(\Delta L-\lambda\Delta F)\phi\rangle-\langle\Gamma(\Delta L^{*}-\lambda\Delta F^{*})\phi^{*}\rangle \tag{3-66}$$

于是，响应 R 对于输入参数 α 的敏感性系数为

$$S_{R,\alpha}=\frac{\alpha}{R}\left[R\left\langle\left(\frac{\left\langle\phi^{*}\frac{\partial\Sigma_1}{\partial\alpha}\phi\right\rangle}{\left\langle\phi^{*}\Sigma_1\phi\right\rangle}-\frac{\left\langle\phi^{*}\frac{\partial\Sigma_2}{\partial\alpha}\phi\right\rangle}{\left\langle\phi^{*}\Sigma_2\phi\right\rangle}\right)\right\rangle\right]-$$
$$\frac{\alpha}{R}\left[\left\langle\Gamma^{*},\left(\frac{\partial L}{\partial\alpha}-\lambda\frac{\partial F}{\partial\alpha}\right)\phi\right\rangle\right]-\frac{\alpha}{R}\left[\left\langle\Gamma,\left(\frac{\partial L^{*}}{\partial\alpha}-\lambda\frac{\partial F^{*}}{\partial\alpha}\right)\phi^{*}\right\rangle\right] \tag{3-67}$$

在反应堆物理计算中，有效增殖因子就是典型的前向通量及共轭通量的双线性泛函比率，其定义为

$$k_{\text{eff}}=\frac{\int \phi^*(\boldsymbol{\xi})F[\Sigma(\boldsymbol{\xi})]\phi(\boldsymbol{\xi})\mathrm{d}\boldsymbol{\xi}}{\int \phi^*(\boldsymbol{\xi})L[\Sigma(\boldsymbol{\xi})]\phi(\boldsymbol{\xi})\mathrm{d}\boldsymbol{\xi}} \tag{3-68}$$

而特征值为

$$\lambda=\frac{1}{k_{\text{eff}}} \tag{3-69a}$$

写成算符形式：

$$\lambda=\frac{\langle \phi^* L\phi\rangle}{\langle \phi^* F\phi\rangle} \tag{3-69b}$$

于是，特征值 λ 对于输入参数 α 的敏感性系数为

$$S_{\lambda,\alpha}=\frac{\alpha}{\lambda}\left[\lambda\left\langle\left(\frac{\left\langle\phi^*\dfrac{\partial L}{\partial\alpha}\phi\right\rangle}{\langle\phi^* L\phi\rangle}-\frac{\left\langle\phi^*\dfrac{\partial F}{\partial\alpha}\phi\right\rangle}{\langle\phi^* F\phi\rangle}\right)\right\rangle\right]-\frac{\alpha}{\lambda}\left[\left\langle\Gamma^*,\left(\frac{\partial L}{\partial\alpha}-\lambda\frac{\partial F}{\partial\alpha}\right)\phi\right\rangle\right]-\frac{\alpha}{\lambda}\left[\left\langle\Gamma,\left(\frac{\partial L^*}{\partial\alpha}-\lambda\frac{\partial F^*}{\partial\alpha}\right)\phi^*\right\rangle\right] \tag{3-70}$$

对于临界问题，有 $(L-\lambda F)\phi=0$，于是由广义源项定义可知：

$$S^*=\frac{L^*\phi^*}{\langle\phi^* L\phi\rangle}-\frac{F^*\phi^*}{\langle\phi^* F\phi\rangle}=\frac{(L^*-\lambda F^*)\phi}{\lambda\langle\phi^* F\phi\rangle} \tag{3-71a}$$

$$S=\frac{L\phi}{\langle\phi^* L\phi\rangle}-\frac{F\phi}{\langle\phi^* F\phi\rangle}=\frac{(L-\lambda F)\phi}{\lambda\langle\phi^* F\phi\rangle} \tag{3-71b}$$

于是有

$$\Gamma^*=\frac{\phi^*}{\lambda\langle\phi^* F\phi\rangle} \tag{3-72a}$$

$$\Gamma=\frac{\phi}{\lambda\langle\phi^* F\phi\rangle} \tag{3-72b}$$

代入敏感性系数计算式(3-70)及考虑共轭算符特性，可知特征值 λ 对于输入参数 α 的敏感性系数为

$$S_{\lambda,\alpha}=\alpha\frac{\left\langle\phi^*\dfrac{\partial L-\lambda\partial F}{\partial\alpha}\phi\right\rangle}{\lambda\langle\phi^* F\phi\rangle} \tag{3-73}$$

由于

$$\frac{\Delta\lambda}{\lambda}=\frac{k}{k'}-1=-\frac{\Delta k}{k}+O\Delta^2 \tag{3-74}$$

于是，临界时有效增殖因子对于某输入参数 α 的敏感性系数为

$$S_{\alpha}^{k_{\text{eff}}}=\frac{\alpha}{k_{\text{eff}}}\frac{\left\langle\phi^{*}\left(\frac{1}{k_{\text{eff}}}\frac{\partial F}{\partial\alpha}-\frac{\partial L}{\partial\alpha}\right)\phi\right\rangle}{\left\langle\phi^{*}\frac{F}{k_{\text{eff}}^{2}}\phi\right\rangle} \tag{3-75}$$

由广义微扰理论得到的临界时有效增殖因子对于某输入参数 α 的敏感性系数与式(3-40)完全一致。

另外一个典型的例子就是点堆动力学参数,即缓发中子份额及中子代时间,其定义也是前向通量及共轭通量的双线性泛函比率。下面从扩散形式的时空动力学方程出发推导点堆动力学参数具体定义及敏感性系数:

$$\frac{1}{\nu}\frac{\partial\phi(r,E,t)}{\partial t}=(F_{\text{p}}-M)\phi(r,E,t)+S_{\text{d}}(r,E,t)+S_{\text{ex}}(r,E,t) \tag{3-76}$$

各算符的具体形式如下:

$$F_{\text{p}}\phi(r,E,t)=\chi_{\text{p}}(E)\int_{E'}\nu_{\text{p}}\Sigma_{\text{f}}(r,E',t)\phi(r,E',t)\text{d}E'$$

$$M\phi(r,E,t)=-\nabla D(r,E)\nabla\phi(r,E,t)+\Sigma_{t}(r,E)\phi(r,E,t)-$$

$$\int_{E'}\Sigma_{\text{s}}(r,E')f(r,E'\rightarrow E)\phi(r,E',t)\text{d}E'$$

$$S_{\text{d}}(r,E,t)=\sum_{k}\lambda_{k}C_{k}(r,t)\chi_{\text{d}k}(E)$$

其中,ν_{p} 表示每次裂变产生的瞬发中子数量,$S_{\text{ex}}(r,E,t)$表示外加中子源。

假设反应堆开始处于临界状态,且无外源,则时空动力学方程可以简写成

$$\frac{1}{\nu}\frac{\partial\phi}{\partial t}=(F_{\text{p}}-M)\phi+S_{\text{d}} \tag{3-77a}$$

$$0=(F_{\text{p},0}-M_{0})\phi_{0}+S_{\text{d},0} \tag{3-77b}$$

稳态时,可以将瞬发中子源和缓发中子源合并:

$$F_{0}\phi_{0}=\chi_{\text{p}}(E)\int_{0}^{\infty}\nu_{\text{p}}\Sigma_{\text{f}}(r,E')\phi_{0}(r,E')\text{d}E'+\sum_{k}\chi_{\text{d}k}(E)\int_{0}^{\infty}\nu_{\text{d}k}\Sigma_{\text{f}}(r,E')\phi_{0}(r,E')\text{d}E'$$

$$=\chi(E)\int_{0}^{\infty}\nu\Sigma_{\text{f}}(r,E')\phi_{0}(r,E')\text{d}E'$$

于是有 $F_{0}=F_{\text{p}0}+S_{\text{d}0}=F_{\text{p}0}+F_{\text{d}0}$。则方程(3-77a)可写成

$$\frac{1}{\nu}\frac{\partial\phi}{\partial t}=(F-M-F_{\text{d}})\phi+S_{\text{d}} \tag{3-77c}$$

进一步将中子通量分解为幅度因子与形状因子的乘积,即

$$\phi(r,E,t)=n(t)\Psi(r,E,t) \tag{3-78}$$

其中,$n(t)$为幅度因子,随时间变化较快;$\Psi(r,E,t)$表示形状因子,随时间变化较慢。将式(3-78)代入方程(3-77c),同时方程两边乘以权重函数 $w(r,E)$,并对空间和能量进行积分,于是方程(3-77c)的左式变为

$$\int_{V}\int_{0}^{\infty}\frac{w(r,E)}{\nu(E)}\frac{\partial[n(t)\Psi(r,E,t)]}{\partial t}\text{d}E\,\text{d}V=\frac{\text{d}n(t)}{\text{d}t}\int_{V}\int_{0}^{\infty}\frac{w(r,E)\Psi(r,E,t)}{\nu(E)}\text{d}E\,\text{d}V+$$

$$n(t)\frac{\mathrm{d}}{\mathrm{d}t}\int_V\int_0^\infty\frac{w(r,E)\Psi(r,E,t)}{\nu(E)}\mathrm{d}E\mathrm{d}V \tag{3-79}$$

选择初始时刻(稳态)的共轭通量(即中子价值)作为权重函数,即

$$w(r,E)=\phi^*(r,E,t_0)=\phi_0^*(r,E) \tag{3-80}$$

$\Psi(r,E,t)/\nu(E)$ 可视为中子密度,于是$\int_V\int_0^\infty\frac{\phi_0^*(r,E)\Psi(r,E,t)}{\nu(E)}\mathrm{d}E\mathrm{d}V$ 表示中子的总价值,由于中子价值守恒,因此在 t_0 到 $t_0+\Delta t$ 时间段内上述积分近似为常数。于是方程(3-80)右式第二项变为 0。则

$$\frac{\mathrm{d}n(t)}{\mathrm{d}t}\left\langle\phi_0^*,\frac{\Psi}{\nu}\right\rangle=[\langle\phi_0^*,(F-M)\Psi\rangle-\langle\phi_0^*,F_\mathrm{d}\Psi\rangle]n(t)+\langle\phi_0^*,S_\mathrm{d}\rangle \tag{3-81}$$

反应堆从稳态变成非稳态,可视为对算符的微扰:$\Delta F=F-F_0$,$\Delta M=M-M_0$,于是有

$$\frac{\mathrm{d}n(t)}{\mathrm{d}t}\left\langle\phi_0^*,\frac{\Psi}{\nu}\right\rangle=[\langle\phi_0^*,(\Delta F-\Delta M)\Psi\rangle-\langle\phi_0^*,F_\mathrm{d}\Psi\rangle]n(t)+\langle\phi_0^*,S_\mathrm{d}\rangle \tag{3-82}$$

令$\left\langle\phi_0^*,\frac{\Psi}{\nu}\right\rangle=K_0$,$\langle\phi_0^*,F\Psi\rangle=F(t)$,于是有

$$\frac{\mathrm{d}n(t)}{\mathrm{d}t}=\frac{\frac{\langle\phi_0^*,(\Delta F-\Delta M)\Psi\rangle}{F(t)}-\frac{\langle\phi_0^*,F_\mathrm{d}\Psi\rangle}{F(t)}}{\frac{K_0}{F(t)}}n(t)+\frac{\langle\phi_0^*,S_\mathrm{d}\rangle}{K_0} \tag{3-83}$$

令 $\rho(t)\equiv\frac{\langle\phi_0^*,(\Delta F-\Delta M)\Psi\rangle}{F(t)}$,$\beta(t)\equiv\frac{\langle\phi_0^*,F_\mathrm{d}\Psi\rangle}{F(t)}$,$\Lambda\equiv\frac{K_0}{F(t)}$,则有

$$\frac{\mathrm{d}n(t)}{\mathrm{d}t}=\frac{\rho(t)-\beta(t)}{\Lambda}n(t)+\frac{\langle\phi_0^*,S_\mathrm{d}\rangle}{K_0} \tag{3-84}$$

而

$$\frac{\langle\phi_0^*,S_\mathrm{d}\rangle}{K_0}=\frac{\left\langle\phi_0^*,\sum_k\lambda_kC_k(r,t)\chi_k(E)\right\rangle}{K_0}=\frac{\sum_k\lambda_k\langle\phi_0^*,C_k(r,t)\chi_k(E)\rangle}{K_0}$$

令$\frac{\langle\phi_0^*,C_k(r,t)\chi_k(E)\rangle}{K_0}\equiv c_k(t)$,因此$\frac{\langle\phi_0^*,S_\mathrm{d}\rangle}{K_0}=\sum_{k=1}^{6}\lambda_kc_k(t)$。

于是,精确点堆中子动力学方程为

$$\frac{\mathrm{d}n(t)}{\mathrm{d}t}=\frac{\rho(t)-\beta(t)}{\Lambda}n(t)+\sum_{k=1}^{6}\lambda_kc_k(t) \tag{3-85}$$

根据上述推导精确点堆动力学方程的过程可知,缓发中子份额及中子代时间定义分别为

$$\beta(t)=\frac{\langle \phi_0^*, F_d \Psi \rangle}{F(t)}=\frac{\langle \phi_0^*, F_d \Psi \rangle}{\langle \phi_0^*, F\Psi \rangle} \tag{3-86a}$$

$$\Lambda=\frac{K_0}{F(t)}=\frac{\left\langle \phi_0^*, \dfrac{\Psi}{\nu} \right\rangle}{\langle \phi_0^*, F\Psi \rangle} \tag{3-86b}$$

其中，$F=\chi(E)\nu\Sigma_f$，$F_d=\beta_k\chi_d(E)\nu\Sigma_f$。$\chi(E)$表示裂变中子能谱，$\chi_d(E)$表示缓发中子裂变能谱，$\nu$表示每次裂变放出的平均中子数，$\Sigma_f$表示裂变截面，$\beta_k$表示区域第$k$组缓发中子份额，是一个可求的区域均值，由如下公式求得：

$$\beta_k(r)=\frac{\sum\limits_{i={}^{235}\mathrm{U},{}^{238}\mathrm{U}} c_i\beta_{i,k}\Sigma_{f,i}\phi_i}{\sum\limits_{i={}^{235}\mathrm{U},{}^{238}\mathrm{U}} c_i\Sigma_{f,i}\phi_i}$$

其中，c_i表示第i种核数（如^{235}U，^{238}U，^{239}Pu等）比例（密度比、裂变率比等）。

由于Ψ形状因子随时间变化慢，考虑全堆求解点堆动态参数，则Ψ可用初始状态中子通量ϕ_0代替求解，于是缓发中子份额及中子代时间可近似求解为

$$\beta=\frac{\langle \phi_0^*, F_d\phi_0 \rangle}{\langle \phi_0^*, F\phi_0 \rangle} \tag{3-87a}$$

$$\Lambda=\frac{\left\langle \phi_0^*, \dfrac{\phi}{\nu} \right\rangle}{\langle \phi_0^*, F\phi \rangle}=\frac{\langle \phi_0^*, F_q\phi \rangle}{\langle \phi_0^*, F\phi \rangle} \tag{3-87b}$$

于是，缓发中子份额对于输入参数α的敏感性系数为

$$S_{\beta,\alpha}=\frac{\alpha}{\beta}\left[\beta\left\langle\left(\frac{\left\langle \phi_0^* \dfrac{\partial F_d}{\partial \alpha}\phi_0 \right\rangle}{\langle \phi_0^* F_d\phi_0 \rangle}-\frac{\left\langle \phi_0^* \dfrac{\partial F}{\partial \alpha}\phi_0 \right\rangle}{\langle \phi_0^* F\phi_0 \rangle}\right)\right\rangle\right]-\frac{\alpha}{\beta}\left[\left\langle \Gamma^*, \left(\frac{\partial L}{\partial \alpha}-\lambda\frac{\partial F}{\partial \alpha}\right)\phi_0 \right\rangle\right]-$$
$$\frac{\alpha}{\beta}\left[\left\langle \Gamma, \left(\frac{\partial L^*}{\partial \alpha}-\lambda\frac{\partial F^*}{\partial \alpha}\right)\phi_0^* \right\rangle\right] \tag{3-88}$$

同理，中子代时间对于输入参数α的敏感性系数为

$$S_{\Lambda,\alpha}=\frac{\alpha}{\Lambda}\left[\Lambda\left\langle\left(\frac{\left\langle \phi_0^* \dfrac{\partial F_q}{\partial \alpha}\phi_0 \right\rangle}{\langle \phi_0^* F_q\phi_0 \rangle}-\frac{\left\langle \phi_0^* \dfrac{\partial F}{\partial \alpha}\phi_0 \right\rangle}{\langle \phi_0^* F\phi_0 \rangle}\right)\right\rangle\right]-\frac{\alpha}{\beta}\left[\left\langle \Gamma^*, \left(\frac{\partial L}{\partial \alpha}-\lambda\frac{\partial F}{\partial \alpha}\right)\phi_0 \right\rangle\right]-$$
$$\frac{\alpha}{\beta}\left[\left\langle \Gamma, \left(\frac{\partial L^*}{\partial \alpha}-\lambda\frac{\partial F^*}{\partial \alpha}\right)\phi_0^* \right\rangle\right] \tag{3-89}$$

3.2.4.3　具有辅助归一化约束条件的前向通量线性泛函响应的敏感性系数

在有确定的归一化通量作为约束的条件下，比如在一定的反应堆运行功率水平下，也可以应用广义微扰理论求解前向通量线性泛函响应的敏感性系数，如反应

率。其定义如下：

$$R=\left\langle \Sigma_{\mathrm{D}}\phi \right\rangle \tag{3-90a}$$

约束条件为

$$\left\langle \Sigma_{N}\phi \right\rangle = N \tag{3-90b}$$

其中，Σ_{D} 表示响应函数，具体物理计算中可以是裂变截面 Σ_{f}，也可以是俘获截面 Σ_{γ} 等；Σ_{N} 表示对应于约束条件的特定截面；N 是约束通量归一化目标值。构造一个新的辅助泛函数如下：

$$K(\alpha,\phi,\Gamma^{*},N^{*},\lambda)=R-N^{*}(\left\langle \Sigma_{N}\Phi \right\rangle - N)-\left\langle \Gamma^{*},(L-\lambda F)\phi \right\rangle \tag{3-91}$$

于是，辅助泛函数 K 的变分为

$$\begin{aligned}\delta K &= \left\langle \frac{\partial K}{\partial \alpha}\Delta\alpha \right\rangle + \left\langle \frac{\partial K}{\partial \phi}\Delta\phi \right\rangle + \left\langle \frac{\partial K}{\partial N^{*}}\Delta N^{*} \right\rangle + \left\langle \frac{\partial K}{\partial \Gamma^{*}}\Delta\Gamma^{*} \right\rangle + \left\langle \frac{\partial K}{\partial \lambda}\Delta\lambda \right\rangle \\ &= \left\langle \Delta\Sigma_{\mathrm{D}}\phi \right\rangle - N^{*}\left\langle \Delta\Sigma_{N}\phi \right\rangle + N^{*}\Delta N - \left\langle \Gamma^{*},(\Delta L-\lambda\Delta F)\phi \right\rangle + \\ &\quad \left\langle [(\Sigma_{\mathrm{D}}-N^{*}\Sigma_{N})-(L^{*}-\lambda F^{*})\Gamma^{*}]\Delta\phi \right\rangle - (\left\langle \Sigma_{N}\phi \right\rangle - N)\Delta N^{*} - \\ &\quad \left\langle [(L-\lambda F)\phi\Delta\Gamma^{*}] \right\rangle + \langle \Gamma^{*}F\Phi\rangle\Delta\lambda \end{aligned} \tag{3-92}$$

为使泛函数 K 的变化对于 $\Delta\phi,\Delta\Gamma^{*},\Delta N,\Delta\lambda$ 不敏感，得到如下等式作为边界条件：

$$(L^{*}-\lambda F^{*})\Gamma^{*}=S^{*}=\Sigma_{\mathrm{D}}-N^{*}\Sigma_{N} \tag{3-93a}$$

$$(L-\lambda F)\phi=0 \tag{3-93b}$$

$$\left\langle \Sigma_{N}\phi \right\rangle = N \tag{3-93c}$$

$$\langle \Gamma^{*}F\phi\rangle=0 \tag{3-93d}$$

由广义微扰理论知 N^{*} 满足广义共轭源正交于中子通量这一要求，即

$$\langle S^{*}\phi\rangle=0 \Rightarrow \left\langle (\Sigma_{\mathrm{D}}-N^{*}\Sigma_{N})\phi \right\rangle = 0 \Rightarrow N^{*}=\frac{\left\langle \Sigma_{\mathrm{D}}\phi \right\rangle}{\left\langle \Sigma_{N}\phi \right\rangle} \tag{3-94}$$

考虑 $\delta K \approx \Delta R$，于是有如下表达式：

$$\begin{aligned}\Delta R &= \left\langle \Delta\Sigma_{\mathrm{D}}\phi \right\rangle - N^{*}\left\langle \Delta\Sigma_{N}\phi \right\rangle + N^{*}\Delta N - \langle \Gamma^{*},(\Delta L-\lambda\Delta F)\phi\rangle \\ &= \left\langle \Delta\Sigma_{\mathrm{D}}\phi \right\rangle - \frac{\left\langle \Sigma_{\mathrm{D}}\phi \right\rangle}{\left\langle \Sigma_{N}\phi \right\rangle}\left\langle \Delta\Sigma_{N}\phi \right\rangle + \frac{\left\langle \Sigma_{\mathrm{D}}\phi \right\rangle}{\left\langle \Sigma_{N}\phi \right\rangle}\Delta N - \langle \Gamma^{*},(\Delta L-\lambda\Delta F)\phi\rangle\end{aligned}$$

$$=R\left(\frac{\left\langle\Delta\Sigma_{\mathrm{D}}\phi\right\rangle}{\left\langle\Sigma_{\mathrm{D}}\phi\right\rangle}-\frac{\left\langle\Delta\Sigma_{N}\phi\right\rangle}{\left\langle\Sigma_{N}\phi\right\rangle}\right)+\frac{\left\langle\Sigma_{\mathrm{D}}\phi\right\rangle}{\left\langle\Sigma_{N}\phi\right\rangle}\Delta N-\langle\Gamma^{*},(\Delta L-\lambda\Delta F)\phi\rangle \tag{3-95}$$

其中，

$$\Delta\Sigma_{\mathrm{D}}=\frac{\partial\Sigma_{\mathrm{D}}}{\partial\alpha}\Delta\alpha,\quad \Delta\Sigma_{N}=\frac{\partial\Sigma_{N}}{\partial\alpha}\Delta\alpha,\quad \Delta N=\frac{\partial N}{\partial\alpha}\Delta\alpha,\quad \Delta L=\frac{\partial L}{\partial\alpha}\Delta\alpha,\quad \Delta P=\frac{\partial F}{\partial\alpha}\Delta\alpha \tag{3-96}$$

于是，响应 R 对于输入参数 α 的敏感性系数为

$$S_{R,\alpha}=\frac{\alpha}{R}\left[R\left(\frac{\left\langle\frac{\partial\Sigma_{\mathrm{D}}}{\partial\alpha}\phi\right\rangle}{\left\langle\Sigma_{\mathrm{D}}\phi\right\rangle}-\frac{\left\langle\frac{\partial\Sigma_{N}}{\partial\alpha}\phi\right\rangle}{\left\langle\Sigma_{N}\phi\right\rangle}\right)+\frac{\left\langle\Sigma_{\mathrm{D}}\phi\right\rangle}{\left\langle\Sigma_{N}\phi\right\rangle}\frac{\partial N}{\partial\alpha}-\left\langle\Gamma^{*},\left(\frac{\partial L}{\partial\alpha}-\lambda\frac{\partial F}{\partial\alpha}\right)\phi\right\rangle\right] \tag{3-97}$$

3.2.5　时间相关的微扰理论求解堆芯关键参数的敏感性系数

在核反应堆中，不同核素的产生与消失用燃耗方程描述，即贝特曼方程。在反应堆运行过程中新生成的核素，特别是锕系元素，如镅、锔等，对于反应堆燃料循环分析特别重要。另外，这些核素自身截面和衰变数据不确定性很大。因此，有必要量化燃耗过程中不同核素密度对于输入数据（基础核数据）的敏感性及其自身不确定性，以及其对堆芯关键参数计算不确定性的贡献。针对不同核素密度对于基础输入数据的敏感性信息，可以应用时间相关的微扰理论量化。

某种核素的密度，比如单位体积内的原子数量，是核素密度向量 $\boldsymbol{N}(t)$ 的某一元素，$\boldsymbol{N}(t)$ 服从初值方程（此处为燃耗方程）如下：

$$L\boldsymbol{N}(t)=\frac{\partial\boldsymbol{N}(t)}{\partial t}-\boldsymbol{Q},\quad 0<t\leqslant t_F \tag{3-98a}$$

$$\boldsymbol{N}(t=0)=\boldsymbol{N}_0 \tag{3-98b}$$

其中，$\boldsymbol{Q}$ 表示任何可能出现的外源项，并视为输入量。算符 $\boldsymbol{L}$ 表示燃耗矩阵，其定义如下：

$$\boldsymbol{L}=\begin{bmatrix}-(\sigma_1\phi+\lambda_1) & (\lambda_{2\to1}+\sigma_{2\to1}\phi) & \cdots & (\lambda_{n\to1}+\sigma_{n\to1}\phi)\\(\lambda_{1\to2}+\sigma_{1\to2}\phi) & -(\sigma_2\phi+\lambda_2) & \cdots & (\lambda_{n\to2}+\sigma_{n\to2}\phi)\\\vdots & \vdots & \ddots & \vdots\\(\lambda_{1\to n}+\sigma_{1\to n}\phi) & (\lambda_{2\to n}+\sigma_{2\to n}\phi) & \cdots & -(\sigma_n\phi+\lambda_n)\end{bmatrix} \tag{3-98c}$$

其中，$\sigma_{i\to j}\phi$ 表示一个核素 i 原子与堆芯中子发生反应（主要是中子俘获和裂变反应）生成核素 j 的反应率；ϕ 表示堆芯中子通量；$\sigma_i\phi$ 表示一个核素 i 原子的吸收消失率；$\lambda_{i\to j}$ 表示一个核素 i 原子发生衰变生成核素 j 的衰变常数；λ_i 表示核素 i 的总衰变常数，是考虑了不同衰变反应的有效衰变。

由算符 $\boldsymbol{L}$ 的定义可知，$\boldsymbol{L}$ 包括与时间和空间相关的中子通量信息，且中子通量是核素密度的函数。因此，方程(3-98)考虑了核素与中子通量之间耦合作用引起的反馈效应，即非线性作用。但是在某些问题中，耦合效应影响很小或可以作为边界条件来处理，此时，燃耗方程的解可以与中子通量近似解耦，并可视中子通量为输入参数。这种情况下，算符 $\boldsymbol{L}$ 是线性的。同时，某些核素密度对于中子通量计算影响不是很显著，解耦近似可以用于评价某些核素的敏感性信息。于是，上述问题变成了线性初值问题。于是，与时间相关的线性响应可以表示为

$$R = \langle \boldsymbol{h}^{\mathrm{T}} \boldsymbol{N} \rangle \tag{3-99}$$

其中，$\boldsymbol{h}$ 表示响应函数向量，$\langle\ \rangle$ 表示在所有自变量上做积分。如果响应函数 $\boldsymbol{h}$ 是时间 t 的 δ 函数，即

$$\boldsymbol{h} = \boldsymbol{h}_0 \delta(t - t_{\mathrm{F}})$$

其中，t_{F} 表示最后时刻。此时，响应(3-99)对应于一个“最后时刻”响应，即

$$R(t_{\mathrm{F}}) = \langle \boldsymbol{h}_0^{\mathrm{T}} \boldsymbol{N}(t,x) \delta(t - t_{\mathrm{F}}) \rangle = \langle \boldsymbol{h}_0^{\mathrm{T}} \boldsymbol{N}(t_{\mathrm{F}},x) \rangle \tag{3-100}$$

方程(3-98)对应于“最后时刻”问题的共轭方程如下：

$$L^* \boldsymbol{N}^*(t) = -\frac{\partial \boldsymbol{N}^*(t)}{\partial t} - \boldsymbol{Q}^*, \quad 0 \leqslant t < t_{\mathrm{F}} \tag{3-101a}$$

$$\boldsymbol{N}^*(t = t_{\mathrm{F}}) = 0 \tag{3-101b}$$

其中，共轭源项定义为

$$\boldsymbol{Q}^* = \frac{\partial R}{\partial \boldsymbol{N}} = \boldsymbol{h} \tag{3-101c}$$

由于 R 对应于最后时刻响应，于是有

$$\frac{\partial R}{\partial \boldsymbol{N}} = \boldsymbol{h}_0 \delta(t - t_{\mathrm{F}}) \tag{3-101d}$$

δ 函数源项在 t_{F} 时刻等价于一个非均匀最终条件。于是，共轭方程(3-97)可以写成如下形式：

$$\boldsymbol{L}^* \boldsymbol{N}^*(t) = -\frac{\partial \boldsymbol{N}^*(t)}{\partial t} \tag{3-102a}$$

$$\boldsymbol{N}^*(t = t_{\mathrm{F}}) = \frac{\partial R}{\partial \boldsymbol{N}(t_{\mathrm{F}})} = \boldsymbol{h}_0 \tag{3-102b}$$

如果输入参数发生微扰，则扰动后的算符 $\boldsymbol{L}$ 变成 $\boldsymbol{L}' = \boldsymbol{L} + \Delta\boldsymbol{L}$，于是有

$$(\boldsymbol{L} + \Delta\boldsymbol{L})(\boldsymbol{N} + \Delta\boldsymbol{N}) = \frac{\partial(\boldsymbol{N} + \Delta\boldsymbol{N})}{\partial t} - \boldsymbol{Q} \tag{3-103a}$$

进一步简化为

$$\boldsymbol{L}\Delta\boldsymbol{N} - \frac{\partial \Delta\boldsymbol{N}}{\partial t} \quad (\Delta L\boldsymbol{N} + \Delta L\Delta\boldsymbol{N}) \tag{3-103b}$$

其中，$(\Delta\boldsymbol{L}\boldsymbol{N} + \Delta\boldsymbol{L}\Delta\boldsymbol{N})$ 称为有效扰动源项。将 $\boldsymbol{N}^*$ 与方程(3-103b)做内积，并且将 $\boldsymbol{N}' = (\boldsymbol{N} + \Delta\boldsymbol{N})$ 与方程(3-101)做内积，两式相减并应用共轭算符特性，可得：

$$\Delta R = \langle \boldsymbol{N}^{*\mathrm{T}} (\Delta \boldsymbol{L} \boldsymbol{N} + \Delta \boldsymbol{L} \Delta \boldsymbol{N}) \rangle \tag{3-104}$$

方程(3-104)中包括了未知量 $\Delta\boldsymbol{N}$，但是应用一阶微扰理论近似，可忽略高阶项，于是有

$$\Delta R = \langle \boldsymbol{N}^{*\mathrm{T}} \Delta \boldsymbol{L} \boldsymbol{N} \rangle \tag{3-105}$$

针对某一核素的密度，其对应于向量 $\boldsymbol{N}$ 的第 i 个元素，由于输入参数 α 的扰动，该核素的密度也随之扰动，可以基于上述微扰理论量化该核素密度在某特定时刻 t_{F} 对于输入参数的敏感性系数。此时，响应 R 可以表示为

$$R = N_i(t_{\mathrm{F}}) = \boldsymbol{h}_i^{\mathrm{T}} \boldsymbol{N}(t_{\mathrm{F}}) \tag{3-106}$$

其中，响应函数向量 $\boldsymbol{h}_i$ 中只包含第 i 个元素信息，其余信息均为 0。另外，在此情况下，算符 $\boldsymbol{L}$ 中不包括其他算符元素，因此，其共轭形式仅是将 $\boldsymbol{L}$ 转置，于是其共轭方程为

$$\boldsymbol{L}^{\mathrm{T}} \boldsymbol{N}^*(t) = -\frac{\partial \boldsymbol{N}^*(t)}{\partial t}, \quad 0 \leqslant t < t_{\mathrm{F}} \tag{3-107a}$$

$$\begin{cases} \boldsymbol{N}^*(t_{\mathrm{F}}) = 0, & j \neq i \\ \boldsymbol{N}^*(t_{\mathrm{F}}) = 1, & \text{第 } i \text{ 个元素} \end{cases} \tag{3-107b}$$

于是，响应 R_i 对于输入参数 α 的相对敏感性系数为

$$S_{R_i,\alpha} = \frac{\alpha}{R_i} \int_0^{t_{\mathrm{F}}} \boldsymbol{N}_i^{*,\mathrm{T}} \left(\frac{\partial L}{\partial \alpha} \right) \boldsymbol{N} \, \mathrm{d}t \tag{3-108}$$

但事实上，比如截面变化，会影响中子通量，进而影响核素产生与消失，上述线性近似无法处理燃耗过程的真实情况，因此必须考虑核素密度与中子通量的耦合反馈效应。针对非线性问题，基本思路是一致的，只是在求解共轭信息时不同。因此，本节中重点针对线性初值问题，给出了时间相关的微扰理论的基本思路及求解敏感性系数的基本方法，而关于非线性问题如何应用广义微扰理论求解敏感性系数及其应用，将在第 8 章中详细介绍。

3.2.6　不确定性分析理论

在核反应堆物理计算中，系统的响应(比如有效增殖因子、功率峰值等)关于输入参数的函数关系可以简单表示为

$$\boldsymbol{R} = [R_1, R_2, \cdots, R_{nR}]^{\mathrm{T}} = [f_1(\boldsymbol{x}), f_2(\boldsymbol{x}), \cdots, f_{nR}(\boldsymbol{x})]^{\mathrm{T}} \tag{3-109}$$

其中，$\boldsymbol{x} = [x_1, x_2, \cdots, x_{nx}]^{\mathrm{T}}$，$nR$ 表示响应的数目，nx 表示输入参数的数目。输入参数的名义值为 $\boldsymbol{x}_0 = [x_{1,0}, x_{2,0}, \cdots, x_{nx,0}]^{\mathrm{T}}$，真实输入参数由于测量等存在误差使其与名义值相比往往具有一定的偏差 $\Delta\boldsymbol{x} = [\Delta x_1, \Delta x_2, \cdots, \Delta x_{nx}]^{\mathrm{T}}$，于是有

$$\boldsymbol{x} = \boldsymbol{x}_0 + \Delta\boldsymbol{x} = [x_{1,0} + \Delta x_1, x_{2,0} + \Delta x_2, \cdots, x_{nx,0} + \Delta x_{nx}]^{\mathrm{T}} \tag{3-110}$$

在输入参数名义值处对系统某响应函数 R_i 泰勒展开，于是有

$$R_i(\boldsymbol{x})=R(\boldsymbol{x}_0)+\sum_{j=1}^{nx}\left(\frac{\partial R_i}{\partial x_j}\right)\Delta x_j+\frac{1}{2!}\sum_{j_1,j_2=1}^{nx}\left(\frac{\partial^2 R_i}{\partial x_{j_1}\partial x_{j_2}}\right)\Delta x_{j_1}\Delta x_{j_2}+\frac{1}{3!}\sum_{j_1,j_2,j_3=1}^{nx}\left(\frac{\partial^3 R_i}{\partial x_{j_1}\partial x_{j_2}\partial x_{j_3}}\right)\Delta x_{j_1}\Delta x_{j_2}\Delta x_{j_3}+\cdots+\frac{1}{n!}\sum_{j_1,j_2,\cdots,j_n=1}^{nx}\left(\frac{\partial^n R_i}{\partial x_{j_1}\partial x_{j_2}\cdots\partial x_{j_n}}\right)\Delta x_{j_1}\Delta x_{j_2}\cdots\Delta x_{j_n} \tag{3-111}$$

前期研究表明一阶近似能满足计算精度需求且可大大减少计算复杂度，于是只保留一阶展开项，式(3-111)变为

$$R_i(\boldsymbol{x})\approx R(\boldsymbol{x}_0)+\sum_{j=1}^{nx}\frac{\partial R_i}{\partial x_j}\Delta x_j \tag{3-112}$$

则响应 R_i 的方差可以表示为

$$\begin{aligned}\mathrm{Var}(R_i(\boldsymbol{x}))&=\mathrm{Var}\left(\sum_{j=1}^{nx}\frac{\partial R_i}{\partial x_j}\Delta x_j\right)\\&=\sum_{j=1}^{nx}\mathrm{Var}\left(\frac{\partial R_i}{\partial x_j}\Delta x_j\right)+2\sum_{j=1}^{nx}\sum_{k=j+1}^{nx}\mathrm{Cov}\left(\frac{\partial R_i}{\partial x_j}\Delta x_j,\frac{\partial R_i}{\partial x_k}\Delta x_k\right)\\&=\sum_{j=1}^{nx}\left(\frac{\partial R_i}{\partial x_j}\right)^2\mathrm{Var}(x_j)+2\sum_{j=1}^{nx}\sum_{k=j+1}^{nx}\frac{\partial R_i}{\partial x_j}\frac{\partial R_i}{\partial x_k}\mathrm{Cov}(x_j,x_k)\end{aligned} \tag{3-113}$$

其中，$\mathrm{Var}(x_j)$表示输入参数 x_j 的方差，$\mathrm{Cov}(x_j,x_k)$表示输入参数 x_j 与 x_k 之间的协方差。

将式(3-113)各项除以 $R_i^2(\boldsymbol{x}_0)$，并考虑相对敏感性系数定义，于是有

$$\begin{aligned}\frac{\mathrm{Var}(R_i(\boldsymbol{x}))}{R_i^2(\boldsymbol{x}_0)}&=\sum_{j=1}^{nx}\left(\frac{x_{j,0}}{R_i(\boldsymbol{x}_0)}\frac{\partial R_i}{\partial x_j}\right)^2\frac{\mathrm{Var}(x_j)}{x_{j,0}^2}+\\&\quad 2\sum_{j=1}^{nx-1}\sum_{k=j+1}^{nx}\left(\frac{x_{j,0}}{R_i(\boldsymbol{x}_0)}\frac{\partial R_i}{\partial x_j}\right)\left(\frac{x_{k,0}}{R_i(\boldsymbol{x}_0)}\frac{\partial R_i}{\partial x_k}\right)\frac{\mathrm{Cov}(x_j,x_k)}{x_{j,0}x_{k,0}}\\&=\boldsymbol{S}_{R_i,\boldsymbol{x}}\cdot\boldsymbol{C}_{\boldsymbol{x},\boldsymbol{x}}^{r}\cdot\boldsymbol{S}_{R_i,\boldsymbol{x}}^{\mathrm{T}}\end{aligned} \tag{3-114}$$

其中，$\boldsymbol{C}_{\boldsymbol{x},\boldsymbol{x}}^{\mathrm{r}}$ 表示输入参数的相对协方差矩阵，其对角线元素是各个输入参数的相对方差，表示其自身相对不确定性，非对角线元素是不同元素直接的相关系数，即相对协方差信息。$\boldsymbol{S}_{R_i,\boldsymbol{x}}$ 表示某响应 R_i 对于输入参数的敏感性系数向量。考虑式(3-109)中描述的所有系统响应，于是有

$$\boldsymbol{C}_{\boldsymbol{R},\boldsymbol{R}}^{\mathrm{r}}=\boldsymbol{S}_{\boldsymbol{R},\boldsymbol{x}}\cdot\boldsymbol{C}_{\boldsymbol{x},\boldsymbol{x}}^{\mathrm{r}}\cdot\boldsymbol{S}_{\boldsymbol{R},\boldsymbol{x}}^{\mathrm{T}} \tag{3-115}$$

式(3-115)就是“三明治”公式，通过响应对输入参数的敏感性系数向量及输入参数自身的协方差矩阵，以量化系统响应的相对不确定性。针对核反应堆物理计算不确定性分析，$\boldsymbol{C}_{\boldsymbol{x},\boldsymbol{x}}^{\mathrm{r}}$ 通常表示多群核截面相对协方差矩阵，其具体制作及应用详见第 5 章。

参考文献

[1] IAEA. Best estimate safety analysis for nuclear power plants: Uncertainty evaluation[R]. Vienna: IAEA,2008.

[2] WILLIAMS M L. Perturbation theory for nuclear reactor analysis[M]. CRC Handbook of Nuclear Reactors Calculations,1986,3: 63-188.

[3] DEAN J C,TAYLOE R W. Guide for validation of nuclear criticality safety calculational methodology[R]. U. S. Nuclear Regulatory Commission,2001.

[4] LICHTENWALTER J J,BOWMAN S M,DEHART M D, et al. Criticality benchmark guide for light-water-reactor fuel in transportation and storage packages[R]. Oak Ridge National Laboratory,1997.

[5] CHIBA G,KAWAMOTO Y,NARABAYASHI T. Development of a fuel depletion sensitivity calculation module for multi-cell problems in a deterministic reactor physics code system cbz[J]. Annals of Nuclear Energy,2016,96,313-323.

[6] PUSA M. Perturbation-theory-based sensitivity and uncertainty analysis with casmo-4[J]. Science and Technology and Nuclear Installations,2012: 247-252.

第4章

基于抽样统计理论的不确定性分析方法

基于统计理论的不确定性分析方法广泛应用于建模与仿真领域,以传播和量化建模与仿真过程中的不确定性。该类方法主要包括:①基于抽样统计的不确定性分析方法,其中最典型的抽样方法有简单随机抽样、拉丁超立方体抽样、分层重要性抽样等;②基于方差的方法,如相关性比例法、傅里叶幅度敏感性测试法(FAST)及Sobal方法等;③一阶和二阶可靠算法(FORM和SORM);④筛选设计方法。

上述方法各有优缺点,但基于抽样统计的不确定性分析方法应用较为广泛,也是本章的重点。与第3章讲述的基于微扰理论的不确定性分析方法不同,所有基于统计理论的不确定性分析方法都是从"不确定性分析"阶段开始,然后开展"敏感性分析",而基于微扰理论的不确定性分析方法首先计算"敏感性系数",进而量化不确定性信息。另外,由于定义不同,基于统计理论的不确定性分析方法并不能计算出系统响应,对于输入参数的真实敏感性系数,只能借助直接微扰理论等方法获得。

4.1 基于抽样统计理论的不确定性分析的主要步骤

对于任意的核反应堆建模与仿真系统,输入参数的不确定性将随着计算程序最终传递给系统的响应。其中,系统的响应与输入参数的映射关系可简单表示为[1]

$$\boldsymbol{R}(\boldsymbol{\alpha})=[R_1(\boldsymbol{\alpha}),R_2(\boldsymbol{\alpha}),\cdots,R_{nR}(\boldsymbol{\alpha})]^{\mathrm{T}}=f(\boldsymbol{\alpha}) \tag{4-1}$$

其中,$\boldsymbol{R}$ 表示系统的响应向量,nR 表示系统响应的数目,$\boldsymbol{\alpha}=(\alpha_1,\alpha_2,\cdots,\alpha_{n\alpha})^{\mathrm{T}}$ 表示输入参数向量,$n\alpha$ 表示输入参数的数目,f 表示系统响应与输入参数的函数关系。

如果输入参数$\boldsymbol{\alpha}$的不确定性是明确的,则相应的系统响应$\boldsymbol{R}(\boldsymbol{\alpha})$的不确定性也是明确的。但是,实际上输入参数$\boldsymbol{\alpha}$的不确定性往往是不明确的,且$\boldsymbol{\alpha}$的分布具有多种可能性。此时,通常事先为输入参数$\boldsymbol{\alpha}$的每个元素$\alpha_i(x)$指定一个分布[2]:

$$D_1, D_2, \cdots, D_{n\alpha} \tag{4-2}$$

同时,不同输入参数$\alpha_i(x)$之间的相关系数及其他约束条件也事先被确定。以分布(4-2)为特征的不确定性称为经验或主观不确定性(epistemic or subjective uncertainties)。输入参数的主观不确定性最终导致了系统响应$\boldsymbol{R}(\boldsymbol{\alpha})$的主观不确定性。

实际上,基于抽样统计的不确定性分析方法就是基于如下一个样本:

$$\boldsymbol{\alpha}_k = (\alpha_{k,1}, \alpha_{k,2}, \cdots, \alpha_{k,n\alpha}), \quad k = 1, 2, \cdots, nS \tag{4-3}$$

其中,nS表示从服从式(4-2)分布的输入参数$\boldsymbol{\alpha}$中随机抽取的输入参数样本数目。于是,对应上述样本的系统响应可表示为

$$\boldsymbol{R}(\boldsymbol{\alpha}_k) = [R_1(\boldsymbol{\alpha}_k), R_2(\boldsymbol{\alpha}_k), \cdots, R_{nR}(\boldsymbol{\alpha}_k)], \quad k = 1, 2, \cdots, nS \tag{4-4}$$

其中,$[\boldsymbol{\alpha}_k, \boldsymbol{R}(\boldsymbol{\alpha}_k)]$,$k=1,2,\cdots,nS$描述了输入参数与系统响应的一种映射关系。而对上述映射的后续检验与处理,如散点图、相关分析、回归分析等,构成了基于抽样的敏感性分析方法的基本流程,用于量化和分析输入参数对于系统响应的影响。

具体而言,基于抽样统计的不确定性和敏感性分析主要包括5个主要步骤:

(1) 定义输入参数的主观分布函数及输入参数间的相关系数信息,以描述输入参数的不确定性;

(2) 基于主观分布函数$D_1, D_2, \cdots, D_{n\alpha}$,抽样产生输入参数的样本$\boldsymbol{\alpha}_k$,所有样本构成了输入参数的样本空间$\boldsymbol{\alpha}_{\mathrm{S}} = (\boldsymbol{\alpha}_1, \boldsymbol{\alpha}_2, \cdots, \boldsymbol{\alpha}_{nS})$,$\boldsymbol{\alpha}_{\mathrm{S}} \in \mathbb{R}^{(n\alpha)\times(nS)}$;

(3) 将步骤(2)中产生的样本$\boldsymbol{\alpha}_k$导入建模与仿真系统,重复执行计算模拟,获得对应的系统响应$\boldsymbol{R}(\boldsymbol{\alpha}_k)$,所有系统响应模拟值最终共同构成了系统响应空间$\boldsymbol{R}_{\mathrm{S}} = (\boldsymbol{R}_1, \boldsymbol{R}_2, \cdots, \boldsymbol{R}_{nR})$,$\boldsymbol{R}_{\mathrm{S}} \in \mathbb{R}^{(nR)\times(nS)}$;

(4) 对步骤(3)中产生的系统响应值进行数理统计分析,来量化系统响应的不确定性;

(5) 通过对映射关系的处理,如绘制散点图、相关分析、回归分析等,执行系统响应对于输入参数的敏感性分析,以评估输入参数对系统响应的影响程度等。

上述步骤中,第一步是基础和关键,即定义描述输入参数主观不确定性的分布及输入参数间的相关信息。当为某输入参数$\boldsymbol{\alpha}$的每个元素α_i指定一个主观分布函数后,这些主观分布的集合$(D_1, D_2, \cdots, D_{n\alpha})$就定义了一个概率空间$(S, E, p)$,其中$S$指样本空间,$E$指样本空间中的一个有限子空间,$p$表示一种概率测度。实际应用中,步骤(1)通常涉及正式的专家评估过程,而实践经验表明,指定输入参数的特定值,如最小值、中位数、最大值等,比指定输入参数的分布函数和相关系数更可靠和实用。因为,专家更有可能判断上述特定值而不是一个特定分布函数。另外,通常需要将输入参数的分布函数和相关系数信息等转换为输入参数的均值向量、

协方差矩阵和分布类型等易于读取和存储的数字特征信息。

针对步骤(2),最常用的抽样方法有随机抽样、重要性抽样及拉丁超立方体抽样方法。采用随机抽样方法,样本是根据概率空间(S,E,p)所定义的联合概率分布函数抽样产生,具体通过每个区域的概率产生样本空间S的一个特定区域的样本点,且每个抽样点与其他抽样点都是独立选择。然而,并不能保证样本空间任意一个子区域都能抽取样本点,且如果所有的抽样点都集中在一起,此时,随机抽样的效率就变得很低。为了克服上述随机抽样的缺点,可采用重要性抽样,通过将样本空间S分成若干个不重叠的子区域,称为层级。进而从上述不同层级中随机抽取产生输入参数的样本值,其中层级是根据属于该层级中的参数对结果的重要程度划分的。当每个层级只有一个样本时,重要性抽样的样本产生公式与随机抽样的形式是一样的。重要性抽样用来保证样本空间中的特定区域被覆盖,以保证那些发生概率低但对结果影响很大的参数能在分析中体现出来。把参数的所有区域都包括的思路进一步发展了拉丁超立方体抽样方法,在这个过程中,每个参数的区域被细分为n_{LH}个等概率的子区间,进而在每个子区间内随机抽样产生一个样本值。于是,首先获得第一个参数α_1的n_{LH}个样本,将它们不放回抽样且与第二个参数α_2的n_{LH}个样本值随机配对,然后再不放回抽样并与第三个参数的样本值随机配对,直到所有参数随机抽样和随机配对结束,最终形成一个拉丁超立方体样本$\boldsymbol{\alpha}_k=(\alpha_{k,1},\alpha_{k,2},\cdots,\alpha_{k,n\alpha}),k=1,2,\cdots,n_{LH}$。拉丁超立方体抽样方法只适合不相关的参数,如果参数是相关的,各自的相关信息必须被并入样本中,否则会产生错误的结果。在实际应用中,往往是先基于累计概率密度函数产生服从(0,1)均匀分布的随机数,然后借助输入参数分布函数的反函数将其映射到对应分布函数的样本。采用不同的抽样方法势必获得完全不同的输入参数样本空间,而不同抽样方法之间最主要的区别在于其产生累计概率密度函数的方式不同。

由于随机抽样方法容易实现,而且能为均值、方差、分布函数提供无偏的估计,因此在大量样本可用的前提下,随机抽样方法是优先选择的抽样技巧。然而,对于复杂的模型,如有很多输入参数及估计非常高的分位数,如0.99999分位数,通过随机抽样方法并不能产生足够大的样本空间,因为计算这些样本将变得非常昂贵和不切实际。此时,应该采用分层抽样方法,即重要性抽样和拉丁超立方体抽样。其中,实现分层抽样的难处在于如何定义每个层级。当不需要非常高的分位数,而随机抽样方法产生“大样本”计算又非常昂贵时,可以使用拉丁超立方体抽样方法,例如,当评价中等规模问题(如30个参数)的主观不确定性时,只需要0.90~0.95的分位数,此时,随机抽样的计算代价仍然很高,但是拉丁超立方体抽样的等概率全分层可以提供无偏的均值和分布函数。而重要性抽样的不等概率层级可能会产生很难解释的结果。因此,在输入参数和系统响应的关系的先验知识不足或不可用时,拉丁超立方体抽样提供了一种折中的重要性抽样策略。

执行完步骤(2)后,样本空间$\boldsymbol{\alpha}_S$中的元素就用来执行模型的再计算,也获得响应值。由于输入参数的不确定性将通过计算程序传递给系统响应，因此，步骤(2)中生成的样本的质量好坏将最终影响系统响应不确定性量化的可靠性。另外，模型的再计算是整个不确定性分析中计算成本最为昂贵的环节，如果模型很复杂，模型的再计算将会限制样本空间的大小。

步骤(4)重点基于数理统计量化系统响应的不确定性，一般是通过计算系统响应的期望值与方差的估计值。然而，这些信息可能不是系统响应不确定性最有用的指标，因为在计算均值和方差的过程中总有信息丢失，特别是在总结主观不确定性的分布信息时，均值和方差作用减弱，而与分布相关联的分位数能提供更加有用的信息，如置信区间和置信度。同时，分布函数，如累积概率密度函数，能够提供完整的信息。实际应用中，通常可采用 K-S 检验等分布拟合检验方法确定系统响应的分布类型。而步骤(5)的目标就是评价输入参数对系统响应的影响。

4.2　基本数学理论及概念

由于核反应堆计算所需输入参数的真实值通常是未知的，其测量值又不可避免地存在一定的误差，因此通常需要综合实验测量结果以及专家的经验判断，主观地赋予每个输入参数特定的分布函数，以尽可能描述输入参数真实值可能的取值范围和概率分布。在统计学中，上述输入参数均相当于连续型随机变量，其取值范围内的任一实数即为个体，而由所有个体组成的整个实数集即为总体。为研究总体的分布情况，需要从总体中抽取一定数量的个体进行观测，该过程称为抽样，而被抽取个体的全体称为样本，样本中个体的数量称为样本容量[3]。在核反应堆计算不确定性分析中，大家关心的并不是输入参数本身，而是如何通过高效的抽样方法准确地反映输入参数的分布特性。在介绍抽样方法之前，我们需要先熟悉一些概率论和统计学的基本数学理论和概念。

4.2.1　概率密度与分布函数

对于随机变量 X，如果存在函数 $F(x)$ 满足

$$F(x)=P\{X \leqslant x\} \tag{4-5}$$

其中，$x \in (-\infty,+\infty)$ 为任意实数，那么函数 $F(x)$ 称为随机变量 X 的累积分布函数(cumulative distribution function，CDF)。分布函数 $F(x)$ 表示随机变量 X 取值小于或等于 x 发生的概率 P，因此必然有 $0 \leqslant F(x) \leqslant 1$。

对于随机变量 X 的分布函数 $F(x)$，如果存在非负函数 $f(x)$ 使

$$F(x)=\int_{-\infty}^{x} f(t)\,\mathrm{d}t \tag{4-6}$$

那么函数 $f(x)$ 称为随机变量 X 的概率密度函数(probability density function，PDF)，简称概率密度。概率密度应满足以下两个条件：①$f(x) \geqslant 0$；

② $\int_{-\infty}^{+\infty} f(x)\mathrm{d}x = 1$。

显然，连续型随机变量 X 的概率密度函数是其累积分布函数的导数，且 X 在区间 (a,b) 的概率满足

$$P(a < X < b) = \int_a^b f(x)\mathrm{d}x = F(b) - F(a) \tag{4-7}$$

若随机变量 X 的概率密度满足

$$f(x) = \begin{cases} \dfrac{1}{b-a}, & a < x < b \\ 0, & \text{其他} \end{cases} \tag{4-8}$$

则称 X 在区间 (a,b) 上服从均匀分布(uniform distribution)，记为 $X \sim U(a,b)$。对于均匀分布，X 落在区间 (a,b) 任意相同长度间隔的子区间内的概率是相等的。

积分可得服从均匀分布的 X 的分布函数为

$$F(x) = \begin{cases} 0, & x < a \\ \dfrac{x-a}{b-a}, & a \leqslant x \leqslant b \\ 1, & x > b \end{cases} \tag{4-9}$$

服从均匀分布的随机变量 X 的概率密度函数和分布函数如图 4-1 所示。

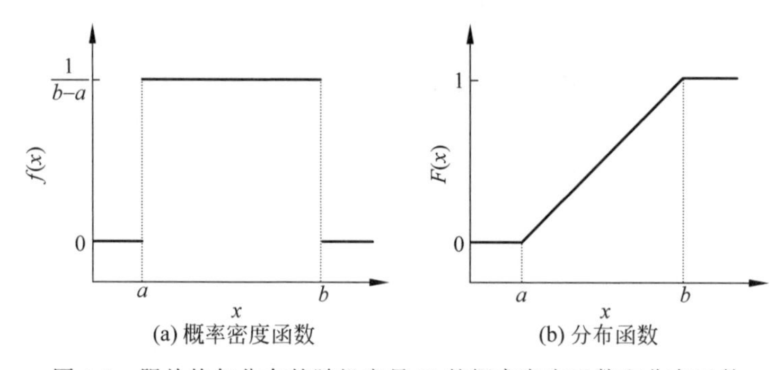

图 4-1 服从均匀分布的随机变量 X 的概率密度函数和分布函数

若随机变量 X 的概率密度为

$$f(x) = \frac{1}{\sqrt{2\pi}\sigma} \mathrm{e}^{-\frac{(x-\mu)^2}{2\sigma^2}}, \quad -\infty < x < +\infty \tag{4-10}$$

则称 X 服从均值为 μ、方差为 σ^2 的正态分布(normal distribution)，记为 $X \sim N(\mu,\sigma^2)$，其概率密度函数和分布函数如图 4-2 所示。

特别地，称 $Z \sim N(0,1)$ 为标准正态分布，即

$$f(z) = \frac{1}{\sqrt{2\pi}} \mathrm{e}^{-\frac{z^2}{2}}, \quad -\infty < z < +\infty \tag{4-11}$$

正态分布 $X \sim N(\mu,\sigma^2)$ 与标准正态分布 $Z \sim N(0,1)$ 存在线性变换关系：$Z =$

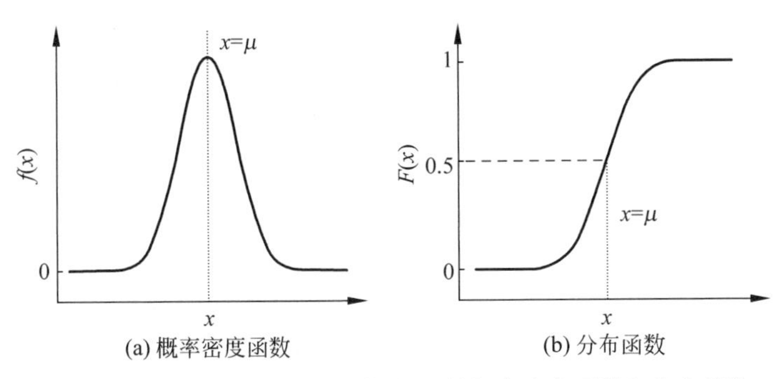

图 4-2 服从正态分布的随机变量 X 的概率密度函数和分布函数

$(X-\mu)/\sigma$。此外，服从标准正态分布的随机变量 Z 的分布函数 $F(Z)$ 可用误差函数 $\mathrm{erf}(z)$ 表示[4]，即

$$F(z)=\frac{1}{\sqrt{2\pi}}\int_{-\infty}^{z}\mathrm{e}^{-\frac{t^2}{2}}\mathrm{d}t=\frac{1}{2}\left[1+\mathrm{erf}\left(\frac{z}{\sqrt{2}}\right)\right] \tag{4-12a}$$

$$\mathrm{erf}(z)=\frac{2}{\sqrt{\pi}}\int_{0}^{x}\mathrm{e}^{-t^2}\mathrm{d}t \tag{4-12b}$$

类似地，如果对于 n 维连续型随机变量 $\boldsymbol{X}=(X_1,X_2,\cdots,X_n)^{\mathrm{T}}$，满足 n 元函数：

$$F(x_1,x_2,\cdots,x_n)=P\{X_1<x_1,X_2<x_2,\cdots,X_n<x_n\} \tag{4-13}$$

那么函数 $F(x_1,x_2,\cdots,x_n)$ 称为 $\boldsymbol{X}$ 的 n 维联合分布函数，其中 $x_1,x_2,\cdots,x_n$ 是任意的 n 个实数。

如果 $\boldsymbol{X}$ 的 n 维联合分布函数可以表示为

$$F(x_1,x_2,\cdots,x_n)=\int_{-\infty}^{x_1}\int_{-\infty}^{x_2}\cdots\int_{-\infty}^{x_n}f(t_1,t_2,\cdots,t_n)\mathrm{d}t_1\mathrm{d}t_2\cdots\mathrm{d}t_n \tag{4-14}$$

则称 $f(x_1,x_2,\cdots,x_n)$ 为 $\boldsymbol{X}$ 的 n 维联合概率密度函数。

连续型随机变量 $X_1,X_2,\cdots,X_n$ 相互独立的充分必要条件为联合概率密度函数 $f(x_1,x_2,\cdots,x_n)$ 在任意实数 $x_1,x_2,\cdots,x_n$ 处都有

$$f(x_1,x_2,\cdots,x_n)=f_1(x_1)f_2(x_2)\cdots f_n(x_n) \tag{4-15}$$

4.2.2 随机变量的数字特征

由随机变量的分布函数所确定的能刻画随机变量某一方面特征的常数统称为数字特征。常见的数字特征有：数学期望、方差、标准差、变异系数、协方差以及相关系数等[5]。

连续型随机变量 X 的数学期望，定义如下：

$$E(X)=\int_{-\infty}^{+\infty}xf(x)\mathrm{d}x \tag{4-16}$$

数学期望又称为均值(mean value)，常用 μ 表示。由数学期望的表达式可知，数学

期望完全由随机变量 X 的概率分布确定。

方差(variance)用于衡量随机变量与其均值的偏离程度,定义如下:

$$D(X)=\int_{-\infty}^{+\infty}[x-E(x)]^2 f(x)\mathrm{d}x \tag{4-17}$$

方差常用 σ^2 表示。方差的算术平方根 $\sqrt{D(X)}$ 称为标准差(standard deviation),常用 σ 表示。而 $\sqrt{D(X)}/E(X)$ 称为变异系数,常用 τ 表示。

在概率论和统计学中,协方差(covariance)反映了两个随机变量与其数学期望的总体偏离程度以及两个随机变量是否具有一致的变化趋势。对于随机变量 X 和 Y,协方差的定义如下:

$$\mathrm{Cov}(X,Y)=E\{[X-E(X)][Y-E(Y)]\}=E(XY)-E(X)E(Y) \tag{4-18}$$

其中,

$$\rho_{XY}=\frac{\mathrm{Cov}(X,Y)}{\sigma_X\sigma_Y} \tag{4-19}$$

称为随机变量 X 和 Y 的 Pearson 相关系数,且 $-1\leqslant\rho_{XY}\leqslant 1$。若 $\rho_{XY}=0$,则称随机变量 X 与 Y 相互独立或不相关,其充分必要条件是 $\mathrm{Cov}(X,Y)=0$。因此随机变量不相关与协方差等于零是完全等价的。由式(4-19)还可知,协方差实际上等于两个随机变量的标准差与 Pearson 相关系数的乘积,因此协方差同时携带了不确定性和相关性信息。另外,方差其实是协方差的一种特殊情况,即当 X 和 Y 为同一随机变量时,$\mathrm{Cov}(X,Y)=D(X)$。

对于 n 维随机变量 $\boldsymbol{X}=(X_1,X_2,\cdots,X_n)^{\mathrm{T}}$,往往需要计算各个随机变量之间的协方差,从而组成了 $n\times n$ 的矩阵,称为协方差矩阵。协方差矩阵为半正定的对称矩阵,具有如下形式:

$$\boldsymbol{\Sigma}=\begin{bmatrix}\mathrm{Cov}(X_1,X_1) & \mathrm{Cov}(X_1,X_2) & \cdots & \mathrm{Cov}(X_1,X_n)\\ \mathrm{Cov}(X_2,X_1) & \mathrm{Cov}(X_2,X_2) & \cdots & \mathrm{Cov}(X_2,X_n)\\ \vdots & \vdots & \ddots & \vdots\\ \mathrm{Cov}(X_n,X_1) & \mathrm{Cov}(X_n,X_2) & \cdots & \mathrm{Cov}(X_n,X_n)\end{bmatrix} \tag{4-20}$$

其中,对角元素为各个随机变量的方差,非对角元素为各个随机变量之间的协方差。如果协方差矩阵为对角矩阵,则表明随机变量 $X_1,X_2,\cdots,X_n$ 相互独立。

类似地,相关系数矩阵可表示为

$$\boldsymbol{C}=\begin{bmatrix}\rho_{X_1X_1} & \rho_{X_1X_2} & \cdots & \rho_{X_1X_n}\\ \rho_{X_2X_1} & \rho_{X_2X_2} & \cdots & \rho_{X_2X_n}\\ \vdots & \vdots & \ddots & \vdots\\ \rho_{X_nX_1} & \rho_{X_nX_2} & \cdots & \rho_{X_nX_n}\end{bmatrix} \tag{4-21}$$

其中,对角元素 $\rho_{X_iX_i}=1,i=1,2,\cdots,n$,非对角元素为各个随机变量之间的相关系数。

4.2.3 样本的统计量

在解决和应对实际问题时，往往需要对样本进行提炼加工，构造样本的函数，来描述总体的性质和特征。样本的函数常称为统计量，例如，$\boldsymbol{x}=(x_1,x_2,\cdots,x_n)$是从随机变量 X（总体）中抽取的一个样本容量为 n 的样本，$T=T(x_1,x_2,\cdots,x_n)$是样本 $\boldsymbol{x}$ 的函数，且该函数不含有任何其他未知参数，则称 T 为样本的一个统计量[6]。常用的统计量有如下几个：

（1）样本均值：

$$\bar{x}=\frac{1}{n}\sum_{i=1}^{n}x_i \tag{4-22}$$

（2）样本方差：

$$s^2=\frac{1}{n-1}\sum_{i=1}^{n}(x_i-\bar{x})^2 \tag{4-23}$$

（3）样本标准差：

$$s=\sqrt{\frac{1}{n-1}\sum_{i=1}^{n}(x_i-\bar{x})^2} \tag{4-24}$$

（4）样本变异系数：

$$\tau_S=s/\bar{x} \tag{4-25}$$

（5）样本相关系数：

$$r_{xy}=\frac{\sum_{i=1}^{n}(x_i-\bar{x})(y_i-\bar{y})}{\sqrt{\sum_{i=1}^{n}(x_i-\bar{x})^2\sum_{i=1}^{n}(y_i-\bar{y})^2}} \tag{4-26}$$

（6）样本协方差：

$$\mathrm{Cov}(\boldsymbol{x},\boldsymbol{y})=r_{\boldsymbol{xy}}s_{\boldsymbol{x}}s_{\boldsymbol{y}}=\frac{\sum_{i=1}^{n}(x_i-\bar{x})(y_i-\bar{y})}{n-1} \tag{4-27}$$

4.3 基本抽样方法

4.3.1 简单随机抽样

简单随机抽样是最简单的概率抽样方法，同时也是其他抽样方法的基础。顾名思义，简单随机抽样的基本思想是从总体中完全随机地抽取样本，其最大的特点即为“简单”，主要体现在抽样过程简单、易于实现，并且不带有任何非随机性色彩。此外，在抽样过程中每个样本被抽中的概率相等，且每次抽样完全独立，无任何关联性。简单随机抽样的随机性同时也暴露出许多不足。当样本数量较少时，简单随机抽样无法保证样本能覆盖总体的任意子区间，容易出现样本聚集的情况，使样本不具有代表性；只有当样本容量足够大时，样本的经验分布函数才是总体分布函数的无偏估计，但是当输入参数的数量较为庞大时，抽样产生大样本及模型的计算将是十分昂贵且不切实际的[7]。

对于分布函数为 F 的随机变量 X，采用简单随机抽样方法实现抽取样本容量为 n 的样本的过程如下：

(1) 通过随机数发生器生成[0,1]区间内的 n 个随机数 $p_1, p_2, \cdots, p_n$，这些随机数服从均匀分布，且对应于样本的累计概率密度，如图 4-3(a)所示；

(2) 利用随机变量 X 分布函数的反函数 F^{-1}，将累计概率密度 p_i 映射为对应的样本值 $x_i(i=1,2,\cdots,n)$，即 $x_i=F^{-1}(p_i)$。

4.3.2 分层重要抽样

分层重要抽样有效克服了简单随机抽样的缺陷，避免了样本分布得不均衡，使样本更具有代表性。其基本思想是先按照某种方式把总体划分为相互不重叠的分层，并赋予每个分层不同的权重(抽到分层样本的概率)，然后在各分层内分别实施彼此完全独立的抽样。层间差异大、层内差异小是分层重要抽样的特点，因此其适用于描述个体间存在明显类别差异的总体。

实施分层重要抽样的前提是需要事先定义分层以及分配各个层级的权重，但是在实际抽样过程中分层和权重信息的获取通常是较为困难的。分层重要抽样能够保证抽取到概率低但对后果影响很大的样本，并且可以对子总体进行参数估计。此外，由于各分层内的样本分布比较集中，因而分层重要抽样有助于减小样本方差，提高抽样效率，节约计算成本。但是，在输入参数不确定性的准确量化上，分层重要抽样的性能通常较差[8]。

对于分布函数为 F 的随机变量 X，采用分层重要抽样来实现抽取样本容量为 n 的样本的过程如下：

(1) 将随机变量 X 的分布函数在[0,1]区间内划分为 k 个子层，即(a_1,b_1)，(a_2,b_2)，$\cdots$，(a_k,b_k)，其中 $a_1=0$，$b_k=1$；

(2) 确定每一层内抽取的样本量 $n_1,n_2,\cdots,n_k$，且 $n_1+n_2+\cdots+n_k=n$，其中各个子层的权重为 $w_i=\dfrac{n_i}{n}$，$i=1,2,\cdots,k$；

(3) 通过随机数发生器生成第 i 层的 n_i 个随机数 $p_{i,j}$，其中 $a_i \leqslant p_{i,j} \leqslant b_i$，$j=1,2,\cdots,n_i$，$p_{i,j}$ 是对应层样本的累计概率密度，其生成过程需满足随机性，如图 4-3(b)所示；

(4) 利用随机变量 X 分布函数的反函数 F^{-1}，将累计概率密度 $p_{i,j}$ 映射为对应层的样本值 $x_{i,j}$，即 $x_{i,j}=F^{-1}(p_{i,j})$。

4.3.3　拉丁超立方体抽样

拉丁超立方体抽样是一种特殊的分层重要抽样，其基本思想是：将总体划分为若干等概率的子区间，然后在每个子区间内随机抽取一个样本。拉丁超立方体抽样综合了简单随机抽样和分层重要抽样的优势，既能够使样本均衡地覆盖输入参数的分布区间，也无须事先分配各个分层的权重，而且即使在样本数量较少的情况下，拉丁超立方体抽样也能够对输入参数的不确定度进行准确合理的表征。因此，拉丁超立方体抽样被认为是开展基于抽样统计的不确定性分析的首选抽样方法。

对于分布函数为 F 的随机变量 X，采用拉丁超立方体抽样方法来实现抽取样本容量为 n 的样本的过程如下：

(1) 将随机变量 X 的分布函数均分为 n 个不重复的等概率子层，并且对其进行编号 $i=1,2,\cdots,n$；

(2) 将子层的编号 i 随机排列组合，并通过随机数发生器生成 n 个随机数 r_1，$r_2,\cdots,r_n$，其中 r_i 是[0,1]区间服从均匀分布的随机数，如图 4-3(c)所示；

(3) 第 i 层样本对应的累计概率密度可表示为 $p_i=(i-1)/n+r_i/n$；

(4) 利用随机变量 X 分布函数的反函数 F^{-1}，将累计概率密度 p_i 映射为对应的样本值 x_i，即 $x_i=F^{-1}(p_i)$。

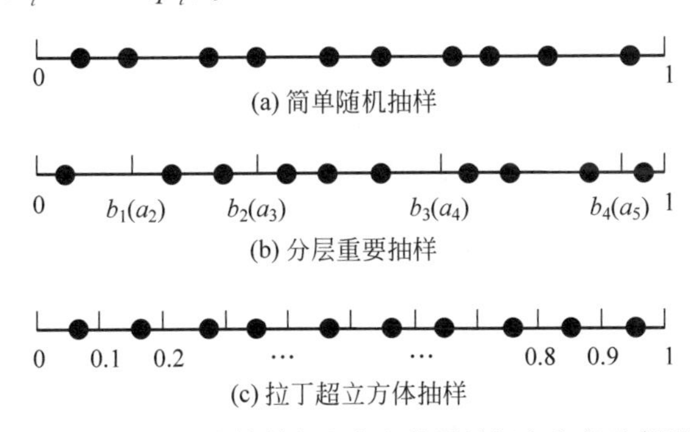

图 4-3　三种基本抽样方法产生的累计概率密度示意图

4.4　抽样理论模型

单个随机变量的抽样实现起来较为容易、便捷，但是对于多元随机变量，在抽样过程中不仅需要考虑每一个随机变量的均值和不确定度的准确表征，更重要的是需要考虑随机变量之间相关信息的准确表征。对于多元随机变量的抽样，传统抽样理论模型的基本思想是将 4.3 节介绍的单个随机变量的抽样过程重复 nX 次（多元随机变量的数目为 nX）。尽管从单个随机变量的样本经验分布函数来看，其理论上能够与总体分布函数吻合得较好,但是传统的抽样理论模型无法对随机变量间的相关性信息进行有效保证,这将使样本空间不能真实表征输入参数的不确定性及相关性信息,并最终影响系统响应的不确定性量化。因此,建立合理、高效的抽样理论模型针对基于抽样统计的不确定分析方法意义重大。

4.4.1 多元正态分布抽样理论模型

核反应堆物理计算所需的输入参数的联合分布函数大多为多元正态分布。多元正态分布是一元正态分布向高维度的推广,是多元统计分析的基础。对于 n 维连续型随机变量 $\boldsymbol{X}=(X_1,X_2,\cdots,X_n)^{\mathrm{T}}$,若每个随机变量均服从正态分布,即 $X_i \sim N(\mu_i,\sigma_i^2)$,$i=1,2\cdots,n$,则称 $\boldsymbol{X}$ 服从 n 元正态分布,即 $\boldsymbol{X}\sim N_n\left(\boldsymbol{\mu},\boldsymbol{\Sigma}\right)$,其联合概率密度表示为

$$f_{\boldsymbol{X}}(\boldsymbol{x})=\frac{1}{(2\pi)^{\frac{n}{2}}\left|\boldsymbol{\Sigma}\right|^{\frac{1}{2}}}\mathrm{e}^{-\frac{1}{2}(x-\mu)^{\mathrm{T}}\boldsymbol{\Sigma}^{-1}(x-\mu)} \tag{4-28}$$

其中,$\boldsymbol{\mu}=(\mu_1,\mu_2,\cdots,\mu_n)^{\mathrm{T}}$ 为 $\boldsymbol{X}$ 的均值向量,$\boldsymbol{\Sigma}$ 为 $\boldsymbol{X}$ 的协方差矩阵。特别地,对于 n 维随机变量 $\boldsymbol{Z}=(Z_1,Z_2,\cdots,Z_n)^{\mathrm{T}}$,若每个随机变量均服从标准正态分布,即 $Z_i\sim N(0,1)$,$i=1,2,\cdots,n$,且彼此之间相互独立,则称 $\boldsymbol{Z}$ 服从独立 n 元标准正态分布,即 $\boldsymbol{Z}\sim N_n(0,\boldsymbol{I}_n)$,其概率密度表示为

$$f_{\boldsymbol{Z}}(\boldsymbol{Z})=\frac{1}{(2\pi)^{\frac{n}{2}}}\mathrm{e}^{-\frac{1}{2}\mathbf{Z}^{\mathrm{T}}\mathbf{Z}} \tag{4-29}$$

多元正态分布最突出的特性是其在线性变换后依旧为多元正态分布,该性质称为多元正态分布的不变性。具体表示为:如果存在 n 维随机变量 $\boldsymbol{X}\sim N_n\left(\boldsymbol{\mu},\boldsymbol{\Sigma}\right)$ 和 $m\times n$ 的矩阵 $\boldsymbol{A}$,令 $\boldsymbol{Y}=\boldsymbol{AX}$,则 $\boldsymbol{Y}$ 服从 m 元正态分布 $N_m\left(\boldsymbol{A\mu},\boldsymbol{A\Sigma A}^{\mathrm{T}}\right)$。

由多元正态分布的不变性可知,若存在矩阵 $\boldsymbol{A}$ 使得 $\boldsymbol{AA}^{\mathrm{T}}=\boldsymbol{\Sigma}$,那么通过如下线性变换,即可将服从独立 n 元标准正态分布 $N_n(0,\boldsymbol{I}_n)$ 的随机变量 $\boldsymbol{Z}$ 变换为服从相关 n 元正态分布 $N_n(\boldsymbol{\mu},\boldsymbol{\Sigma})$ 的随机变量 $\boldsymbol{X}$,即

$$\boldsymbol{X}=\boldsymbol{AZ}+\boldsymbol{\mu} \tag{4-30}$$

式(4-30)为多元正态分布抽样理论模型的核心,其成立的条件为存在矩阵 $\boldsymbol{A}$,使得 $\boldsymbol{AA}^{\mathrm{T}}=\boldsymbol{\Sigma}$,这是一个相对容易实现的过程,即将协方差矩阵 $\boldsymbol{\Sigma}$ 分解即可。通过以下数学验证可知,经过式(4-30)的线性变换后,随机变量 $\boldsymbol{X}$ 的确服从均值向量为 $\boldsymbol{\mu}$、协方差矩阵为 $\boldsymbol{\Sigma}$ 的多元正态分布 $N_n(\boldsymbol{\mu},\boldsymbol{\Sigma})$。

$$E(\boldsymbol{X})=E(\boldsymbol{AZ}+\boldsymbol{\mu})=\boldsymbol{A}E(\boldsymbol{Z})+\boldsymbol{\mu}=\boldsymbol{\mu}$$

$$D(\boldsymbol{X})=E\{[\boldsymbol{X}-E(\boldsymbol{X})][\boldsymbol{X}-E(\boldsymbol{X})]^{\mathrm{T}}\}$$

$$=E[\boldsymbol{AZ}(\boldsymbol{AZ})^{\mathrm{T}}]=\boldsymbol{A}E(\boldsymbol{ZZ}^{\mathrm{T}})\boldsymbol{A}^{\mathrm{T}}$$
$$=\boldsymbol{AI}_n\boldsymbol{A}^{\mathrm{T}}=\boldsymbol{\Sigma}$$

奇异值分解(singular value decomposition,SVD)被认为是最佳的分解协方差矩阵的方法之一。其定义如下：对于任意 $m\times n$ 矩阵 $\boldsymbol{M}$,存在分解使得

$$\boldsymbol{M}=\boldsymbol{USV}^{\mathrm{T}} \tag{4-31}$$

其中,$\boldsymbol{U}$ 为 $m\times m$ 的方阵,$\boldsymbol{U}$ 的列向量为互相正交的左奇异向量,即 $\boldsymbol{MM}^{\mathrm{T}}$ 的特征向量；$\boldsymbol{S}$ 为 $m\times n$ 的实对角矩阵,主对角元素为由大到小排列的奇异值；$\boldsymbol{V}$ 为 $n\times n$ 的方阵,$\boldsymbol{V}$ 的列向量为互相正交的右奇异向量。因此,对于 $n\times n$ 的协方差矩阵$\boldsymbol{\Sigma}$,由其对称性可知,$\boldsymbol{U}=\boldsymbol{V}$,因此有如下分解形式：

$$\boldsymbol{\Sigma}=\boldsymbol{USV}^{\mathrm{T}}=\boldsymbol{U}\sqrt{\boldsymbol{S}}(\sqrt{\boldsymbol{S}})^{\mathrm{T}}\boldsymbol{U}^{\mathrm{T}}=\boldsymbol{U}\sqrt{\boldsymbol{S}}(\boldsymbol{U}\sqrt{\boldsymbol{S}})^{\mathrm{T}}=\boldsymbol{AA}^{\mathrm{T}} \tag{4-32}$$

综上所述,抽样产生服从 $N_{nX}(\boldsymbol{\mu},\boldsymbol{\Sigma})$ 分布的输入参数样本空间 $\boldsymbol{X}_{\mathrm{S}}$ 的具体实现步骤为：

(1) 选择合适的抽样方法产生服从 $N_{nX}(0,\boldsymbol{I}_{nX})$分布的样本空间 $\boldsymbol{Z}_{\mathrm{S}}$；

(2) 利用式(4-32)对协方差矩阵$\boldsymbol{\Sigma}$ 进行奇异值分解,得到矩阵 $\boldsymbol{A}$；

(3) 通过式(4-30)将服从 $N_{nX}(0,\boldsymbol{I}_{nX})$分布的样本空间 $\boldsymbol{Z}_{\mathrm{S}}$ 线性变换为服从 $N_{nX}\boldsymbol{\mu},\boldsymbol{\Sigma}$ 分布的输入参数样本空间 $\boldsymbol{X}_{\mathrm{S}}$。

4.4.2　多元均匀分布抽样理论模型

与多元正态分布不同的是,多元非正态分布不再具有线性变换的不变性,这使得上述多元正态分布抽样理论模型无法直接适用于服从多元非正态分布的随机变量的抽样。在这里,我们通过基于奇异值分解的两步变换法(以下简称两步变换法)来实现服从多元均匀分布随机变量的抽样,图 4-4 展示了两步变换法的基本思路[9]。

图 4-4　两步变换法的基本思路

与多元正态分布抽样理论模型类似,两步变换法同样需要基于服从独立多元标准正态分布的 n 维随机变量 $\boldsymbol{Z}=(Z_1,Z_2,\cdots,Z_n)^{\mathrm{T}}$ 来展开。其首先通过线性变换将随机变量 $\boldsymbol{Z}$ 变换为服从相关多元标准正态分布的 n 维随机变量 $\boldsymbol{Y}=(Y_1,Y_2,\cdots,Y_n)^{\mathrm{T}}$,且 $\boldsymbol{Y}\sim N_n(0,\boldsymbol{C}_{\boldsymbol{Y}})$,具体方法为

$$\boldsymbol{Y}=\boldsymbol{BZ} \tag{4-33}$$

其中,$\boldsymbol{C}_{\boldsymbol{Y}}$ 为随机变量 $\boldsymbol{Y}$ 的相关系数矩阵。需要注意的是,由线性变换构造的随机变量 $\boldsymbol{Y}$ 仍服从多元标准正态分布,但参数之间不再是独立的而是相关的。

矩阵 $\boldsymbol{B}$ 是通过对相关系数矩阵 $\boldsymbol{C}_{\boldsymbol{Y}}$ 进行奇异值分解得到的,具体方法为

$$\boldsymbol{C}_{\boldsymbol{Y}}=\boldsymbol{USV}^{\mathrm{T}}=\boldsymbol{U}\sqrt{\boldsymbol{S}}(\boldsymbol{U}\sqrt{\boldsymbol{S}})^{\mathrm{T}}=\boldsymbol{BB}^{\mathrm{T}} \tag{4-34}$$

但是相关系数矩阵 $\boldsymbol{C}_{\boldsymbol{Y}}$ 是未知的。由图 4-4 可知，抽样的最终目标是获得服从多元均匀分布的随机变量 $\boldsymbol{X}$ 的样本空间，其相关系数矩阵 $\boldsymbol{C}_{\boldsymbol{X}}$ 已知。因此，建立随机变量 $\boldsymbol{X}$ 和 $\boldsymbol{Y}$ 相关系数矩阵的关系便成为两步变换法的关键。基于严格的数学推导，可以得到随机变量 X_i 和 X_j 之间的相关系数与随机变量 Y_i 和 Y_j 之间的相关系数的对应关系[10]：

$$\rho_{Y_i Y_j} = 2\sin\left(\frac{\pi}{6}\rho_{X_i X_j}\right) \tag{4-35}$$

其中，$i,j=1,2,\cdots,n$。通过式(4-35)，基于已知的相关系数矩阵 $\boldsymbol{C}_{\boldsymbol{X}}$ 便可以构造随机变量 $\boldsymbol{Y}$ 的相关系数矩阵 $\boldsymbol{C}_{\boldsymbol{Y}}$，两步变换法的线性变换过程至此也全部完成。

两步变换法的第二步为非线性变换。所谓非线性变换就是利用正态分布和均匀分布随机变量分布函数的对应关系

$$F_{X_i}(x_{i,k}) = F_{Y_i}(y_{i,k}) \tag{4-36}$$

将服从相关多元正态分布的随机变量 $\boldsymbol{Y}$ 变换为服从相关均匀分布的随机变量 $\boldsymbol{X}$。其中，F_{X_i} 和 F_{Y_i} 分别代表随机变量 X_i 和 Y_i 的分布函数，$x_{i,k}$ 和 $y_{i,k}$ 分别代表随机变量 X_i 和 Y_i 的第 k 个样本，其中 $k=1,2,\cdots,nS$，nS 为样本容量。由式(4-12)可知，随机变量 Y_i 的分布函数可用误差函数表示为

$$F_{Y_i}(y_{i,k}) = \frac{1}{2}\left[1+\operatorname{erf}\left(\frac{y_{i,k}}{\sqrt{2}}\right)\right] \tag{4-37}$$

因此，利用随机变量 X_i 分布函数的反函数 $F_{X_i}^{-1}$，即可获得服从多元均匀分布的样本：

$$x_{i,k} = F_{X_i}^{-1}\left\{\frac{1}{2}\left[1+\operatorname{erf}\left(\frac{y_{i,k}}{\sqrt{2}}\right)\right]\right\} \tag{4-38}$$

综上所述，抽样产生服从相关多元均匀分布的输入参数样本空间 $\boldsymbol{X}_{\mathrm{S}}$ 的具体实现步骤为：

(1) 选择合适的抽样方法产生服从 $N_{nX}(0,\boldsymbol{I}_{nX})$分布的样本空间 $\boldsymbol{Z}_{\mathrm{S}}$；

(2) 利用式(4-35)得到服从相关多元标准正态分布的随机变量 $\boldsymbol{Y}$ 的相关系数矩阵 $\boldsymbol{C}_{\boldsymbol{Y}}$；

(3) 通过式(4-34)对 $\boldsymbol{C}_{\boldsymbol{Y}}$ 进行奇异值分解，得到矩阵 $\boldsymbol{B}$；

(4) 基于式(4-33)即可得到随机变量 $\boldsymbol{Y}$ 的样本空间 $\boldsymbol{Y}_{\mathrm{S}}$；

(5) 最后，利用式(4-38)所描述的非线性变换关系，将服从相关多元标准正态分布的样本空间 $\boldsymbol{Y}_{\mathrm{S}}$ 映射为服从相关多元均匀分布的输入参数样本空间 $\boldsymbol{X}_{\mathrm{S}}$。

事实上，随机变量服从其他多元非正态分布，理论上其抽样过程均可通过基于奇异值分解的两步变换法来实现。但是，随机变量 X_i 和 X_j 之间的相关系数与随机变量 Y_i 和 Y_j 之间的相关系数通常很难给出理论解析计算公式，除极个别分布类型外。如果 X_i 和 X_j 均服从具有相同标准差 σ 的对数正态分布，两者的相关系

数关系式可表达为

$$\rho_{Y_iY_j}=\frac{\ln[\rho_{X_iX_j}(e^{\sigma^2}-1)+1]}{\sigma^2} \tag{4-39}$$

4.5 高效抽样方法

由4.4节可知，不论是多元正态分布还是多元均匀分布的抽样理论模型，基础均在于通过抽样产生服从独立多元标准正态分布的样本空间 $\boldsymbol{Z}_S$。尽管完美的随机数发生器产生的随机数序列彼此之间完全独立，但是计算机产生的随机数是伪随机数，伪随机数序列间不可避免地存在一定的相关性，而且该相关性与样本数目有关，当样本数目较少时，甚至会出现强相关性。由于计算机产生的随机数与样本是一一对应的关系，因此由随机数序列引入的相关性将使得输入参数的样本空间失真，并最终对系统响应的不确定性量化产生影响。以抽取服从 $N_{44}(0,\boldsymbol{I}_{44})$ 分布的样本空间 $\boldsymbol{Z}_S$ 为例，选定样本数量为200，图4-5展示了采用拉丁超立方体抽样方法(LHS)产生的样本空间的相关系数矩阵，其中为了便于观察和分析，将相关系数矩阵的对角线元素全部人为地设定为零，并且只给出了相关系数矩阵的下三角部分。由图4-5可知，各个参数的样本之间并不是严格意义上的独立，相关系数矩阵的部分元素超过0.1，从而表明由计算机产生的伪随机数序列的确引入了一定的相关性。因此，对样本空间 $\boldsymbol{Z}_S$ 进行相关性控制是亟需解决的首要问题，本节将重点介绍两种高效的相关性控制方法：Cholesky分解变换(Cholesky decomposition conversion，CDC)和奇异值分解变换(singular value decomposition conversion，SVDC)，进而结合LHS方法提出了一系列高效的抽样方法[9,11-13]。

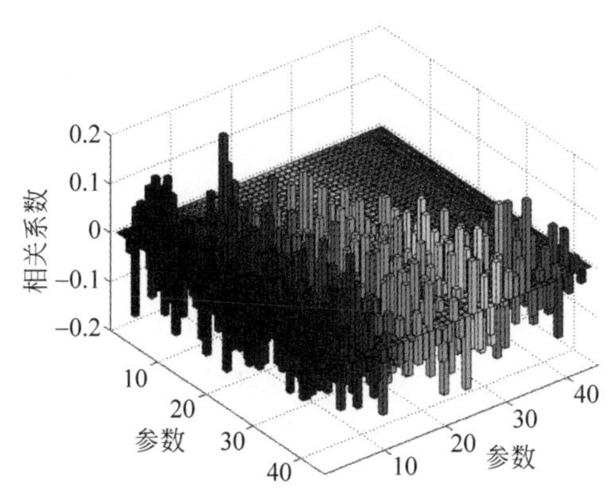

图4-5 采用LHS抽样产生的样本空间 $\boldsymbol{Z}_S$ 的相关系数矩阵(见文前彩图)

4.5.1 耦合Cholesky分解变换的高效抽样方法

Cholesky分解变换最早于1982年由Iman和Conover提出[14]，其核心思想是通过正交变换优化拉丁超立方体抽样获得的样本空间；此后，Florian[15]对其进行了数值验证并提出了优化后的拉丁超立方体抽样。

理想状态下，独立nX元标准正态随机变量$\boldsymbol{Z}=(Z_1,Z_2,\cdots,Z_{nX})^{\mathrm{T}}$的样本空间$\boldsymbol{Z}_{\mathrm{S}}=(\boldsymbol{z}_1,\boldsymbol{z}_2,\cdots,\boldsymbol{z}_{nX})^{\mathrm{T}}$应服从$N_{nX}(0,\boldsymbol{I}_{nX})$，其中$\boldsymbol{z}_i=(\boldsymbol{z}_{i,1},\boldsymbol{z}_{i,2},\cdots,\boldsymbol{z}_{i,nS})^{\mathrm{T}}$为随机变量$Z_i$的样本，其中，$i=1,2,\cdots,nX$。但是，如前所述，实际抽样产生的样本空间$\boldsymbol{Z}_{\mathrm{S}}$的元素之间必然存在一定的相关性，不可能完全独立，因此有$\boldsymbol{Z}_{\mathrm{S}}\sim N_{nX}\left(0,\boldsymbol{\Sigma}_{\mathrm{S}}\right)$。其中，样本空间$\boldsymbol{Z}_{\mathrm{S}}$的协方差矩阵$\boldsymbol{\Sigma}_{\mathrm{S}}$和相关系数矩阵$\boldsymbol{C}_{\mathrm{S}}$分别表示为

$$\boldsymbol{\Sigma}_{\mathrm{S}}=\begin{bmatrix}\boldsymbol{\Sigma}_{\mathrm{S}1,1} & \boldsymbol{\Sigma}_{\mathrm{S}1,2} & \cdots & \boldsymbol{\Sigma}_{\mathrm{S}1,nX}\\ \boldsymbol{\Sigma}_{\mathrm{S}2,1} & \boldsymbol{\Sigma}_{\mathrm{S}2,2} & \cdots & \boldsymbol{\Sigma}_{\mathrm{S}2,nX}\\ \vdots & \vdots & \ddots & \vdots\\ \boldsymbol{\Sigma}_{\mathrm{S}nX,1} & \boldsymbol{\Sigma}_{\mathrm{S}nX,2} & \cdots & \boldsymbol{\Sigma}_{\mathrm{S}nX,nX}\end{bmatrix} \tag{4-40a}$$

$$\boldsymbol{C}_{\mathrm{S}}=\begin{bmatrix}\rho_{\mathrm{S}1,1} & \rho_{\mathrm{S}1,2} & \cdots & \rho_{\mathrm{S}1,nX}\\ \rho_{\mathrm{S}2,1} & \rho_{\mathrm{S}2,2} & \cdots & \rho_{\mathrm{S}2,nX}\\ \vdots & \vdots & \ddots & \vdots\\ \rho_{\mathrm{S}nX,1} & \rho_{\mathrm{S}nX,2} & \cdots & \rho_{\mathrm{S}nX,nX}\end{bmatrix} \tag{4-40b}$$

其中，$\boldsymbol{\Sigma}_{\mathrm{S}i,i}=\mathrm{Cov}(\boldsymbol{z}_i,\boldsymbol{z}_i)$。由协方差与相关系数的关系，即式(4-16)可知，当随机变量的标准差均为1时，协方差矩阵$\boldsymbol{\Sigma}_{\mathrm{S}}$和相关系数矩阵$\boldsymbol{C}_{\mathrm{S}}$是完全一致的，因此有$\boldsymbol{Z}_{\mathrm{S}}\sim N_{nX}(0,\boldsymbol{C}_{\mathrm{S}})$。

由于相关系数矩阵$\boldsymbol{C}_{\mathrm{S}}$为对称正定矩阵(这里只讨论$nS>nX$的情况)，利用Cholesky分解可以将相关系数矩阵$\boldsymbol{C}_{\mathrm{S}}$分解为上三角矩阵$\boldsymbol{Q}$与其转置矩阵的乘积：

$$\boldsymbol{C}_{\mathrm{S}}=\boldsymbol{Q}\boldsymbol{Q}^{\mathrm{T}} \tag{4-41}$$

然后对分解得到的上三角矩阵$\boldsymbol{Q}$求逆，并利用矩阵$\boldsymbol{Q}^{-1}$构造新的样本空间：

$$\boldsymbol{Z}_{\mathrm{S}}^{*}=\boldsymbol{Q}^{-1}\boldsymbol{Z}_{\mathrm{S}} \tag{4-42}$$

由于$\boldsymbol{Q}^{-1}\boldsymbol{C}_{\mathrm{S}}(\boldsymbol{Q}^{-1})^{\mathrm{T}}=\boldsymbol{I}_{nX}$，因此由多元正态分布的不变性可知$\boldsymbol{Z}_{\mathrm{S}}^{*}\sim N_{nX}(0,\boldsymbol{I}_{nX})$，即通过式(4-42)得到的样本空间$\boldsymbol{Z}_{\mathrm{S}}^{*}$服从独立多元标准正态分布。同样以抽取服从$N_{44}(0,\boldsymbol{I}_{44})$分布的样本空间为例，选定样本数量仍为200，图4-6展示了

采用拉丁超立方体抽样耦合 Cholesky 分解变换(LHS-CDC)方法产生的样本空间 $\boldsymbol{Z}_{\mathrm{S}}^{*}$ 的相关系数矩阵。通过图 4-6 可以看出,经过相关性控制后,样本空间 $\boldsymbol{Z}_{\mathrm{S}}^{*}$ 的相关系数降至 10^{-3} 左右,各参数的样本之间服从严格意义上的独立。

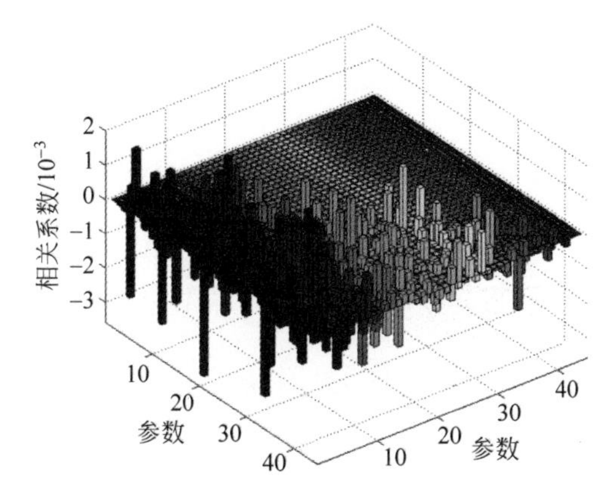

图 4-6　采用 LHS-CDC 抽样产生的样本空间 $\boldsymbol{Z}_{\mathrm{S}}^{*}$ 的相关系数矩阵(见文前彩图)

4.5.2　耦合奇异值分解变换的高效抽样方法

奇异值分解变换(SVDC)的基本思想是对样本空间 $\boldsymbol{Z}_{\mathrm{S}}$ 的协方差矩阵 $\boldsymbol{\Sigma}_{\mathrm{S}}$ 进行奇异值分解:

$$\boldsymbol{\Sigma}_{\mathrm{S}}=\boldsymbol{U}_{\mathrm{S}}\boldsymbol{S}_{\mathrm{S}}\boldsymbol{V}_{\mathrm{S}}^{\mathrm{T}} \tag{4-43}$$

其中,

$$\boldsymbol{S}=\begin{bmatrix} s_1 & 0 & \cdots & 0 \\ 0 & s_2 & \cdots & 0 \\ \vdots & \vdots & \ddots & \vdots \\ 0 & 0 & \cdots & s_{nX} \end{bmatrix} \tag{4-44}$$

由 $\boldsymbol{\Sigma}_{\mathrm{S}}$ 的对称性可知,$\boldsymbol{U}_{\mathrm{S}}=\boldsymbol{V}_{\mathrm{S}}$。另外,由于 $\boldsymbol{U}_{\mathrm{S}}$ 和 $\boldsymbol{V}_{\mathrm{S}}$ 均为正交矩阵,因而有

$$\boldsymbol{S}_{\mathrm{S}}=\boldsymbol{U}_{\mathrm{S}}^{\mathrm{T}}\boldsymbol{\Sigma}_{\mathrm{S}}\boldsymbol{U}_{\mathrm{S}} \tag{4-45}$$

构造对角矩阵 $\boldsymbol{E}$ 和对角矩阵 $\boldsymbol{D}$:

$$\boldsymbol{E}=\begin{bmatrix} \boldsymbol{\Sigma}_{\mathrm{S}1,1} & 0 & \cdots & 0 \\ 0 & \boldsymbol{\Sigma}_{\mathrm{S}2,2} & \cdots & 0 \\ \vdots & \vdots & \ddots & \vdots \\ 0 & 0 & \cdots & \boldsymbol{\Sigma}_{\mathrm{S}nX,nX} \end{bmatrix} \tag{4-46a}$$

$$\boldsymbol{D}=\begin{bmatrix}\sqrt{\dfrac{s_1}{\boldsymbol{\Sigma}_{\mathrm{S}1,1}}} & 0 & \cdots & 0\\ 0 & \sqrt{\dfrac{s_2}{\boldsymbol{\Sigma}_{\mathrm{S}2,2}}} & \cdots & 0\\ \vdots & \vdots & \ddots & \vdots\\ 0 & 0 & \cdots & \sqrt{\dfrac{s_{nX}}{\boldsymbol{\Sigma}_{\mathrm{S}nX,nX}}}\end{bmatrix} \tag{4-46b}$$

于是有

$$(\boldsymbol{D}^{-1})^{\mathrm{T}}\boldsymbol{S}_{\mathrm{S}}\boldsymbol{D}^{-1}=\boldsymbol{E} \tag{4-47}$$

结合式(4-45)可得：

$$(\boldsymbol{D}^{-1})^{\mathrm{T}}\boldsymbol{U}_{\mathrm{S}}^{\mathrm{T}}\boldsymbol{\Sigma}_{\mathrm{S}}\boldsymbol{U}_{\mathrm{S}}\boldsymbol{D}^{-1}=\boldsymbol{E} \tag{4-48}$$

其中，样本空间 $\boldsymbol{Z}_{\mathrm{S}}$ 的协方差矩阵$\boldsymbol{\Sigma}_{\mathrm{S}}$ 可表达为

$$\boldsymbol{\Sigma}_{\mathrm{S}}=\frac{1}{nS}\boldsymbol{Z}_{\mathrm{S}}^{\mathrm{T}}\boldsymbol{Z}_{\mathrm{S}}-\frac{1}{nS^2}\boldsymbol{Z}_{\mathrm{S}}^{\mathrm{T}}\boldsymbol{H}\boldsymbol{Z}_{\mathrm{S}} \tag{4-49}$$

其中，$\boldsymbol{H}$ 为 $nS\times nS$ 的满阵，其元素均为 1。将式(4-49)代入式(4-48)，可得：

$$\frac{1}{nS}(\boldsymbol{Z}_{\mathrm{S}}\boldsymbol{U}\boldsymbol{D}^{-1})^{\mathrm{T}}\boldsymbol{Z}_{\mathrm{S}}\boldsymbol{U}\boldsymbol{D}^{-1}-\frac{1}{nS^2}(\boldsymbol{Z}_{\mathrm{S}}\boldsymbol{U}\boldsymbol{D}^{-1})^{\mathrm{T}}\boldsymbol{H}\boldsymbol{Z}_{\mathrm{S}}\boldsymbol{U}\boldsymbol{D}^{-1}=\boldsymbol{E} \tag{4-50}$$

因此，根据多元正态分布的不变性和式(4-50)可知，如果基于矩阵 $\boldsymbol{U}\boldsymbol{D}^{-1}$ 对样本空间 $\boldsymbol{Z}_{\mathrm{S}}\sim N_{nX}(0,\boldsymbol{\Sigma}_{\mathrm{S}})$进行如下线性变换：

$$\boldsymbol{Z}_{\mathrm{S}}^{*}=\boldsymbol{Z}_{\mathrm{S}}\boldsymbol{U}_{\mathrm{S}}\boldsymbol{D}^{-1} \tag{4-51}$$

新构造的样本空间$\boldsymbol{Z}_{\mathrm{S}}^{*}$ 的协方差矩阵即为矩阵$\boldsymbol{E}$。由于$\boldsymbol{\Sigma}_{\mathrm{S}i,i}=1$ ($i=1,2,\cdots,nX$)，$\boldsymbol{E}$ 与单位矩阵$\boldsymbol{I}_{nX}$ 是等价的，因此通过式(4-51)得到的样本空间 $\boldsymbol{Z}_{\mathrm{S}}^{*}$ 服从独立多元标准正态分布。

同样以抽取服从 $N_{44}(0,\boldsymbol{I}_{44})$分布的样本空间为例，选定样本数量仍为 200，图 4-7 展示了采用 LHS-SVDC 抽样产生的样本空间 $\boldsymbol{Z}_{\mathrm{S}}^{*}$ 的相关系数矩阵。通过图 4-7 可以看出，经过相关性控制后，样本空间 $\boldsymbol{Z}_{\mathrm{S}}^{*}$ 的相关系数降至 10^{-7} 左右，各参数的样本之间服从严格意义上的独立，且奇异值分解变换的相关性控制性能要优于 Cholesky 分解变换。

4.5.3 耦合主成分分析的高维抽样方法

在核反应堆物理计算不确定性分析中，特别是核数据计算不确定性分析中，能群结构可能划分为上百群，且存在不同核素以及不同反应类型的核截面，从而可能会出现成百乃至上千个输入参数的情况，若仍采用低维抽样(样本数目大于输入参数的数目)，输入参数的样本空间将变得非常的庞大，在后续的堆芯物理计算及不确定性分析中势必会消耗大量的计算时间和成本。

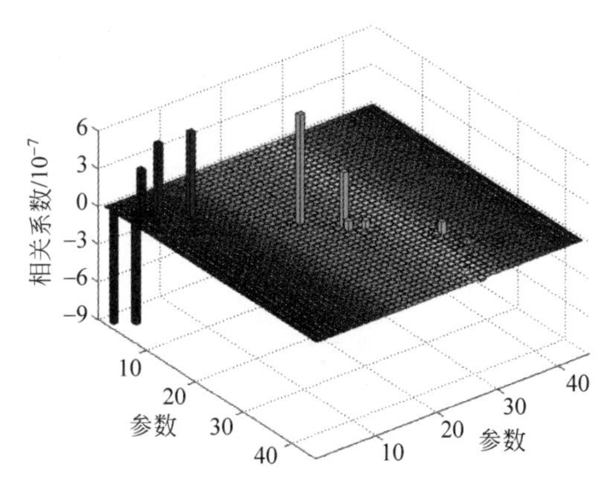

图 4-7 采用 LHS-SVDC 抽样产生的样本空间 $\boldsymbol{Z}_S^*$ 的相关系数矩阵(见文前彩图)

但是如果采用高维抽样(样本数目小于输入参数的数目),样本空间 $\boldsymbol{Z}_S$ 的相关系数矩阵和协方差矩阵不再是正定矩阵,而是奇异矩阵。由于奇异矩阵不可逆,所以相关性控制方法将无法适用于高维抽样。另外,由于奇异矩阵为非正定矩阵,不再具有无偏性和正定性,采用高维抽样势必导致样本协方差矩阵不再是总体协方差矩阵的良好估计,从而引入较大的抽样误差。针对上述问题,本节重点介绍一种耦合主成分分析的高维抽样方法[16]。

主成分分析的基本思想是对一个维度较高的数据进行降维处理,且要求降维后的数据尽可能保持原有信息。通过主成分分析,可以简化高维问题,在保证数据精度的同时节省计算时间。耦合主成分分析的高维抽样方法首先需要对随机变量 $\boldsymbol{X}=(X_1,X_2,\cdots,X_{nX})^{\mathrm{T}}$ 的协方差矩阵$\boldsymbol{\Sigma}$ 进行奇异值分解:

$$\boldsymbol{\Sigma}=\boldsymbol{USU}^{\mathrm{T}} \tag{4-52}$$

矩阵 $\boldsymbol{S}$ 为奇异值矩阵($\boldsymbol{S}\in\mathbb{R}^{nX\times nX}$),其对角线元素是按照由大到小顺序排列的 nX 个奇异值。然后,需要对奇异值进行主成分分析,构造新的奇异值矩阵 $\boldsymbol{S}_1$ 以及新的矩阵 $\boldsymbol{U}_1$。其中,$\boldsymbol{S}_1\in\mathbb{R}^{t\times t}$ 由前 t 个奇异值构成($t<nX$),$\boldsymbol{U}_1\in\mathbb{R}^{nX\times t}$ 由 t 个奇异值对应的左奇异向量构成。因此,式(4-52)可以展开成如下形式:

$$\boldsymbol{\Sigma}=\boldsymbol{USU}^{\mathrm{T}}=[\boldsymbol{U}_1\quad \boldsymbol{U}_2]\begin{bmatrix}\boldsymbol{S}_1 & \boldsymbol{0}\\ \boldsymbol{0} & \boldsymbol{S}_2\end{bmatrix}[\boldsymbol{U}_1\quad \boldsymbol{U}_2]^{\mathrm{T}}=\boldsymbol{U}_1\boldsymbol{S}_1\boldsymbol{U}_1^{\mathrm{T}}+\boldsymbol{U}_2\boldsymbol{S}_2\boldsymbol{U}_2^{\mathrm{T}} \tag{4-53}$$

矩阵 $\boldsymbol{S}_2$ 的对角线元素近似为 0,因此矩阵 $\boldsymbol{U}_2\boldsymbol{S}_2\boldsymbol{U}_2^{\mathrm{T}}$ 可以近似看成零矩阵。于是,式(4-53)可近似等价为 $\boldsymbol{A}^*\in\mathbb{R}^{nX\times t}$:

$$\boldsymbol{\Sigma}=\boldsymbol{U}_1\boldsymbol{S}_1\boldsymbol{U}_1^{\mathrm{T}}=\boldsymbol{U}_1\sqrt{\boldsymbol{S}_1}(\boldsymbol{U}_1\sqrt{\boldsymbol{S}_1})^{\mathrm{T}} \tag{4-54}$$

从而构造矩阵

$$\boldsymbol{A}^*=\boldsymbol{U}_1\sqrt{\boldsymbol{S}_1} \tag{4-55}$$

对于服从 $N_t(\boldsymbol{0},\boldsymbol{I}_t)$的 t 维随机变量 $\boldsymbol{Z}=(\boldsymbol{z}_1,\boldsymbol{z}_2,\cdots,\boldsymbol{z}_t)^{\mathrm{T}}$,根据多元正态分布的不变性和式(4-55)可知,通过如下线性变换

$$\boldsymbol{X}=\boldsymbol{A}^{*}\boldsymbol{Z}+\boldsymbol{\mu} \tag{4-56}$$

得到的随机变量 $\boldsymbol{X}=(X_1,X_2,\cdots,X_{nX})^{\mathrm{T}}$ 服从 $N_{nX}(\boldsymbol{\mu},\boldsymbol{\Sigma})$。

因此，只要样本容量 nS 满足 $t<nS<nX$，随机变量 $\boldsymbol{Z}$ 的样本空间的协方差矩阵和相关系数矩阵将不是奇异矩阵而是正定矩阵，上述章节介绍的相关性控制方法的使用也将不再受限。

4.6 基于数理统计的不确定性分析理论

基于抽样统计理论的不确定性和敏感性分析方法中，系统响应或目标参数的不确定性是显而易见的。如果目标参数是标量，可用散点图、概率密度函数、累积概率密度函数等来描述系统响应的不确定性，其中程序计算得到的大量目标参数的均值为基准值，标准差表示不确定性范围。如果目标参数是函数，不确定性信息表达方式比较复杂，比较有效的方式是绘制两个分布图，一个用于显示单个样本元素的分析结果，另一个显示第一个图中的汇总结果，如分位点或均值等，或绘制所有函数分布曲线于一图，其中函数曲线所覆盖范围作为不确定性范围。然而，均值及方差并不能体现所有不确定性信息，考虑特定置信度下的置信区间或误差棒、概率密度函数、累积概率密度函数等是更好的不确定性表现形式。

4.6.1 K-S 检验

科尔莫戈洛夫-斯米尔诺夫检验法(简称 K-S 检验)可用来检验样本分布是否服从已知参考分布(如正态分布、指数分布、均匀分布等)，尤其对于小样本来说是一种有效的检验方法，目前广泛应用于不确定性分析，用于确定系统目标参数的分布类型。K-S 检验的核心思想就是确定样本的经验分布与已知参考分布的累积概率密度分布的误差。K-S 检验法用样本分布函数 $F_n(x)$ 与已知总体分布函数 $F_0(x)$ 之间偏差的最大值构造了一个统计量：

$$D_n=\sup_{-\infty<x<+\infty}|F_n(x)-F_0(x)| \tag{4-57}$$

K-S 检验法检验假设

$$H_0: F_n(x)=F_0(x),\quad H_1: F_n(x)\neq F_0(x) \tag{4-58}$$

其中，$\sup T$ 表示集合 T 上的确值，显然如果 $F_n(x)$ 与 $F_0(x)$ 同分布，则 D 收敛于零。

根据科尔莫戈洛夫-斯米尔诺夫定理，设已知总体分布函数连续，当假设 H_0 为真时，有

$$\lim_{n\to\infty}P(\sqrt{n}D_n<\lambda)=K(\lambda) \tag{4-59a}$$

其中，

$$K(\lambda)=\begin{cases}\sum_{k\to-\infty}^{+\infty}(-1)^k\exp(-2k^2\lambda^2), & \lambda>0\\ 0, & \lambda\leqslant 0\end{cases} \tag{4-59b}$$

K-S 检验的具体步骤如下[17]：

(1) 从总体中抽取一个样本容量为 n 的样本 $x_1,x_2,\cdots,x_n$，并把样本观测值按由小到大的次序排列得 $x_{(1)}\leqslant x_{(2)}\cdots\leqslant x_{(n)}$。

(2) 计算样本分布函数：

$$F_n(x)=\begin{cases}0, & x\leqslant x_{(1)}\\ \dfrac{\nu_1+\nu_2\cdots+\nu_i}{n}, & x_{(i)}<x\leqslant x_{(i+1)}\\ 1, & x>x_{(n)}\end{cases} \tag{4-60}$$

这里假定 $x_{(i)}$ 的频数为 ν_i，$i=1,2,\cdots,n$。

(3) 根据式(4-57)计算统计量 D_n，并将其作为在显著性水平 α 下的临界值 $D_{n,1-\alpha}$，从而可以计算其对应的显著性水平：

$$\alpha=P(D_n\geqslant D_{n,1-\alpha})=P(\sqrt{n}D_n\geqslant\sqrt{n}D_{n,1-\alpha})=1-K(\sqrt{n}D_{n,1-\alpha}) \tag{4-61}$$

(4) 一般认为，如果显著性水平 $\alpha<0.05$，则拒绝 H_0，认为样本分布不服从已知总体分布，显著性水平越大说明样本分布越接近已知总体分布。

利用 K-S 检验确定系统目标参数的分布类型后，再次确定均值与标准差等，便给出了目标参数完整的不确定性信息。

4.6.2　总体参数的区间估计

在基于抽样统计理论的不确定性分析方法框架内，数理统计的目标就是量化参数的不确定性。总体参数未知时，常用样本统计量来估计总体参数，也就是所谓的参数估计(parameter estimation)。参数估计方法有点估计(point estimate)和区间估计(interval estimate)两种。点估计直接将样本统计量作为总体参数的估计值，其不足之处在于无法给出估计结果的可靠性度量。因此需要围绕样本统计量构造总体参数的一个区间，这就是区间估计。

在区间估计中，由样本统计量所构造的总体参数的估计区间称为置信区间(confidence interval)。其中，区间的最小值称为置信下限，最大值称为置信上限。置信区间是根据预先确定好的显著性水平计算出来的，显著性水平是估计总体参数落在某一区间内，可能犯错误的概率，通常用 α 来表示。如果将构造置信区间的步骤重复多次，置信区间中包含总体参数的次数所占的比例称为置信水平，也称为置信度或置信系数，通常用 $1-\alpha$ 来表示。例如，抽取 100 个样本，根据每一个样本构造置信区间，这样可以构造 100 个总体参数的置信区间，如果有 95 个包含了总体真值,而5个没包含,那么置信水平就是95%。在构造置信区间时,可以用所希望的0至1之间的任意值作为置信水平,比较常用的置信水平有90%、95%和99%[18]。

由于样本是与总体具有相同分布的一组随机变量,因此样本统计量也为随机变量。在进行区间估计时,通常需要确定统计量的分布函数,即抽样分布(sampling distribution)。总体的分布函数已知时,抽样分布是确定的。如果能求解得到样本统计量的分布函数,总体参数的置信区间自然可以确定,但是想要求出统计量分布函数的精确解通常是十分困难的,本节主要介绍服从正态和均匀分布的总体参数的区间估计。

(1) 总体均值的区间估计

由中心极限定理可知,从均值为μ、方差为σ^2的总体X中抽取样本容量为n的样本,无论X服从什么分布,只要n足够大(通常要求$n \geqslant 30$),样本均值的抽样分布服从均值为μ、方差为σ^2/n的正态分布[6]。样本均值标准化后的随机变量z服从标准正态分布,即

$$z = \frac{\bar{x} - \mu}{\sigma / \sqrt{n}} \sim N(0,1) \tag{4-62}$$

根据标准正态分布的性质,可以得出总体均值在$1-\alpha$置信水平下的置信区间为

$$\bar{x} \pm z_{\alpha/2} \frac{\sigma}{\sqrt{n}} \tag{4-63}$$

其中,$z_{\alpha/2}$是标准正态分布右侧面积为$\alpha/2$时的z值。

如果总体服从正态分布但σ^2未知,或总体不服从正态分布,只要是在大样本条件下,总体方差就可以用样本方差s^2代替。此时,总体均值在$1-\alpha$置信水平下的置信区间为

$$\bar{x} \pm z_{\alpha/2} \frac{s}{\sqrt{n}} \tag{4-64}$$

(2) 总体标准差的区间估计

若总体服从正态分布,根据样本方差的抽样分布,$(n-1)s^2/\sigma^2$服从自由度为$(n-1)$的χ^2分布[19]。因此,正态总体的标准差在$1-\alpha$置信水平下的置信区间为

$$s\sqrt{\frac{n-1}{\chi^2_{(n-1),\alpha/2}}} \leqslant \sigma \leqslant s\sqrt{\frac{n-1}{\chi^2_{(n-1),1-\alpha/2}}} \tag{4-65}$$

若总体X服从区间$[\theta_1,\theta_2]$上的均匀分布,$x_1,x_2,\cdots,x_n$为来自X的一个样本,那么θ_1和θ_2的极大似然估计分别是$\hat{\theta}_1 = x_{(1)}$,$\hat{\theta}_2 = x_{(n)}$,其中$x_{(1)}$和$x_{(n)}$分别为最小和最大次序统计量。基于严格的数学推导,均匀总体的标准差在$1-\alpha$置信水平下的置信区间为[20]

$$\frac{x_{(n)}-x_{(1)}}{2\sqrt{3}\left(1+\frac{2}{n}\ln\frac{1+\sqrt{1-\alpha}}{2}\right)}\leqslant\sigma\leqslant\frac{x_{(n)}-x_{(1)}}{2\sqrt{3}\left(1+\frac{2}{n}\ln\frac{1-\sqrt{1-\alpha}}{2}\right)} \tag{4-66}$$

(3) 总体变异系数的区间估计

McKay[21]，Miller[22]，Vangel[23]以及 Mahmoudvand[24]等均给出了正态总体的变异系数 τ 的置信区间，从置信区间的覆盖概率和宽度上来看，Mahmoudvand 给出的置信区间的可靠性最高。根据 Mahmoudvand 的置信区间公式，正态总体变异系数 τ 在 $1-\alpha$ 置信水平下的置信区间为

$$\frac{\tau_{\mathrm{S}}}{2-\beta+z_{\alpha/2}\sqrt{1-\beta^2}}\leqslant\tau\leqslant\frac{\tau_{\mathrm{S}}}{2-\beta-z_{\alpha/2}\sqrt{1-\beta^2}} \tag{4-67a}$$

其中，τ_{S} 为样本的变异系数，β 的表达式为

$$\beta=\sqrt{\frac{2}{n-1}}\ \frac{\Gamma(n/2)}{\Gamma((n-1)/2)}\approx\frac{4n-5}{4n-4} \tag{4-67b}$$

若总体服从区间$[\theta_1,\theta_2]$上的均匀分布，根据 θ_1 和 θ_2 在 $1-\alpha$ 置信水平下的置信区间可以得到均匀总体的变异系数 τ 在 $1-\alpha$ 置信水平下的置信区间：

$$\frac{x_{(n)}-x_{(1)}}{\sqrt{3}(x_{(1)}+x_{(n)})\left(1+\frac{2}{n}\ln\frac{1+\sqrt{1-\alpha}}{2}\right)}\leqslant\tau\leqslant\frac{x_{(n)}-x_{(1)}}{\sqrt{3}(x_{(1)}+x_{(n)})\left(1+\frac{2}{n}\ln\frac{1-\sqrt{1-\alpha}}{2}\right)} \tag{4-68}$$

4.6.3　样本统计量的不确定性

为更准确地描述样本统计量的不确定性，即样本统计量的标准差，需要引入标准误这一概念。标准误是描述样本统计量的离散程度及衡量样本统计量抽样误差大小的尺度，是描述样本统计量的不确定度的良好度量。样本统计量的不确定度通常采用如下方式表征[25]：

最佳估计值 ± 标准误

也可称之为误差棒(error bar)，误差棒的长度通常随样本数量的增加而减小，这表明样本数量越大，抽样误差越小，样本统计量越接近总体参数，误差棒所提供的参考越精确。

(1) 样本均值的标准误及误差棒

如 4.6.2 节所述，样本均值的抽样分布为服从均值为 μ、方差为 σ^2/n 的正态分布。在大样本条件下，总体标准差可以用样本标准差近似代替，因此样本均值的标准误可以表示为

$$\sigma_{\bar{x}}=\frac{s}{\sqrt{n}} \tag{4-69}$$

从而样本均值的误差棒可以表示为

$$\bar{x} \pm \frac{s}{\sqrt{n}} \tag{4-70}$$

（2）样本标准差的标准误及误差棒

如果总体服从正态分布，样本标准差的标准误可以表示为[26]

$$\sigma_s = \frac{s}{\sqrt{2(n-1)}} \tag{4-71}$$

因而样本标准差的误差棒可以表示为

$$s \pm \frac{s}{\sqrt{2(n-1)}} \tag{4-72}$$

如果总体服从均匀分布，样本标准差的标准误可以表示为[27]

$$\sigma_s = \sqrt{\frac{2(n-1)}{n+2}}\frac{s}{n+1} \tag{4-73}$$

于是，样本标准差的误差棒可以表示为

$$s \pm \sqrt{\frac{2(n-1)}{n+2}}\frac{s}{n+1} \tag{4-74}$$

（3）样本变异系数（相对不确定性）的标准误及误差棒

如果总体服从正态分布，样本变异系数的标准误可以表示为[28]

$$\sigma_{\tau_S} = \sqrt{\frac{\tau_S^4}{n} + \frac{\tau_S^2}{2n}} \tag{4-75}$$

于是，样本变异系数的误差棒可以表示为

$$\tau_S \pm \sqrt{\frac{\tau_S^4}{n} + \frac{\tau_S^2}{2n}} \tag{4-76}$$

4.6.4 Bootstrap 方法量化样本统计量的不确定度

基于抽样统计理论的不确定性分析方法开展相关研究，通过采用一定数量的样本点以描述输入参数连续的分布空间，最终不确定性量化的结果势必存在统计涨落。因此，非常有必要量化统计涨落对于最终不确定性量化结果的影响。4.6.2节通过引入误差棒的概念，从数学角度上解决了上述问题。也可通过采用 Bootstrap 方法[29]量化不确定性结果标准差的方式确定统计涨落对于不确定性结果的影响。

Bootstrap 方法的基本思路是：在给定样本数目的条件下，采用再抽样技术量化不同再抽样条件下的参数的计算不确定性，进而得到再抽样条件下参数相对不确定性的期望值及其标准差。假设第 i ($i=1,2,\cdots,nRS$)次再抽样得到的参数的相对不确定性为 τ_S^i，则其不确定性的标准差表示为

$$\sigma_{\tau_S} = \sqrt{\frac{1}{nRS-1}\sum_{i=1}^{nRS}(\tau_S^i - \mu_{\tau_S})^2} \tag{4-77}$$

其中，nRS 表示再抽样的次数。μ_{τ_S} 表示所有再抽样条件下的参数相对不确定性的期望值，由下式计算所得：

$$\mu_{\tau_S} = \frac{1}{nRS}\sum_{i=1}^{nRS}\tau_S^i \tag{4-78}$$

因此，采用 Bootstrap 再抽样的方法，可以量化不确定性结果自身的标准差，以获得置信水平更高的不确定性量化结果。

4.7　基于数理统计的敏感性分析理论

4.7.1　相关分析

在基于抽样统计理论的敏感性分析方法中，变量之间的散点图分析是最基本的，绘制散点分布图可以直接判断输入参数与输出参数之间大致上呈现何种关系形式，以此为基础计算变量间相关系数，做定量分析，精确反映不确定性输入参数与输出参数的相关关系，通过比较相关系数的大小可以确定输入参数对输出参数的影响程度。

相关系数提供了一种输入参数与输出参数之间线性相关密切程度的衡量指标。在统计学中，常见的相关系数有以下三种：①Pearson 相关系数；②Spearman Rank 相关系数；③Kendall Rank 相关系数。其中，Pearson 相关系数通常用于度量输入变量 x 与相应输出变量 y 之间的线性相关性，其定义为

$$r = \frac{\sigma_{xy}^2}{\sigma_x\sigma_y} = \frac{\sum_{i=1}^{n}(x_i-\bar{x})(y_i-\bar{y})}{\sqrt{\sum_{i=1}^{n}(x_i-\bar{x})^2}\sqrt{\sum_{i=1}^{n}(y_i-\bar{y})^2}} \tag{4-79}$$

其中，$\bar{x}$ 和 $\bar{y}$ 分别表示输入变量 x 与相应输出变量 y 的期望值。从式(4-79)可知，当输入和输出变量的标准差都不为零时，Pearson 相关系数才有定义，因此 Pearson 相关系数适用于以下几种情况：两个变量之间是线性关系，都是连续数据；两个变量的总体服从正态分布，或接近正态的单峰分布；两个变量的观测值是成对的，每对观测值之间相互独立。为突破上述限制条件，可以采用 Spearman Rank 相关系数或 Kendall Rank 相关系数。其中，Kendall Rank 相关系数定义如下：

$$c(x,y) = \frac{C-D}{\sqrt{(N_3-N_1)(N_3-N_2)}} \tag{4-80}$$

其中，C 表示输入变量 x 和输出变量 y 中拥有一致性元素的对数(两个相同元素为一对)；D 表示输入变量 x 和输出变量 y 中拥有不一致性元素的对数。N_1，N_2，N_3 的定义如下：

$$
\begin{cases}
N_1 = \sum_{i=1}^{s} \frac{1}{2} U_i (U_i - 1) \\
N_2 = \sum_{i=1}^{t} \frac{1}{2} V_i (V_i - 1) \\
N_3 = \frac{1}{2} n (n - 1)
\end{cases}
\tag{4-81}
$$

其中，n 表示输入变量 x 和输出变量 y 的样本数量。N_1，N_2 分别是针对输入变量 x 和输出变量 y 计算的，现在以 N_1 为例，给出其由来（N_2 的计算可以类推）。将输入变量 x 中相同元素分别组合成小集合，s 表示输入变量 x 中拥有的小集合数（例如，输入变量 x 包含元素 1 4 3 4 3 3 2，那么这里得到的 s 为 2，因为只有 3 和 4 有相同元素），U_i 表示第 i 个小集合所包含的元素数。N_2 是在输出变量 y 基础上计算得到的。

Spearman Rank 相关系数或 Kendall Rank 相关系数对数据条件的要求没有 Pearson 相关系数严格，只要输入和输出变量的观测值是成对的，不论两个变量的总体分布形态、样本容量的大小如何，都可以用 Spearman Rank 相关系数或 Kendall Rank 相关系数来开展相关分析。无论何种相关系数都具备如下几个特点：

(1) $c(x,y)$ 的取值在 -1 和 $+1$ 之间；当 $c(x,y)>0$ 时，表明输入变量 x 与输出变量 y 是正相关；当 $c(x,y)<0$ 时，表明输入变量 x 与输出变量 y 是负相关。

(2) $|c(x,y)|$ 的取值在 0 和 1 之间，是表征输入变量 x 与输出变量 y 线性相关密切程度的参数。$|c(x,y)|=1$ 表明输入变量 x 与输出变量 y 完全线性相关，即存在明确的函数关系。$|c(x,y)|$ 的值越接近 1，表示输入变量 x 与输出变量 y 的线性相关程度越强烈；$|c(x,y)|=0$ 表明输出变量 y 的变化与 x 不相关。通常 $|c(x,y)|<0.5$ 为微弱相关；$0.5<|c(x,y)|<0.8$ 为显著相关；$0.8<|c(x,y)|<1$ 为高度相关。

4.7.2 回归分析

相关分析只是确定了输入变量、输出变量之间的相关方向和相关密切程度，但不能说明变量间相互关系的具体形式。而回归分析就是对相关因素进行测定，用数学模型确定具体关系形式，进而进行不确定性分析。回归分析提供了一种有效表达输出变量 y 与一个或更多的输入变量 x 之间代数关系式的方法。对于单一输入变量 x，构建线性模型如下：

$$
\hat{y} = b_0 + bx \tag{4-82}
$$

对于多个独立输入变量 x_j，$j=1,2\cdots n$，构建线性模型如下：

$$\hat{y}=b_0+\sum_{j=1}^{n}b_jx_j \tag{4-83}$$

上述线性模型的回归系数分别用如下平方和的形式来求得：

$$\sum_{i=1}^{k}(y_i-\hat{y}_i)^2=\sum_{i=1}^{k}[y_i-(b_0+bx_i)]^2 \tag{4-84}$$

$$\sum_{i=1}^{k}(y_i-\hat{y}_i)^2=\sum_{i=1}^{k}\left[y_i-\left(b_0+\sum_{j=1}^{k}b_jx_{i,j}\right)\right]^2 \tag{4-85}$$

回归模型通常被称为最小二乘模型，由最小二乘模型特性可知：

$$\sum_{i=1}^{k}(y_i-\bar{y})^2=\sum_{i=1}^{k}(\hat{y}_i-\bar{y})^2+\sum_{i=1}^{k}(\hat{y}_i-y_i)^2 \tag{4-86}$$

为便于理解，式(4-86)写成如下形式：

$$SS_{\text{tot}}=SS_{\text{reg}}+SS_{\text{res}} \tag{4-87}$$

其中，$SS_{\text{tot}}=\sum_{i=1}^{k}(y_i-\bar{y})^2$ 称为总离差平方和，表示系统目标参数即输出变量 y 的离散程度；$SS_{\text{reg}}=\sum_{i=1}^{k}(\hat{y}_i-\bar{y})^2$ 称为回归平方和，表示输出变量回归值与平均值的偏差；$SS_{\text{res}}=\sum_{i=1}^{k}(\hat{y}_i-y_i)^2$ 为残差平方和，是回归模型变异性的衡量标准。

回归平方和与总离差平方和的比值是回归模型与测量数据相似性的衡量标准，特别是当回归模型的残差平方和很小时，R^2 的值接近 1，可以用回归模型确定输出变量 y 的不确定性；相反地，当 R^2 的值接近 0 时，回归模型不可确定输出变量 y 的不确定性。

$$R^2=SS_{\text{reg}}/SS_{\text{tot}}=\sum_{i=1}^{k}(\hat{y}-\bar{y})^2\Big/\sum_{i=1}^{k}(y_i-\bar{y})^2 \tag{4-88}$$

如果各个输入变量 x_j 是相互独立的，回归模型的 R^2 值可以表述为如下形式：

$$R^2=SS_{\text{reg}}/SS_{\text{tot}}=R_1^2+R_2^2+\cdots+R_n^2 \tag{4-89}$$

这说明回归模型中如果各个输入变量相互独立，R_j^2 等价于输入变量 x_j 对于输出变量 y 的贡献。由于回归系数 b_j 受到输入变量 x_j 分布信息等影响，回归系数在敏感性分析中并不是很有用。基于此回归模型改写成如下形式：

$$(\hat{y}-\bar{y})/\hat{s}=\sum_{j=1}^{n}(b_j\hat{s}_j/\hat{s})(x_j-\bar{x}_j)/\hat{s}_j \tag{4-90}$$

其中，$\hat{s}=\left[\sum_{i=1}^{k}(y_i-\bar{y})^2/(k-1)\right]^{1/2}$，$\hat{s}_j=\left[\sum_{i=1}^{k}(x_{i,j}-\bar{x}_j)^2/(k-1)\right]^{1/2}$。

上述回归模型在敏感性分析中具有重要的地位。其中 $b_j\hat{s}_j/\hat{s}$ 被称为标准回归系数(SRC)，是衡量输出变量 y 对于输入变量 x_j 敏感性的一个评价指标，输出

变量 y 的方差是 $\hat{s}$，输入变量 x_j 偏离期望值 $\bar{x}_j$ 的范围用方差值 $\hat{s}_j$ 衡量。假设各个输入变量是相互独立的，则从回归模型中增加或剔除任何一个输入变量并不影响其他变量。然而，如果输入变量之间并不独立，则 SRC 并不能提供可靠的重要性评价信息。

通过上述分析可知求解回归系数 b_j 是非常重要的，为确定回归系数，一般采用最小二乘法。

$$p=\sum_{i=1}^{k}[y_i-(b_0+b_1x_{i,1})]^2 \tag{4-91}$$

若使式(4-91)一元线性回归达到最小便得到回归系数。根据极限定理，回归系数 b_j 满足下列方程：

$$\begin{cases}\dfrac{\partial p}{\partial b_0}=2\sum\limits_{i=1}^{k}[y_i-(b_0+b_1x_{i,1})](-1)=0\\ \dfrac{\partial p}{\partial b_1}=2\sum\limits_{i=1}^{k}[y_i-(b_0+b_1x_{i,1})](-x_{i,1})=0\end{cases} \tag{4-92}$$

求解方程(4-92)得一元线性回归的回归系数为

$$b_0=\bar{y}-b_1\bar{x}$$

$$b_1=\frac{\sum\limits_{i=1}^{k}(x_{i,1}-\bar{x})(y_i-\bar{y})}{\sum\limits_{i=1}^{k}(x_{i,1}-\bar{x})^2}$$

针对多元线性回归系数的求解，由最小二乘原理可知只要使得下式

$$p=\sum_{i=1}^{k}\left[y_i-\left(b_0+\sum_{j=1}^{n}b_jx_{i,j}\right)\right]^2 \tag{4-93}$$

达到最小，便可得到多元线性回归系数，回归系数满足如下方程：

$$(\boldsymbol{C}\boldsymbol{C}^{\mathrm{T}})\begin{bmatrix}b_0\\b_1\\b_2\\\vdots\\b_n\end{bmatrix}=\boldsymbol{C}\begin{bmatrix}y_1\\y_2\\y_3\\\vdots\\y_k\end{bmatrix} \tag{4-94}$$

其中，

$$\boldsymbol{C}=\begin{bmatrix}1 & 1 & 1 & \cdots & -1\\ x_{11} & x_{12} & x_{13} & \cdots & x_{1k}\\ x_{21} & x_{22} & x_{23} & \cdots & x_{2k}\\ \vdots & \vdots & \vdots & \ddots & \vdots\\ x_{n1} & x_{n2} & x_{n3} & \cdots & x_{nk}\end{bmatrix} \tag{4-95}$$

实际进行敏感性分析的过程中，并不需要建立一个包括所有变量的回归模型，而是采用逐步回归分析的方法建立回归模型。首先建立最具影响力变量的回归模型，然后分析影响力次之的变量，直到完成所有变量的分析。累计计算每次模型的 R^2 值及模型最终 SRC 值，通过比较得到各输入变量的重要性指标。当输入变量与时间相关时，上述方法就显得笨拙，这时需要绘制与时间相关的所有输入变量的 SRCs 图。

4.8　CUSA 程序介绍

4.8.1　概述

CUSA (code for uncertainty and sensitivity analysis)程序是由本书作者及团队自主开发的一款基于抽样统计理论开展敏感性与不确定性分析的通用计算程序。CUSA 程序最早应用于球床式高温气冷堆燃料球填充率敏感性和不确定性分析中，主要应用典型的抽样统计方法，如拉丁超立方体抽样方法、简单随机抽样等。在基础理论研究逐渐受到重视、软件“自主化”需求迫切的大背景下，基于十余年的基础理论研究成果，该团队对 CUSA 程序进行了不断升级和优化。目前，CUSA 程序已成为集高效抽样、相关性控制、不确定性量化等基础功能，耦合外部计算程序、图形绘制等辅助功能，且具有友好人机交互界面的分析计算程序。CUSA 程序现已用于开展反应堆物理计算、热工水力计算和安全分析等多个研究领域的敏感性和不确定分析，并已与国际原子能机构、清华大学、中国工程物理研究院等多家研究机构和高校开展合作研究和应用。

4.8.2　CUSA 程序简介

4.8.2.1　*人机交互界面*

CUSA 程序内核代码采用 C 语言编写，界面开发采用 QT 5 完成，如图 4-8 所示，目前可在 Windows 操作系统下运行。CUSA 程序的使用非常灵活，它的各项功能采用“独立模块”设置，各功能可读取具有特定格式及后缀的输入文件进行单独使用。CUSA 程序现具有的功能包括：输入文件在线编辑、随机抽样、耦合外部计算程序、统计分析及图形绘制。

4.8.2.2　*基本功能*

文件在线编辑：CUSA 程序对于不确定性及敏感性计算分析所需的输入文件采用两种处理模式：基于操作界面在线生成输入文件；按指定路径读取已有文件(也可在操作界面进行编辑修改)。编辑完成后，程序读入即可开展相关计算分析。

随机抽样：抽样功能是 CUSA 程序最基本也是最有特点的功能，其不仅涵盖了 4.3 节介绍的三种基本抽样方法的抽样功能，即简单随机抽样(SRS)、分层重要

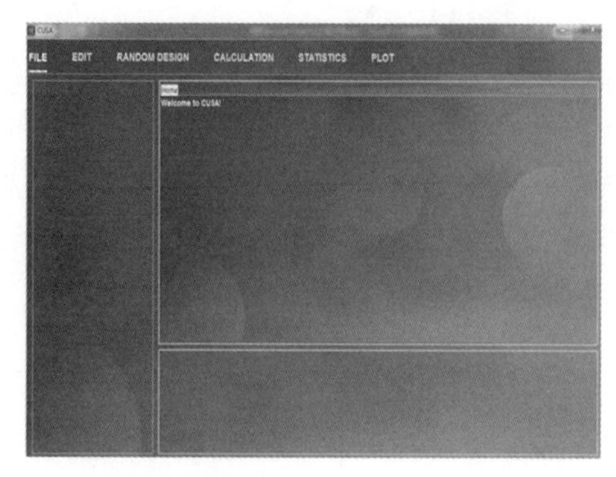

图 4-8 CUSA 程序启动与操作界面

抽样(IMS)、拉丁超立方体抽样(LHS)。4.5 节介绍的相关性控制与高效抽样方法,即耦合 Cholesky 分解变换的高效抽样方法、耦合奇异值分解变换的高效抽样方法及耦合主成分分析的高效抽样方法也在 CUSA 程序中得到了实现。关于抽样方法的选择与参数设置,可在 CUSA 程序的界面实现。

耦合外部计算程序:抽样计算得到的输入参数样本需要导入相应的计算程序以计算得到目标响应,并开展进一步的分析。针对不同的计算程序,得到样本后往往需要手动填写相应计算程序的输入文件后完成计算,抽样程序与计算程序互相独立,操作并不容易。CUSA 程序采用两种方式实现与不同计算程序的耦合:①CUSA 程序根据得到的样本自动产生计算程序可读的输入文件;②保留手动填写输入文件的功能,但由 CUSA 程序读取输入文件并执行计算。在得到计算程序输入文件后,CUSA 程序可直接调用相应计算程序的执行文件并控制计算过程,计算结束后 CUSA 程序会给出提示,并从输出文件中自动提取目标响应,以便进一步的分析。

统计分析:抽样计算得到的样本是否满足要求,需要根据输入参数服从的概率分布及其数字特征来判断;对目标响应开展敏感性和不确定性分析,同样需要统计目标响应的数字特征、分析输入参数与目标响应的相关性、计算描述统计涨落的统计量及进行分布类型的检验。CUSA 程序可以实现上述涉及的所有统计计算分析,并在界面上展示计算结果和图形。

图形绘制:图形给出的信息往往比文字更加全面、直观,因此科研人员习惯于用图形对结果进行表达。CUSA 程序开发了对于计算、分析结果的图形绘制功能,包括 K-S 检验、不确定性分析、协方差矩阵偏差等,如图 4-9 所示。CUSA 程序的图形绘制功能基于静态网页形式,需要浏览器支持,目前推荐使用 Firefox 浏览器或者 Chrome 浏览器。

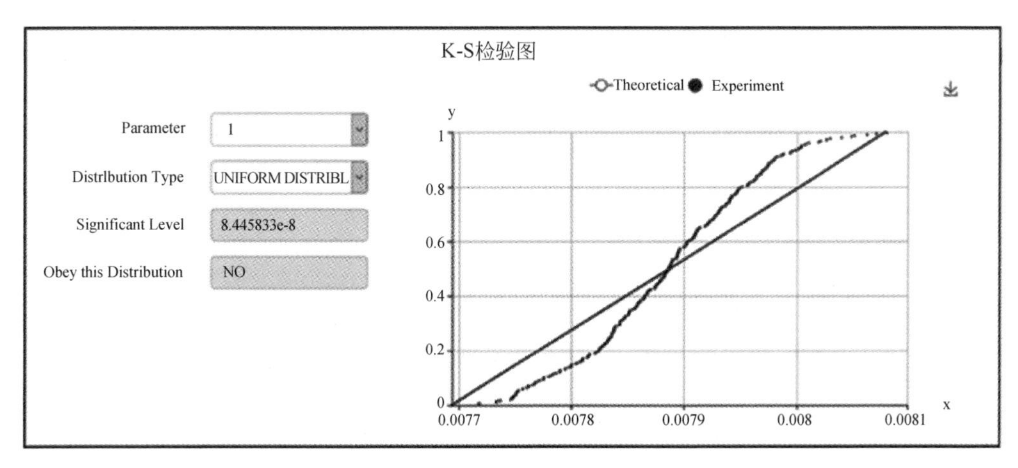

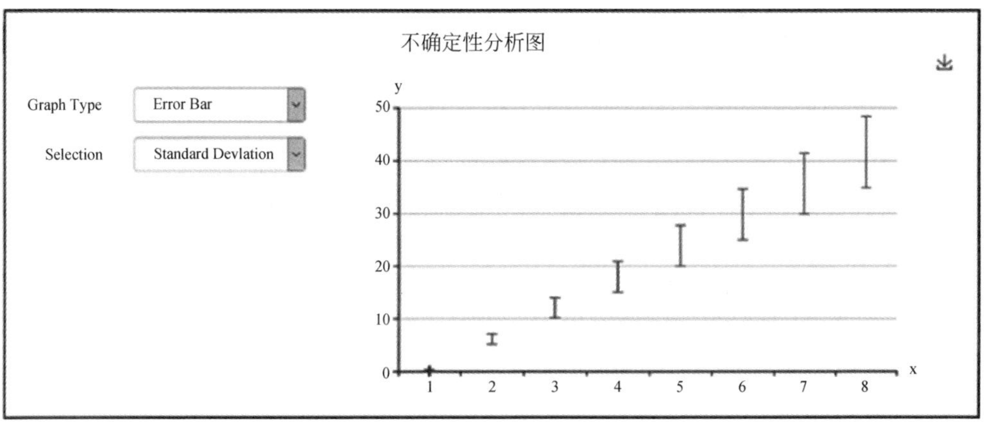

图 4-9　CUSA 程序图形绘制示例

参考文献

[1] CACUCI D G. Sensitivity & uncertainty analysis, Volume I[M]. Chapman and Hall/CRC,2003.

[2] AZMY Y,SARTORI E. Nuclear computational science: A century in review[M]. Springer Netherlands Press,2010.

[3] 庄楚强,何春雄.应用数理统计基础[M].3 版.广州:华南理工大学出版社,2000.

[4] 何光渝. Visual Fortran 常用数值算法集[M].北京:科学出版社,2002.

[5] 盛骤,谢式千,潘承毅.概率论与数理统计[M].4 版.北京:高等教育出版社,2008.

[6] 贾俊平,何晓群,金勇进.统计学[M].6 版.北京:中国人民大学出版社,2015.

[7] 杜子芳.应用统计学系列教材——抽样技术及其应用[M].北京:清华大学出版社,2005.

[8] LOHR S L. Sampling: design and analysis[M]. Lohr Duxbury Press,2010.

[9] DU J,HAO C,MA J, et al. New strategies in the code of uncertainty and sensitivity analysis (CUSA) and its application in the nuclear reactor calculation[J]. Science and

Technology of Nuclear Installations.

[10] TOUGH R J A,WARD K D. The correlation properties of gamma and other non-Gaussian processes generated by memoryless nonlinear transformation[J]. Journal of Physics D Applied Physics,1999,32(23):3075-3084.

[11] ZHAO Q,ZHANG C,HAO C,et al. New strategies for quantifying and propagating nuclear data uncertainty in CUSA[J]. Nuclear Engineering and Design,2016,307(6):328-338.

[12] HAO C,LI P,et al. A new efficient sampling method for quantifying and propagating nuclear data uncertainty in CUSA[J]. Nuclear Safety and Simulation,2017,8(4).

[13] HAO C,MA J,XU N,et al. Uncertainty propagation analysis for control rod worth of PWR based on the statistical sampling method[J]. Annals of Nuclear Energy,2019.

[14] IMAN R L,CONOVER W J. A distribution free approach to inducing rank correlation among input variables[J]. Communications in Statistics B,1982,11(3):311-334.

[15] FLORIAN A. An efficient sampling scheme updated Latin hypercube sampling[J]. Probabilistic Engineering Mechanics,1992,7(2):123-130.

[16] 李佩军. 量化与传播核数据不确定性的高效抽样方法研究[D]. 哈尔滨:哈尔滨工程大学,2018.

[17] 张占忠,徐兴忠. 应用数理统计[M]. 北京:机械工业出版社,2007.

[18] 陈钦,王灿雄. 应用统计学[M]. 上海:上海交通大学出版社,2017.

[19] GAO Y,IERAPETRITOU M G,MUZZIO F. Determination of the confidence interval of the relative standard deviation using convolution[J]. Journal of Pharmaceutical Innovation,2013,8(2):72-82.

[20] 徐晓岭,朱灵芝. 均匀分布的区间估计方法及应用[J]. 统计与决策,2012(24):23-25.

[21] MCKAY A T. Distribution of the coefficient of variation and the extended t distribution[J]. Journal of the Royal Statistical Society,1932,95(4):695-698.

[22] MILLER G E. Asymptotic test statistics for coefficients of variation[J]. Communications in Statistics-Theory and Methods,1991,20(10):3351-3363.

[23] VANGEL M G. Confidence intervals for a normal coefficient of variation,Amer[J]. The American Statistician,1996,50(1):21-26.

[24] MAHMOUDVAND R,HASSANI H. Two new confidence intervals for the coefficient of variation in a normal distribution[J]. Journal of Applied Statistics,2009,36(4):14.

[25] TAYLOR J R. An introduction to error analysis: The study of uncertainties in physical measurements[M]. Mill Valley: University Science Books,1982.

[26] AHN S,FESSLER J A. Standard errors of mean, variance, and standard deviation estimators. EECS Department[R]. The University of Michigan,2003.

[27] 陈光曙. 关于均匀分布区间长度的区间估计[J]. 纯粹数学与应用数学,2006,22(3):349-354.

[28] 许建梅,白伦. 正态总体的变异系数抽样分布[J]. 北京:中国科技论文在线,2007.

[29] ARCHER G,SALTELLI A,SOBOL I. Sensitivity measures,anova-like techniques and the use of bootstrap[J]. Journal of Statistical Computation and Simulation,1997,58(2):99-120.

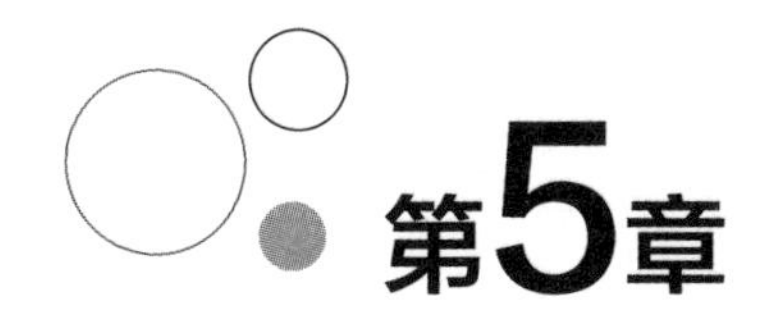

第5章

核截面协方差矩阵

核数据是核科学与核工程应用所需的重要基础数据，它主要包括用于描述入射粒子与原子核发生相互作用的核反应数据以及描述单个原子核自身基本特征的核结构与放射性衰变数据[1-2]。核数据的研究主要包括核数据的微观实验测量、理论模型研究及计算、实验数据的评价。其中，微观实验测量是核数据研究的基础。然而，核数据实验测量系统存在误差使得实验数据自身具有一定的不确定性，并且系统误差使得不同实验数据间相互关联。因此，常用核数据协方差矩阵来表征实验数据的不确定性信息。测量数据的不确定性信息在后期核数据处理过程中不断更新，最终得到多群截面协方差矩阵，以用于核工程计算。同时，多群核反应截面协方差矩阵也是核反应堆物理计算不确定性分析的基础不确定性信息。本章将重点介绍多群核截面协方差矩阵的制作方法及典型的核截面协方差数据库。

5.1 核数据协方差矩阵

5.1.1 微观实验测量核数据

微观实验测量是核数据研究的基础，而微观实验测量的要素包括中子源、探测器、测量方法和样品制备技术等。因此，中子核数据总是伴随着中子源及相应的探测器与实验技术的发展而发展的，中子源性能的提高促进了相关探测与实验技术的发展，不断地把核数据研究推向更高的精度、更广的核素范围以及更宽的能区[2]。核数据的微观实验测量大体上可以分为两类：中子反应数据测量和裂变数据测量。中子反应数据主要包括全截面、弹性散射、非弹性散射、辐射俘获截面、裂变截面(对可裂变核)等。而裂变数据主要包括裂变份额(包括累积产额、独立产额和链产额)、裂变中子能谱及多重数、裂变 γ 能谱等。其中，能量范围覆盖了热中子到 20MeV 及以上。因此，核数据实验测量涉及的范围很广，不仅反应道多、能区范围广，同时所需核素也很多，并且对一些关键数据的精度要求越来越高。

目前，国际上最全面的核反应实验数据库是由国际原子能机构牵头、通过国际合作建立的计算机可交互识别的数据库(exchange FORmat，EXFOR)[1,3]。EXFOR 数据库是一个开放型的数据库，是为了存储实验测量数据以及便于核数据中心进行数据交流和传播而建立的，世界各国科学家将原始测量数据贡献给 EXFOR 数据库，核数据中心的 EXFOR 编撰者按照共同约定的存储格式和代码把收集到的实验数据编撰并存储在计算机中，然后提交给国际原子能机构核数据科(IAEA-NDS)，以便于交换和使用[4]。该库几乎覆盖了全世界不同研究机构测量的核反应实验的测量数据，同时也是唯一一个存储大量核反应实验测量结果和实验设施信息的数据库，目前已发展得非常完善。在全世界各地，都可以通过网络提取到所需要的各类与核反应相关的实验测量数据和信息，包括实验测量数据的来源(作者和实验室)、数据类型、能区、主要实验技术及设备、简短的测量方法、管理历史和主要参考文献等信息。

此外，国际通用的实验核反应数据库 EXFOR 中也包含了专门的实验数据协方差计算功能。

5.1.2 实验数据的协方差矩阵

开展核数据的微观实验测量必须借助于精密的实验仪器、正确的实验方法和合理的数学分析方法，才能实现对核反应微观物理规律的正确认识。但是，无论多么精密的实验仪器不可避免地都会存在一定的不确定性，而实验方法也会受到科研发展水平的限制和本底的干扰。因此，核数据的微观测量结果就是一个随机样本，微观实验测量核数据结果必定会带有一定的不确定性，如图 5-1 所示，展示了

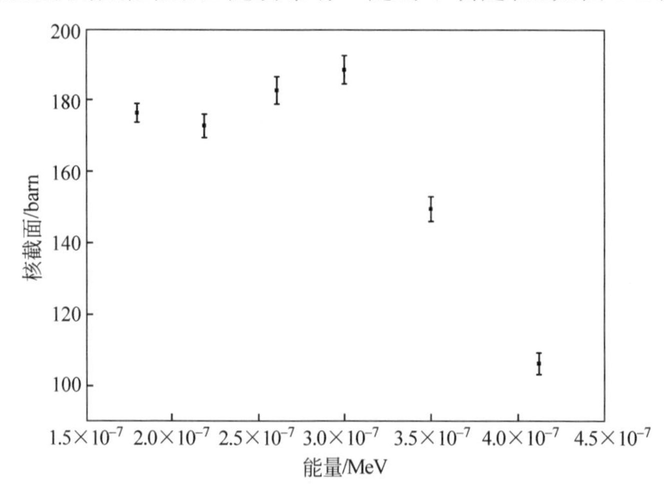

图 5-1 EXFOR 库中^{235}U 核素裂变反应核截面的实验测量数据

从 EXFOR 数据库中提取的^{235}U 核素裂变反应核截面的部分实验测量数据[5]。所以，微观实验测量数据必须和它的不确定性相伴[6]。

核数据实验测量系统存在误差使得实验数据自身具有一定的不确定性，并且系统误差使得不同实验数据间相互关联。因此，常用核数据协方差矩阵来表征实验数据的不确定性信息。其中协方差矩阵的对角元素表示各测量值的方差，非对角元素表示测量值之间的协方差。在核数据微观实验数据的测量中，只有给出了实验数据的协方差矩阵，才算给出了实验数据的全部信息。测量数据的不确定性信息在后期核数据处理过程中不断更新得到最终截面协方差矩阵，以用于核工程计算。因此根据实验结果给出基础数据库的误差信息，即核数据协方差矩阵，是开展核数据不确定性对堆芯关键参数影响分析的研究基础。下面给出了由实验测量的基本信息建立实验数据协方差的基本过程[7-8]。

设 x 为随机变量，则 x 的数学期望定义为

$$\langle x \rangle = \int_{-\infty}^{\infty} x p(x) \mathrm{d}x \tag{5-1}$$

其中，$p(x)$ 是随机变量 x 的概率密度函数，有$\int_{-\infty}^{\infty} p(x)\mathrm{d}x = 1$。

随机变量 x 的方差记为$\sigma^2(x)$或 $\mathrm{Var}(x)$，其定义为

$$\begin{aligned}\sigma^2(x) = \mathrm{Var}(x) &= \langle (x - \langle x \rangle)^2 \rangle = \int_{-\infty}^{\infty} (x - \langle x \rangle)^2 p(x) \mathrm{d}x \\ &= \langle x^2 \rangle - \langle x \rangle^2\end{aligned} \tag{5-2}$$

方差表征了随机变量取值的分散程度，方差的平方根为标准差，记为 $\sigma(x)$。任意两个随机变量 x_i 和 x_j 之间的协方差定义为

$$\begin{aligned}\mathrm{Cov}(x_i, x_j) &= \langle (x_i - \langle x_i \rangle)(x_j - \langle x_j \rangle) \rangle \\ &= \int_{-\infty}^{\infty}\int_{-\infty}^{\infty} (x_i - \langle x_i \rangle)(x_j - \langle x_j \rangle) p(x_i, x_j) \mathrm{d}x_i \mathrm{d}x_j \\ &= \langle x_i x_j \rangle - \langle x_i \rangle \langle x_j \rangle\end{aligned} \tag{5-3}$$

协方差反映了两个随机变量取值的相关性，具有以下性质：

$$\mathrm{Cov}(x_i, x_j) = \mathrm{Cov}(x_j, x_i), \quad \mathrm{Cov}(x_i, x_i) = \sigma^2(x_i)$$

微观实验测量核数据 y 是通过一系列实验基本参数 x 的直接测量值计算得到的，表示为

$$y = f(x_1, x_2, \cdots, x_N) \tag{5-4}$$

其中，y 是微观实验数据，$x_k(k=1,2,\cdots,N)$为实验基本参数的直接测量值。在实际测量中，对于不同次或不同条件的实验数据，其相应的 x_k 值也有可能各不相同。同时，x 的变化也会引起实验数据 y 的变化，将 y 在 x 的平均值附近泰勒展开得到如下表达式：

$$y = f(\langle f \rangle) + \sum_{i=1}^{N} \left(\frac{\partial f}{\partial x_i} \right) \bigg|_{x=\langle x \rangle} \times (x_i - \langle x_i \rangle) + \frac{1}{2!} \sum_{t=1,j=1}^{N} \left(\frac{\partial^2 f}{\partial x_i \partial x_j} \right) \bigg|_{x=\langle x \rangle} \times$$

$$(x_i-\langle x_i\rangle)(x_j-\langle x_j\rangle)+\cdots \tag{5-5}$$

事实上实验基本参数 x 的变化很小,这样略去式(5-5)中高次项后可以得到良好的计算精度,于是得到 y 关于 x 的线性表达式如下:

$$y\approx f(\langle x\rangle)+\sum_{i=1}^{N}\left(\frac{\partial f}{\partial x_i}\right)\bigg|_{x=\langle x\rangle}\times(x_i-\langle x_i\rangle) \tag{5-6}$$

在实际测量中,由于系统误差或实验条件等因素,每次实验的直接测量值是可能不相同的,并且系统误差使得不同实验得到的基础核数据产生了关联。假设在不同条件下对同一个核数据的测量值分别是

$$\begin{cases}y_i=f(x_{1i},x_{2i},\cdots,x_{Ni})\\ y_j=f(x_{1j},x_{2j},\cdots,x_{Nj})\end{cases} \tag{5-7}$$

根据协方差定义,可以得到 y_i 与 y_j 的协方差如下:

$$\begin{aligned}\mathrm{Cov}(y_i,y_j)&=\langle(y_i-\langle y_i\rangle)(y_j-\langle y_j\rangle)\rangle\\&=\left\langle\left(\sum_{k=1}^{N}\left(\frac{\partial f}{\partial x_k}\right)\bigg|_i(x_{k,i}-\langle x_{k,i}\rangle)\right)\left(\sum_{k'=1}^{N}\left(\frac{\partial f}{\partial x_{k'}}\right)\bigg|_j(x_{k',j}-\langle x_{k',j}\rangle)\right)\right\rangle\\&=\sum_{k,k'=1}^{N}\frac{\partial f}{\partial x_k}\bigg|_i\frac{\partial f}{\partial x_{k'}}\bigg|_j(x_{k,i}-\langle x_{k,i}\rangle)(x_{k',j}-\langle x_{k',j}\rangle)\\&=\sum_{k,k'=1}^{N}\frac{\partial f}{\partial x_k}\bigg|_i\frac{\partial f}{\partial x_{k'}}\bigg|_j\rho_{i,j}^{k,k'}\sigma_{i,k}\sigma_{j,k'}\\&=\sum_{k,k'=1}^{N}\rho_{i,j}^{k,k'}\left(\frac{\partial f}{\partial x_k}\bigg|_i\sigma_{i,k}\right)\left(\frac{\partial f}{\partial x_{k'}}\bigg|_j\sigma_{j,k'}\right)\\&=\sum_{k,k'=1}^{N}\rho_{i,j}^{k,k'}\Delta y_{k,i}\Delta y_{k',j}\end{aligned} \tag{5-8}$$

其中,$\rho_{i,j}^{k,k'}$ 是不同条件下 $x_{k,i}$ 与 $x_{k',j}$ 的相关系数,求解此值比较困难,一般情况下可视实验情况在(0-1)间选择或详细计算,而核数据变化 $\Delta y_{k,i}$ 与 $\Delta y_{k',j}$ 可由式(5-7)求得。当存在 N 个测量值 y 时,可以依据上述理论逐个求出任意两个 y_i 和 y_j 的协方差,按照下标排列即形成基础核数据协方差矩阵,形式如下所示:

$$\boldsymbol{V}_y=\begin{bmatrix}\mathrm{Var}(y_1)&\mathrm{Cov}(y_2,y_1)&\cdots&\mathrm{Cov}(y_N,y_1)\\\mathrm{Cov}(y_1,y_2)&\mathrm{Var}(y_2)&\cdots&\mathrm{Cov}(y_N,y_2)\\\vdots&\vdots&\ddots&\vdots\\\mathrm{Cov}(y_1,y_N)&\mathrm{Cov}(y_2,y_N)&\cdots&\mathrm{Var}(y_N)\end{bmatrix} \tag{5-9}$$

5.1.3 评价核数据库

事实上,实验测量数据不能直接用于核工程计算,核数据评价是核数据从产生到实际核工程应用的一个重要环节。因为对于同一个核数据,不同的实验室、不同的实验方法可能给出不同的实验结果。此外,实验测量不能给出整个能区的所有

反应的核数据,也没有必要花费大量的人力、物力来测量所有能区的实验数据。但是,在实际应用中所需要的却是整个能区、任一能量点的核数据[6]。为解决上述问题,可以通过实验测量数据的收集与评价、核数据理论模型计算、核数据的统调、核数据协方差评价等步骤开展核数据的评价工作。具体以微观实验测量数据为基础,经过评价后结合核反应理论模型计算给出物理上自洽、成套和唯一的评价核数据,经过核数据加工制作并进行宏观基准检验,同时把宏观检验结果和用户使用的反馈意见及需求返回评价者,并反映到新的评价中去,最终满足用户的需求[2]。这就是目前国际上主要的核数据评价库的产生过程,如图 5-2 所示。

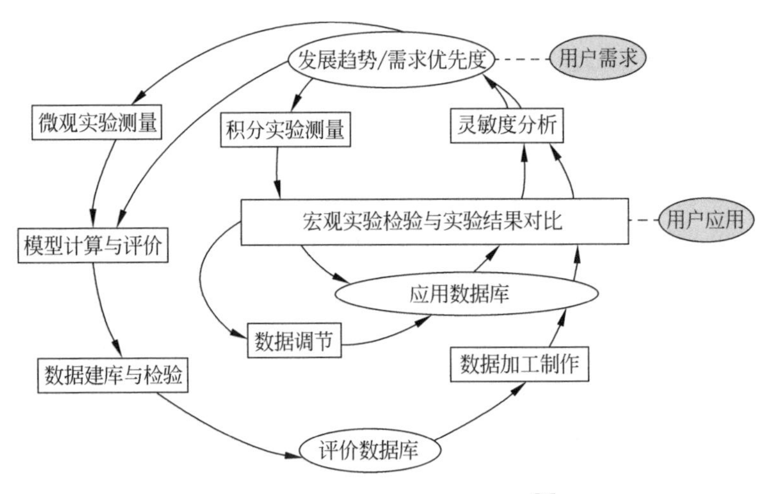

图 5-2 核数据评价过程示意图[9]

为了适应日益增长的对核数据的需求,国际上多个国家都成立了核数据中心,专门从事包括中子数据库在内的各种数据库的评价、建立和不断更新,并且发布了自己的中子评价核数据库,见表 5-1。

表 5-1 国际上主要的中子评价核数据库

核数据中心	评价中子核数据库	更新时间	包含核素数目
中国核数据中心：CNDC[10]	CENDL-3.2	2020 年	272
美国国家核数据中心：NNDC[11]	ENDF/B-VIII.0	2018 年	557
日本核数据中心：JAEA/NDC[12]	JENDL-4.02	2012 年	406
欧洲核能机构：NEA[13]	JEFF-3.3	2017 年	562
俄罗斯数据中心：CJD	BROND-3.1	2016 年	686

此外,除了表 5-1 所列的通用核数据库外,比较有代表性的还有荷兰 NRG 研究所和法国 CEA 开发的评价核数据库 TENDL-2019[14]、中国核数据中心和上海应用物理研究所合作开发的一套核素种类完整的评价核数据库 CENDL-TMSR 等[5]。

上述中子数据库也在不断地更新、增加核素、增加数据文档以满足日益增长的科学与技术的发展需求。上述所有评价核数据库都采用国际通用 ENDF-6 格式存储数据，以便于存储、检索、国际交流和进行数据处理。不同的数据库覆盖的靶核数目有差别，覆盖的中子能区也有所不同，个别库所给的文档也会有差别。之前各个评价中子数据库所覆盖的中子能区都是从 10^{-5}eV 到 20MeV，但是 2017 年更新的欧洲库 JEFF-3.3 和 2018 年更新的美国库 ENDF/B-VIII.0 已经把能区扩展到 30MeV[1]。

另外，ENDF-VII.1 中给出了 190 种核素的协方差数据[15]，JEFF-3.1.1 给出了 46 种核素的协方差数据，CENDL-3.2 给出了 70 个裂变产物核的主要核反应截面模型相关的协方差数据，JENDL-4.02 中协方差数据的核素总数为 95 种等，且基于不同的核评价数据库产生的协方差矩阵会存在显著的差异。

5.1.4 核数据协方差评价

在核数据处理过程中，实验数据协方差会进行传递，但同时由于在处理过程中物理上、数学上的自洽性和连续性等要求，又会产生新的协方差，因此，评价数据的协方差矩阵是最终的综合结果，可以全面量化各种不确定性因素（包括实验测量以及评价数据）的影响，如图 5-3 所示[16]。核数据协方差评价的具体流程为：对实验数据分析、误差调整及修正取舍，得到归一化的实验数据后，详细分析其误差，并利用实验数据协方差评价处理程序构造出每一套实验数据相对应的协方差矩阵，对实验数据的曲线拟合和协方差矩阵进行合并，最终得到实验数据评价截面和协方差矩阵。

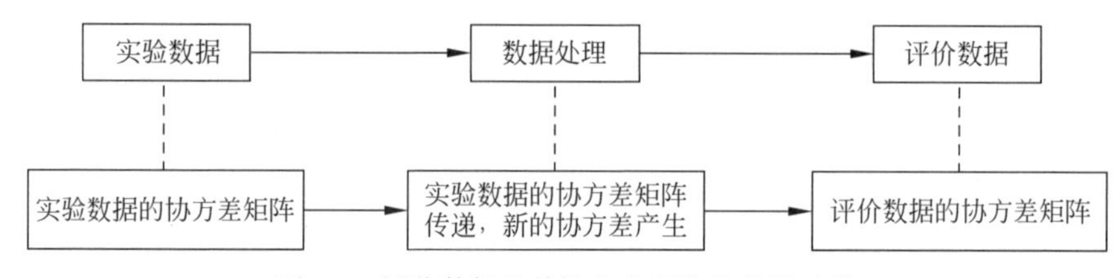

图 5-3 评价数据及其协方差矩阵的获得过程

国际上通用的实验核反应数据库 EXFOR 中已经包含了专门的实验数据协方差计算功能，但是大多数核数据来源于核反应模型程序计算。因此，需要对模型计算核数据的协方差进行评价。但是，国际上对于模型依赖型核数据协方差的评价方法没有统一的定论。就方法而言，协方差评价类型可分为简单和推广型的最小二乘法、随机抽样法以及混合法，以上方法各有优缺点，并且已经不同程度地应用于各国的核数据协方差评价工作中[1]。

5.1.5 多群协方差矩阵

虽然从类似于 ENDF/B 的评价核数据库中可以获得反应堆核设计所需的任

何能量点的核截面数据。但是,在反应堆中子物理计算中,并不能直接使用ENDF/B等评价核数据库。究其原因,一方面,ENDF/B等核数据库是一个非常庞大的数据库,其中有些核数据必须通过一些处理程序才能得到各种核素的截面,如共振区截面等,因此直接从评价核数据库获取核数据进行反应堆物理计算是不现实的;另一方面,反应堆物理计算或中子输运计算通常采用分群近似,计算需要的是按能群平均的截面值,称为群截面或群常数。因此,评价核数据库通过处理程序产生的"多群常数库"才是核反应堆物理设计或中子输运数值计算直接使用的核数据库[17]。

同时,在实际应用过程中,要将微观评价库中的点截面协方差数据经过一系列加工,制作形成多群截面协方差矩阵的形式,如图5-4所示,这样才方便用于反应堆系统的积分参数计算不确定性分析等。因此,多群截面协方差矩阵才是核反应堆物理设计计算直接使用的协方差矩阵。多群截面协方差矩阵通常以二维矩阵的形式给出,对角线元素表示核截面参数的方差,即自身不确定性信息;非对角线元素表征不同核截面参数间的相关性信息。也就是说,多群核截面协方差矩阵不仅储存了多群截面自身的不确定度,还描述了截面各能群之间的相关性系数。

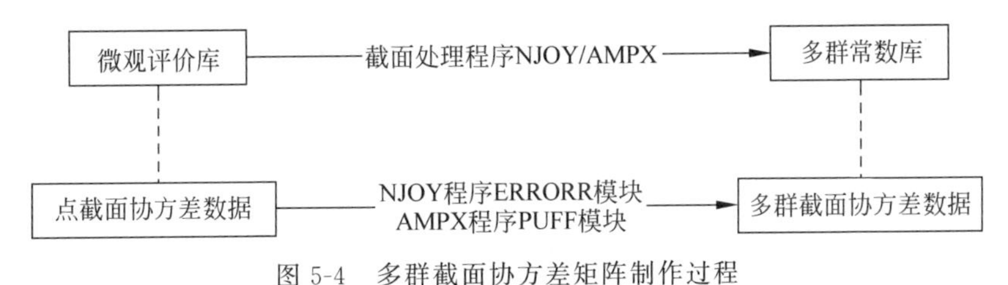

图5-4　多群截面协方差矩阵制作过程

目前,多群核截面协方差矩阵的数据来源主要分为两种情况:①经过专家评价、融合不同数据库协方差信息的综合性多群核截面协方差库,如SCALE 6.1程序中自带的44群协方差矩阵、SCALE 6.2程序中的56群和252群协方差矩阵[18]、ANL协方差矩阵[19]、BOLNA协方差矩阵[19]等;②借助NJOY程序的ERRORR模块等对评价核数据库处理,将微观评价库中的协方差数据制作成多群的形式[20],或基于已评价的多群协方差库使用转群程序得到所需能群结构的协方差数据[21]。

5.2　典型的多群核截面协方差数据库

5.2.1　SCALE程序协方差数据库简介

实际上,协方差库中的许多近似不确定性数据都是基于简单近似,并不依赖于特定的ENDF评估,因此可以在假定方法的限制范围内适用于所有截面库。对于从指定核数据文件,如ENDF/B-VII.1,ENDF/B-VI或JENDL中进行协方差评估的情况，由于可用的信息有限，基于不同库的评估经常使用许多相同实验值的事实，这充分说明了以下假设是合理的：对所有截面库使用相同的相对不确定性，即使其并不完全符合核数据评估值。

在某些情况下，旧的核数据评估效果会被延续到新的ENDF版本中。此外，许多重要的核数据信息已被了解得很深入，因此，新的评估结果往往与旧的评估结果相差不大，并且预计将处于旧的不确定性范围内，如图5-5所示[10]。由图5-5可知，许多核截面在不同库中的评价结果是一致的，进一步说明了核数据具有一致的相对不确定性的假设是合理的。

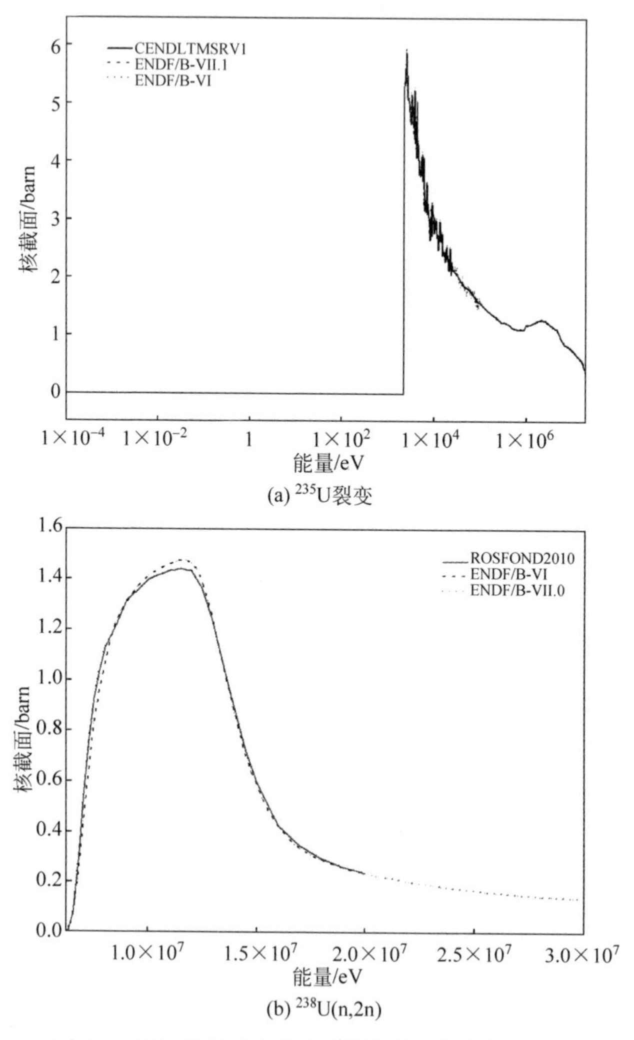

(a) ^{235}U裂变

(b) ^{238}U(n,2n)

图5-5 不同数据库中核截面随能量变化曲线的对比

其中，SCALE程序自带的多群核截面相对协方差数据库包含目前国际上公认的、接受度较高的用于核反应堆计算不确定性分析的基本协方差信息，此外，它也是唯一的以明确、系统方式创建的可用综合协方差库。SCALE（standardized computer analyses for licensing evaluation）是美国橡树岭国家实验室（ORNL）开发的一套模块化程序系统，具有自动处理数据、自动进行模块之间耦合的优点。可以直接对具体模型及问题进行截面处理、临界安全分析、屏蔽计算、燃耗/衰变计算等。自1980年发布以来，世界各地的核能监管机构、研究机构等都已将SCALE程序用于核反应堆安全性分析和设计。目前，SCALE程序自带的44群相对协方差数据库广泛应用于核反应堆物理计算不确定性分析中，如结合Sampler，TSUNAMI模块进行灵敏度/不确定性分析等。SCALE程序中的协方差数据对应于各种来源组合的相对不确定性，能量范围覆盖10^{-5}eV到20MeV，并按照协方差数据库的来源划分为"高保真度"和"低保真度"两类。"高保真度"协方差数据库包括源自评价核数据库ENDF/B-VII.1、ENDF/B-VI和JENDL-3.3的信息；"低保真度"协方差数据库的近似协方差数据源自布鲁克海文国家实验室（BNL）、洛斯阿拉莫斯国家实验室（LANL）和橡树岭国家实验室（ORNL）合作项目估计的不确定性信息[18]。

SCALE程序不断升级，最新版本为SCALE 6.2.4，协方差数据库也在不断发展。为了与SCALE 6.2版本中的ENDF/B-VII.1截面库兼容，新生成了56群和252群协方差数据库（56groupcov 7.1和252groupcov 7.1）。其中，56群与252群协方差核数据来源相同，虽然252群协方差数据库可用于改善不确定性评估结果，但与默认的56群协方差数据库相比，通常需要更多的执行时间。先前的SCALE 6.0和SCALE 6.1中包含的44群协方差数据库（44groupcov），为了向后兼容，也保留在SCALE 6.2中。需要注意的是，相比于之前的44群协方差数据库，基于56群或252群协方差数据库进行的不确定性评估结果会出现一些不同[18]。此外，SCALE 6.2.4中还增加了裂变产额、衰变常数、分支比和衰变热的协方差数据[22]。

5.2.2　SCALE 44群核截面协方差数据库

44群核截面相对协方差矩阵是由SCALE程序中44groupcov模块产生的。数据来源包括ENDF/B-VII.0发布的评估协方差数据、ENDF/B-VII-p（ENDF/B-VII.1）提前发布的评估协方差数据、ENDF/B-VI发布的评估协方差数据、JENDL-3.3中的评估协方差数据、BLO（美国布鲁克海文国家实验室BNL、美国洛斯阿拉莫斯国家实验室LANL和美国橡树岭国家实验室ORNL）合作项目中的"低保真度"协方差数据、BLO合作项目评估的LANLR-矩阵和OECD/NEA核数据评估国际合作组WPEC（working party on evaluation cooperation）成立的研究小组"Subgroup 33"提供的近似协方差。该协方差数据库中一共提供了401种不同核素的不确定性数据，中子能量范围从10^{-5}eV到20MeV。需要注意的是，44群核截面协方差数据库是在ENDF/B-VII.1评价数据库正式发布之前建立的。表5-2

给出了 44 群的能群上能量边界值，图 5-6 是 44 群数据库中子能群结构的划分，划分的总的能量范围为 $1\times10^{-5}\sim2\times10^{7}$ eV。

表 5-2 SCALE 程序 44 群能群结构

能群	能群上能量边界点/eV	能群	能群上能量边界点/eV	能群	能群上能量边界点/eV	能群	能群上能量边界点/eV
1	2.00000×10^{7}	12	1.00000×10^{5}	23	3.00000	34	2.00000×10^{-1}
2	8.18700×10^{6}	13	2.50000×10^{4}	24	1.77000	35	1.50000×10^{-1}
3	6.43400×10^{6}	14	1.70000×10^{4}	25	1.00000	36	1.00000×10^{-1}
4	4.80000×10^{6}	15	3.00000×10^{3}	26	6.25000×10^{-1}	37	7.00000×10^{-2}
5	3.00000×10^{6}	16	5.50000×10^{2}	27	4.00000×10^{-1}	38	5.00000×10^{-2}
6	2.47900×10^{6}	17	1.00000×10^{2}	28	3.75000×10^{-1}	39	4.00000×10^{-2}
7	2.35400×10^{6}	18	3.00000×10^{1}	29	3.50000×10^{-1}	40	3.00000×10^{-2}
8	1.85000×10^{6}	19	1.00000×10^{1}	30	3.25000×10^{-1}	41	2.53000×10^{-2}
9	1.40000×10^{6}	20	8.10000	31	2.75000×10^{-1}	42	1.00000×10^{-2}
10	9.00000×10^{5}	21	6.00000	32	2.50000×10^{-1}	43	7.50000×10^{-3}
11	4.00000×10^{5}	22	4.75000	33	2.25000×10^{-1}	44	3.00000×10^{-3}
							1.00000×10^{-5}

1×10^{-5} 1×10^{-3} 1×10^{-1} 1×10^{1} 1×10^{3} 1×10^{5} 1×10^{7}

图 5-6 SCALE 程序 44 群数据库中子能群结构的划分

对于 SCALE 44 群核截面协方差数据库，“高保真度”核数据评估用于生成 50 多种核素的协方差数据，其中包括^{235}U，^{1}H 和 Pu 同位素等重要的核素。具体核素包括：基于 ENDF/B-VII 评估（包括 ENDF/B-VII 和提前发布的 ENDF/B-VII.1 中协方差数据，并不是正式的 ENDF/B-VII.1 中的数据）的 Au，^{209}Bi，^{59}Co，^{152}Gd，^{154}Gd，^{155}Gd，^{156}Gd，^{191}I，^{193}I，^{7}Li，^{23}Na，^{93}Nb，^{58}Ni，^{99}Tc，^{232}Th，^{48}Ti，^{239}Pu，^{233}U，^{235}U，^{238}U，V；ENDF/B-VI 评估的 Al，^{241}Am，^{10}B，^{12}C，^{50}Cr，^{52}Cr，^{53}Cr，^{54}Cr，^{63}Cu，^{65}Cu，^{54}Fe，^{56}Fe，^{57}Fe，In，^{55}Mn，^{60}Ni，^{61}Ni，^{62}Ni，^{64}Ni，^{206}Pb，^{207}Pb，^{208}Pb，^{242}Pu，^{28}Si，^{29}Si 以及 JENDL-3.3 评估的 ^{11}B，^{1}H，^{16}O，^{240}Pu，^{242}Pu。此外，随着 SCALE 程序版本的更新，对 44 群核截面协方差数据库中的一些“高保真度”的协方差数据评估进行了更改，具体修改参见表 5-3。

表 5-3 44 群核截面协方差数据库中协方差数据评估的更改摘要[18]

ENDF/B-VII.1 预发布^{239}Pu	44 群核截面协方差数据库生成时 NDF/B-VII.1 库中数据不完整，因此将 ENDF/B-V 库中的评估数据用于平均裂变中子数
ENDF/B-VII ^{235}U	热能区的平均裂变中子数修改为 JENDL-3.3 库中的评估数据
ENDF/B-VII ^{233}U	热能区平均裂变中子数修改为 ORNL 内部评估数据
ENDF/B-VI ^{241}Am	热群的不确定性添加到总截面中（设置等于俘获不确定性）

续表

ENDF/B-VI ^{28}Si，^{29}Si，^{30}Si，^{206}Pb，^{57}Fe	对于弹性散射不确定性，参考 MT=102，对 MT=1.02 的原始值进行截面数据修正
ENDF/B-VI ^{207}Pb，^{208}Pb	由于与其他 MT 值不一致，删除 MT=3，导致非常大的不确定性预测

除了上述对基本 ENDF/B 不确定性文件的改变，对于从 BLO 合作项目中获得的不确定性数据也进行了一定的修改。例如，BLO 合作项目中^{1}H 核素的辐射俘获和弹性散射反应以及^{16}O 核素的弹性散射反应在热群的不确定性数据修改为 JENDL-3.3 库中评估的不确定性数据，分别为 0.5%和 0.1%。

另外，在建立 44 群协方差数据库时，ENDF/B 库中并未提供裂变谱不确定性信息。Broadhead 等描述了为 44 群协方差数据库构建不确定性数据的方法，在此方法中，裂变谱为 Watt 或 Maxwellian 分布，这两种能量分布被广泛用于表示裂变谱，并且也已广泛使用在许多 ENDF/B 库中。其中，裂变谱(χ)协方差数据可从 SCALE 5.1 库中获取[23]。

44 群协方差数据库中包含了任意核素、任意核反应间(SCALE 程序提供的核素和核反应类型)的相对协方差矩阵。其中，同一核素相同核反应之间的相对协方差矩阵是对称的。需要注意的是，SCALE 程序自带的 44 群协方差数据库中的协方差矩阵是核截面相对协方差矩阵，不是核截面协方差矩阵。核截面相对协方差矩阵中的元素为核截面的相对协方差，与核截面协方差的对应关系如下式所示：

$$R\text{Cov}(x_i, x_j) = \frac{\text{Cov}(x_i, x_j)}{\mu_i \mu_j} \tag{5-10}$$

其中，μ_i 为第 i 能群的核截面均值。

图 5-7 给出了 SCALE 程序中 44 群核截面协方差数据库中^{235}U(n，γ)和^{238}U 裂变反应核截面的相对协方差矩阵示意图。

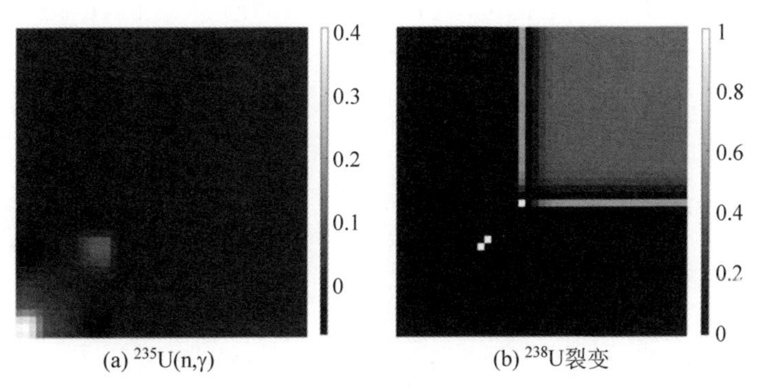

图 5-7 44 群协方差数据库中的相对协方差矩阵

5.2.3 SCALE 56 群核截面协方差数据库

SCALE 6.2 发布的 56 群协方差数据库中共包含了 456 种核素(有多个热散射核的物质有重复)的不确定性数据[24],其中 187 种核素的协方差数据来源于 ENDF/B-VII.1(ENDF/B-VII.1 库包含了一组更完善的中子截面协方差数据,并且进行了一系列的测试以调查这些协方差数据的特性,以确保数据合理),215 种核素继承了 SCALE 6.1 原有的协方差数据(其中一些来源于 ENDF/B-VI 的"高保真度"评估保留在 56 群协方差数据库)。总体来说,56 群协方差数据库内的不确定性数据来源于以下几部分:ENDF/B-VII.1 库发布的评估协方差数据;ENDF/B-VII.2 库中预发布的评估协方差数据;ENDF/B-VI 库发布的评估协方差数据;BLO 合作计划中的"低保真度"协方差数据;WPEC 工作小组"Subgroup 26"提供的近似协方差数据;JENDL-4.0 库发布的评估协方差数据。此外,基于 ENDF/B 文件 35 中包含的数据生成了新的裂变谱协方差数据[23]。当前,SCALE 6.2 中的 56 群协方差数据库(56groupcov7.1)是 SCALE 程序计算不确定分析的默认库。表 5-4 给出了 56 群的能群上能量边界值,图 5-8 给出了 56 群数据库中子能群结构的划分,划分的总的能量范围为 $1\times10^{-5}\sim2\times10^{7}$ eV。

表 5-4 SCALE 程序 56 群能群结构

能 群	能群上能量边界点/eV	能 群	能群上能量边界点/eV	能 群	能群上能量边界点/eV	能 群	能群上能量边界点/eV
1	2.00000×10^{7}	15	5.00000×10^{4}	29	3.60000×10^{1}	43	3.75000×10^{-1}
2	6.43400×10^{6}	16	2.00000×10^{4}	30	2.17500×10^{1}	44	3.50000×10^{-1}
3	4.30400×10^{6}	17	1.70000×10^{4}	31	2.12000×10^{1}	45	3.25000×10^{-1}
4	3.00000×10^{6}	18	3.74000×10^{3}	32	2.05000×10^{1}	46	2.50000×10^{-1}
5	1.85000×10^{6}	19	2.25000×10^{3}	33	7.00000	47	2.00000×10^{-1}
6	1.50000×10^{6}	20	1.91500×10^{2}	34	6.87500	48	1.50000×10^{-1}
7	1.20000×10^{6}	21	1.87700×10^{2}	35	6.50000	49	1.00000×10^{-1}
8	8.61100×10^{5}	22	1.17500×10^{2}	36	6.25000	50	8.00000×10^{-2}
9	7.50000×10^{5}	23	1.16000×10^{2}	37	5.00000	51	6.00000×10^{-2}
10	6.00000×10^{5}	24	1.05000×10^{2}	38	1.13000	52	5.00000×10^{-2}
11	4.70000×10^{5}	25	1.01200×10^{2}	39	1.08000	53	4.00000×10^{-2}
12	3.30000×10^{5}	26	6.75000×10^{1}	40	1.01000	54	2.53000×10^{-2}
13	2.70000×10^{5}	27	6.50000×10^{1}	41	6.25000×10^{-1}	55	1.00000×10^{-2}
14	2.00000×10^{5}	28	3.71300×10^{1}	42	4.50000×10^{-1}	56	4.00000×10^{-3}
							1.00000×10^{-5}

为了说明 44 群和 56 群相对协方差库的区别,图 5-9 给出 56 群协方差数据库中 $^{235}U(n,\gamma)$ 和 ^{238}U 裂变反应核截面的相对协方差矩阵。

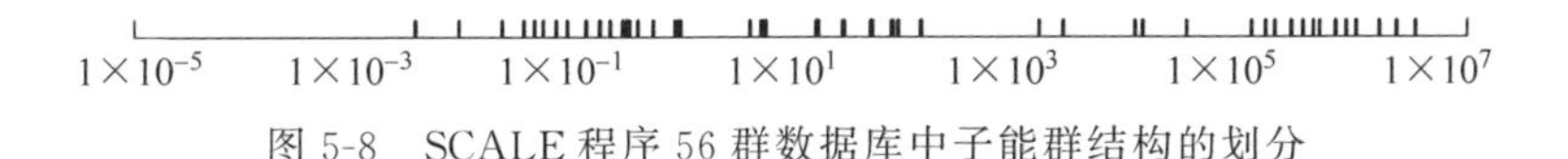

图 5-8 SCALE 程序 56 群数据库中子能群结构的划分

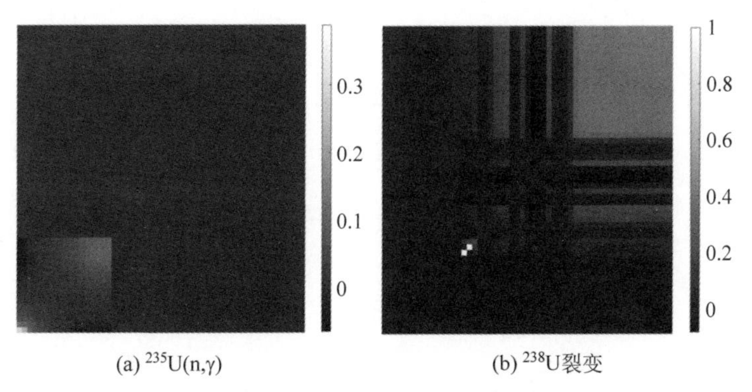

(a) $^{235}U(n,\gamma)$　　(b) ^{238}U裂变

图 5-9 56 群协方差数据库中的相对协方差矩阵

5.2.4 SCALE 44 群和 56 群协方差库的区别

SCALE 6.2 中的协方差数据为 56 群，与 SCALE 6.1 中的 44 群的能群结构存在差异(可参考图 5-6 和图 5-8)。SCALE 6.1 中精细群截面库中的能群划分为 238 群，但在 SCALE 6.2 中增加为 252 群。其中，56 群能群结构可以认为是 252 群能群结构的子集，而 44 群能群结构是 238 群的子集。此外，热群与共振群协方差之间的能量边界由 0.5eV 变为 0.625eV，以便于和 56 群中子能群结构划分边界相重合。

相比于 44 群协方差数据库，56 群协方差数据库对核系统中一些最常见的重要核素的协方差评估做了重大的改变(分别对应来自 ENDF/B-VII.1 和 VII.0 的高保真数据)。其中，对许多实验产生广泛影响的两个变化是 ^{235}U 和 ^{239}Pu 的平均裂变中子数协方差数据的变化。^{235}U 平均裂变中子数的不确定性如图 5-10 所示。热群的不确定性从 0.31%左右增加到 0.39%。相反，如图 5-11 所示，在整个能量范围内，^{239}Pu 的不确定性会急剧下降[23]。

5.2.5 其他多群核截面协方差库简介

ANL 协方差矩阵：在美国先进燃料循环计划 ACFI 框架内，需要评估核数据不确定性对第四代先进核能系统（Gen-IV）和下一代核电站（NGNP）重要参数的影响。其中，为了量化反应堆燃料循环过程中重要参数的不确定性，需要更多的新的核截面的不确定性信息[25]。在部分积分实验分析结果及加速器驱动次临界洁净核能系统(ADS)所使用的协方差矩阵[19]的基础上，Palmiotti 等在 2005 年制作了美国阿贡国家实验室(ANL)核数据协方差库。

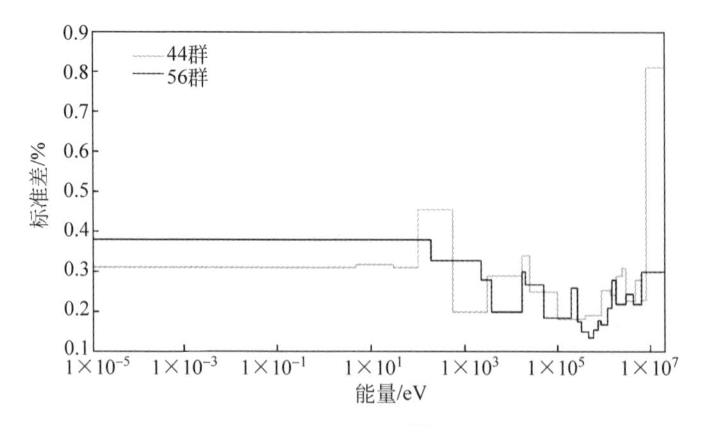

图 5-10　44 群和 56 群协方差数据库中的 ^{235}U 平均裂变中子数不确定性

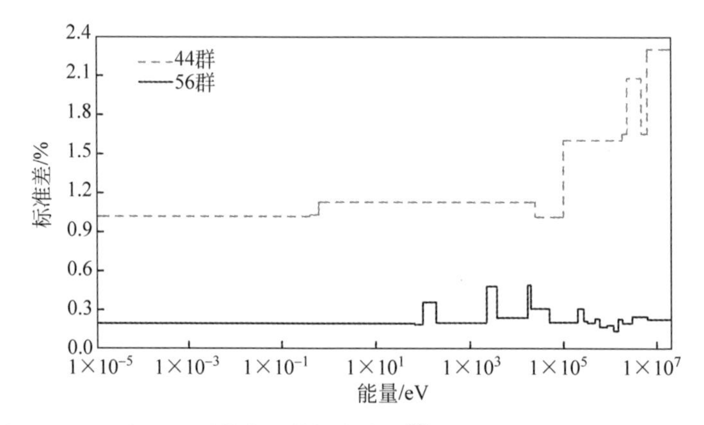

图 5-11　44 群和 56 群协方差数据库中的 ^{239}Pu 平均裂变中子数不确定性

ANL 协方差矩阵通常生成 15 能群的结构，能量覆盖从热中子到 20MeV。此外，对于 ADS 应用，需在 150MeV 到 20MeV 间增加两个额外的能群。综上所述，ANL 协方差矩阵的能群结构划分见表 5-5。

表 5-5　ANL 协方差矩阵的能群结构[19]

能　群	能群上能量边界点	能　群	能群上能量边界点	能　群	能群上能量边界点
1	150MeV	7	498keV	13	454eV
2	55.2MeV	8	183keV	14	22.5keV
3	19.6MeV	9	67.4keV	15	4.00eV
4	6.07MeV	10	24.8keV	16	0.54eV
5	2.23MeV	11	9.12keV	17	0.1eV
6	1.35MeV	12	2.03keV		

BOLNA 协方差矩阵：核数据通过实验测量改善其精度，是降低计算不确定性

的途径之一。另外,通过反馈核数据不确定性分析结果,提出核数据精度要求,对核数据测量的促进也具有重要意义。为此,2005年OECD/NEA/WPEC成立专门研究小组“Subgroup 26”,开展针对第四代堆的敏感性与不确定性研究工作。以此为代表的研究工作的一个重要目的是确定在第四代堆的计算精度要求下,核数据需要达到的精度要求。

基于上述需求,经过近10年的研究与分析取得了一定进展并且开发了新的核截面协方差数据库BOLNA(BNL,ORNL,LANL,NRG和ANL)。BOLNA协方差数据库中包括了19种锕系核素和33种结构、冷却剂和慢化剂材料的不确定性数据。其中,所有的锕系核素考虑了平均裂变中子数反应的协方差信息。BOLNA协方差矩阵通常以15群形式生成[26],其能群结构划分可参考表5-5,能量划分范围由热中子到20MeV。对于BOLNA协方差矩阵而言,缺失的数据可从ANL评估的协方差数据中获取[19]。

5.3 多群核截面协方差矩阵的制作

多群核截面协方差矩阵用来表征核数据的不确定性时,其能群结构应与相应堆芯物理计算程序采用的核数据库能群结构一致,如SCALE 44群数据库、HELIOS 47群数据库、CASMO 70群数据库等。因此,为有效开展核数据计算不确定性传播与量化,需要针对不同物理计算程序制作不同能群结构的核截面协方差矩阵,以完善那些存在截面数据而不存在核截面协方差矩阵数据的多群数据库。

目前,主要有两种方法来制作多群核截面协方差矩阵。第一种方法是基于基础评价核数据库,如ENDF/B-VII等。由于核数据评价库中的协方差信息不能直接用于不确定性计算,需使用NJOY程序ERRORR模块或AMPX程序PUFF-IV模块来制作不同能群结构的核截面协方差矩阵[27]。此方法从数学角度来看更为严格,但在制作过程中需要进行进一步的综合评价才能得到良好的多群核截面协方差矩阵,否则也会引入一定的误差,且这个综合评价过程是非常耗时的。另一种方便、有效地获取所需能群结构的核截面协方差矩阵的方式是基于现有的且已经过综合评价的多群协方差数据库,如美国橡树岭国家实验室开发的SCALE程序包自带的44群核截面协方差数据库(44groupcov),在保证相同能量区间内截面信息总积分不变的前提下采用线性变换以得到新的所需能群结构的协方差矩阵。该方法的优点在于能够快速、方便、有效获得所需核截面协方差矩阵,且对综合评价的核截面协方差矩阵进行线性变换所引入的误差与包含在经过综合评价协方差矩阵的专家综合评价信息相比影响要小得多,但该方法在转换能群结构或能量范围差异较大时会引入较大误差。比如,T-COCCO程序[21]和ANGELO程序[28]就是基于第二种方法开发的多群核截面协方差矩阵制作程序。

5.3.1 NJOY 程序制作多群核截面协方差数据库

基础评价库中的协方差数据必须经过一定的加工处理，也就是将 ENDF/B 库中与能量有关的点协方差数据制作成多群的形式，从而可用于反应堆物理计算不确定性分析。目前，在进行核数据不确定性传播与量化研究时，多群核截面协方差数据库大多采用 NJOY 程序生成。需要注意的是，多群协方差数据均由所使用的基础评价核数据库信息决定，因此，基于不同基础评价数据库制作的多群协方差数据库会有差异。目前，多群核截面协方差数据库普遍基于 ENDF/B-VII.1 的协方差数据，而 ENDF/B-VII.1 拥有 190 种材料的协方差信息。

5.3.1.1 NJOY 程序及 ENDF/B 中子评价核数据库简介

NJOY[20] 核数据处理程序是美国洛斯阿拉莫斯国家实验室（Los Alamos National Laboratory，LANL）开发的能够处理点和多群截面、协方差和相对协方差的综合性程序包，使用 Fortran 语言编译。该程序主要基于 ENDF 格式的评价数据库对核数据进行处理，生成包括 WIMS 格式、MATXS 格式等在内的多群截面，供多群输运计算程序使用，也能够产生 ACE 格式的连续能量截面，供蒙特卡罗程序使用。随着评价库中提供了核数据不确定性信息，为了满足不确定性分析的需求，NJOY 于 1975 年添加了 ERRORR 模块进行协方差数据的处理。

NJOY 程序由多个模块构成，如 THERMR，GROUPR，ERRORR 等模块，每个模块完成特定的功能。如前所述，中子物理计算程序在使用协方差信息前，需要将 ENDF/B 文件中能量相关的协方差信息转换为多群形式，即使用 NJOY 程序 ERRORR 模块来完成。ERRORR 模块可以计算出无限稀释情况下的均匀化群截面的不确定度和有关反应的群到群相对协方差数据[29]。需要注意的是：①假定计算均匀化群截面时的权重通量是精确的，即不存在不确定度；②NJOY 制作的多群协方差数据是各分反应道截面的协方差，而大多基于确定论的中子输运计算程序使用的截面模型是将各分反应道截面以求和形式给出的散射、俘获截面等，因此需要多群散射、俘获截面的协方差，但是这些协方差数据是无法从 NJOY 程序直接得到的。其中，使用 NJOY 程序制作多群截面协方差矩阵的具体流程如图 5-12 所示。

核数据评估人员在完成对各种可测量核数据的评论和理论分析后，会对所测量数据的联合概率分布形成一个主观意见。在早期版本的 ENDF/B 文件中，核数据文件中仅包含联合概率分布的一阶矩，也就是期望值。但是，从 ENDF/B-IV 开始，在 ENDF/B-V，ENDF/B-VI 和 ENDF/B-VII 文件中所包含的数据类型显著被扩展，特别是概率分布的二阶矩，也就是核数据协方差信息。联合概率分布的二阶矩中包含了单个核数据不确定性信息和可能存在的相关性信息。

核数据的协方差信息一般以 ENDF 的格式存储在 MF 文件中，其文件号取决于所包含的信息类型。例如，MF31 文件中存储的是各核素平均裂变中子数的协

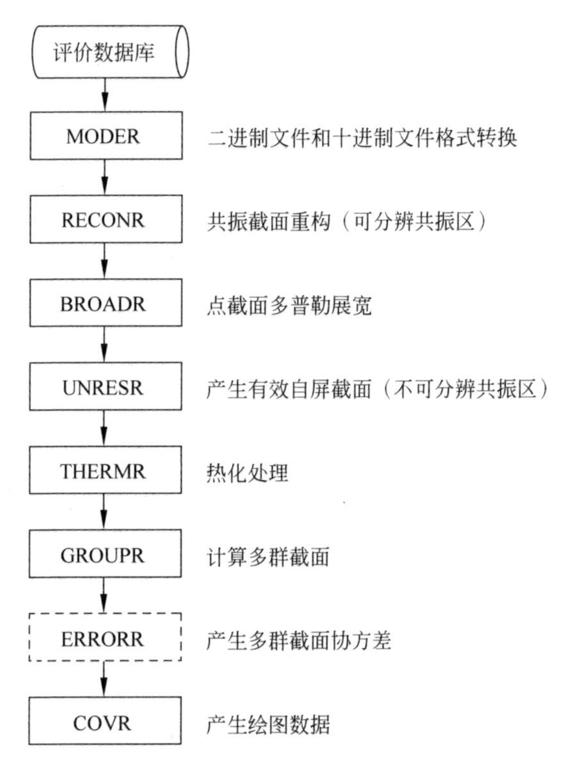

图 5-12 基于 NJOY 程序制作多群截面协方差矩阵的流程[30]

方差数据，MF32 文件中存储的是共振核素的共振参数协方差信息，MF33 文件中存储的是与能量相关的各核素核反应截面的协方差信息。一般而言，对于文件 N 中给出的数据，协方差数据将在文件($N+30$)中给出。

ENDF 文件 31 和 ENDF 文件 33 结构相同，且都存储与能量相关截面的协方差数据。在 MF31 和 MF33 中，材料 MAT 通过反应类型 MT 的标识，划分为不同的"Section"，每个"Section"代表一种反应道，可用(MAT，MT)表示。每个"Section"由不同的"Subsection"组成。依据 ENDF 格式说明书中所描述的，每一个"Subsection"代表一个协方差矩阵，而"Subsection"可以被进一步细分为"Sub-Subsection"。其中，"Sub-Subsection"有两种形式："NI-type Sub-Subsection"用于明确描述协方差；"NC-type Sub-Subsection"用于指出各种数据之间存在联系，对于各种反应对，这些联系会产生"隐式"协方差的贡献。

对于给定反应对的不确定性，可用多元"NI-type Sub-Subsection"来描述存在多个统计独立来源的情况。因此，若 $\mathrm{Cov}(x,y)_n$ 是一个"Sub-Subsection"中由数据产生的协方差，则不同"Sub-Subsection"中的不确定性是不相关的，于是有

$$\mathrm{Cov}(x,y)=\sum_{n=1}^{\mathrm{NI}}\mathrm{Cov}(x,y)_n \tag{5-11}$$

其中，NI 是当前"Subsection"中"NI-type Sub-Subsection"的数目。

若在某一能区，截面(MAT，MT)是由这一能区内其他已经评价过的截面通过计算得到的，这种关系就可以通过"NC-type Sub-Subsection"来表示。在此能区，可使用参数 LTY 的不同值来描述"NC-type Sub-Subsection"适用的情况。比如，LTY＝0，表示计算出的截面是由已知截面通过一种线性变化关系得到的[29]。

5.3.1.2 ERRORR 模块理论简介

首先考虑一组具有协方差 $\mathrm{Cov}(\sigma_i, \sigma_j)$ 的核数据 σ，设 A 和 B 为核数据 σ 的两个线性函数：$A=\sum_i a_i\sigma_i$ 和 $B=\sum_j b_j\sigma_j$，此处 a_i 和 b_j 为两组未知常量。则由核数据的协方差所引起的函数 A 和 B 之间的协方差为

$$\mathrm{Cov}(A, B)=\sum_{i,j} a_i b_j \mathrm{Cov}(\sigma_i, \sigma_j) \tag{5-12}$$

式(5-12)为误差传递公式，是多群处理 ENDF 协方差数据的基础。

联合网格下的协方差计算：在无限稀释情况下，应用 ERRORR 模块计算由于 ENDF/B 点截面不确定性引起的均匀化群截面不确定性时，通过对整个能量范围进行不同的划分，引入了三种不同的能量网格，分别是用户网格、ENDF/B 网格和联合网格。这三种能量网格间的关系如图 5-13 所示。

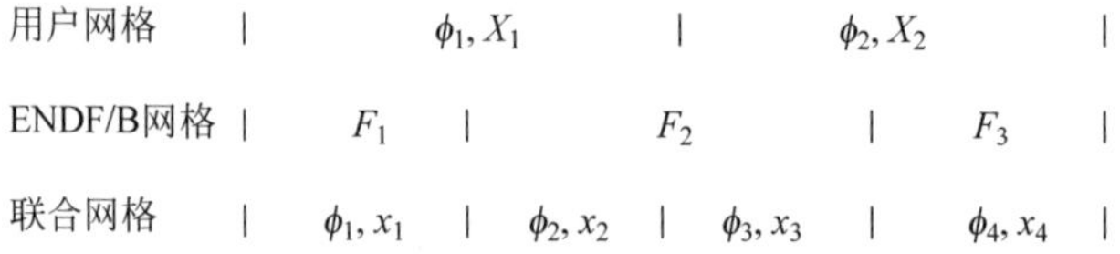

用户网格	ϕ_1, X_1		ϕ_2, X_2	
ENDF/B网格	F_1	F_2		F_3
联合网格	ϕ_1, x_1	ϕ_2, x_2	ϕ_3, x_3	ϕ_4, x_4

图 5-13 三种能量网格间的相关性示意图

其中，用户网格是由所需的多群协方差的能群结构产生的；ENDF/B 网格可通过子程序 GRID 得到；联合网格则是用户网格和 ENDF/B 网格的简单联合，可通过子程序 UNIONG 生成。

协方差在联合网格中的计算特别简单，另外，还可以通过将联合网格直接归并为用户网格来获取所需的多群协方差。

使用子程序 COVCAL 可计算联合网格下的协方差。定义 x_I 为联合网格 I 上截面 $x(E)$ 的平均值，即

$$x_I=\frac{\int_I \phi(E)x(E)\mathrm{d}E}{\int_I \phi(E)\mathrm{d}E} \tag{5-13}$$

同理，y_J 表示联合网格 J 上 $y(E)$ 的平均值。

将联合网格细分为许多无穷小宽度的子网格，这样，在能群 I 的第 i 个子网格上，可将 $x(E)$ 近似为常数 x_i。通过上述设定，式(5-13)可等价为离散和的形式：

$$x_I=\frac{\sum_{i\in I}\phi_i x_i}{\phi_I}=\sum_{i\in I}\alpha_{Ii}x_i \tag{5-14}$$

其中，$\phi_i=\int_i \phi(E)\mathrm{d}E$，$\phi_I=\sum_{i\in I}\phi_i=\int_I \phi(E)\mathrm{d}E$，$\alpha_{Ii}=\frac{\phi_i}{\phi_I}$ 且 $\sum_{i\in I}\alpha_{Ii}=1$。

同理，可得：

$$y_J=\sum_{j\in J}\alpha_{Jj}y_j \tag{5-15}$$

在 ERRORR 模块理论中，认为式(5-13)中的权重通量 $\phi(E)$ 不存在不确定度，因此，α_{Ii} 和 α_{Jj} 为已知常数。结合误差传递式(5-12)、式(5-14)及式(5-15)计算得到 x_I 和 y_J 间的协方差：

$$\mathrm{Cov}(x_I,y_J)=\sum_{i\in I,j\in J}\alpha_{Ii}\alpha_{Jj}\mathrm{Cov}(x_i,y_j)=\sum_{i\in I,j\in J}\alpha_{Ii}\alpha_{Jj}\sum_n \mathrm{Cov}(x_i,y_j)_n \tag{5-16}$$

经过一系列理论推导，具体细节可参考文献[31]，得到联合网格下的协方差：

$$\mathrm{Cov}(x_I,y_J)=\sum_{n(LB=0)}\mathrm{Cov}(x,y)_n+\sum_{n(LB>0)}x_Iy_Jr\mathrm{Cov}(x,y)_n \tag{5-17}$$

其中，$\mathrm{Cov}(x,y)_n$ 和 $r\mathrm{Cov}(x,y)_n$ 是 ENDF/B 协方差文件中的点截面协方差信息。式(5-17)是子程序 COVCAL 计算联合网格下的协方差的基本方程。

归并为用户网格的基本策略：子程序 SIGC 可归并联合网格下的核截面为用户网格下的核截面。

$x_I(a)$用于表示反应 a 在联合网格 I 上的核截面，同样地，可用 $X_K(a)$表示反应 a 在用户网格 K 上的核截面。可知：

$$X_K(a)=\frac{\sum_{I\in K}\phi_I x_I(a)}{\phi_K}=\sum_{I\in K}A_{KI}x_I(a) \tag{5-18}$$

其中，$\phi_K=\sum_{I\in K}\phi_I$，$A_{KI}=\frac{\phi_I}{\phi_K}$。

结合误差传递式(5-12)，可得：

$$\mathrm{Cov}(X_K(a),X_L(b))=\sum_{I\in K,J\in L}A_{KI}A_{LJ}\mathrm{Cov}(x_I(a),x_J(b)) \tag{5-19}$$

进一步化简为

$$\mathrm{Cov}(X_K(a),X_L(b))=\frac{1}{\phi_K\phi_L}\sum_{I\in K,J\in L}T_{IJ}(a,b) \tag{5-20}$$

其中，$T_{IJ}(a,b)=\phi_I\phi_J\mathrm{Cov}(x_I(a),x_J(b))$。

式(5-20)表明了制作用户网格下的多群协方差的基本方法。最后，可将绝对协方差转变为相对协方差格式：

$$r\mathrm{Cov}(X_K(a),X_L(b))=\frac{\mathrm{Cov}(X_K(a),X_L(b))}{X_K(a)X_L(b)} \tag{5-21}$$

5.3.1.3　应用 NJOY 制作多群核截面协方差矩阵实例

基于上述理论及制作流程，可应用 NJOY 程序制作用户所需能群结构多群协方差库。同时，为了更好地理解和应用 5.3.1.2 节中介绍的 ERRORR 模块制作多群核截面协方差矩阵，以^{235}U裂变反应为例，本节详细介绍了使用NJOY程序中ERRORR模块制作多群核截面相对协方差矩阵输入卡的信息，如下所示[27]：

(1) MODER模块：MODER模块通常是NJOY程序调用的第一个模块，用于将核数据转变为二进制文件，以节省时间。输入的主要信息包括：输入文件类型和编号以及待处理核素materials(MAT)数。最终，输出二进制文件。

```
MODER
1 -21              输入文件类型；输出文件编号(-代表二进制)
'ENDF/B-VII U-235'/
20 9228            输入文件编号；待处理核素的MAT数
0/
```

(2) RECONR模块：可分辨共振能区的共振截面重构。设置共振重构允许公差和重构温度，最终输出PENDF文件。

```
RECONR
-21 -22
'PENDF TAPE FOR U-235 FROM ENDF/B-VII'/
9228 0/
.001/              共振重构的允许公差
0/
```

(3) BROADR模块：产生考虑温度效应的点截面，即进行多普勒展宽。设定初始温度、最终温度(单位：K)和多普勒展宽的允许公差等参数。

```
BROADR
-21 -22 -23
9228 1 0 0 0/      最终温度的数目(默认=1)；初始温度(默认=0K)
.001/              点截面多普勒展宽的允许公差
293.               温度(K)
0/
```

(4) UNRESR模块：在不可分辨共振区产生考虑自屏效应后有效的点截面。基于给出的共振信息，NJOY程序可利用邦达连科(bondarenko)方法计算出有效的点截面。因此，需输入邦达连科背景截面数和背景截面值。

```
UNRESR
-21 -23 -24
9228 1 1 1         温度的数目(默认=1)；邦达连科背景截面数(默认=1)；输出选项
293.               温度(K)
1.E10              邦达连科背景截面值
0/
```

(5) THERMR模块：对点截面进行热化处理，制作逐点的热中子散射截面。在制作热中子散射截面时，所有的慢化剂靶核材料都必须考虑非弹性散射，而弹性散射需要根据慢化剂的种类及用户的需求来选择计算。

```
THERMR
0 -24 -26
0 9228 12 1 1 0 1 221 1/          等概率角分布项数; 非弹性散射选项
                                   弹性散射选项; 非弹性散射反应 MT 数
293.                               温度(K)
.001 1.0/                          允许公差; 热化处理的最大能量
```

(6) GROUPR 模块：对 PENDF 文件中的核数据进行分群计算处理，得到多群截面并输出 GENDF 文件。需设置中子通量密度权重函数、勒让德阶数、能群数、能群结构和待处理核数据 sections(MT)数等信息。

```
GROUPR
-21 -26 0 -25
9228 1 0 6 1 1 1 1     中子能群结构选项; 中子通量密度权重函数选项; 勒让德阶数
'92-U-235 from ENDF/B-VII/
293.                   温度(K)
1E10                   邦达连科背景截面值
44/                    能群数
1.00000E-05 3.00000E-03 … 8.18700E+06 2.00000E+07/   能群结构
3 18/                  待处理文件编号(3 代表核截面); 待处理核数据 MT 数
0/
0/
```

(7) ERRORR 模块：将核数据库中截面的协方差信息转换为多群截面的协方差矩阵。需设置输出协方差矩阵格式、待处理核数据 MT 数、能群数和能群结构等信息。

```
ERRORR
-21 -26 -25 27/              输出的协方差矩阵文件编号
9228 1 6 1 1/                输出协方差矩阵格式: 相对/绝对=1/0(默认=1)
1 33 0/
1 0/
18/                          待处理核数据 MT 数
44/                          能群数
1.00000E-05 3.00000E-03 … 8.18700E+06 2.0000E+07/   能群结构
stop                         程序运行结束
```

图 5-14 展示了基于上述输入卡例子应用 NJOY 程序制作得到的^{235}U 裂变反应的 44 群核截面的相对协方差矩阵。

5.3.2 基于转群方法制作多群核截面协方差库

5.3.2.1 多群核截面协方差矩阵转群原理

为合理开展多群核截面协方差矩阵能群转换，首先需将多群核截面协方差矩阵经过一定的处理和变形，变为多群核截面相对协方差矩阵，然后将其分解成两部分来进行转换：一部分为相关系数矩阵，另一部分为相对标准偏差向量。最终在

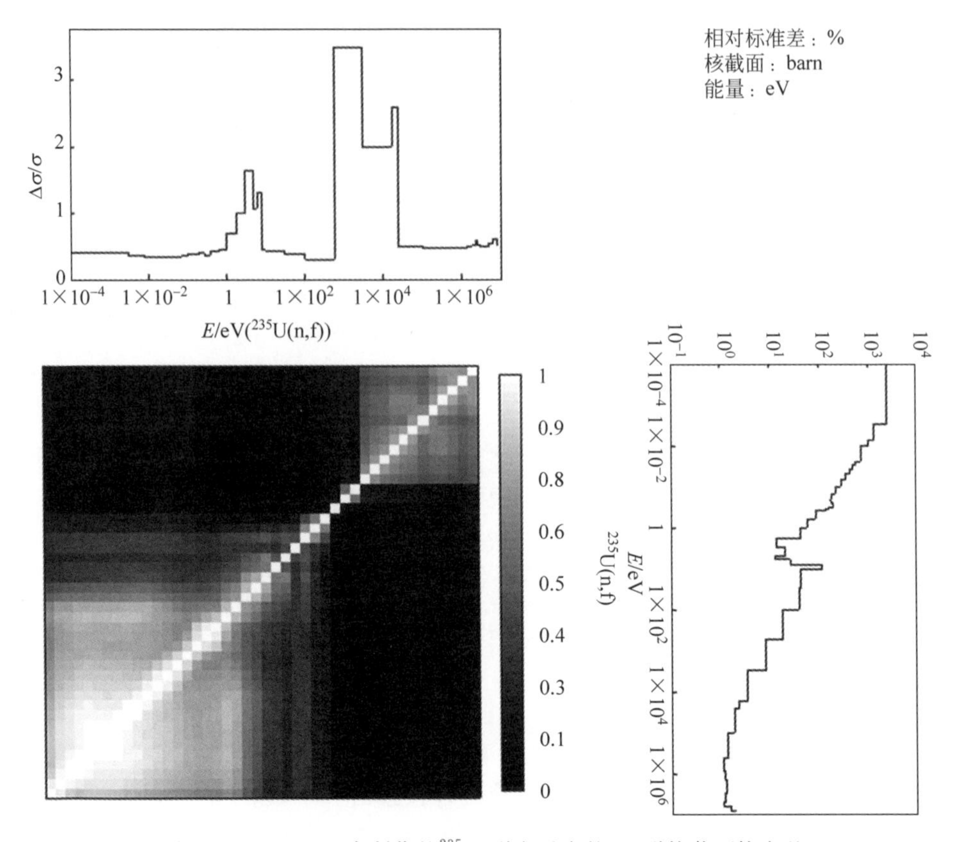

图 5-14 NJOY 程序制作的 ^{235}U 裂变反应的 44 群核截面协方差

一个新的能群网格中分别单独进行转换。多群核截面相对协方差是一个比值(无量纲量),其中的元素为多群核截面相对协方差,定义为

$$R\mathrm{Cov}(x_i, y_j) = \frac{\mathrm{Cov}(x_i, y_j)}{x_i y_j} = \mathrm{Corr}(x_i, y_j)\frac{\Delta x_i}{x_i}\frac{\Delta y_j}{y_j} \tag{5-22}$$

其中,x_i 为某一反应 x(吸收、裂变、散射等)在能群 i 上的微观截面;Δx_i 为反应 x 在能群 i 上的标准偏差;$\Delta x_i/x_i$ 为反应 x 在能群 i 上的相对标准偏差;$\mathrm{Cov}(x_i, y_j)$为反应 x 在能群 i 上的微观截面与反应 y 在能群 j 上的微观截面的绝对协方差;$\mathrm{Corr}(x_i, y_j)$为反应 x 在能群 i 上的微观截面与反应 y 在能群 j 上的微观截面的相关系数;$R\mathrm{Cov}(x_i, y_j)$为反应 x 在能群 i 上的微观截面与反应 y 在能群 j 上的微观截面的相对协方差。

多群核截面协方差矩阵转群理论的核心在于不同能量区间内采用平源近似分别对核截面相对协方差矩阵的相对标准偏差和相关系数进行变换,具体实现过程如图 5-15 所示。

在进行核截面相对协方差矩阵转群时,首先将核截面相对协方差分解为相对标准偏差和相关系数;其次,在一个新的能群网格中分别单独地去转换;再次,相

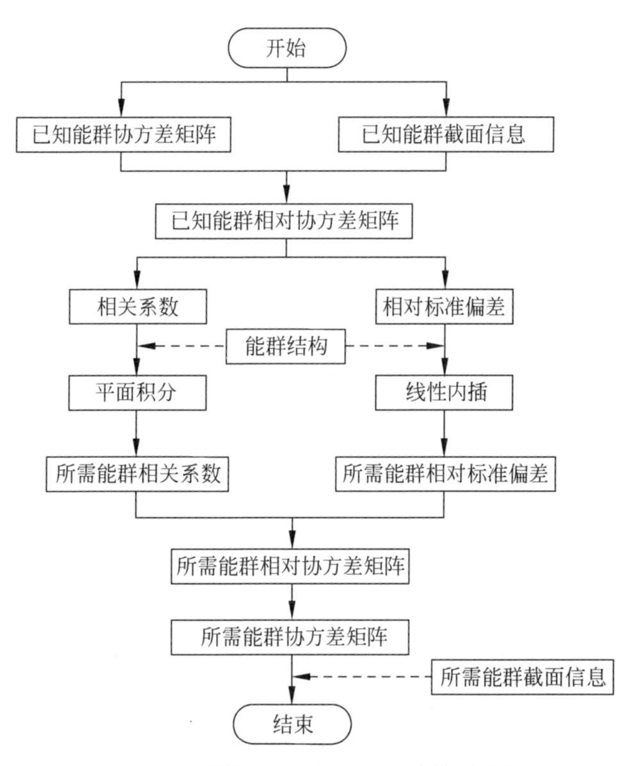

图 5-15 核截面相对协方差矩阵转群流程

对标准偏差以勒为单位按步进式线性内插替换到所需输出能群结构中，相关系数保证在能量区间内积分不变的条件下采用平面积分的方法转换到所需输出能群结构中；最后根据式(5-22)对转群得到的相对标准偏差和相关系数进行重新整合得到所需输出能群的核截面相对协方差。

定义已知的相对协方差矩阵的能群结构为输入能群结构，所需的相对协方差矩阵的能群结构为输出能群结构。但是，事实上，直接把已知输入能群结构的相对协方差矩阵转换为所需输出能群结构的多群核截面相对协方差矩阵并不方便，为实现转群理论和方法的通用特性，采用过渡能群结构的思路，具体实现流程如图 5-16 所示。首先，结合已知输入能群结构及所需输出能群结构建立一个综合的过渡能群结构，以覆盖输入、输出能群结构；其次，将已知能群结构的多群核截面相对协方差信息转换复制到过渡能群结构中，以形成过渡能群的核截面相对协方差矩阵；最后，利用过渡能群结构与所需输出能群结构的对应关系将储存在过渡能群中的多群核截面相对协方差信息传递给输出目标矩阵，形成新的所需输出能群结构的核截面相对协方差矩阵，再利用式(5-22)及所需输出能群结构的多群核截面信息建立适用于特定程序的核截面协方差矩阵。

5.3.2.2 相关系数矩阵转换理论

采用平源近似对相关系数矩阵进行能群结构转换时，核截面相关系数在整个

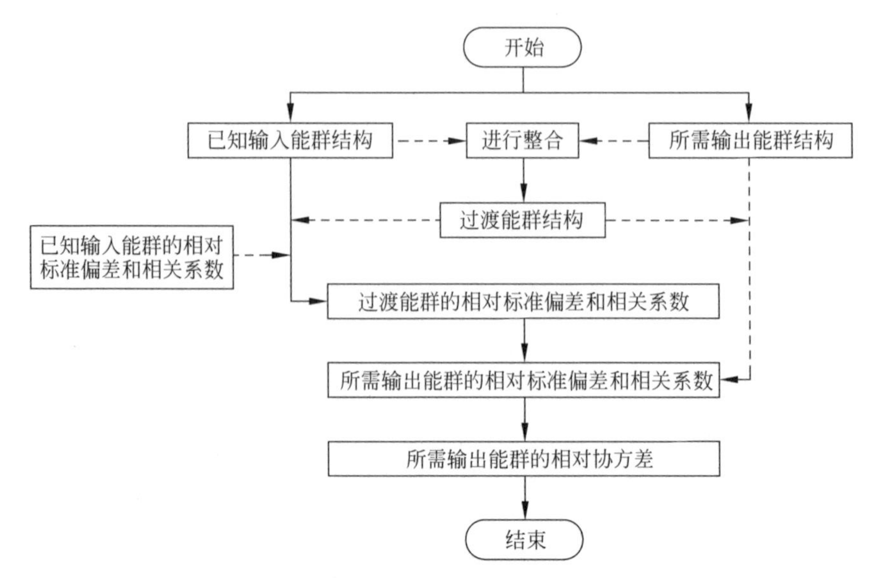

图 5-16　采用过渡能群结构的核截面相对协方差矩阵转群流程

能量区域内积分保持不变，无论整个能群范围被划分为何种能群结构，多群核截面协方差矩阵的相关系数对整个能量区域内以勒为单位进行的平面积分是一个不变的常数，即多群核截面协方差矩阵的相关系数的三维图中的体积是保持不变的。

在研究相关系数的转换过程中，采用建立过渡能群结构的思路，即结合已知输入能群结构及所需输出能群结构建立一个覆盖输入、输出能群结构的综合过渡能群结构。如图 5-17 所示，图中红色能群为过渡能群。

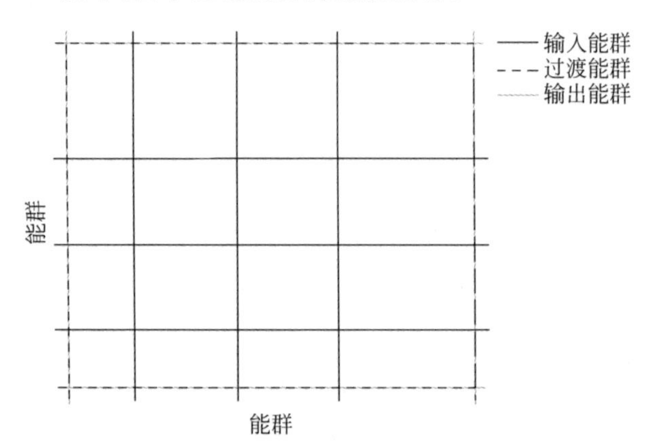

图 5-17　建立过渡能群结构的核截面相关系数矩阵图(见文前彩图)

在进行核截面相对协方差矩阵相关系数的转换前，根据输入能群结构与过渡能群结构之间的关系，先将输入能群结构的相关系数信息转换复制到过渡能群结构中，以形成过渡能群的相关系数；最后，利用过渡能群结构与输出能群结构的对应关系，将储存在过渡能群结构中的相关系数信息传递给输出目标矩阵，形成新的所需能群结构的相关系数。在图5-17中，每一个由黑色实线条围成的小网格代表输入能群的相关系数，每一个由黄色实线条围成的小网格代表输出能群的相关系数，每一个由任意线条围成的小网格代表过渡能群的相关系数。

过渡能群中每个小网格的相关系数 $\mathrm{UCORR}(I,J)$ 可通过输入能群的相关系数 $\mathrm{CORR}(II,JJ)$ 来表示：

$$\mathrm{UCORR}(I,J)=\mathrm{CORR}(II,JJ) \tag{5-23}$$

其中，过渡能群的第 I 能群与输入能群第 II 能群之间的对应关系可通过 $IG(\ )$ 函数来表示：$II=IG(I)$，同理，可知 $JJ=IG(J)$。等号成立的条件是 $\mathrm{XOL}(II)\leqslant \mathrm{XUNL}(I)<\mathrm{XOL}(II+1)$ 及 $\mathrm{XOL}(JJ)\leqslant \mathrm{XUNL}(J)<\mathrm{XOL}(JJ+1)$ 这两个不等式成立。在不等式中，$\mathrm{XOL}(II)$ 为输入能群中第 II 能群的上能量边界对应的以勒为单位的能量；$\mathrm{XUNL}(I)$ 为过渡能群中第 I 能群的上能量边界对应的以勒为单位的能量。

通过上述方法得到过渡能群的每个小网格的相关系数，进而形成过渡能群的相关系数矩阵，再利用过渡能群结构与所需输出能群结构的对应关系将过渡能群的相关系数信息传递给输出目标矩阵，形成新的所需输出能群结构的相关系数矩阵。一般而言，输出能群结构的相关系数可表示为

$$\mathrm{NCORR}(I,J)=(X_1U_1+X_2U_2+\cdots+X_NU_N)/(U_1+U_2+\cdots+U_N) \tag{5-24}$$

其中，$\mathrm{NCORR}(I,J)$ 为输出能群中第 I 能群对第 J 能群的相关系数；N 为输出能群中第 I 能群和第 J 能群所围成的能量区间内所包含的过渡能群网格的个数；$X_1,X_2,\cdots,X_N$ 为输出能群的第 I 能群与第 J 能群所围成的能量区间内所包含的 N 个过渡能群网格分别对应的相关系数；$U_1,U_2,\cdots,U_N$ 为输出能群的第 I 能群与第 J 能群所围成的能量区间内所包含的 N 个过渡能群网格分别对应的能量面积。

5.3.2.3　相对标准偏差转换理论

采用平源近似方法对相对标准偏差转换时，相对标准偏差从输入能群按能量以勒为单位步进式线性内插替换到输出能群结构中，从而得到所需输出能群的相对标准偏差。

对相对标准偏差进行转换时，与对相关系数的转换一样，采用建立过渡能群结构的思路。结合已知输入能群结构及所需输出能群结构建立一个综合过渡能群结构，以覆盖输入、输出能群结构；如图5-18所示，图中红色能群为过渡能群。

在进行核截面相对协方差矩阵相对标准偏差的转换前，根据已知输入能群结构与过渡能群结构之间的关系，先将输入能群结构的相对标准偏差转换复制到过渡能群结构中，以形成过渡能群的相对标准偏差；最后，利用过渡能群结构与输出能群结构的对应关系，将储存在过渡能群结构中的相对标准偏差以勒为单位按步进式线性插值替换到所需输出能群中。

过渡能群中第 I 能群的相对标准偏差 USTD(I)通过已知输入能群的第 II 能群的相对标准偏差 STD(II)来表示，如式(5-25)所示：

$$\text{USTD}(I)=\text{STD}(II) \tag{5-25}$$

其中，过渡能群第 I 能群与输入能群第 II 能群之间的对应关系也可通过 IG( )函数来表示。

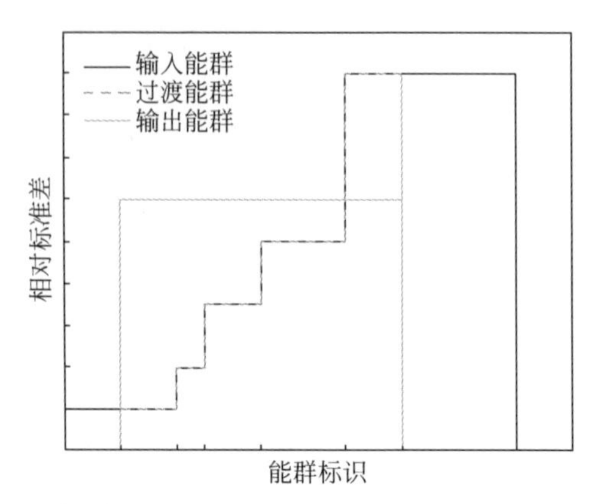

图 5-18　建立过渡能群结构的相对标准偏差图(见文前彩图)

通过上述方法得到过渡能群中每个能群的相对标准偏差，再利用过渡能群结构与所需输出能群结构的对应关系将过渡能群的相对标准偏差信息以勒为单位按步进式线性插值替换到所需输出能群结构中，从而得到所需输出能群中每个能群的相对标准偏差。一般而言，所需输出能群中第 I 能群的相对标准偏差 NSTD(I)可表示为

$$\text{NSTD}(I)=(Y_1W_1+Y_2W_2+\cdots+Y_NW_N)/(W_1+W_2+\cdots+W_N) \tag{5-26}$$

其中，N 为输出能群中第 I 能群能量区间内所包含的过渡能群的个数；$Y_1,Y_2,\cdots,Y_N$ 为输出能群中第 I 能群能量区间内所包含的 N 个过渡能群分别对应的相对标准偏差；$W_1,W_2,\cdots,W_N$ 为输出能群中第 I 能群能量区间内所包含的 N 个过渡能群分别对应的以勒为单位的能量宽度。

5.3.2.4　*核截面协方差矩阵转群程序 T-COCCO 介绍*

基于多群核截面协方差矩阵转群原理和方法，本书作者自主开发了多群核截面协方差矩阵转群通用程序 T-COCCO[21]，该程序采用 Fortran95 语言编写，在 Windows 平台运行。

T-COCCO 程序用于将已知输入能群结构的核截面协方差矩阵，如 SCALE 6.1 程序中自带的 44 群核截面协方差矩阵数据库，通过平源近似方法转换到所需输出能群结构的核截面协方差矩阵。在该程序中，用户根据需要在输入中定义自己的所需输出能群结构，然后程序自带的多群核截面协方差信息就按步进式以勒为单位线性插值到使用者定义的能群结构中。T-COCCO 程序由一个主程序和六个子程序组成，其计算流程如图 5-19 所示。

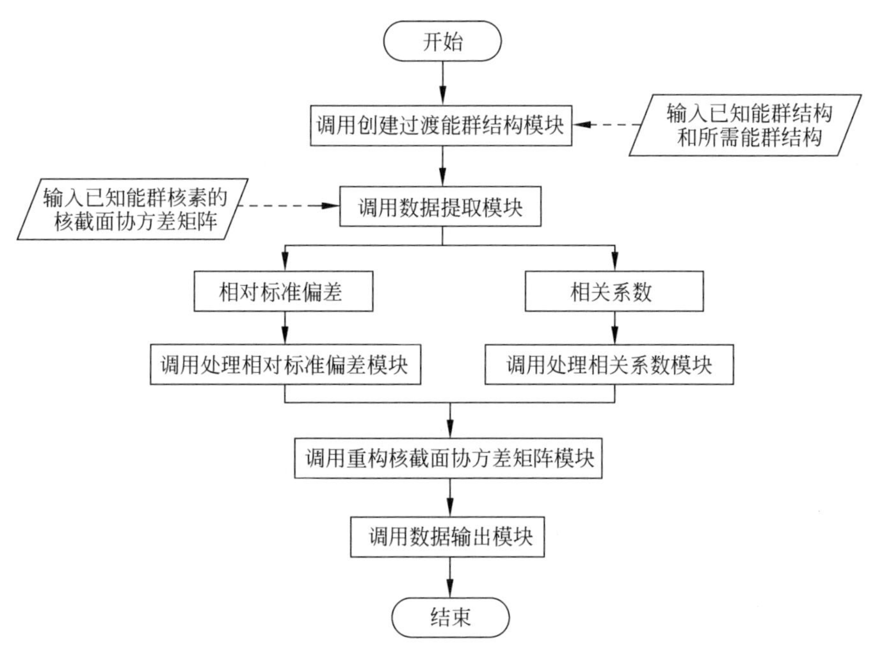

图 5-19 T-COCCO 程序计算流程图

T-COCCO 程序可细分为 7 个模块，分别为基本数据输入模块、构建过渡能群结构模块、数据提取模块、处理相对标准偏差模块、处理相关系数矩阵模块、重构相对协方差矩阵模块、数据输出模块。程序主要模块的内容介绍见表 5-6。

表 5-6 T-COCCO 程序主要模块介绍[21]

序 号	模 块	模块主要内容介绍
1	基本数据输入模块	使用者输入已知能群和所需能群的每个能群能量边界所对应的能量 $X(I)$和 $XF(I)$、已知能群相对协方差矩阵 RCOV(I,J)
2	构建过渡能群结构模块	调用模块 1 子程序，把 $X(I)$和 $XF(I)$中的能量点从小到大排列顺序，并且剔除相同的能量点，得到过渡能群的每个能群能量边界所对应的能量 $XU(I)$
3	数据提取模块	调用模块 1 子程序，对已知能群的相对协方差矩阵 RCOV(I,J)对角线元素开根号得到已知能群的相对标准偏差 STD(I)和 STD(J)，根据式(5-21)计算出已知能群的相关系数 CORR(I,J)
4	处理相对标准偏差模块	将能量点 $X(I)$、$XF(I)$、$XU(I)$换算成以勒为单位的能量点 $XOL(I)$、$XNL(I)$、$XUNL(I)$，根据已知能群结构与过渡能群结构间的对应关系，利用 $IG(\ )$函数将已知能群的相对标准偏差 STD(I)复制转换到过渡能群中形成 USTD(I)，根据过渡能群结构与所需输出能群结构之间的对应关系将 USTD(I)按步进式线性插值到所需输出能群中，得到 NSTD(I)

续表

序号	模块	模块主要内容介绍
5	处理相关系数矩阵模块	将能量点 $X(I)$、$XF(I)$、$XU(I)$换算成以勒为单位的能量点 $XOL(I)$、$XNL(I)$、$XUNL(I)$，根据已知能群结构与过渡能群结构间的对应关系，利用 $IG(\ )$函数将已知能群的相关系数 CORR(I, J)复制转换到过渡能群中得到 UCORR(I,J)，根据过渡能群结构与所需输出能群结构间的对应关系，将 UCORR(I,J)采用平面积分的方法转换到所需输出能群中得到 NCORR(I,J)
6	重构相对协方差矩阵模块	根据模块 4 子程序得到的 USTD(I)和 USTD(J)以及模块 5 子程序得到的 NCORR(I,J)，由式(5-27)计算得到所需输出能群的核截面相对协方差 RNCOV(I,J)
7	数据输出模块	根据使用者的定义，输出已知输入能群和所需输出能群的相对标准偏差 STD(I)、相关系数 CORR(I,J)、NCORR(I,J)、核截面相对协方差 RCOV(I,J)、RNCOV(I,J)

T-COCCO 程序在实现核截面协方差矩阵转群过程中，并没有增加原始核截面协方差矩阵信息。其优点是能够快速、方便、有效地获得所需能群的核截面协方差矩阵数据，且对综合评价的核截面协方差矩阵进行转群所引入的误差与包含在经过综合评价协方差矩阵的专家综合评价信息所引入的误差相比影响要小得多。但由于 T-COCCO 程序在转群过程中并未涉及截面或者通量权重，因此，当所需能群结构与已知能群结构差异较大时，特别是进行缩群转换时，若缩群比超过 2，不建议采用 T-COCCO 程序进行核截面协方差矩阵的转群计算，因为会引入较大误差，可能使部分核素核反应协方差信息失真。

5.3.3 其他核截面协方差矩阵制作程序简介

ERRORJ[31]：ERRORJ 是日本评价核数据库(JENDL)的协方差处理程序，其协方差数据产生流程如图 5-20 所示。最初的 ERRORJ 代码是由 K. Kosako 于 1999 年开发的；2002 年，日本核循环发展研究所 G. Chiba 更新了 ERRORJ 程序，新版本对处理弹性散射角平均余弦的计算代码和源程序中发现的一些小错误进行了修改，以正确计算相对协方差。实际上，ERRORJ 是基于 NJOY 94.105 中的 ERRORR 模块开发的，且最近已将其集成到 NJOY 处理系统中。因此，ERRORR 模块中的所有功能都可以在 ERRORJ 中实现。

PUFF-IV[32]：APMX 程序是基于 Fortran 语言编写的模块化程序系统，可使用 AMPX 的 PUFF-IV 程序处理协方差数据，产生以 COVERX 格式保存的多群协方差数据。

PUFF 初始版本仅限于处理只有少数协方差信息的 ENDF/B-Ⅳ格式的评价数据；PUFF-Ⅱ可以处理 ENDF/B-Ⅴ格式以及旧的 ENDF/B-Ⅳ数据；PUFF-Ⅲ

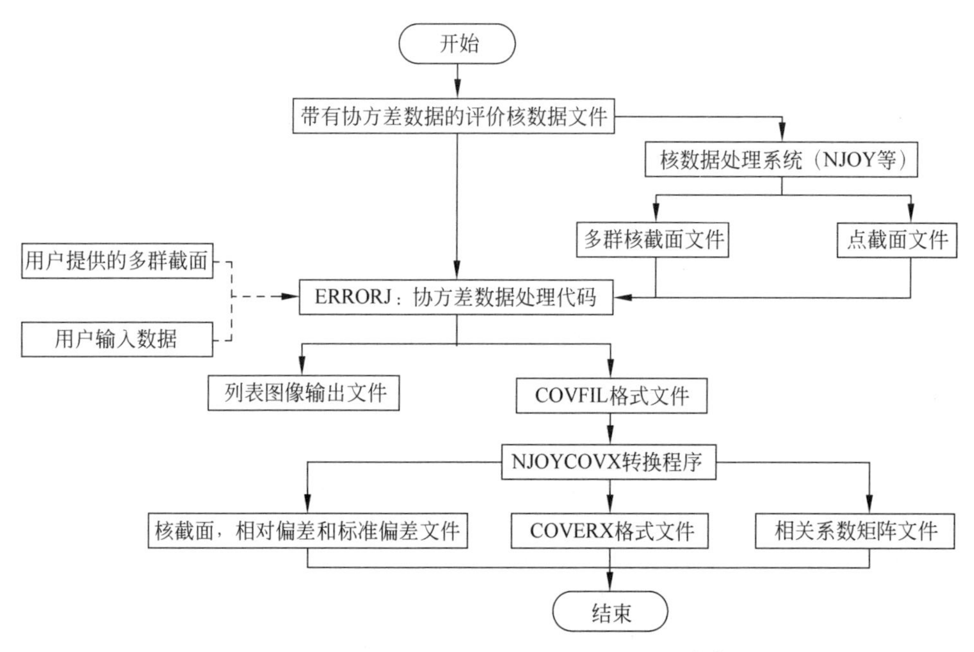

图 5-20 ERRORJ 系统产生协方差数据流程[31]

具有处理裂变中子和核截面评价数据协方差的能力，此外，PUFF-Ⅲ还具有处理某些共振参数不确定性的能力；基于 PUFF-Ⅲ，PUFF-Ⅳ程序使用 Fortran90 进行了重写，以实现更具模块化的设计。与之前的程序相比，PUFF-Ⅳ在处理解析和非解析共振参数的不确定性方面有了重大改进。

SAMMY 程序[33]：该程序是一套利用贝叶斯方程的多能级 R 矩阵中子反映数据拟合和分析的程序系统，是在基于最小二乘方法的 Multi 程序的基础上开发的[34]。SAMMY 程序采用 Fortran77 语言编写，可用于在解析和未解析共振区域中生成共振参数的协方差矩阵，然后使用 ERRORJ 处理带有协方差数据的评价数据文件，以产生用于反应堆的多群协方差数据。

ANGELO 程序[28]：ANGELO-2.3 程序是软件包 NEA-1264-ZZ-VITAMIN-J/COVA 中提供的程序扩展版本，是专为 OECD LWR UAM 基准题而开发的，特别是用于处理 SCALE 5.1 程序自带的 ZZ-SCALE 5.1/COVA-44G 多群核截面协方差数据库。

ANGELO-2.3 程序可在 Linux 平台或 Windows 平台上运行，用于将核截面协方差数据从原始能群结构制作为用户自定义的能群结构。程序使用的算法相对简单，与 T-COCCO 程序理论基本一致，因此涉及所需能群结构与原始能群结构差异很大时，该程序可能产生较大误差。

参考文献

[1] 葛智刚,陈永静. 核数据评价与建库研究[J]. 中国科学：物理学力学天文学,2020,50(5)：15-24.

[2] 阮锡超. 中子核数据测量进展及展望[J]. 中国科学,2020,50(5)：2-14.

[3] Viktor Zerkin,NDS,International Atomic Energy Agency(IAEA). 2019. https://www.nndc.bnl.gov/exfor/exfor.htm.

[4] HARADA H,PLOMPEN A,SHIHATA K. Meeting nuclear data needs for advanced reactor systems [J]. Report number: NEA/WPEC-31, International Evaluation Cooperation,2014,31.

[5] 中国核数据中心,核物理主题数据库[DB/OL]. http://www.nuclear.csdb.cn/endf.html.

[6] 王凤歌. 实验数据协方差评价处理程序研制和～(58,60,61,62,64,Nat)～Ni中子协方差数据评价[D]. 郑州：郑州大学,2003.

[7] 仇九子. 实验数据的协方差矩阵[J]. 物理实验,2001(7)：29-31.

[8] 郝琛. 球床式高温气冷堆计算不确定性研究[D]. 北京：清华大学,2014.

[9] KONING A J,BLOMGREN J,JACQMIN R, et al. Nuclear data for sustainable nuclear energy[R]. Technical Reports. Joint Research Center,2009：25.

[10] 中国核数据中心. http://www.nuclear.csdb.cn/cendl32.htm.

[11] 美国国家核数据中心. https://www.nndc.bnl.gov/endf/.

[12] 日本核数据中心. https://wwwndc.jaea.go.jp/jendl/j40/j40.html.

[13] 欧洲核能机构. https://www.oecd-nea.org/dbdata/jeff/jeff33/.

[14] TALYS-based evaluated nuclear date library. https://tendl.web.psi.ch/tendl_2019/tendl2019.html.

[15] National Nuclear Data Center. https://www.nndc.bnl.gov/.

[16] 刘延进,陈宝谦,周宏模,等. 核数据评价处理中协方差的产生和传递[J]. 原子能科学技术,1990(1)：15-27.

[17] 谢仲生,邓力. 中子输运理论数值计算方法[M]. 西安：西北工业大学出版社,2005.

[18] REARDEN T,BRADLEY,JESSEE,et al. SCALE Code System Version 6.2.3,Oak Ridge National Laboratory,Oak Ridge,TN (United States),2018.

[19] SALVATORES M. Uncertainty and target accuracy assessment for innovative systems using recent covariance data evaluations [R]. The Working Party on International Evaluation Co-operation of the Nuclear Science Committee,2008.

[20] MUIR D W,BOICOURT R M,KAHLER A C. The NJOY nuclear data processing system,version 2012[J]. Los Alamos National Laboratory ,Los Alamos,USA,2012.

[21] 王冬勇. 多群核截面协方差矩阵转群方法研究[D]. 哈尔滨：哈尔滨工程大学,2015.

[22] SCALE Getting Started with SCALE 6.2.4[Z]. 2020.

[23] MARSHALL W B J,WILLIAMS M L,WIARDA D, et al. Development and testing of neutron cross section covariance data for SCALE 6.2[R]. Oak Ridge National Lab.(ORNL),Oak Ridge,TN (United States),2015.

[24] 王黎东. 球床高温气冷堆核数据不确定性分析方法研究与应用[D]. 北京：清华大

学，2018.
[25] PALMIOTTI G，SALVATORES M. Proposal for nuclear data covariance matrix [J]. 2005.
[26] ROCHMAN D，HERMAN M，OBLOZINSKY P，et al. Preliminary cross section and v-bar covariance for WPEC Subgroup 26. BNL-77407-2007-IR.
[27] 吴宗佩. 多群核截面及协方差矩阵的制作与初步验证[D]. 哈尔滨：哈尔滨工程大学，2015.
[28] KODELI I. ANGELO-LAMBDA，Covariance matrix interpolation and mathematical verification[J]. 2007.
[29] MUIR D W，MACFARLANE R E. The NJOY nuclear data processing system，Volume IV：The ERRORR and COVR Modules[R]. Los Alamos National Laboratory，1985.
[30] 刘勇. 基于微扰理论的反应堆物理计算敏感性与不确定性分析方法及应用研究[D]. 西安：西安交通大学，2017.
[31] CHIBA G. ERRORJ-covariance processing code system for JENDL [Z]. O-arai Engineering Center Japan Nuclear Cycle Development Institute，2003-008.
[32] WIARDA D，DUNN M E. PUFF-IV：A code for processing ENDF uncertainty data into multigroup covariance matrices[Z]. 2006.
[33] ALRWASHDEH M. Covariance data evaluation for ^{233}U [J]. Applied Radiation and Isotopes，2018，133：105-110.
[34] 王记民. 大型共振参数分析程序 SAMMY 的开发和应用[D]. 北京：中国原子能科学研究院，2003.

第6章

截面不确定性传播与量化——共振计算

基于确定论方法开展核反应堆物理数值计算,需要将评价数据库中的连续能量截面进行多群近似,从而得到多群核截面,以作为中子输运计算的基本输入。对于某些核素而言,其中子反应截面在中间能量段有明显的共振自屏现象,而这种现象对热中子反应堆的数值模拟结果具有十分显著的影响,因此该能量段的连续能量截面采用多群近似后仍无法直接用于输运计算,还需通过共振自屏计算得到多群有效共振截面。而根据不确定性逐步传播的思想,多群核截面的不确定性将会通过共振自屏计算首先传递至有效共振截面,因此,为了保证不确定性的合理传播,首先需要合理量化有效共振截面的计算不确定性。

同时,为了精准描述多群核截面对系统响应的影响程度,即为了得到精确的敏感性系数,在以热中子反应堆为研究对象时,开展敏感性分析需首先考虑有效共振截面对多群分反应道截面的隐式敏感性,即需充分考虑隐式效应的影响,如图 6-1 所示。图 6-1 给出了有效增殖因子对 ^{238}U 辐射俘获反应的敏感性分析结果,说明隐式效应对于总的敏感性分析有很大的影响,需合理考虑该效应。

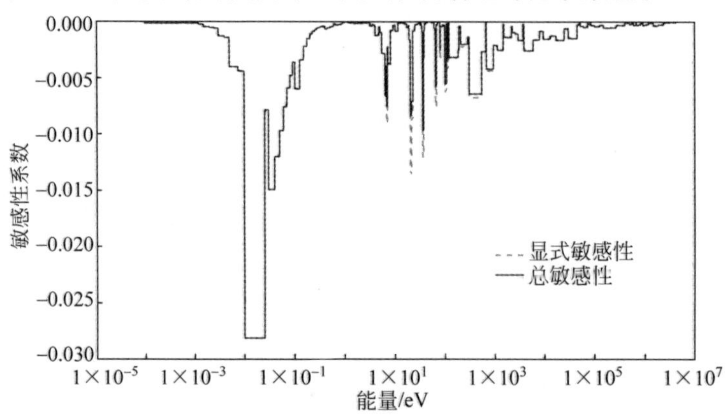

图 6-1 隐式效应对敏感性系数影响示意图

以有效增殖因子 k_{eff} 对 i 核素在 g 能群 x 反应的敏感性分析为例，其敏感性系数表达式为

$$S_{k_{\text{eff}},\sigma_{x,g}^{i}} = \frac{\sigma_{x,g}^{i}}{k_{\text{eff}}} \frac{\mathrm{d}k_{\text{eff}}}{\mathrm{d}\sigma_{x,g}^{i}} \tag{6-1}$$

考虑核素 j 在 g 能群的 y 反应的有效共振截面 $\sigma_{y,g}^{j}$ 受 $\sigma_{x,g}^{i}$ 影响，根据链式法则，可以得到 k_{eff} 对 $\sigma_{x,g}^{i}$ 的敏感性系数展开为[1]

$$\begin{aligned} S_{k_{\text{eff}},\sigma_{x,g}^{i}}^{\text{tot}} &= \frac{\sigma_{x,g}^{i}}{k_{\text{eff}}} \frac{\mathrm{d}k_{\text{eff}}}{\mathrm{d}\sigma_{x,g}^{i}} = \frac{\sigma_{x,g}^{i}}{k_{\text{eff}}} \frac{\partial k_{\text{eff}}}{\partial \sigma_{x,g}^{i}} + \sum_{j} \frac{\sigma_{y,g}^{j}}{k_{\text{eff}}} \frac{\partial k_{\text{eff}}}{\partial \sigma_{y,g}^{j}} \times \frac{\sigma_{x,g}^{i}}{\sigma_{y,g}^{j}} \frac{\partial \sigma_{y,g}^{j}}{\partial \sigma_{x,g}^{i}} \\ &= S_{k_{\text{eff}},\sigma_{x,g}^{i}}^{\text{exp}} + \sum_{j} S_{k_{\text{eff}},\sigma_{y,g}^{j}}^{\text{exp}} S_{\sigma_{y,g}^{j},\sigma_{x,g}^{i}}^{\text{imp}} \end{aligned} \tag{6-2}$$

其中，$S_{\sigma_{y,g}^{j},\sigma_{x,g}^{i}}^{\text{imp}}$ 即为有效共振截面 $\sigma_{y,g}^{j}$ 对多群分反应道截面 $\sigma_{x,g}^{i}$ 的隐式敏感性。

值得一提的是，对于快中子反应堆而言，其中子反应主要发生在高能量区，中间能量段的共振自屏现象对其数值计算无显著影响。因此，在开展堆芯系统响应对于多群分反应道微观截面的敏感性分析时，无须考虑因共振自屏计算引入的敏感性隐式效应。

6.1　多群截面扰动过程中的截面自洽守恒

无论是针对多群分反应道微观截面的抽样计算，还是基于直接扰动方法开展有效共振截面对多群分反应道微观截面的敏感性分析，都涉及将一定大小的扰动因子作用在多群分反应道微观截面上。然而，核截面库中的不同核截面存在相互关联，因此，在建立截面扰动模型时需充分考虑截面间的相互关系，即需遵循截面自洽守恒原则。为了保证截面间的自洽守恒关系，以保证后续中子物理计算的正确执行，需要采用截面自洽守恒原则对扰动后的多群微观截面进行处理。

然而，基于确定论开展中子输运计算时，主要依赖于基础反应道截面 σ_{s} 和 $\nu\sigma_{\text{f}}$，以及总反应道 σ_{t}，同时需要对共振能群中的核反应进行共振处理，以获得多群有效共振自屏截面。因此，针对确定论中子输运计算的多群微观截面库中只保存必要的加和基础反应道信息，以及以共振积分形式储存的共振截面信息。但是对不包括在截面库中的反应道进行微扰，就需考虑上述反应道和共振积分的影响，这样才能将扰动传播至中子输运求解的响应，进而分析其对系统响应的影响。因此，截面自洽处理主要包括两个方面的内容：基础反应道和加和反应道的自洽处理；共振截面和共振积分的转化。

如上所述，截面库中的核截面主要分为两类：一类为基本截面，它表示某种核素某种特定中子反应的截面，如 $\sigma_{(\text{n},\gamma)}$ 表示中子俘获反应的截面、$\sigma_{(\text{n},\text{f})}$ 表示裂变反应的截面等，其中主要的基础核反应道及说明见表 6-1；另一类为积分截面，表示

多个基本截面的总和,如 σ_a 表示入射中子被靶核吸收的所有反应截面之和,σ_t 表示所有核反应之和,即总截面。积分截面和基本截面间的关系为

$$\sigma_{a,g}=\sigma_{(n,f),g}+\sigma_{(n,\gamma),g}+\sigma_{(n,\alpha),g}+\sigma_{(n,2\alpha),g}+\sigma_{(n,p),g}+\sigma_{(n,D),g}+\sigma_{(n,T),g}+\sigma_{(n,^3He),g}-\sigma_{(n,2n),g}-2\sigma_{(n,3n),g} \tag{6-3a}$$

$$\sigma_s^{g\to g'}=\sigma_{el}^{g\to g'}+\sigma_{ie}^{g\to g'}+2\sigma_{n,2n}^{g\to g'}+3\sigma_{n,3n}^{g\to g'} \tag{6-3b}$$

$$\sigma_{t,g}=\sigma_{a,g}+\sigma_{s,g} \tag{6-3c}$$

由此可见,积分截面的大小取决于组成它的各基本截面的大小,当对基本截面进行扰动后,需要对相应的积分截面进行扰动。

对于共振截面而言,其以共振积分的形式存储于多群微观截面库,即是关于温度和稀释截面的二维插值表形式。根据共振积分的二维插值表,通过共振积分计算共振能量段多群微观截面的方法为

$$\sigma_{x,g}(T,\sigma_0)=\frac{I_{x,g}(T,\sigma_0)\sigma_0}{\sigma_0-I_{a,g}(T,\sigma_0)} \tag{6-4}$$

其中,$I_{x,g}(T,\sigma_0)$表示类型为 x 的反应道第 g 群共振截面在温度 T 和稀释截面 σ_0 条件下的共振积分,$I_{a,g}(T,\sigma_0)$表示吸收反应道的共振积分,$\sigma_{x,g}(T,\sigma_0)$表示类型为 x 的反应道的共振截面。在对共振能量段的多群微观截面进行扰动后,需要将扰动作用在对应的共振积分并将其存储于多群微观截面库中,以开展截面传播和不确定性量化,根据式(6-4)可以得到扰动后的共振积分 $I'_{x,g}(T,\sigma_0)$与扰动后的多群截面 $\sigma'_{x,g}$ 的关系为

$$I'_{x,g}(T,\sigma_0)=\frac{\sigma'_{x,g}(T,\sigma_0)\sigma_0}{\sigma'_{x,g}(T,\sigma_0)+\sigma_0} \tag{6-5}$$

根据积分截面和基本截面的关系,同时考虑共振能量段微观截面扰动时相应的共振积分影响,可得到针对多群分反应道微观截面扰动需满足的截面自洽性原则,见表 6-2～表 6-4[2]。

表 6-1 主要基础反应道及说明

反应道类型	说　明
(n,elas)	弹性散射反应
(n,inel)	非弹性散射反应
(n,2nd)	2 个中子和 1 个氘产生
(n,2n)	2 个中子产生
(n,3n)	3 个中子产生
(n,fission)	裂变反应
(n,nα)	1 个中子和 1 个 α 产生
(n,n3α)	1 个中子和 3 个 α 产生
(n,2nα)	2 个中子和 1 个 α 产生
(n,3nα)	3 个中子和 1 个 α 产生

续表

反应道类型	说　　明
(n,np)	1个中子和1个质子产生
(n,n2α)	1个中子和2个α产生
(n,2n2α)	2个中子和2个α产生
(n,nD)	1个中子和1个氘产生
(n,nT)	1个中子和1个氚产生
(n,n^{3}He)	1个中子和1个^{3}He产生
(n,nd2α)	1个中子、氘和2个α产生
(n,nt2α)	1个中子、氚和2个α产生
(n,4n)	4个中子产生
(n,2np)	2个中子和1个质子产生
(n,3np)	3个中子和1个质子产生
(n,n2p)	1个中子和2个质子产生
(n,npα)	1个中子、质子和α产生
(n,γ)	俘获反应
(n,p)	质子产生
(n,D)	氘产生
(n,T)	氚产生
(n,^{3}He)	^{3}He产生
(n,α)	1个α产生
(n,2α)	2个α产生
(n,3α)	3个α产生
(n,2p)	2个质子产生
(n,pα)	1个质子和1个α产生
(n,Dα)	1个氘和1个α产生

表 6-2　非共振反应道微观截面扰动的自洽守恒

截面类型	截面扰动	截面自洽守恒原则
$\sigma_{(\mathrm{n},x)}$ ($x=$ elas, inel)	$\sigma'_{(\mathrm{n},x),g}=(1+\delta_{(x,g)})\sigma_{(\mathrm{n},x),g}$	$\sigma'_{\mathrm{s},g}=\sigma_{\mathrm{s},g}+\delta_{x,g}\sigma_{(\mathrm{n},x),g}$ $\sigma'_{\mathrm{tr},g}=\sigma_{\mathrm{tr},g}+\delta_{x,g}\sigma_{(\mathrm{n},x),g}$ $\sigma'_{\mathrm{s},g}=\sigma_{\mathrm{s},g}+2\delta_{(\mathrm{n},2\mathrm{n}),g}\sigma_{(\mathrm{n},2\mathrm{n}),g}$
$\sigma_{(\mathrm{n},2\mathrm{n})}$	$\sigma'_{(\mathrm{n},2\mathrm{n}),g}=(1+\delta_{(\mathrm{n},2\mathrm{n}),g})\sigma_{(\mathrm{n},2\mathrm{n}),g}$	$\sigma'_{\mathrm{a},g}=\sigma_{\mathrm{a},g}-\delta_{(\mathrm{n},2\mathrm{n}),g}\sigma_{(\mathrm{n},2\mathrm{n}),g}$ $\sigma'_{\mathrm{r},g}=\sigma_{\mathrm{tr},g}+\delta_{(\mathrm{n},2\mathrm{n}),g}\sigma_{(\mathrm{n},2\mathrm{n}),g}$ $\sigma'_{\mathrm{s},g}=\sigma_{\mathrm{s},g}+3\delta_{(\mathrm{n},3\mathrm{n}),g}\sigma_{(\mathrm{n},3\mathrm{n}),g}$
$\sigma_{(\mathrm{n},3\mathrm{n})}$	$\sigma'_{(\mathrm{n},3\mathrm{n}),g}=(1+\delta_{(\mathrm{n},3\mathrm{n}),g})\sigma_{(\mathrm{n},3\mathrm{n}),g}$	$\sigma'_{\mathrm{a},g}=\sigma_{\mathrm{a},g}-2\delta_{(\mathrm{n},3\mathrm{n}),g}\sigma_{(\mathrm{n},3\mathrm{n}),g}$ $\sigma'_{\mathrm{tr},g}=\sigma_{\mathrm{tr},g}+\delta_{(\mathrm{n},3\mathrm{n}),g}\sigma_{(\mathrm{n},3\mathrm{n}),g}$
$\sigma_{(\mathrm{n},x)}$ ($x=p,D,T$, He, α, 2α)	$\sigma'_{(\mathrm{n},x),g}=(1+\delta_{x,g})\sigma_{(\mathrm{n},x),g}$	$\sigma'_{\mathrm{a},g}=\sigma_{\mathrm{s},g}+\delta_{\mathrm{a},g}\sigma_{(\mathrm{n},x),g}$ $\sigma'_{\mathrm{tr},g}=\sigma_{\mathrm{tr},g}+\delta_{x,g}\sigma_{(\mathrm{n},x),g}$

表 6-3　共振反应道微观截面扰动的自洽守恒

截面类型	截面扰动	截面自洽守恒原则
$\sigma_{(n,f)}$	$\sigma'_{(n,f),g}=(1+\delta_{(n,f),g})\sigma_{(n,f),g}$	$\sigma'_{tr,g}=\sigma_{tr,g}+\delta_{(n,f),g}\sigma_{(n,f),g}$ $\sigma'_{a,g}=\sigma_{a,g}+\delta_{(n,f),g}\sigma_{(n,f),g}$ $\sigma'_{\nu f,g}=\nu(1+\delta_{(n,f),g})\sigma_{(n,f),g}$ $I'_{a,g}(T,\sigma_0)=\sigma'_{a,g}(T,\sigma'_0)\sigma_0/(\sigma'_{a,g}(T,\sigma'_0)+\sigma_0)$ $I'_{\nu f,g}(T,\sigma_0)=\sigma'_{\nu f,g}(T,\sigma'_0)\sigma_0/(\sigma'_{a,g}(T,\sigma'_0)+\sigma_0)$
$\sigma_{(n,\gamma)}$	$\sigma'_{(n,\gamma),g}=(1+\delta_{(n,\gamma),g})\sigma_{(n,\gamma),g}$	$\sigma'_{tr,g}=\sigma_{tr,g}+\delta_{(n,\gamma),g}\sigma_{(n,\gamma),g}$ $\sigma'_{a,g}=\sigma_{a,g}+\delta_{(n,\gamma),g}\sigma_{(n,\gamma),g}$ $I'_{a,g}(T,\sigma_0)=\sigma'_{a,g}(T,\sigma'_0)\sigma_0/(\sigma'_{a,g}(T,\sigma'_0)+\sigma_0)$ $I'_{\nu f,g}(T,\sigma_0)=\sigma_{\nu f,g}(T,\sigma'_0)\sigma_0/(\sigma'_{a,g}(T,\sigma'_0)+\sigma_0)$

表 6-4　共振微观总截面扰动的自洽守恒

截面类型	截面扰动	截面自洽守恒原则
σ_t	$\sigma'_{t,g}(1+\delta_{t,g})\sigma_{t,g}$	$I'_{a,g}(T,\sigma_0)=\sigma'_{a,g}(T,\sigma'_0)\sigma_0/(\sigma'_{a,g}(T,\sigma'_0)+\sigma_0)$ $I'_{\nu f,g}(T,\sigma_0)=\sigma_{\nu f,g}(T,\sigma'_0)\sigma_0/(\sigma_{a,g}(T,\sigma'_0)+\sigma_0)$

6.2　有效共振截面计算不确定性分析方法

6.2.1　基于抽样统计理论的有效共振截面不确定性量化方法

基于抽样统计理论的不确定性分析方法是一种通用的不确定性传播和量化方法，应用该方法开展不确定性分析，具有无须要求输入参数与系统响应之间具有性质良好的数学方程且无须对经过充分验证和确认的源程序进行修改等优势，被广泛应用于各个研究领域的计算不确定性分析中。该方法的基本理论已在第 4 章中做过详细介绍，本节主要介绍该方法在有效共振截面不确定性量化中涉及的具体问题和基本流程。

在开展有效共振截面不确定性量化分析之前，有三个问题需要明确：

(1) 只有共振核素在共振能群下的截面才需要经过共振自屏计算处理得到有效共振截面，共振核素的非共振能群、非共振核素的核截面无须这样的处理。

(2) 特定核素、某一能群的有效共振截面不确定性仅由该能群下的多群核截面贡献，其他能群截面的不确定性不会传递至该能群的有效共振截面。

(3) 除目标核素自身多群核截面外，还存在其他核素的分反应道截面作为慢化方程的输入，也会影响其有效共振截面的计算，因此在抽样时需充分考虑其他核素多群分反应道截面的影响。

在明确了上述三个基本问题后，根据基于抽样统计理论的不确定性分析方法基本步骤，可以确定有效共振截面不确定性量化方法的主要问题如下：

(1) 协方差矩阵制作问题：采用抽样统计方法开展不确定性分析，要求表征多群核截面不确定性和相关性的协方差矩阵与中子输运计算所需的多群核截面库具有同样的能群结构划分。但不同的物理计算程序可能采用不同能群结构划分的多群核截面库。比如，常见的用于热中子反应堆物理计算的多群核截面能群结构划分有 SCALE 程序的 44 群、HELIOS 程序的 47 群或 CASMO 程序使用的 69 群等。不同程序所使用的能群结构划分与经过良好评价的协方差矩阵的能群结构可能并不相同。这就需要采用一定方法得到具有特定能群划分结构的多群截面协方差矩阵。常用的方法有：①通过 NJOY 程序直接产生所需协方差矩阵；②通过协方差矩阵转群方法，将经过良好评价的协方差矩阵转换为所需能群结构的协方差矩阵，方法细节可见第 5 章。

(2) 多群核截面的抽样问题：某特定核素、特定反应类型的多群核截面以不同温度点下的无限稀释截面存储在截面库中。在进行共振自屏计算时，会根据实际问题的温度对多群截面进行差值处理得到与计算问题相同温度的无限稀释截面。因此，为避免出现计算问题温度下多群核截面未被扰动的情况，在采用抽样统计方法传播多群核截面不确定性时，需要对截面库中所有温度点下的无限稀释截面进行抽样。

(3) 有效共振截面不确定性量化：在得到多群核截面样本后，将其作为输入开展共振自屏计算，对计算得到的有效共振自屏截面进行统计分析，即可得到有效共振自屏截面计算不确定性的量化结果。

图 6-2 给出了采用基于抽样统计理论的不确定性分析方法传播核数据不确定性和量化有效共振截面计算不确定性的基本流程，主要包括以下四个步骤：

(1) 基于基础核数据库信息及中子输运计算所需的多群微观截面库，建立表征核截面不确定性信息的多群相对协方差矩阵；关于多群核截面的分布函数，通常认为其服从多元正态分布。

(2) 基于多元正态分布函数及多群相对协方差矩阵，采用抽样方法产生 N 组多群核截面的样本空间，这些样本空间形成了 N 套扰动后的多群截面数据库。其中，N 表示各个截面的样本容量。

(3) 将步骤(2)中产生的 N 组多群核截面库分别导入确定论中子物理计算系统，经过共振计算，产生 N 套有效共振截面。

(4) 基于数理统计理论，对步骤(3)中产生的 N 组有效共振截面进行数理统计分析，以量化有效共振截面的计算不确定性。

另外，为了获取可靠的不确定性量化结果，基于抽样统计理论的不确定性分析方法需要开展大量的模型计算。因此，选择何种抽样方法、如何设置合理的样本空间大小，从而用尽量少的样本空间最大限度地表达输入参数的不确定性信息及输入参数间的相关信息，进而减少模型计算次数，同时还能保证截面不确定性的合理

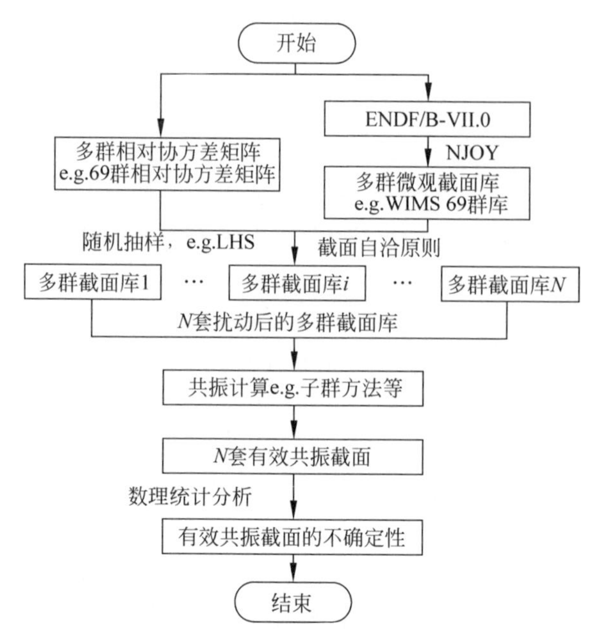

图 6-2 基于抽样统计理论的核截面不确定性传播与有效共振截面不确定性量化

传播，是采用抽样统计理论开展不确定性分析需要特别关注的另一重要问题。

以三哩岛 1 号机组（TMI-1）所使用的 UO_2 燃料栅元为例，分别采用基于抽样统计理论和微扰理论的不确定性分析方法量化了核数据不确定性对 ^{235}U 有效共振自屏吸收截面不确定性的贡献[3]。其中，多群核截面信息来自 WIMS 69 群截面库，而核截面不确定性信息取自 SCALE 6.2 的 56 群相对协方差库。该问题关注的共振能量段为 9118～4eV，按照 WIMS 69 群截面库的能群划分方式，即涵盖了从第 15 群到第 27 能群共 13 个能群。针对该问题，分别采用简单随机抽样方法（SRS）、拉丁超立方体抽样方法（LHS）、拉丁超立方体耦合奇异值分解变换的高效抽样方法（LHS-SVDC）及基于微扰理论的不确定性分析方法（PTUM）传播和量化了 ^{235}U 辐射俘获反应截面不确定性对第 18 群和第 22 群 ^{235}U 有效共振自屏吸收截面相对计算不确定度的贡献，如图 6-3 所示。可以看出，当采用 LHS-SVDC 方法时，样本容量大于 100 时，^{235}U 辐射俘获反应截面对于计算不确定性的贡献趋于稳定，并且与基于微扰理论的不确定性分析方法量化的结果一致。而采用 SRS 或 LHS 方法时，样本容量需要大于 800 才能获得相对稳定的计算不确定性贡献值。

基于抽样统计理论的不确定性分析方法采用拉丁超立方体耦合奇异值分解变换的高效抽样方法，其中样本数 N 为 100。此时，两种不同方法传播和量化 ^{235}U 辐射俘获反应截面对其有效共振自屏吸收截面计算不确定性的贡献见表 6-5。可以看到，在样本数为 100 时，采用 LHS-SVDC 高效抽样方法可合理传播截面不确定性，基于抽样统计理论方法量化得到的 ^{235}U 有效共振自屏吸收截面计算不确定

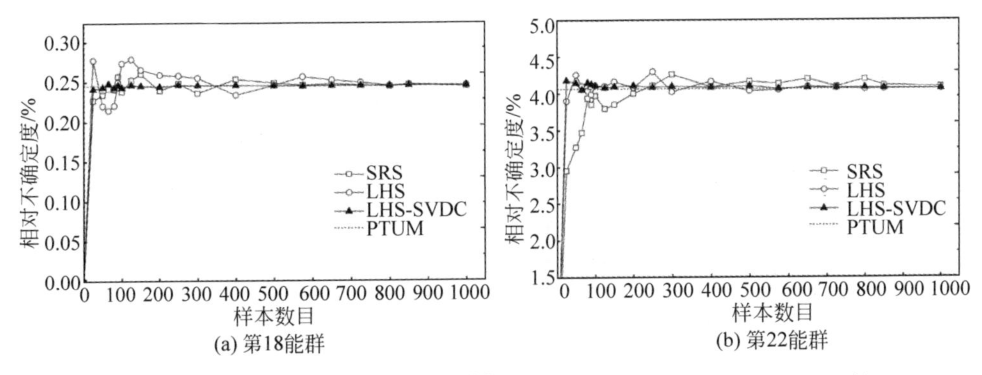

图 6-3 不同方法量化^{235}U(n,γ)对^{235}U 共振吸收截面计算不确定性的贡献

性与微扰理论/“三明治”公式是一致的。

表 6-5 ^{235}U 辐射俘获反应截面对^{235}U 有效共振自屏吸收截面不确定性的贡献

能　群	相对不确定性/%(微扰理论/“三明治”公式)	相对不确定性/%(抽样统计方法)
15	9.332	$9.362\pm6.683\times10^{-1}$
16	8.391	$8.418\pm5.999\times10^{-1}$
17	4.940	$4.955\pm3.515\times10^{-1}$
18	4.098	$4.109\pm2.913\times10^{-1}$
19	3.980	$3.991\pm2.829\times10^{-1}$
20	1.484	$1.484\pm1.050\times10^{-1}$
21	3.163×10^{-1}	$3.146\times10^{-1}\pm2.226\times10^{-2}$
22	2.450×10^{-1}	$2.441\times10^{-1}\pm1.727\times10^{-2}$
23	1.629×10^{-1}	$1.636\times10^{-1}\pm1.158\times10^{-2}$
24	1.931×10^{-1}	$1.941\times10^{-1}\pm1.374\times10^{-2}$
25	1.865×10^{-1}	$1.879\times10^{-1}\pm1.330\times10^{-2}$
26	2.406×10^{-1}	$2.425\times10^{-1}\pm1.716\times10^{-2}$
27	2.735×10^{-1}	$2.745\times10^{-1}\pm1.942\times10^{-2}$

因此,采用高效的抽样方法不仅可以减少模型的计算次数,还能保证截面不确定性的合理传播。

为了进一步说明采用高效的抽样方法可以减少模型的计算次数及合理传播截面不确定性,分别采用上述两种方法量化了多种分反应道截面,如^{235}U(n,γ),^{235}U(n,f),^{238}U-elastic,^{238}U(n,γ)及^{16}O-elastic,对^{235}U 有效共振自屏吸收截面的计算不确定性的总贡献,如图 6-4 所示。

6.2.2 基于直接扰动的有效共振截面敏感性分析方法

基于抽样统计理论的不确定性分析方法虽然可以通过输入输出之间的相关性分析得到系统响应与核截面的相关程度,却无法直接得到系统响应对于核截面的

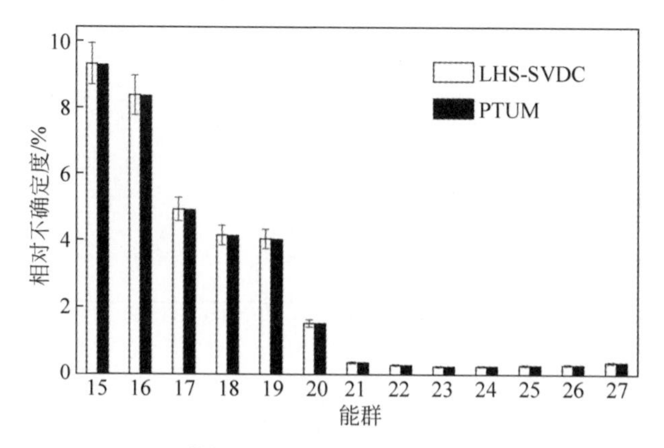

图 6-4 分反应道截面对^{235}U有效共振自屏吸收截面不确定性的总贡献对比

敏感性信息。为了确定有效共振截面对于多群核截面数据的敏感性信息，本节介绍应用直接数值扰动的方法量化有效共振截面对多群核截面数据的敏感性系数的基本思路。

敏感性分析的目的在于确定系统响应对于输入参数的变化规律，通过定义相对敏感性系数以量化该变化规律。根据敏感性系数的定义，多群核截面数据 α_g 的扰动经过共振自屏计算使得有效共振截面 $\sigma_{x,g}$ 发生扰动，其影响程度即相对敏感性系数定义为

$$S_{\alpha_g}^{\sigma_{x,g}} = \frac{\delta\sigma_{x,g}/\sigma_{x,g}}{\delta\alpha_g/\alpha_g} \tag{6-6}$$

直接数值扰动方法采用差分代替微分的思路计算敏感性系数，于是有效共振自屏截面 $\sigma_{x,g}$ 对多群核截面 α_g 的敏感性系数计算公式为

$$S_{\alpha_g}^{\sigma_{x,g}} = \frac{\alpha_g^0}{\sigma_{x,g}^0} \times \frac{\sigma_{x,g}^+ - \sigma_{x,g}^-}{\alpha_g^+ - \alpha_g^-} \tag{6-7}$$

其中，α_g^+ 和 α_g^- 分别表示多群截面 α_g 正向和负向的相对扰动量，对应该扰动下的有效共振自屏截面计算值分别为 $\sigma_{x,g}^+$ 和 $\sigma_{x,g}^-$。由式(6-7)可知，需要对多群核截面进行特定大小的扰动，并在该截面扰动条件下执行共振计算，以获得对应扰动条件下的多群有效共振自屏截面。因此，如何将多群核截面的微扰量加于多群微观截面数据库，是基于直接数值扰动方法用于有效共振截面敏感性分析方法的关键问题。具体实施方法为：①选择一定的相对扰动量，对数据库文件中存储的多群分反应道截面或共振积分表分别进行正向和负向扰动；②根据截面自洽守恒原则，对相关截面进行相应扰动，获得扰动后的多群数据库；③将扰动后的多群数据库分别作为输入，完成两次共振计算，获得有效共振自屏截面；④得到有效共振自屏截面相对扰动量，根据式(6-7)计算有效共振自屏截面对多群分反应道截面的敏感性系数。

在开展隐式敏感性分析时，对于是否为共振核、是否为共振能群，有几个特殊问题需要注意：①对于共振核、非共振核的非共振能群截面，由于其不会参与共振计算，因此无须考虑隐式效应；②对于非共振核的共振能群截面，共振自屏计算过程虽不对其自身截面产生隐式影响，但其仍会用于慢化方程求解，因此在针对共振核开展隐式效应分析时需充分考虑。同样以 TMI-1 的 UO_2 燃料栅元为研究对象，开展^{235}U 有效共振自屏散射截面对多群分反应道截面的敏感性分析[4]，不仅需要考虑^{235}U 弹性散射截面自身的影响，如图 6-5(a)所示；同时非共振核^{1}H，^{16}O 的弹性散射截面扰动同样会给^{235}U 有效共振自屏散射截面引入隐式效应，如图 6-5(b)所示；③对于共振核的共振能群截面，基本截面对积分截面的敏感性已隐式地包含在截面自洽过程中，因此要避免重复计算。比如在开展^{235}U 有效共振吸收截面隐式敏感性分析时，只需对^{235}U 多群裂变截面、辐射俘获截面进行扰动获得相应的隐式敏感性系数，而无须再对多群数据库中的^{235}U 多群吸收截面进行扰动。

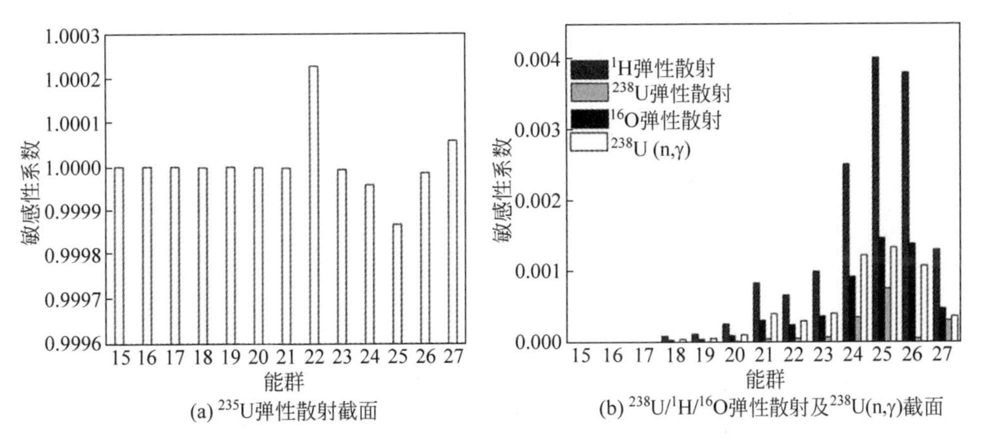

(a) ^{235}U弹性散射截面　(b) ^{238}U/^{1}H/^{16}O弹性散射及^{238}U(n,γ)截面

图 6-5　^{235}U 有效共振自屏散射截面对多群分反应道截面的敏感性系数

同时需要注意的是，在后续开展针对物理计算关键积分参数的敏感性分析时，对于不同核素，隐式效应、显式效应的处理方式有一些区别。以有效增殖因子 k_{eff} 为例，①对于共振、非共振核素的非共振能群多群反应道截面而言，因其只直接参与输运计算，因此有效增殖因子对上述截面的敏感性系数仅考虑显式效应；②对于非共振核素的共振能群反应道截面而言，因其既直接参与输运计算，又通过共振计算使得共振核的有效共振截面具有隐式敏感性，因此有效增殖因子对上述截面的敏感性系数需同时考虑显式效应和隐式效应；③对于共振核素的共振能群反应道截面而言，因其需要进行共振自屏计算处理后才可用于输运计算，因此有效增殖因子对上述截面的敏感性系数仅考虑隐式效应。

6.2.3 基于广义微扰理论的有效共振截面不确定性量化方法

如前所述,研究隐式敏感性的关键问题就是研究多群分反应道微观截面扰动对有效共振自屏截面的影响。一般地,共振能群 g 的有效共振自屏截面 $\sigma_{x,g}$ 可以表示为

$$\sigma_{x,g}=\frac{\int_g \sigma_x(E)\phi(E)\mathrm{d}E}{\int_g \phi(E)\mathrm{d}E} \tag{6-8}$$

其中,$\phi(E)$表示 g 能群的能谱;$\sigma_x(E)$表示类型为 x 的多群分反应道微观截面。于是,有效共振截面 $\sigma_{x,g}$ 关于某分反应道微观截面 α_g 的相对敏感性为

$$\begin{aligned}
S_{\sigma_{x,g},\alpha_g} &= \frac{\alpha_g}{\sigma_{x,g}}\frac{\mathrm{d}\sigma_{x,g}}{\mathrm{d}\alpha_g} \\
&= \alpha_g\left(\frac{\int_g \frac{\partial\sigma_x(E)}{\partial\alpha_g}\phi(E)\mathrm{d}E}{\int_g \sigma_x(E)\phi(E)\mathrm{d}E}+\frac{\int_g \frac{\partial\phi(E)}{\partial\alpha_g}\sigma_x(E)\mathrm{d}E}{\int_g \sigma_x(E)\phi(E)\mathrm{d}E}-\frac{\int_g \frac{\partial\phi(E)}{\partial\alpha_g}\mathrm{d}E}{\int_g \phi(E)\mathrm{d}E}\right) \\
&= \underbrace{\alpha_g\frac{\int_g \frac{\partial\sigma_x(E)}{\partial\alpha_g}\phi(E)\mathrm{d}E}{\int_g \sigma_x(E)\phi(E)\mathrm{d}E}}_{S^{\text{直接}}}+\underbrace{\alpha_g\int_g\left(\frac{\sigma_x(E)}{\int_g \sigma_x(E)\phi(E)\mathrm{d}E}-\frac{1}{\int_g \phi(E)\mathrm{d}E}\right)\frac{\partial\phi(E)}{\partial\alpha_g}\mathrm{d}E}_{S^{\text{间接}}}
\end{aligned} \tag{6-9}$$

式(6-9)即为有效共振截面 $\sigma_{x,g}$ 对于某分反应道微观截面 α_g 的敏感性计算公式。式(6-9)可分为两项:第一项为直接项,表示由某分反应道微观截面 α_g 直接引起有效共振截面 $\sigma_x(E)$的变化;第二项为间接项,表示某分反应道微观截面 α_g 的扰动通过影响权重能谱 $\phi(E)$,进而对有效共振截面 $\sigma_{x,g}$ 的间接影响,其中 $\partial\phi(E)/\partial\alpha_g$ 需要特别处理。下面重点介绍间接项的计算方法。

式(6-8)中用于得到有效共振截面的权重能谱 $\phi(E)$实际上是慢化方程的解。其中,慢化方程的算符形式可表示为

$$L\phi(E)=Q(E) \tag{6-10}$$

其中,L 表示慢化方程的消失项,Q 表示一个有效的源项。针对不同的共振计算方法,L 和 Q 具有特定的表达式,具体细节将在 6.3 节中介绍。

将慢化方程两边同时对分反应道微观截面 α 求导,可以得到:

$$L\frac{\partial\phi(E)}{\partial\alpha}=\frac{\partial Q(E)}{\partial\alpha}-\phi(E)\frac{\partial L}{\partial\alpha} \tag{6-11}$$

式(6-11)描述了分反应道微观截面 α 的扰动与权重能谱 $\phi(E)$变化之间的基本关系。理论上讲,如果计算出 α 引起的算符 Q 与 L 的变化,基于式(6-11)可以直

接求解$\partial\phi(E)/\partial\alpha$，进一步用于式(6-9)，以计算有效共振截面$\sigma_{x,g}$关于分反应道微观截面$\alpha_g$的相对敏感性系数。事实上，通过直接扰动的方法，$\partial L/\partial\alpha$与$\partial Q/\partial\alpha$是可以得到的，但考虑不同的核素、能群、反应堆类型，针对每一个分反应道微观截面均需要一次新的计算，这样将面临巨大的计算量和复杂度，在实际研究中是不现实的。

然而，式(6-11)与慢化方程的广义共轭方程结合使用，可以直接确定间接效应项，而无须显式地计算$\partial\phi(E)/\partial\alpha$，并可处理多个、不同扰动的影响。因此，基于广义微扰理论，引入一个反应类型x、能群g的广义共轭函数$\Gamma^*_{x,g}(E)$，该广义共轭函数对应于权重能谱$\phi(E)$对有效共振截面$\sigma_{x,g}$的价值，并不是中子价值，满足如下广义共轭慢化方程：

$$L^*\Gamma^*_{x,g}(E)=\frac{\sigma_x(E)}{\int_g\sigma_x(E)\phi(E)\mathrm{d}E}-\frac{1}{\int_g\phi(E)\mathrm{d}E}\tag{6-12}$$

其中，L^*是算符L的共轭算子。

将式(6-11)两侧同时乘以广义共轭函数$\Gamma^*_{x,g}(E)$，并对g能量段积分，得到：

$$\int_g\Gamma^*_{x,g}(E)\left(L\frac{\partial\phi(E)}{\partial\alpha}\right)\mathrm{d}E=\int_g\Gamma^*_{x,g}(E)\left(\frac{\partial Q(E)}{\partial\alpha}-\frac{\partial L}{\partial\alpha}\phi(E)\right)\mathrm{d}E\tag{6-13}$$

根据共轭算符特性，有

$$\int_g\Gamma^*_{x,g}(E)\left(L\frac{\partial\phi(E)}{\partial\alpha}\right)\mathrm{d}E=\int_g L^*\Gamma^*_{x,g}(E)\left(\frac{\partial\phi(E)}{\partial\alpha}\right)\mathrm{d}E\tag{6-14}$$

将式(6-12)～式(6-14)代入式(6-9)，可以得到有效共振截面$\sigma_{x,g}$关于某分反应道微观截面α_g的相对敏感性系数计算式为

$$S_{\sigma_{x,g}\alpha_g}=\underbrace{\alpha_g\frac{\int_g\frac{\partial\sigma_x(E)}{\partial\alpha_g}\phi(E)\mathrm{d}E}{\int_g\sigma_x(E)\phi(E)\mathrm{d}E}}_{S^{\text{直接}}}+\underbrace{\alpha_g\int_g\Gamma^*_{x,g}(E)\left(\frac{\partial Q(E)}{\partial\alpha_g}-\frac{\partial L}{\partial\alpha_g}\phi(E)\right)\mathrm{d}E}_{S^{\text{间接}}}\tag{6-15}$$

基于广义微扰理论量化有效共振截面对于多群分反应道微观截面的相对敏感性系数后，即可根据“三明治”公式进一步量化有效共振截面的计算不确定性：

$$\left(\frac{\partial\sigma_x}{\sigma_x}\right)^2=S_{\sigma_x,\alpha_i}D_{\alpha_i,\alpha_j}(\boldsymbol{S}_{\sigma_x,\alpha_j})^{\mathrm{T}}\tag{6-16}$$

其中，$\delta\sigma_x/\sigma_x$为有效共振截面σ_x的相对不确定度；$\boldsymbol{S}_{\sigma_x,\alpha_i}$为有效共振截面$\sigma_x$关于分反应道微观截面$\alpha_i$的相对敏感性矩阵；$D_{\alpha_i,\alpha_j}$表示$\alpha_i$和$\alpha_j$的相对协方差矩阵，表征分反应道微观截面的相对不确定性及相关性。

6.3　针对不同共振计算方法的实施与应用

6.2节给出了基于广义微扰理论开展有效共振截面敏感性分析的一般性原

理，也就是推导给出了有效共振截面 $\sigma_{x,g}$ 关于多群分反应道微观截面 α_g 相对敏感性系数的一般计算形式。然而，实际应用中使用的物理计算程序往往采用不同的共振计算方法，对于不同的共振自屏计算方法，$\sigma_x(E)$ 的具体形式、广义共轭函数 $\Gamma^*_{x,g}(E)$ 的计算方法都不尽相同。因此，要得到相对敏感性系数计算的具体形式，还需根据具体采用的共振自屏计算方法进行相应的数值离散，以具体开展有效共振截面对分反应道截面的敏感性分析。

6.3.1 针对子群共振计算方法的实施与应用

在进行基于子群共振计算方法的核截面隐式敏感性分析之前，有必要对子群共振计算方法进行简要介绍。区别于传统共振计算方法以中子能量的变化作为能群划分的依据，利用中子通量和共振材料的宏观总截面成反比的关系，子群方法对剧烈变化的截面自身进行划分，以较少的划分就能实现对剧烈波动的共振截面的精确刻画。按照截面大小来划分的子群，同一子群内的截面变化很小，因此通量的变化幅度远小于传统方法，因此计算效率上具有较大的优势，是目前应用较为广泛的共振计算方法之一。

按照子群方法，共振能群内的截面在截面值范围内划分成若干区间，每一个区间称为一个子群，子群划分示例如图 6-6 所示，可见每个子群对应于若干段离散的能量段，对应的能量段集合表示为

$$\Delta E_{g,i} \in \{E \mid \sigma_{g,i} < \sigma \leqslant \sigma_{g,i+1}\} \tag{6-17}$$

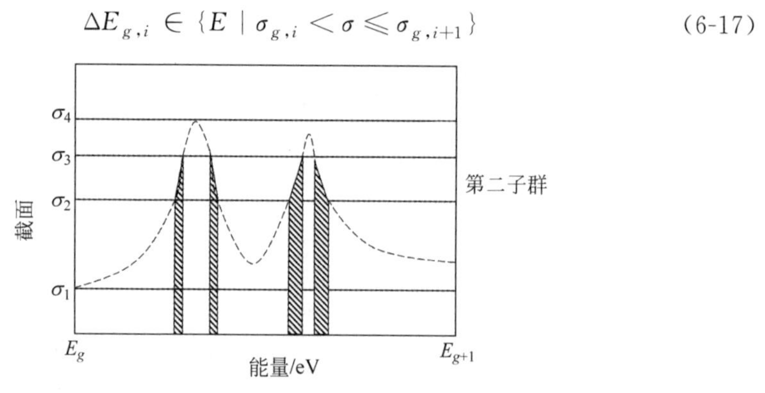

图 6-6 共振截面在 $E_g \sim E_{g+1}$ 能量段的子群划分

每一个子群有其对应的子群截面和子群概率，二者统称为子群参数，其形式分别为

$$\sigma_{x,g,i} = \frac{\int_{\Delta E_{g,i}} \sigma_x(E)\phi(E)\mathrm{d}E}{\int_{\Delta E_{g,i}} \phi(E)\mathrm{d}E} \tag{6-18a}$$

$$p_{g,i}=\frac{\Delta E_{g,i}}{\Delta E_g} \tag{6-18b}$$

其中，$\sigma_{x,g,i}$ 表示子群截面，x 表示截面类型，g 表示能群编号，i 表示子群编号，$p_{g,i}$ 表示子群概率，ΔE_g 表示第 g 群能量间隔。

在获得子群参数后，即可通过求解子群输运方程获得子群通量密度，并对子群截面进行加权，获取有效共振自屏截面。其中，对于第 g 群，第 i 子群的输运方程为

$$\Omega\cdot\nabla\phi_{g,i}(r,\Omega)+\Sigma_{t,g,i}\phi_{g,i}(r,\Omega)=Q_{g,i}(r,\Omega) \tag{6-19a}$$

$$Q_{g,i}(r,\Omega)=p_{g,i}\Sigma_p \tag{6-19b}$$

其中，$Q_{g,i}(r,\Omega)$ 为子群源项，Σ_p 为势散射截面，$\Sigma_{t,g,i}$ 为子群总截面，其计算式为

$$\Sigma_{t,g,i}=N_C\sigma_{t,g,i}^C+\sum_{C,O\neq C}N_O\sigma_{t,g}^O \tag{6-19c}$$

其中，C 为当前进行共振计算的核素标识；O 为其他核素标识，包括其他共振核素和非共振核素。另外，如果问题含有多种共振核素，采用迭代方式进行多核素共振干涉处理时，O 类核素中的共振核素应当作非共振核素处理进行子群总截面的计算。

其算符形式为

$$L_{g,i}\phi_{g,i}=Q_{g,i} \tag{6-20}$$

求解方程(6-20)，即可获得子群通量密度 $\phi_{g,i}(r)$。于是，有效共振自屏截面为

$$\sigma_{x,g}=\frac{\sum_{i=1}^{I}\sigma_{x,g,i}\phi_{g,i}(r)}{\sum_{i=1}^{I}\phi_{g,i}(r)} \tag{6-21}$$

其中，I 为子群总数。

基于广义微扰理论，求解有效共振自屏截面对多群分反应道截面的相对敏感性系数，首先需要建立广义共轭子群输运方程如下：

$$-\Omega\cdot\nabla\Gamma_{g,i}^*(r,\Omega)+\Sigma_{t,g,i}\Gamma_{g,i}^*(r,\Omega)=Q_{g,i}^*(r,\Omega) \tag{6-22}$$

其算符形式为

$$L_{g,i}^*\Gamma_{g,i}^*=Q_{g,i}^* \tag{6-23}$$

其中，L_g^* 为子群共轭输运算符，Γ_g^* 为广义子群共轭通量，Q_g^* 为广义共轭源项，其定义为

$$Q_{g,i}^*=\frac{\sigma_{x,g,i}}{\sum_{i=1}^{N}\int_V\int_\Omega\sigma_{x,g,i}\phi_{g,i}\,\mathrm{d}\Omega\,\mathrm{d}V}-\frac{1}{\sum_{i=1}^{N}\int_V\int_\Omega\phi_{g,i}\,\mathrm{d}\Omega\,\mathrm{d}V} \tag{6-24}$$

在得到广义共轭源项的具体形式后，将其作为广义共轭方程求解器的外源项，

就可以求得广义共轭函数，具体求解方法见3.4节，本节不再赘述。

最后，结合式(6-15)及$\sigma_x(E)$和广义共轭函数$\Gamma^*_{x,g}(E)$形式，在应用子群方法时，有效共振自屏截面对多群分反应道微观截面的相对敏感性系数为

$$S_{\sigma^j_{x,g},\alpha^k_{y,g'}} = \alpha^k_{y,g'} \sum_{i=1}^{I} \left(\frac{\int_\Omega \frac{\partial \sigma^j_{x,g,i}}{\partial \alpha^k_{y,g'}} \phi_{g,i} \mathrm{d}\Omega}{\int_\Omega \sigma^j_{x,g,i} \phi_{g,i} \mathrm{d}\Omega} \right) - \alpha^k_{y,g'} \sum_{i=1}^{I} \sum_Z V_Z \int_\Omega \Gamma^*_{x,g,i} \left(\frac{\partial Q_{g,i}}{\partial \alpha^k_{y,g'}} - \frac{\partial L_{g,i}}{\partial \alpha^k_{y,g'}} \phi_{g,i} \right) \mathrm{d}\Omega \tag{6-25}$$

其中，j,k是核素标识，i是子群标识，g和g'是能群标识。

如前所述，式(6-25)右端存在两项：第一项为直接项，描述了多群分反应道截面的扰动对子群截面的影响，具备以下特点[5]：

(1) 只有当扰动的多群分反应道截面与有效共振截面为同一种共振核素，即$j=k$时，该项才不为零，需要根据子群参数的具体拟合方法，计算隐式敏感性系数的直接项。

(2) 当$j \neq k$时，直接项为零。

第二项为间接项，描述了多群分反应道截面的扰动通过对子群通量的影响，进而对有效共振自屏截面产生的间接影响。

另外，只有当$g=g'$时，才需计算隐式敏感性系数的直接项和间接项；若$g \neq g'$，则隐式敏感性系数为零。

上述内容详细阐述了在应用子群方法开展共振计算时，基于广义微扰理论开展有效共振截面对多群分反应道截面的敏感性分析方法。但在实际计算时，要对每个计算网格、核素、能群、子群均建立广义子群共轭方程，同时要考虑共振干涉的影响，因此，开展敏感性分析的复杂程度和计算代价是非常大的。为了提高计算效率，在具体实施过程中往往采用一定的近似和假设，包括：

(1) 快群截面的扰动仅对快群散射源产生影响，因此，忽略快群截面并不会对敏感性分析结果产生显著的影响，同时可以减少计算时间。

(2) 共振干涉计算是子群共振计算中不可缺少的部分，通常情况下需要进行两次以上的共振干涉迭代。若要严格考虑共振干涉的影响，有效共振截面敏感性分析需要在每次迭代过程中进行。但事实上，上一次迭代计算结果对下一次迭代计算产生的影响是间接的且可以忽略，因此，仅在最后一次迭代完成后计算有效共振截面的敏感性系数。

(3) 如果存在等价的计算网格，比如材料、几何形状、位置及边界条件完全一致，则可认为在等价网格上有效共振截面对于同一分反应道微观截面具有相同的敏感性系数。因此，只需要在等价网格上计算一次敏感性系数。

对于热中子反应堆，中子慢化过程和共振吸收是个非常重要的过程，中子在共振能区的共振自屏效应对反应堆物理计算有重要的影响。以^{235}U富集度为5%的

压水堆单栅元基准题 NECP-RB 3.1 为例[6]，图 6-7 给出了^{1}H 总截面隐式敏感性系数与显式敏感性系数的结果。由数值结果可知，显式敏感性系数在共振能区为正，而隐式敏感性系数为负，且显式敏感性系数的绝对值大于隐式敏感性系数，若此时不考虑共振自屏引入的隐式敏感性效应，则总敏感性系数会被高估。因此，在针对热中子反应堆物理计算开展敏感性分析时，必须考虑隐式效应。

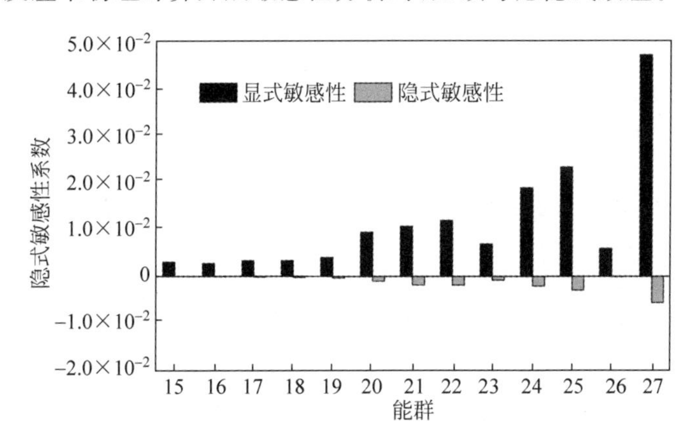

图 6-7　^{1}H 总截面隐式/显式敏感性系数

而以子群方法开展共振计算，基于广义微扰理论得到的隐式敏感性分析方法，如式(6-25)，可以高效地开展热中子反应堆的有效共振截面的隐式敏感性分析。同样以压水堆单栅元共振计算基准题 NECP-RB 3.1 为例，分别采用广义微扰理论(GPT)和直接数值扰动(DNP)方法计算^{1}H 的总截面隐式敏感性系数，共振能群的隐式敏感性系数对比结果如图 6-8 所示。其中，直接数值扰动方法常用于验证广义微扰理论开展敏感性分析的正确性。由数值结果可知，两种方法计算得到的隐式敏感性结果非常接近，这说明基于广义微扰理论开展有效共振截面对多群分反应道截面的敏感性分析方法适用于采用子群方法开展共振计算的热中子反应堆物理计算的敏感性分析。

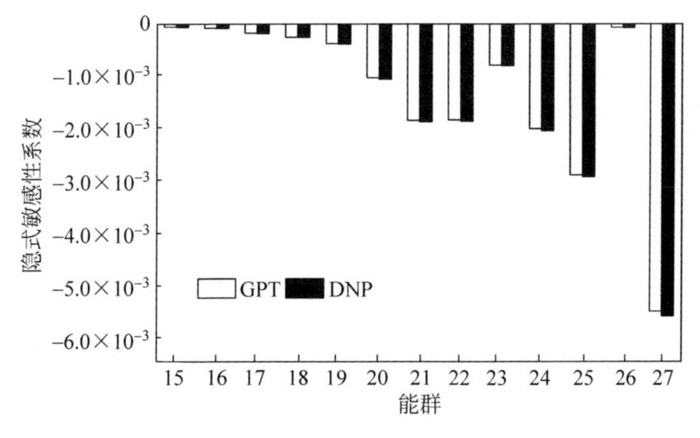

图 6-8　^{1}H 总截面隐式敏感性验证

6.3.2 针对 Nordheim 共振计算方法的实施

同样，在进行基于 Nordheim 共振计算方法的有效共振截面隐式敏感性分析之前，先对 Nordheim 方法进行简要介绍。采用 Nordheim 方法开展共振自屏计算，其用来归并共振自屏截面的中子能谱是通过求解碰撞概率来求解吸收体区域的慢化方程得到的，并且假设这个吸收体由一个共振吸收核及具有常散射截面的非吸收混合慢化剂组成，其中散射源在质心系统中认为是各向同性的。这种情况下，用于求解区域平均通量的积分输运方程的碰撞概率形式表示为

$$\Sigma(E)\phi(E)=P_{F\to F}(E)\sum_{j}\int_{E}^{E/\alpha_j}\frac{\Sigma_s^{(j)}\phi(E')}{E'(1-\alpha_j)}\mathrm{d}E'+(1-P_{F\to F})\Sigma(E)C(E)\tag{6-26}$$

需要注意的是，式(6-26)中的求和是针对吸收体内的所有材料，包括共振核和混合慢化剂。其中 $P_{F\to F}$ 表示在吸收体内产生的中子在该区域内发生首次碰撞的概率；$C(E)$ 表示外部慢化剂能谱的平滑函数，如在超热群 $C(E)$ 为 $1/E$；$\Sigma(E)$ 表示吸收体的宏观总截面，包括共振核 r 的能群相关截面及所有混合慢化材料 j 的势散射截面，其表达式如下：

$$\Sigma(E)=N^r\sigma^r(E)+\sum_{j\neq r}N^j\sigma_p^j\tag{6-27}$$

当给定了共振参数及描述吸收体的物理信息，即可通过求解式(6-26)对共振核 r 开展共振计算以获得权重能谱，进而利用式(6-8)计算多群有效共振自屏截面。而针对均匀物质，只需将 $P_{F\to F}$ 设置为 1 即可。

通过比较式(6-26)与慢化方程(6-10)，采用 Nordheim 共振计算方法时慢化方程的 L 算符对应于

$$L\phi(E)=\Sigma(E)\phi(E)-P_{F\to F}(E)\times\sum_{j}\int_{E}^{E/\alpha_j}\frac{E_s^j(E')\phi(E')}{E'(1-\alpha_j)}\mathrm{d}E'\tag{6-28}$$

而慢化方程的有效源项对应于

$$Q(E)=(1-P_{F\to F})\Sigma(E)C(E)\tag{6-29}$$

基于共轭算符定义，式(6-28)的广义共轭算符为

$$L^*\Gamma^*(E)=\Sigma(E)\Gamma^*(E)-\sum_{j}\frac{\Sigma_s^j(E)}{E}\times\int_{\alpha_jE}^{E}\frac{P_{F\to F}(E')\Gamma^*(E')}{(1-\alpha_j)}\mathrm{d}E'\tag{6-30}$$

将式(6-30)代入式(6-12)，得到采用 Nordheim 方法的广义共轭慢化方程为

$$\Sigma(E)\Gamma_{x,g}^*(E)=\sum_{j}\frac{\Sigma_s^j(E)}{E}\int_{\alpha_jE}^{E}\frac{P_{F\to F}(E')\Gamma_{x,g}^*(E')}{(1-\alpha_j)}\mathrm{d}E'+$$

$$H_g(E)\left(\frac{\sigma_x(E)}{\int_g \sigma_x \phi \mathrm{d}E}-\frac{1}{\int_g \phi \mathrm{d}E}\right) \tag{6-31}$$

其中，$H_g(E)$表示变量 E 的能量宽度与 g 能群能量宽度的比值。式(6-31)是一个非齐次方程，需要通过数值方法进行求解。需要注意的是，对于具有重要共振自屏效应的核素的每一种反应类型、每一个能群，均需要建立不同的共轭方程以求解广义共轭通量。

当获得了有效共振自屏截面 $\sigma_x(E)$和广义共轭函数 $\Gamma^*_{x,g}(E)$后，便可利用式(6-15)求解有效共振截面对于多群分反应道微观截面的相对敏感性系数，进而应用式(6-16)量化有效共振截面的计算不确定性。

6.3.3 针对 Bondarenko 共振计算方法的实施

采用 Bondarenko 方法开展共振自屏计算时，根据式(6-8)归并有效共振截面，其中能量相关截面 $\sigma_x(E)$是预先储存在数据库中的。而在针对具体问题开展共振自屏计算时，根据实际问题的温度通过插值得到 Bondarenko 自屏因子，并进一步获得问题相关的截面 $\sigma_x(E)$。引入一定的假设后，Bondarenko 方法的权重能谱可以从 Nordheim 方法的慢化方程得到[7]。假设条件为：①吸收体内的散射源采用窄共振近似；②燃料碰撞概率采用有理近似，即

$$P_{F\to F}=\frac{\Sigma(E)}{\Sigma(E)+\boldsymbol{\Sigma}_{\mathrm{e}}} \tag{6-32}$$

其中，$\boldsymbol{\Sigma}_{\mathrm{e}}$ 表示逃脱截面，取决于系统的几何特征。逃脱截面通常采用如下方式计算：

$$\boldsymbol{\Sigma}_{\mathrm{e}}=\frac{(1-c)a}{\bar{R}_b} \tag{6-33}$$

其中，c 为丹可夫因子；$\bar{R}_b$ 为吸收体的平均弦长；a 是修正因子，以提高标准 Wigner 有理近似的精度。

引入上式近似后，基于 Nordheim 方法的慢化方程(6-26)进一步转化为

$$(\sigma^r(E)+\sigma_0)\phi(E)=\frac{\sigma_p^r+\sigma_0}{E} \tag{6-34}$$

其中，σ_p^r 为共振核的势散射截面；σ_0 为背景截面，其定义为

$$\sigma_0=\frac{\sum\limits_{j\neq r}N^j\sigma_p^j+\boldsymbol{\Sigma}_{\mathrm{e}}}{N^r} \tag{6-35}$$

通过式(6-34)可以解析地求解用于归并有效共振截面的 Bondarenko 权重能谱为

$$\phi(E)=\frac{\sigma_p^r+\sigma_0}{(\sigma^r(E)+\sigma_0)E} \tag{6-36}$$

通过比较式(6-34)与慢化方程(6-10)，采用 Bondarenko 共振计算方法时慢化方程的 L 算符对应于

$$L\phi(E)=(\sigma^r(E)+\sigma_0)\phi(E) \tag{6-37}$$

而慢化方程的有效源项对应于

$$Q(E)=\frac{\sigma_p^r+\sigma_0}{E} \tag{6-38}$$

可以发现，式(6-37)中的算符是自共轭的，于是得到采用 Bondarenko 共振自屏计算方法的广义共轭慢化方程为

$$(\sigma^r(E)+\sigma_0)\Gamma_{x,g}^*(E)=H_g(E)\left(\frac{\sigma_x(E)}{\int_g\sigma_x(E)\phi(E)\mathrm{d}E}-\frac{1}{\int_g\phi(E)\mathrm{d}E}\right) \tag{6-39}$$

式(6-39)具有解析解，为

$$\Gamma_{x,g}^*(E)=\frac{H_g(E)}{(\sigma^r(E)+\sigma_0)}\times\left(\frac{\sigma_x(E)}{\int_g\sigma_x(E)\phi(E)\mathrm{d}E}-\frac{1}{\int_g\phi(E)\mathrm{d}E}\right) \tag{6-40}$$

将式(6-36)代入式(6-8)，可得采用 Bondarenko 方法开展共振自屏计算时的有效共振自屏截面为

$$\sigma_{x,g}=\frac{\displaystyle\int_g\frac{\sigma_x(E)}{(\sigma^r(E)+\sigma_0)E}\mathrm{d}E}{\displaystyle\int_g\frac{\mathrm{d}E}{(\sigma^r(E)+\sigma_0)E}} \tag{6-41}$$

于是，有效共振截面对于多群分反应道微观截面的隐式敏感性系数中的直接项为

$$(S_{\sigma_{x,g}\alpha_g})^{直接}\equiv\frac{\displaystyle\int_g\frac{\alpha_g\partial\sigma_x(E)}{\partial\alpha_g}\phi(E)\mathrm{d}E}{\displaystyle\int_g\sigma_x(E)\phi(E)\mathrm{d}E}\equiv\frac{\alpha_g}{\alpha_{x,g}}\frac{\displaystyle\int_g\frac{\partial\sigma_x/\partial\alpha_g}{(\sigma'(E)+\sigma_0)E}\mathrm{d}E}{\displaystyle\int_g\frac{\mathrm{d}E}{(\sigma^r(E)+\sigma_0)E}} \tag{6-42}$$

由式(6-42)可知，只要根据能量相关截面 $\sigma_x(E)$ 的计算方法，计算出与能量相关的偏导项 $\partial\sigma_x/\partial\alpha_g$，就可以简单地求出直接项。

同理，对于间接项，有

$$(S_{\sigma_{x,g},\alpha_g})^{间接}\equiv\int_0^\infty\Gamma_{x,g}^*\left(\frac{\alpha_g\partial Q}{\partial\alpha_g}\right)\mathrm{d}E-\int_0^\infty\Gamma_{x,g}^*\left(\frac{\alpha_g\partial L}{\partial\alpha_g}\right)\phi\mathrm{d}E \tag{6-43}$$

由于 Bondarenko 方法的源项 $Q(E)$ 与 $1/E$ 成正比，因此根据正交性的要求，广义共轭函数需要用下式进行归一化：

$$\int_0^\infty\Gamma_{x,g}^*(E)\frac{\mathrm{d}E}{E}=0 \tag{6-44}$$

式(6-44)使式(6-43)右侧的第一项为零。而第二项可以利用解析求得的前向

通量 ϕ 及广义共轭函数 Γ^* 计算得到，于是，有效共振截面对于多群分反应道微观截面的隐式敏感性系数中的间接项可最终写为

$$(S_{\sigma_{x,g}\alpha_g})_{\text{IND}} \equiv \frac{\displaystyle\int_0^{\infty} \frac{\dfrac{\alpha_g \partial}{\partial \alpha_g}(\sigma^r(E)+\sigma_0)}{(\sigma^r(E)+\sigma_0)^2}\frac{\mathrm{d}E}{E}}{\displaystyle\int_0^{\infty}\frac{1}{(\sigma^r(E)+\sigma_0)}\frac{\mathrm{d}E}{E}} - \frac{\displaystyle\int_0^{\infty} \frac{\sigma_x(E)\dfrac{\alpha_g \partial}{\partial \alpha_g}(\sigma^r(E)+\sigma_0)}{(\sigma^r(E)+\sigma_0)^2}\frac{\mathrm{d}E}{E}}{\displaystyle\int_0^{\infty}\frac{\sigma_x(E)}{(\sigma^r(E)+\sigma_0)}\frac{\mathrm{d}E}{E}} \tag{6-45}$$

参考文献

[1] REARDEN B T,JESSEE M A. SCALE code system[J],2016.

[2] 万承辉. 核反应堆物理计算敏感性和不确定性分析及其在程序确认中的应用[D]. 西安：西安交通大学，2018.

[3] DU J,HAO C,MA J, et al. New strategies in the code of uncertainty and sensitivity analysis (CUSA) and its application in the nuclear reactor calculation[J]. Science and Technology of Nuclear Installations,2020(4): 1-16.

[4] 都家宇. 计算不确定性及敏感性分析软件的开发及应用[D]. 哈尔滨：哈尔滨工程大学，2019.

[5] 刘勇. 基于微扰理论的反应堆物理计算敏感性与不确定性分析方法及应用研究[D]. 西安：西安交通大学，2017.

[6] LIU Y,CAO L,WU H,et al. Eigenvalue implicit sensitivity and uncertainty analysis with the subgroup resonance-calculation method[J]. Annals of Nuclear Energy,2015,79: 18-26.

[7] WILLIAMS M L,BROADHEAD B L,PARKS C V. Eigenvalue sensitivity theory for resonance-shielded cross sections[J]. Nuclear Science and Engineering, 2001, 138(2): 177-191.

第7章

截面不确定性传播与量化——输运计算

核截面自身不确定性天然存在，它会随着中子物理计算过程不断传播至堆芯系统的响应，即堆芯关键参数，如有效增殖因子、功率分布等。基于微扰理论或广义微扰理论，可以量化堆芯关键参数对于核截面的敏感性系数，进而利用"三明治"公式，量化核截面不确定性对于堆芯关键参数计算不确定性的贡献。而基于抽样统计理论的不确定性分析方法，先从"不确定性分析"开始，通过抽样产生表征核截面不确定性信息的样本空间，进而将计算模型或计算程序视为"黑匣子"传播不确定性，最终利用统计理论量化不确定性。敏感性分析则是通过直接扰动方法或相关性分析获取。上述两种方法均可有效量化核截面不确定性对于堆芯中子输运或扩散计算不确定性的贡献。

7.1 基于微扰理论的截面不确定性传播与量化

7.1.1 截面不确定性传播方法

在核反应堆物理计算领域，通过中子输运方程可以建立堆芯关键参数与核截面数据的直接关系，进而可采用"一步法"确定论方法或"蒙特卡罗"方法直接求解中子输运方程并传播核截面不确定性。因此，可以基于微扰理论直接求解堆芯关键参数对核截面的敏感性系数，进而利用"三明治"公式量化核截面自身不确定性对堆芯关键参数计算不确定性的贡献。

而在核反应堆实际设计、分析过程中，传统的"两步法"物理堆芯计算是目前应用较广的方法，其核心思想是先通过组件层面的非均匀多群中子输运计算，获取组件少群均匀化截面，进而开展全堆芯扩散计算，以求解堆芯关键参数。因此，核截面自身不确定性需要经过组件计算和堆芯计算以传播至堆芯关键参数。第3章中关于敏感性及不确定性分析的方法可直接应用于求解堆芯关键参数对于组件少群均匀化截面的敏感性计算，以及组件少群均匀化截面的敏感性和不确定性分析。但是如何将二者结合，以在“两步法”计算流程中传播截面不确定性及量化其对堆芯关键参数的贡献，还需进一步讨论。如第3章所述，堆芯系统的响应 $\boldsymbol{R}$ 可以表示为核截面 $\boldsymbol{\alpha}$ 的函数关系：

$$\boldsymbol{R}=f(\boldsymbol{\alpha}) \tag{7-1}$$

根据式(3-11)相对敏感性系数的定义可知，某响应 R_k 相对于核截面 α_i 的相对敏感性系数为

$$S_{R_k,\alpha_i}=\frac{\alpha_i}{R_k}\frac{\mathrm{d}R_k}{\mathrm{d}\alpha_i} \tag{7-2}$$

在“两步法”计算流程中，组件计算结束后可获得少群均匀化截面对多群核截面的敏感性系数及自身不确定性，进而可采用以下两种方法对堆芯响应 R_k 进行不确定性量化[2]。

(1) 基于截面协方差传播的不确定性量化方法

截面不确定性在组件计算和堆芯计算过程中的传播与量化既是两个相互联系的过程，又是两个相对独立的过程。其中，组件计算的不确定性来源为多群微观截面协方差数据，堆芯计算的不确定性来源为少群均匀化截面的协方差信息。当组件计算为堆芯计算提供了少群均匀化截面的协方差信息之后，二者不确定性量化即为两个类似的、独立的过程。因此，基于式(3-114)可知，由于核截面存在不确定性，经过组件计算和堆芯计算两个过程传播，最终使得堆芯响应 R_k 具有一定的不确定性，为

$$\frac{\mathrm{Var}(R_k)}{R_k^2}=\sum_{j=1}^{n\Sigma}\left(S_{R_k,\Sigma_j}\right)^2=\frac{\mathrm{Var}(\Sigma_j)}{\Sigma_j^2}+2\sum_{j=1}^{n\Sigma-1}\sum_{l=j+1}^{n\Sigma}S_{R_k,\Sigma_j}S_{R_k,\Sigma_l}\frac{\mathrm{Cov}\left(\Sigma_j,\Sigma_l\right)}{\Sigma_j\Sigma_l} \tag{7-3}$$

其中，Σ_j 表示某一少群均匀化截面；$n\Sigma$ 表示少群均匀化截面的总数，包括截面类型和能群数；$\mathrm{Var}(\Sigma)$ 表示少群均匀化截面的方差；$\mathrm{Cov}(\Sigma_j,\Sigma_l)$ 为不同少群均匀化截面间的协方差。

采用该方法，组件计算和堆芯计算的不确定性传播与量化是相互独立的，连接两个计算过程不确定性传播与量化的核心是少群均匀化截面的协方差信息。只要提供了少群均匀截面的协方差信息，在堆芯计算过程中就可以通过堆芯关键参数对少群参数的敏感性系数和其协方差信息，快速量化核截面不确定性对堆芯关键参数计算不确定性的贡献。同时，应用该方法也可量化不同组件少群截面对堆芯关键参数计算不确定性的贡献。另外，少群均匀化截面协方差信息的获取也可通过基于抽样统计理论的不确定性分析方法来实现。

(2) 基于敏感性系数传播的不确定性量化方法

类似于式(7-1),堆芯系统的响应 $\boldsymbol{R}$ 也可以表示为少群截面$\boldsymbol{\Sigma}$ 的函数关系:

$$\boldsymbol{R}=f(\boldsymbol{\Sigma}) \tag{7-4}$$

而少群均匀化宏观截面$\boldsymbol{\Sigma}$ 可进一步表示为多群微观截面$\boldsymbol{\alpha}$ 的函数:

$$\boldsymbol{\Sigma}=f(\boldsymbol{\alpha}) \tag{7-5}$$

于是,根据相对敏感性系数的定义,某响应 R_k 相对于核截面 α_i 的相对敏感性系数进一步表示为

$$\begin{aligned} S_{R_k,\alpha_i} &= \frac{\alpha_i}{R_k}\frac{\mathrm{d}R_k}{\mathrm{d}\alpha_i}=\frac{\alpha_i}{R_k}\sum_{j=1}^{n\Sigma}\left(\frac{\partial R_k}{\partial \Sigma_j}\frac{\mathrm{d}\Sigma_j}{\mathrm{d}\alpha_i}\right) \\ &= \sum_{j=1}^{n\Sigma}\left[\left(\frac{\Sigma_j}{R_k}\frac{\partial R_k}{\partial \Sigma_j}\right)\left(\frac{\alpha_i}{\Sigma_j}\frac{\mathrm{d}\Sigma_j}{\mathrm{d}\alpha_i}\right)\right] \\ &= \sum_{j=1}^{n\Sigma}\left(S_{R_k\Sigma_j}S_{\Sigma_j,\alpha_i}\right) \end{aligned} \tag{7-6}$$

通过式(7-6)相对敏感性系数的传播,得到了“两步法”计算过程中堆芯响应对于多群微观截面的相对敏感性系数。于是,基于上述敏感性信息及多群核截面自身的协方差信息,可直接利用式(3-114)量化核截面不确定性对于堆芯关键参数计算不确定性的贡献。该方法通过相对敏感性系数的传播,可获取堆芯关键参数对于不同核素、不同反应道、不同能群的微观截面的详细敏感性信息,进而量化上述微观截面对于堆芯关键参数计算不确定性的贡献。

上述两种不确定性传播的方法是完全等价的。但值得注意的是,两种方法均需先量化堆芯关键参数对于少群均匀化截面的相对敏感性系数。因此,参与计算的少群截面参数的类型需要明确并研究。

在全堆芯扩散计算中,基本的少群均匀化截面有扩散系数 D、总截面 Σ_{t}、散射截面 Σ_{s}、吸收截面 Σ_{a}、中子产生截面 $\nu\Sigma_{\mathrm{f}}$ 及考虑功率求解时的能量产生截面 $\kappa\Sigma_{\mathrm{f}}$。这些少群截面参数是由相同能谱归并得到的,因此存在相互关系,但无法显式地表达出它们之间的函数关系。针对该问题,可以将各少群常数看作独立参数先进行敏感性分析,而不同少群参数之间的相互关系体现在少群均匀化截面的协方差信息中,最终在不确定性量化过程中加以考虑。具体来说,不同少群均匀化截面间的协方差信息,包括不同组件间的少群常数,可以利用下式计算[3]:

$$\mathrm{Cov}\left(\Sigma_m,\Sigma_n\right)=\sum^{n\alpha}\sum^{n\alpha}S_{\Sigma_m,\alpha_i}S_{\Sigma_n,\alpha_i}\mathrm{Cov}(\alpha_i,\alpha_j) \tag{7-7}$$

其中,$\mathrm{Cov}(\alpha_i,\alpha_j)$表示多群微观截面的原始协方差信息;$S_{\Sigma_m,\alpha_i}$ 表示少群均匀化截面对多群微观截面的敏感性系数,是在组件计算过程中获取的。

与堆芯扩散计算不同,组件计算所采用的各少群均匀化截面与各分反应道微观截面之间存在明确的求和关系,因此可以对各反应道截面进行求导,从而获取少群截面对各分反应道截面的敏感性系数。

而对于敏感性系数的计算，首先需要确定哪些少群参数可以作为独立参数来考虑。通常来说，扩散计算中，可将以下少群均匀化截面参数作为独立参数来考虑：扩散系数 D、吸收截面 Σ_a、散射截面 Σ_s（不包括自散射截面）、中子产生截面 $\nu\Sigma_f$ 及能量产生截面 $\kappa\Sigma_f$。而对于输运计算，则可将总截面 Σ_t、散射截面 Σ_s、中子产生截面 $\nu\Sigma_f$ 及能量产生截面 $\kappa\Sigma_f$ 作为独立变量来进行敏感性系数的计算。

7.1.2　稳态共轭中子输运方程及求解

中子共轭通量表征中子的价值，对于反应堆物理有着重要的意义。应用微扰理论研究堆芯关键参数对于输入参数的敏感性，比如量化堆芯有效增殖因子对于多群截面的敏感性、预估微小扰动引起的反应性效应和计算动力学参数均需要中子共轭通量。对于稳态前向中子输运方程来说，将每一项算子取其共轭算子后，可获得稳态前向中子输运方程的共轭方程，这个共轭方程就被称为稳态共轭中子输运方程。下面从前向方程的每一个算子出发，求其共轭算子，推导出共轭中子输运方程。稳态条件下，前向中子输运方程可以写为

$$\begin{aligned}&\boldsymbol{\Omega}\cdot\nabla\phi(\boldsymbol{r},\boldsymbol{\Omega},E)+\Sigma_t(\boldsymbol{r},E)\phi(\boldsymbol{r},\boldsymbol{\Omega},E)\\&=\iint\Sigma_s(\boldsymbol{r},E')f(\boldsymbol{r},E'\to E,\boldsymbol{\Omega}'\to\boldsymbol{\Omega})\phi(\boldsymbol{r},\boldsymbol{\Omega}',E')\mathrm{d}E'\mathrm{d}\boldsymbol{\Omega}'+\\&\lambda\frac{\chi(E)}{4\pi}\iint\nu\Sigma_f(\boldsymbol{r},E')\phi(\boldsymbol{r},\boldsymbol{\Omega}',E')\mathrm{d}E'\mathrm{d}\boldsymbol{\Omega}'\end{aligned}\tag{7-8}$$

式(7-8)做了裂变源项各向同性的假设，可以简写成算符形式，为

$$L\phi=F\phi\tag{7-9a}$$

其中，

$$\begin{aligned}L\phi=&(\boldsymbol{\Omega}\cdot\nabla+\Sigma_t)\phi(\boldsymbol{r},\boldsymbol{\Omega},E)-\\&\int_0^{\infty}\mathrm{d}E'\int_0^{4\pi}\Sigma_s(\boldsymbol{r},E')f(\boldsymbol{r},E'\to E,\boldsymbol{\Omega}'\to\boldsymbol{\Omega})\phi(r,\boldsymbol{\Omega}',E')\mathrm{d}\boldsymbol{\Omega}'\end{aligned}\tag{7-9b}$$

$$F\phi=\lambda\frac{\chi(E)}{4\pi}\iint\nu\Sigma_f(\boldsymbol{r},\boldsymbol{\Omega}',E')\phi(\boldsymbol{r},\boldsymbol{\Omega}',E')\mathrm{d}E'\mathrm{d}\boldsymbol{\Omega}'\tag{7-9c}$$

对于输运项 $\boldsymbol{\Omega}\cdot\nabla\phi$，将共轭通量 ϕ^* 与其做内积，有

$$\langle\phi^*,\boldsymbol{\Omega}\cdot\nabla\phi\rangle=\int\mathrm{d}E\int\mathrm{d}\boldsymbol{\Omega}\int\mathrm{div}(\phi\phi^*\boldsymbol{\Omega})\mathrm{d}\boldsymbol{r}+\langle\phi,-\boldsymbol{\Omega}\cdot\nabla\phi^*\rangle\tag{7-10}$$

基于高斯公式，将式(7-10)中的体积分变换为面积法，有

$$\int\mathrm{d}E\int\mathrm{d}\boldsymbol{\Omega}\int\mathrm{div}(\phi\phi^*\boldsymbol{\Omega})\mathrm{d}\boldsymbol{r}=\int\mathrm{d}E\int\mathrm{d}\boldsymbol{\Omega}\int\phi\phi^*\boldsymbol{\Omega}\cdot\boldsymbol{n}\mathrm{d}S\tag{7-11}$$

在堆芯边界处，角通量以及共轭角通量可认为满足下式：

$$\phi_{\text{boundary}}=\phi^*_{\text{boundary}}=0\tag{7-12}$$

则式(7-11)中的体积分为0，即

$$\int\mathrm{d}E\int\mathrm{d}\boldsymbol{\Omega}\int\mathrm{div}(\phi\phi^*\boldsymbol{\Omega})\mathrm{d}\boldsymbol{r}=\int\mathrm{d}E\int\mathrm{d}\Omega\int\phi\phi^*\boldsymbol{\Omega}\cdot\boldsymbol{n}\mathrm{d}S=0\tag{7-13}$$

于是有

$$\langle \phi^*, \boldsymbol{\Omega} \cdot \nabla\phi \rangle = \langle \phi, -\boldsymbol{\Omega} \cdot \nabla\phi^* \rangle \tag{7-14}$$

由式(7-14)可知，输运算子$\boldsymbol{\Omega} \cdot \nabla$的共轭算子为$-\boldsymbol{\Omega} \cdot \nabla$。这与表3-1中给出的结论是一致的。

对于算子Σ_t，根据共轭算符的定义可知，该算子为自共轭算子，即其共轭算子为其本身，因为

$$\left\langle \phi^*, \Sigma_t(\boldsymbol{r}, E)\phi \right\rangle = \left\langle \phi, \Sigma_t(\boldsymbol{r}, E)\phi^* \right\rangle \tag{7-15}$$

对于散射源项，根据内积的定义有

$$\begin{aligned}&\left\langle \phi^*, \iint \Sigma_s(\boldsymbol{r}, E') f(E' \to E, \boldsymbol{\Omega}' \to \boldsymbol{\Omega}) \phi(r, \boldsymbol{\Omega}', E') \mathrm{d}\boldsymbol{\Omega}' \mathrm{d}E' \right\rangle \\ &= \left\langle \phi, \iint \Sigma_s(\boldsymbol{r}, E) f(E \to E', \boldsymbol{\Omega} \to \boldsymbol{\Omega}') \phi^*(r, \boldsymbol{\Omega}', E') \mathrm{d}\boldsymbol{\Omega}' \mathrm{d}E' \right\rangle\end{aligned} \tag{7-16}$$

综上所述，算符L的共轭算符为

$$\begin{aligned}L^*\phi^* = &(-\boldsymbol{\Omega} \cdot \nabla + \Sigma_t)\phi^*(\boldsymbol{r}, \boldsymbol{\Omega}, E) - \\ &\Sigma_s(\boldsymbol{r}, E)\iint f(\boldsymbol{r}, E \to E', \boldsymbol{\Omega} \to \boldsymbol{\Omega}')\phi^*(r, \boldsymbol{\Omega}', E')\mathrm{d}\boldsymbol{\Omega}'\mathrm{d}E'\end{aligned} \tag{7-17}$$

对于裂变算符F，参考散射算符共轭算子的推导过程，可以得到F的共轭算子F^*为

$$F^*\phi^* = \lambda^* \frac{\nu\Sigma_f(\boldsymbol{r}, E)}{4\pi}\iint \chi(E')\phi^*(\boldsymbol{r}, \boldsymbol{\Omega}', E')\mathrm{d}\boldsymbol{\Omega}'\mathrm{d}E' \tag{7-18}$$

因此，稳态条件下，完备的共轭中子输运方程为

$$\begin{aligned}(-\boldsymbol{\Omega} \cdot \nabla + \Sigma_t)\phi^*(\boldsymbol{r}, \boldsymbol{\Omega}, E) = &\Sigma_s(\boldsymbol{r}, E)\iint f(\boldsymbol{r}, E \to E', \boldsymbol{\Omega} \to \boldsymbol{\Omega}')\phi^*(\boldsymbol{r}, \boldsymbol{\Omega}', E')\mathrm{d}\boldsymbol{\Omega}'\mathrm{d}E' + \\ &\lambda^* \frac{\nu\Sigma_f(\boldsymbol{r}, E)}{4\pi}\iint \chi(E')\phi^*(\boldsymbol{r}, \boldsymbol{\Omega}', E')\mathrm{d}\boldsymbol{\Omega}'\mathrm{d}E'\end{aligned} \tag{7-19}$$

对比式(7-8)和式(7-19)可知，共轭中子输运方程与前向中子输运方程形式上是完全一致的，差别主要有三点：①泄漏项取负；②散射矩阵转置；③裂变谱与裂变截面互换位置。

而在传统“两步法”计算过程中，堆芯计算广泛基于中子扩散方程。稳态前向中子扩散方程可以表示为

$$\begin{aligned}&-\nabla \cdot D(\boldsymbol{r}, E)\nabla\phi(\boldsymbol{r}, E) + \Sigma_f(\boldsymbol{r}, E)\phi(\boldsymbol{r}, E) \\ &= \int_0^{\infty} \Sigma_s(\boldsymbol{r}, E' \to E)\phi(\boldsymbol{r}, E')\mathrm{d}E' + \lambda\chi(E)\int_0^{\infty} \nu\Sigma_f(\boldsymbol{r}, E')\phi(\boldsymbol{r}, E')\mathrm{d}E'\end{aligned} \tag{7-20}$$

参考共轭中子输运方程的推导，消失项、散射源项以及裂变源项的共轭算子可以直接获得。而根据共轭算符的定义及表3-1可知，泄漏项$-\nabla \cdot D\nabla$是自共轭的，因此，稳态共轭中子扩散方程可以直接写为

$$-\nabla \cdot D(\boldsymbol{r}, E)\nabla\phi^*(\boldsymbol{r}, E) + \Sigma_t(\boldsymbol{r}, E)\phi^*(\boldsymbol{r}, E)$$

$$=\int_0^\infty \Sigma_s(\boldsymbol{r},E\rightarrow E')\phi^*(\boldsymbol{r},E')\mathrm{d}E'+\lambda^*\nu\Sigma_f(\boldsymbol{r},E)\int_0^\infty \chi(E')\phi^*(\boldsymbol{r},E')\mathrm{d}E' \tag{7-21}$$

前向中子输运方程与扩散方程表征了中子数的守恒关系，而共轭输运方程和扩散方程表征了临界系统内中子价值的守恒关系。事实上，共轭扩散方程只是在共轭输运方程的基础上作了扩散近似。

而在实际应用中，中子输运方程或中子扩散方程均以多群形式出现。以前向多群中子扩散方程为例，其矩阵形式可以表示为

$$\begin{bmatrix} -\nabla D_1\nabla+\Sigma_{R,1} & -\Sigma_{s,2\rightarrow1} & \cdots & -\Sigma_{s,G\rightarrow1} \\ -\Sigma_{s,1\rightarrow2} & -\nabla D_2\nabla+\Sigma_{R,2} & \cdots & -\Sigma_{s,G\rightarrow2} \\ \vdots & \vdots & \ddots & \vdots \\ -\Sigma_{s,1\rightarrow G} & -\Sigma_{s,2\rightarrow G} & \cdots & -\nabla D_G\nabla+\Sigma_{R,G} \end{bmatrix}\begin{bmatrix}\phi_1\\ \phi_2\\ \vdots\\ \phi_G\end{bmatrix}$$

$$=\begin{bmatrix} \chi_1\nu\Sigma_{f,1} & \chi_1\nu\Sigma_{f,2} & \cdots & \chi_1\nu\Sigma_{f,G} \\ \chi_2\nu\Sigma_{f,1} & \chi_2\nu\Sigma_{f,2} & \cdots & \chi_2\nu\Sigma_{f,G} \\ \vdots & \vdots & \ddots & \vdots \\ \chi_G\nu\Sigma_{f,1} & \chi_G\nu\Sigma_{f,2} & \cdots & \chi_G\nu\Sigma_{f,G} \end{bmatrix}\begin{bmatrix}\phi_1\\ \phi_2\\ \vdots\\ \phi_G\end{bmatrix} \tag{7-22}$$

由于稳态前向中子扩散方程的各项是自共轭的，因此将式(7-22)的矩阵转置便可得到共轭多群中子扩散方程，即

$$\begin{bmatrix} -\nabla D_1\nabla+\Sigma_{R,1} & -\Sigma_{s,1\rightarrow2} & \cdots & -\Sigma_{s,1\rightarrow G} \\ -\Sigma_{s,2\rightarrow1} & -\nabla D_2\nabla+\Sigma_{R,2} & \cdots & -\Sigma_{s,2\rightarrow G} \\ \vdots & \vdots & \ddots & \vdots \\ -\Sigma_{s,G\rightarrow1} & -\Sigma_{s,G\rightarrow2} & \cdots & -\nabla D_G\nabla+\Sigma_{R,G} \end{bmatrix}\begin{bmatrix}\phi_1^*\\ \phi_2^*\\ \vdots\\ \phi_G^*\end{bmatrix}$$

$$=\begin{bmatrix} \chi_1\nu\Sigma_{f,1} & \chi_2\nu\Sigma_{f,1} & \cdots & \chi_G\nu\Sigma_{f,1} \\ \chi_1\nu\Sigma_{f,2} & \chi_2\nu\Sigma_{f,2} & \cdots & \chi_G\nu\Sigma_{f,2} \\ \vdots & \vdots & \ddots & \vdots \\ \chi_1\nu\Sigma_{f,G} & \chi_2\nu\Sigma_{f,G} & \cdots & \chi_G\nu\Sigma_{f,G} \end{bmatrix}\begin{bmatrix}\phi_1^*\\ \phi_2^*\\ \vdots\\ \phi_G^*\end{bmatrix} \tag{7-23}$$

其中，G 表示能群数，Σ_R 表示移出截面。针对某一特定能群 g，移出截面表达式为

$$\Sigma_{R,g}(\boldsymbol{r})=\Sigma_{s,g}(\boldsymbol{r})-\Sigma_{s,g\rightarrow g}(\boldsymbol{r})$$

针对中子输运方程或扩散方程，通过上述推导发现共轭方程与前向方程形式上是完全一致的。因此，只需对前向中子输运方程或扩散方程的求解器做适当的修改，就能直接求解共轭方程。以稳态共轭中子输运方程求解为例，只需将：

(1) 泄漏项取负。

(2) 散射矩阵转置，实现共轭散射源项的计算。但需要注意的是，由于散射矩阵的转置，可能造成上散射变得强烈，进而影响收敛速度。实际操作中，可以将所

有截面的能群编号前后对应互换，比如 $G\leftrightarrow 1$，实现逆向能群扫描。

(3) 裂变产生截面 $\nu\Sigma_{\mathrm{f}}$ 与裂变谱 χ 向量互换，实现共轭裂变源项的计算。

上述过程仅仅是对截面的预处理，并没有对输运求解的迭代过程进行修改。因此，可以使用前向中子输运方程求解器直接求解共轭中子输运方程。但需注意的是，上述过程获得的通量信息还需进一步后处理才是真实的共轭通量，包括：

(1) 能群编号前后再次对应互换，以对应为真实能群下的共轭通量。

(2) 若角度变量采用离散方式，则需将 $\boldsymbol{\Psi}^{*}(\boldsymbol{r},\Omega_{m},E)$ 对应于 $\boldsymbol{\Psi}^{*}(\boldsymbol{r},-\Omega_{m},E)$。

对于扩散求解，上述操作同样适用，只是不存在泄漏项取负及角度离散的问题。

而对于广义共轭中子输运方程，由式(3-45)可知：

$$(L^{*}-\lambda F^{*})\Gamma^{*}=\frac{1}{R}\frac{\mathrm{d}R}{\mathrm{d}\phi}=S^{*} \tag{7-24}$$

其中，λ 为求解前向中子输运方程得到的系统本征值，其在广义共轭方程求解过程中不参与迭代更新。

可以发现，式(7-24)与共轭中子输运方程具有类似的形式，只是源项部分增加了广义共轭源项 S^{*}。因此，并不需要针对广义共轭方程的求解单独开发求解器，只需对前向中子输运方程做适当的修改即可。首先，对前向求解器进行修改，使其具备共轭计算能力，包括：①泄漏项取负；②散射矩阵转置；③裂变产生截面 $\nu\Sigma_{\mathrm{f}}$ 与裂变谱 χ 向量互换。

在实现上述修改后，直接将广义共轭源项 S^{*} 添加到共轭中子输运方程源项开展数值计算并不能直接得到广义共轭通量。这是因为本征值 λ 不参与迭代更新。因此，式(7-24)左侧系数矩阵为奇异矩阵，同时由于广义共轭源项的存在，使得式(7-24)变为非齐次的奇异方程，若对其进行直接数值求解会出现迭代不收敛的情况。因此，对于广义共轭方程的求解还需要进行进一步的修改。其中，广义共轭方程的数值求解流程如图 7-1 所示。

将广义共轭方程两端同时乘以中子通量 ϕ，并在空间上积分，可以得到：

$$\langle\phi,(L^{*}-\lambda F^{*})\Gamma^{*}\rangle=\langle\phi,S^{*}\rangle \tag{7-25}$$

根据共轭计算的特性，式(7-25)可写为

$$\langle\Gamma^{*},(L-\lambda F)\phi\rangle=\langle\phi,S^{*}\rangle \tag{7-26}$$

由于 $(L-\lambda F)\phi=0$，则式(7-26)表明广义共轭源项 S^{*} 与前向通量 ϕ 正交，即

$$\langle\phi,S^{*}\rangle=0 \tag{7-27}$$

于是，广义共轭方程的通解 Γ^{*} 可以表示为特解 Γ_{0}^{*} 与齐次解 ϕ^{*} 的线性组合：

$$\Gamma^{*}=\Gamma_{0}^{*}+c\phi^{*} \tag{7-28}$$

其中，ϕ^{*} 为共轭方程的解，c 是任意的常数。同时，广义共轭通量 Γ^{*} 与中子输运方程的裂变源满足正交关系，即

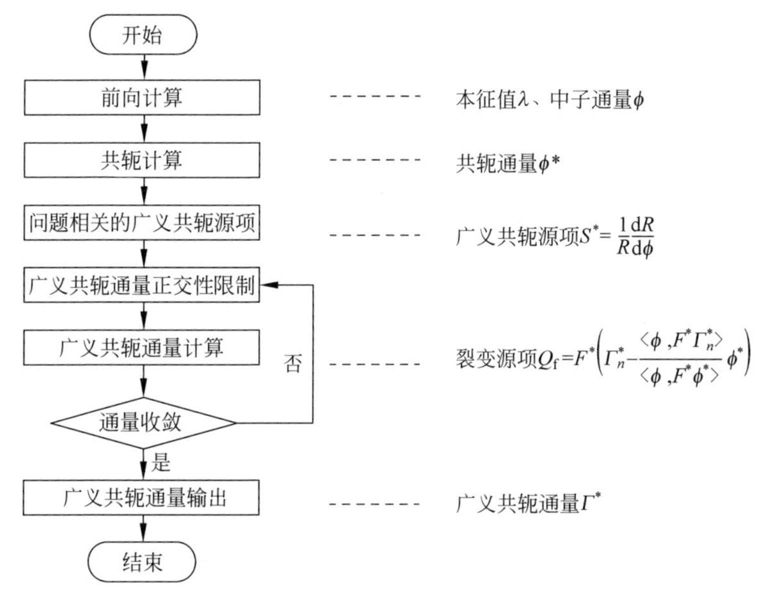

图 7-1 广义共轭方程数值求解流程

$$\langle\Gamma^*,F\phi\rangle=0 \tag{7-29}$$

将式(7-28)代入式(7-29),则有

$$\langle\Gamma^*,F\phi\rangle=\langle\Gamma_0^*,F\phi\rangle+c\langle\phi^*,F\phi\rangle \tag{7-30}$$

可得系数 c 的形式为

$$c=-\frac{\langle\Gamma_0^*,F\phi\rangle}{\langle\phi^*,F\phi\rangle}=-\frac{\langle\phi,F^*\Gamma_0^*\rangle}{\langle\phi,F^*\phi^*\rangle} \tag{7-31}$$

于是,广义共轭方程的解可写为

$$\Gamma^*=\Gamma_0^*-\frac{\langle\phi,F^*\Gamma_0^*\rangle}{\langle\phi,F^*\phi^*\rangle}\phi^* \tag{7-32}$$

基于外中子源法,求解广义共轭方程的迭代格式与求解固定源方程一致,可写为

$$L^*\Gamma_{n+1}^*=\lambda F^*\Gamma_n^*+S^* \tag{7-33}$$

将式(7-32)代入式(7-33),即可得到求解广义共轭方程的迭代格式为

$$L^*\Gamma_{n+1}^*=\lambda F^*\left(\Gamma_n^*-\frac{\langle\phi,F^*\Gamma_n^*\rangle}{\langle\phi,F^*\phi^*\rangle}\phi^*\right)+S^* \tag{7-34}$$

由式(7-34)可知,在求解广义共轭方程之前,需要首先开展前向计算及共轭计算得到系统本征值 λ、前向通量 ϕ 及共轭通量 ϕ^*。随后,只需在调用输运求解器之前根据式(7-34)对裂变源进行修改,即可实现广义共轭方程的数值求解。

为更加清晰地理解广义共轭方程的求解,我们通过一个简单的例子来阐述具体求解步骤和细节。考虑一个两群点堆模型,其核截面数据信息见表 7-1[1]。

表 7-1 两群点堆模型的基本截面参数

$\Sigma_{c1}=0.0075$	$\Sigma_{c2}=0.074$	$\Sigma_{f1}=0.005$	$\Sigma_{f2}=0.05$
$\nu_1=3.0$	$\nu_2=2.5$	$\Sigma_{1\to2}=0.02$	$B^2=20\times10^{-4}$
$\chi_{11}=0.9$	$\chi_{21}=0.1$	$\chi_{12}=0.75$	$\chi_{22}=0.25$
$\Sigma_{a1}=0.0125$	$\Sigma_{a2}=0.124$	$D_1=1.25$	$D_2=0.5$

同时,此算例中选择的响应是超热俘获率与热俘获率之比,即

$$R=\frac{\Sigma_{c1}\phi_1}{\Sigma_{c2}\phi_2} \tag{7-35}$$

于是,该问题的中子平衡方程为

$$\begin{bmatrix} D_1B^2+\Sigma_{a1}+\Sigma_{1\to2}-\lambda\chi_{11}\nu_1\Sigma_{f1} & -\lambda\chi_{12}\nu_2\Sigma_{f2} \\ -\left(\Sigma_{1\to2}+\lambda\chi_{21}\nu_1\Sigma_{f1}\right) & D_2B^2+\Sigma_{a2}-\lambda\chi_{22}\nu_2\Sigma_{f2} \end{bmatrix}\begin{bmatrix}\phi_1\\ \phi_2\end{bmatrix}=0 \tag{7-36}$$

将表 7.1 中的核数据代入式(7-36)可得:

$$\begin{bmatrix} 0.035-0.0135\lambda & -0.09375\lambda \\ -(0.02+0.0015\lambda) & 0.125-0.03125\lambda \end{bmatrix}\begin{bmatrix}\phi_1\\ \phi_2\end{bmatrix}=0 \tag{7-37}$$

令式(7-37)的系数行列式等于 0 便可求解方程(7-37)的两个特征值解,即

$$\lambda_0=1.0,\quad \lambda_1=\frac{140}{9}$$

由特征值的解可知,本征值 λ_0 为 1.0,表明该系统是临界的。而对应于特征值的特征向量值为

$$\boldsymbol{\phi}_0=\begin{bmatrix}1\\ 0.229333\end{bmatrix},\quad \boldsymbol{\phi}_1=\begin{bmatrix}1\\ -0.12\end{bmatrix}$$

而本征值对应的本征向量值为系统的中子通量解。于是,系统响应的计算值为

$$R=\frac{7.5\times10^{-3}\times1}{7.4\times10^{-2}\times0.229333}=0.44194$$

通过将方程(7-37)的系数矩阵转置可得系统的共轭方程,即

$$\begin{bmatrix} 0.035-0.0135\lambda & -(0.02+0.0015\lambda) \\ -0.09375\lambda & 0.125-0.03125\lambda \end{bmatrix}\begin{bmatrix}\phi_1^*\\ \phi_2^*\end{bmatrix}=0 \tag{7-38}$$

方程(7-38)与方程(7-37)的系数行列式是一致的,于是前向方程与共轭方程的特征值是相等的,但特征向量不等。共轭方程的特征向量值为

$$\boldsymbol{\phi}_0^*=\begin{bmatrix}1\\ 1\end{bmatrix},\quad \boldsymbol{\phi}_1^*=\begin{bmatrix}1\\ -\dfrac{105}{26}\end{bmatrix}$$

同理,本征值对应的本征向量表征中子价值。可以发现,共轭方程的第二个特征向量解正交于中子裂变率,因为

$$\boldsymbol{\phi}_1^{*\mathrm{T}} F \boldsymbol{\phi}_0 = \begin{bmatrix} 1 & -\dfrac{105}{26} \end{bmatrix} \begin{bmatrix} 0.0135 & 0.09375 \\ 0.0015 & 0.03125 \end{bmatrix} \begin{bmatrix} 1 \\ 0.229333 \end{bmatrix} = 0$$

为了求解广义共轭通量,需要首先确定广义共轭源,即

$$S_1^* = \frac{1}{R}\frac{\mathrm{d}R}{\mathrm{d}\phi_1} = \frac{1}{\phi_1}, \quad S_2^* = \frac{1}{R}\frac{\mathrm{d}R}{\mathrm{d}\phi_2} = -\frac{1}{\phi_2}$$

于是,广义共轭源为

$$\boldsymbol{S}^* = \begin{bmatrix} \dfrac{1}{\phi_1} \\ -\dfrac{1}{\phi_2} \end{bmatrix} = \begin{bmatrix} 1 \\ -\dfrac{375}{86} \end{bmatrix} \tag{7-39}$$

可以发现广义共轭源 $\boldsymbol{S}^*$ 正交于本征向量 $\boldsymbol{\phi}_0$。将 $\lambda=1$ 代入方程(7-39)并将方程右边替换为广义共轭源,就可以得到广义共轭方程,即

$$\begin{bmatrix} 0.0215 & -0.0215 \\ -0.09375 & 0.09375 \end{bmatrix} \begin{bmatrix} \Gamma_1^* \\ \Gamma_2^* \end{bmatrix} = \begin{bmatrix} 1 \\ -\dfrac{375}{86} \end{bmatrix} \tag{7-40}$$

需要注意的是,广义共轭通量也满足 $\langle \Gamma^* F\phi \rangle = 0$,即

$$\boldsymbol{\Gamma}^{*\mathrm{T}} F \boldsymbol{\phi}_0 = \begin{bmatrix} \Gamma_1^* & \Gamma_2^* \end{bmatrix} \begin{bmatrix} 0.0135 & 0.09375 \\ 0.0015 & 0.03125 \end{bmatrix} \begin{bmatrix} 1 \\ 0.229333 \end{bmatrix} = 0 \tag{7-41}$$

由式(7-40)和式(7-41)可知:

$$0.0215\Gamma_1^* - 0.0215\Gamma_2^* = 1$$

$$-0.09375\Gamma_1^* + 0.09375\Gamma_2^* = -\frac{375}{86}$$

$$\frac{7}{200}\Gamma_1^* + \frac{13}{1500}\Gamma_2^* = 0$$

分析上式可知,前两个方程是线性相关的,于是,广义共轭通量可通过求解下列方程获得:

$$\begin{bmatrix} 0.0215 & -0.0215 \\ \dfrac{7}{200} & \dfrac{13}{1500} \end{bmatrix} \begin{bmatrix} \Gamma_1^* \\ \Gamma_2^* \end{bmatrix} = \begin{bmatrix} 1 \\ 0 \end{bmatrix} \tag{7-42}$$

于是,广义共轭通量解为

$$\begin{bmatrix} \Gamma_1^* \\ \Gamma_2^* \end{bmatrix} = \begin{bmatrix} 9.2313 \\ -37.2803 \end{bmatrix} \tag{7-43}$$

另外,很容易证明广义共轭通量 $\boldsymbol{\Gamma}^*$ 与 $\boldsymbol{\phi}_1^*$ 是正交的。

7.1.3　有效增殖因子敏感性系数计算

在获取了前向中子通量及共轭通量后,可以应用微扰理论求解有效增殖因子

对于截面的敏感性系数。由式(3-40)可知，针对中子输运计算或中子扩散计算，有效增殖因子对于核截面的敏感性系数为

$$S_{\alpha}^{k_{\mathrm{eff}}}=\alpha k_{\mathrm{eff}}\frac{\left\langle\phi^{*}\left(\frac{1}{k_{\mathrm{eff}}}\Delta F-\Delta L\right)\phi/\Delta\alpha\right\rangle}{\langle\phi^{*}F\phi\rangle} \tag{7-44}$$

其中，α 表示某输入截面。

需要指出的是，上述公式计算的敏感性系数是核截面参与中子输运或中子扩散计算时对有效增殖因子的直接影响，称为显式敏感性系数。当 α 为多群有效共振截面或少群宏观均匀化截面时，利用上述公式计算有效增殖因子对于核截面的显式敏感性系数是严格成立的。但若考虑输运计算前的共振计算，上述敏感性系数公式忽略了核截面对有效增殖因子的隐式效应，即忽略了核截面对共振计算的作用，进而体现到对输运计算的一种间接影响，这种影响在热中子反应堆物理计算中表现得尤为突出。关于隐式敏感性系数的计算与分析，第6章中进行了详细的阐述，而本节重点是研究输运计算过程中系统响应对于核截面的显式敏感性系数。

针对敏感性系数的实际计算过程，由式(7-44)可知，敏感性系数计算公式的分母是相对独立的，而分子会随着所研究核反应类型的不同而改变。以中子输运计算为例，分母的离散化形式可以表示为

$$\mathrm{Deno}=\langle\phi^{*}F\phi\rangle=\sum_{i}^{I}\sum_{z}^{Z}V_{z}\sum_{g}^{G}\chi_{g,z}^{i}\left(\sum_{m=1}^{M}w_{m}\phi_{m,g,z}^{*}\right)\sum_{g'}^{G}\nu_{g',z}^{i}\sigma_{\mathrm{f},g',z}^{i}\left(\sum_{m=1}^{M}w_{m}\phi_{m,g',z}\right) \tag{7-45}$$

其中，i,m,g 和 z 分别表示某一核素、方向、能群及网格；w_m 表示求积组权重；V_z 表示网格体积；$\phi_{m,g,z}$ 和 $\phi_{m,g,z}^{*}$ 分别是求解前向中子输运方程和共轭中子输运方程得到的网格 z、能群 g、方向 m 的中子角通量及共轭中子角通量。

同时，基于中子输运方程的离散形式，敏感性系数的分子项也很容易得出。其中，有效增殖因子对于不同核素、不同能群的不同核反应截面的敏感性系数如下：

(1) 俘获截面：

$$S_{k_{\mathrm{eff}},\sigma_{\mathrm{cap},g}}^{i}=-\frac{k_{\mathrm{eff}}}{\mathrm{Deno}}\sum_{z}^{Z}V_{z}\sigma_{\mathrm{cap},g,z}^{i}\sum_{m}^{M}w_{m}\phi_{m,g,z}^{*}\sum_{m}^{M}w_{m}\phi_{m,g,z} \tag{7-46}$$

(2) 裂变截面：

$$\begin{aligned}S_{k_{\mathrm{eff}},\sigma_{\mathrm{f},g}}^{i}=\frac{k_{\mathrm{eff}}}{\mathrm{Deno}}\Bigg(&\frac{1}{k_{\mathrm{eff}}}\sum_{z}^{Z}V_{z}\nu_{g}^{i}\sigma_{\mathrm{f},g,z}^{i}\sum_{m}^{M}w_{m}\phi_{m,g,z}\sum_{g'=1}^{G}\chi_{g'}^{i}\sum_{m}^{M}w_{m}\phi_{m,g',z}^{*}-\\&\sum_{z}^{Z}V_{z}\sigma_{\mathrm{f},g,z}^{i}\sum_{m}^{M}w_{m}\phi_{m,g,z}\sum_{m}^{M}w_{m}\phi_{m,g,z}^{*}\Bigg)\end{aligned} \tag{7-47}$$

(3) 平均裂变中子数：

$$S_{k_{\mathrm{eff}},\nu_{g}}^{i}=\frac{1}{\mathrm{Deno}}\sum_{z}^{Z}\nu_{g,z}^{i}\sigma_{\mathrm{f},g,z}^{i}\sum_{m}^{M}w_{m}\phi_{m,g,z}V_{z}\sum_{g'=1}^{G}\chi_{g'}^{i}\sum_{m}^{M}w_{m}\phi_{m,g',z}^{*} \tag{7-48}$$

（4）裂变谱：

$$S_{k_{\text{eff}},\chi_g}^i = \frac{1}{\text{Deno}} \sum_z^Z V_z \chi_g^i \sum_m^M w_m \phi_{m,g,z}^* \sum_{g'=1}^G \nu_{g',z}^i \sigma_{\text{f},g',z}^i \sum_m^M w_m \phi_{m,g',z} \tag{7-49}$$

（5）散射截面：

$$S_{k_{\text{eff}},\sigma_{\text{s},g\to g'}}^i = \frac{k_{\text{eff}}}{\text{Deno}} \sum_z^Z V_z \sigma_{\text{s},g\to g',z}^i \sum_m^M w_m \phi_{m,g,z} \left(\sum_m^M w_m \phi_{m,g',z}^* - \sum_m^M w_m \phi_{m,g,z}^* \right) \tag{7-50}$$

需要注意的是，每一种核素在所有能群上裂变谱之和应该等于1.0，因此，k_{eff}对裂变谱的敏感性系数总和应为0.0，因为任何能群中的裂变谱变化都必须通过其他能群中裂变谱的变化来补偿，以保证裂变谱之和为1.0的约束条件。然而，基于式(7-44)、式(7-45)及式(7-49)计算得到的k_{eff}对裂变谱的敏感性系数总和为1.0，因此，需要修正k_{eff}对裂变谱的敏感性系数计算。可采取如下方式修正：

$$S_{k_{\text{eff}},\chi_g}^{I,C} = S_{k_{\text{eff}},\chi_g}^i - \chi'_g \sum_{g'}^G S_{k_{\text{eff}},\chi_{g'}}^i \tag{7-51}$$

敏感性系数随能量变化的曲线称为"敏感性系数分布"(sensitivity profile)，表征某一能量的截面变化对于有效增殖因子的影响。图7-2表示由典型压水堆组件构成的3×3堆芯的k_{eff}对于^{235}U和^{238}U俘获截面及裂变截面的显式敏感性系数分布图[4]。

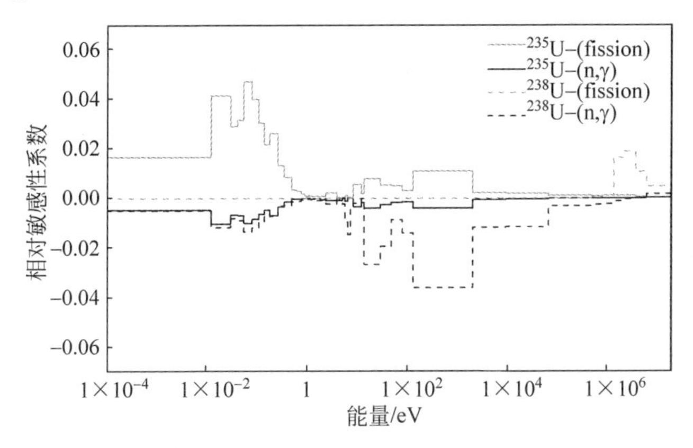

图7-2　堆芯k_{eff}对^{235}U和^{238}U裂变截面及辐射俘获截面的敏感性系数分布(见文前彩图)

由于^{235}U的裂变反应主要发生在热能区，因此对于压水堆而言，堆芯k_{eff}对热能区^{235}U的中子裂变截面最为敏感；与之相反，^{238}U的快裂变反应主要发生在快能区，因此堆芯k_{eff}对高能区^{238}U的中子裂变截面敏感性要显著大于其他能量区。而在中能区，k_{eff}对于^{238}U俘获截面较大的负敏感性系数表征了^{238}U俘获共振对堆芯k_{eff}的重要性。

敏感性系数可表征反应截面扰动对堆芯k_{eff}计算结果的相对影响，通过对不同核反应截面的敏感性系数进行分级排列，以寻找对k_{eff}影响最大的核反应截面。针对不同类型的核反应堆，表7-2列出了k_{eff}最为敏感的前3种核反应的积分敏感性系数。对比表 7-2 数据可知，热中子反应堆中堆芯 k_{eff} 对于 ^{235}U 平均裂变中子数反应最为敏感；而针对高温气冷堆，由于采用石墨慢化，堆芯中存在大量石墨，因此，k_{eff} 对于石墨弹性散射截面也表现出较大的敏感性，特别是在中能区，这一现象为采用石墨慢化的高温气冷堆所特有。对于快堆，k_{eff} 对作为主要裂变核素的 ^{239}Pu 的平均裂变中子数和裂变截面具有显著的敏感性，此外，^{238}U 的俘获截面也具有较大的敏感性。

表 7-2　堆芯 k_{eff} 最为敏感的前 3 种核反应的积分敏感性系数[2,4,5]

反应堆类型	核　素	反应截面	积分敏感性系数
压水堆（VERA）	^{235}U	$\bar{\nu}$	9.18×10^{-1}
	^{235}U	σ_f	3.71×10^{-1}
	^{238}U	σ_γ	-2.75×10^{-1}
高温气冷堆（HTR-10）	^{235}U	$\bar{\nu}$	9.98×10^{-1}
	石墨	σ_{elas}	6.20×10^{-1}
	^{235}U	σ_f	3.64×10^{-1}
钠冷快堆（BN-600）	^{239}Pu	$\bar{\nu}$	8.42×10^{-1}
	^{239}Pu	σ_f	6.02×10^{-1}
	^{238}U	σ_γ	-1.92×10^{-1}

同理，针对中子扩散计算，也可获得堆芯有效增殖因子对于少群均匀化截面的敏感性系数。此时，分母的离散化形式表示为

$$\text{Deno}=\langle\phi^* F\phi\rangle=\sum_z^Z V_z\sum_g^G \chi_{g,z}\phi_{g,z}^*\sum_{g'}^G(\nu\Sigma_f)_{g',z}\phi_{g',z} \tag{7-52}$$

其中，$\phi_{g,z}$ 和 $\phi_{g,z}^*$ 分别是求解前向中子扩散方程和共轭中子扩散方程得到的网格 z、能群 g 的中子标通量及共轭中子标通量。

而针对不同能群的不同宏观截面的敏感性系数汇总如下：

（1）吸收截面：

$$S_{k_{eff}\Sigma_{a,g}}=-\frac{k_{eff}}{\text{Deno}}\sum_z^Z V_z\Sigma_{a,g,z}\phi_{g,z}^*\phi_{g,z} \tag{7-53}$$

由式(7-53)可知，吸收截面的增加会导致 k_{eff} 的减少；$\Sigma_{a,g,z}\phi_{g,z}$ 表示位置 z 处、第 g 能群的中子数减少，该值乘以中子价值表征吸收截面的变化对于 k_{eff} 的影响。通过将所有能群的贡献加和并在空间上积分，便可得到吸收截面变化对于 k_{eff} 总的影响。

（2）裂变产生截面：

$$S_{k_{eff},\Sigma_{f,g}}=\frac{1}{\text{Deno}}\sum_z^Z V_z\chi_g\phi_{g,z}^*\sum_{g'=1}^G\left(\nu\Sigma_f\right)_{g',z}\phi_{g',z} \tag{7-54}$$

其中，$\chi_g\sum_{g'=1}^G(\nu\Sigma_f)_{g'}\phi_{g'}$ 表示所有能群内的中子引发裂变所产生的第 g 能群中子产生率，其与第 g 能群中子价值相积，并在空间上积分，便可得到中子裂变产生截面变化对于 k_{eff} 总的影响。

(3) 散射截面：

$$S_{k_{\text{eff}},\Sigma_{\text{s},g\to g'}}=\frac{k_{\text{eff}}}{\text{Deno}}\sum_{z}^{Z}V_z\Sigma_{\text{s},g\to g',z}\phi_{g,z}(\phi_{g',z}^{*}-\phi_{g,z}^{*}) \tag{7-55}$$

由式(7-55)可知，散射截面的增加可能引起 k_{eff} 的增加、减少和不变，其取决于中子价值的变化。其中，针对某一能群 g，k_{eff} 对于散射截面的敏感性系数是该能群散射到其他能群的敏感性系数之和，即

$$S_{k_{\text{eff}},\Sigma_{\text{s},g}}=\sum_{g'=1}^{G}S_{k_{\text{eff}},\Sigma_{\text{s},g\to g'}} \tag{7-56}$$

(4) 扩散系数：

$$S_{k_{\text{eff}},\Sigma_{\text{s},g\to g'}}=-\frac{1}{\text{Deno}}\sum_{z}^{Z}V_zD_{g,z}\ \nabla\phi_{g,z}\cdot\nabla\phi_{g,z}^{*} \tag{7-57}$$

以双群扩散方程求解典型压水堆组件构成的 3×3 堆芯的 k_{eff} 为例[3]，基于微扰理论计算得到的 k_{eff} 对两群宏观截面的敏感性系数如图 7-3 所示。由图 7-3 可知，堆芯 k_{eff} 对于热群吸收截面和热群裂变产生截面最为敏感，而对于扩散系数是相对不敏感的，特别是热群扩散系数。

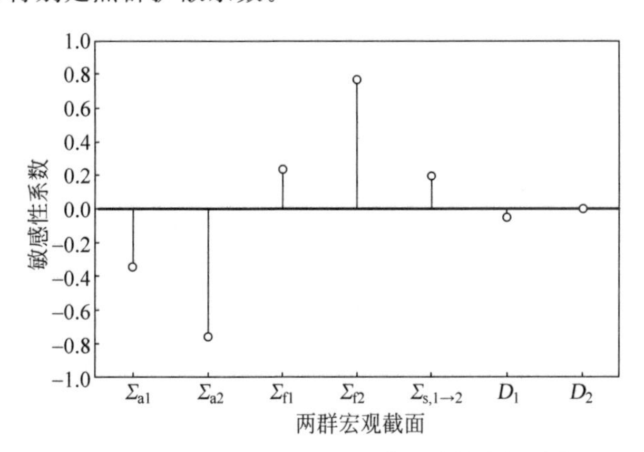

图 7-3　堆芯 k_{eff} 对两群宏观截面的敏感性系数

基于上述公式，在获得堆芯 k_{eff} 对于多群微观截面或少群宏观截面的敏感性系数后，结合表征截面自身不确定性的协方差矩阵，按照式(3-115)便可量化不同核截面自身不确定性对于堆芯 k_{eff} 计算不确定性的贡献。

7.1.4　均匀化少群参数的敏感性系数计算

均匀化少群参数的定义实质上为前向通量的线性泛函比率，即

$$R=\frac{\langle\Sigma_x\phi\rangle}{\langle\phi\rangle}\quad 或\quad R_g=\frac{\langle h_g\Sigma_x\phi\rangle}{\langle h_g\phi\rangle} \tag{7-58}$$

其中，R_g 表示第 g 群少群均匀化参数，如少群宏观吸收截面、少群扩散系数等。Σ_x 表示任意类型的宏观多群参数。h_g 表达式如下：

$$h_g = \begin{cases} 1, & E \in E_g \\ 0, & E \notin E_g \end{cases}$$

对比式(3-41)所表示的前向通量线性泛函比率的通式可知，Σ_1 和 Σ_2 分别为 Σ_x 和 1。此时，由式(3-45)定义的广义共轭方程为

$$(L^* - \lambda F^*)\Gamma^* = \frac{1}{R}\frac{\mathrm{d}R}{\mathrm{d}\phi} = \frac{\Sigma_x}{\langle \Sigma_x \phi \rangle} - \frac{1}{\langle \phi \rangle} = S^* \tag{7-59}$$

根据式(3-51)，可知均匀化少群参数对于输入参数 α 的敏感性系数为

$$S_{R,\alpha} = \underbrace{\left\{ \alpha \frac{1}{\langle \Sigma_x \phi \rangle} \left\langle \frac{\partial \Sigma_x}{\partial \alpha} \phi \right\rangle \right\}}_{S_{直接}} - \underbrace{\frac{\alpha}{R}\left\{ \left\langle \Gamma^*, \left(\frac{\partial L}{\partial \alpha} - \lambda \frac{\partial F}{\partial \alpha} \right) \phi \right\rangle \right\}}_{S_{间接}} \tag{7-60}$$

当输入参数 α 是多群微观截面时，与特征值敏感性分析理论一样，由多群微观截面的微扰 $\delta\alpha$ 引起的响应 R 的扰动可能包括 α 变化引入的显式效应及 α 变化引起共振自屏截面 σ 变化所引入的隐式效应。此时，可以通过将相对于输入参数 α 的偏导数扩展为全导数来处理，即

$$\frac{\partial}{\partial \alpha} \rightarrow \frac{\mathrm{d}}{\mathrm{d}\alpha} = \frac{\partial}{\partial \alpha} + \sum_{\sigma} \left(\frac{\partial \sigma}{\partial \alpha} \right) \frac{\partial}{\partial \sigma} \tag{7-61}$$

于是，均匀化少群参数对于输入参数 α 的总敏感性系数表示为

$$\begin{aligned} S_{R,\alpha}^{总} = & \underbrace{\left\{ \alpha \frac{1}{\langle \Sigma_x \phi \rangle} \left\langle \frac{\partial \Sigma_x}{\partial \alpha} \phi \right\rangle \right\}}_{S_{\mathrm{exp}}^{直接}} + \underbrace{\left\{ \sum_{\sigma} \left(\alpha \frac{1}{\langle \Sigma_x \phi \rangle} \left\langle \left(\frac{\partial \Sigma_x}{\partial \sigma} \right) \left(\frac{\partial \sigma}{\partial \alpha} \right) \phi \right\rangle \right) \right\}}_{S_{\mathrm{imp}}^{直接}} - \\ & \underbrace{\frac{\alpha}{R}\left\{ \left\langle \Gamma^*, \left(\frac{\partial L}{\partial \alpha} - \lambda \frac{\partial F}{\partial \alpha} \right) \phi \right\rangle \right\}}_{S_{\mathrm{exp}}^{间接}} - \underbrace{\sum_{\sigma} \frac{\alpha}{R}\left\{ \left\langle \Gamma^*, \left(\frac{\partial L}{\partial \sigma} - \lambda \frac{\partial F}{\partial \sigma} \right) \phi \right\rangle \frac{\partial \sigma}{\partial \alpha} \right\}}_{S_{\mathrm{imp}}^{间接}} \end{aligned} \tag{7-62}$$

由式(7-62)可以看出，基于广义微扰理论，对于总敏感性系数的贡献由四部分组成。式(7-62)右端后两项为间接项，其与有效增殖因子对于输入参数的敏感性系数计算和处理方法完全一样，只需将共轭通量 ϕ^* 替换为广义共轭 Γ^*，分母等于响应 R 即可。前两项称为直接项，相对容易确定，因为其只取决于响应函数，不需要共轭计算。另外，对于隐式敏感性系数的计算方法与有效增殖因子的隐式效应的处理一样，本节不再赘述，重点介绍一下直接项的显式敏感性系数计算方法及细节。

对于直接项的计算，是在归并区域和能群中做积分，如果归并的区域和能群中包含多群微观截面 α，则需计算；否则 α 对于直接项没有影响。下面针对不同截面分别讨论其显式效应：

（1）Σ_x 为总截面，则 Σ_t 对不同类型的多群微观截面 α 的偏导数均为 1。

（2）Σ_x 为俘获截面，则 Σ_c 对不同微观截面的偏导数不同。如果 α 为俘获截面，有 $\partial\Sigma_c/\partial\alpha=1$；如果 α 为总截面，则 $\partial\Sigma_c/\partial\alpha=\sigma_c/\sigma_t$，其中 σ_c 和 σ_t 分别表示多群俘获截面及总截面；如果 α 为 $n2n$ 截面，则 $\partial\Sigma_c/\partial\alpha=-1$；如果 α 为 np、nd 截面，则 $\partial\Sigma_c/\partial\alpha=1$。

（3）Σ_x 为裂变产生截面，如果 α 为总截面，则 $\partial\Sigma_{\nu f}/\partial\alpha=\sigma_{\nu f}/\sigma_t$；如果 α 为俘获截面，则 $\partial\Sigma_{\nu f}/\partial\alpha=\sigma_{\nu f}/\sigma_c$；如果 α 为裂变截面，则 $\partial\Sigma_{\nu f}/\partial\alpha=\nu$；如果 α 为平均裂变中子数，则 $\partial\Sigma_{\nu f}/\partial\alpha=\sigma_f$。

（4）Σ_x 为裂变截面，如果 α 为总截面，则 $\partial\Sigma_f/\partial\alpha=\sigma_f/\sigma_t$；如果 α 为俘获截面，则 $\partial\Sigma_f/\partial\alpha=\sigma_f/\sigma_c$。

（5）Σ_x 为散射截面，如果 α 同样为散射截面，此时有

$$S_{\exp}^{\text{直接}}=S_{\Sigma_{s,m\to n},\sigma_{s,i\to j},\exp}^{\text{直接}}=\alpha\frac{1}{\langle\Sigma_x\phi\rangle}\left\langle\frac{\partial\Sigma_x}{\partial\alpha}\phi\right\rangle$$

$$=\frac{N_\alpha}{\sum\limits_{m\in M}\phi_m\sum\limits_{n\in N}\Sigma_{s,m\to n}}\sigma_{s,i\to j}\sum_{m\in M}\phi_m\sum_{n\in N}\frac{\partial\Sigma_{s,m\to n}}{\partial\sigma_{s,i\to j}}\tag{7-63}$$

其中，i,j,m,n 分别为能群标识（多群），M,N 为少群标识。式(7-63)中，归并能群时，只要 $i\in M,j\in N$，就能使 $\partial\Sigma_{s,m\to n}/\partial\sigma_{s,i\to j}=1$，其余项为 0，于是有

$$S_{\Sigma_{s,m\to n},\sigma_{s,j},\exp}^{\text{直接}}=\sum_j S_{\Sigma_{s,m\to n},\sigma_{s,i\to j},\exp}^{\text{直接}}$$

$$=\begin{cases}\dfrac{N_\alpha}{\sum\limits_{m\in M}\phi_m\sum\limits_{n\in N}\Sigma_{s,m\to n}}\sum\limits_j\sigma_{s,i\to j}\phi_i, & i\in M,j\in N\\ 0, & \text{其他}\end{cases}\tag{7-64}$$

如果 α 为总截面，则 $\partial\Sigma_{s,m\to n}/\partial\alpha=\sigma_{s,i\to j}/\sigma_{t,i}$，$i\in M,j\in N$；如果 α 为俘获截面，则 $\partial\Sigma_{s,m\to n}/\partial\alpha=0$；如果 α 为弹性散射或非弹性散射截面，则 $\partial\Sigma_{s,m\to n}/\partial\alpha=1$。

（6）Σ_x 为扩散系数，需要根据不同的计算过程求解直接项。以先计算少群输运总截面，再计算扩散系数的计算过程为例说明，此时有

$$D_{G,I}=\frac{1}{3\Sigma_{tr,G,I}}\tag{7-65}$$

其中，G 为少群编号，I 为粗区编号，Σ_{tr} 为输运截面。于是有

$$S_{\exp}^{\text{直接}}=\alpha\frac{1}{\left\langle\dfrac{1}{\Sigma_{tr,g,I}}\phi\right\rangle_G}\left\langle\frac{-\langle\partial\Sigma_{tr}/\partial\alpha\phi\rangle_V}{\Sigma_{tr,g,I}^2}\right\rangle_G\tag{7-66}$$

由式(7-66)可知，扩散系数对于所有截面的偏导都为 $-1/\Sigma_{tr}^2$。

需要注意的是，在实际反应堆物理组件均匀化少群参数计算中，需要进行泄漏

修正，以考虑在实际堆芯临界状态运行下，径向和轴向泄漏的影响。但上述对组件均匀化少群参数敏感性系数的推导过程中，认为截面扰动对临界能谱的形状影响不大，因此，在敏感性系数计算中一般不考虑泄漏修正。

图 7-4 给出了典型压水堆的燃料组件的快群吸收截面对于^{238}U 共振非弹性散射及^{1}H 弹性散射的敏感性信息[6]。由敏感性结果可知，快群吸收截面对于^{1}H 共振弹性散射更为敏感。虽然^{238}U 共振非弹性散射是一个非常重要的反应，对于组件各宏观截面计算不确定性贡献很大，但是，在能量 45keV 以下，快群吸收截面相对于^{238}U 共振非弹性散射的敏感性系数为 0，这是由于^{238}U 共振非弹性散射具有散射阈能，约为 45keV，因此在压水堆中^{1}H 共振弹性散射对于慢化起主要作用。

与量化 k_{eff} 计算不确定性一样，在获得少群均匀化参数对于多群微观截面的敏感性系数后，结合表征截面自身不确定性的协方差矩阵，按照式(3-115)便可量化不同核截面自身不确定性对于均匀化少群参数计算不确定性的贡献。

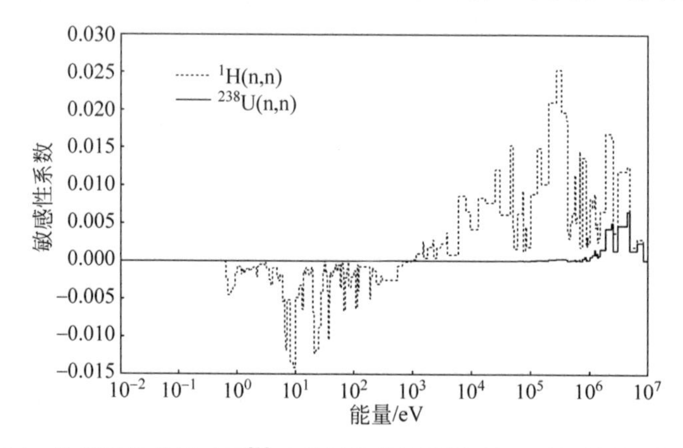

图 7-4 快群吸收截面对于^{238}U 共振非弹性散射及^{1}H 弹性散射的敏感性

7.2 基于抽样统计理论的截面不确定性传播与量化

7.2.1 不确定性分析流程

与基于微扰理论的敏感性及不确定性分析方法不同，基于抽样统计理论的不确定性分析方法先从“不确定性分析”阶段开始，然后可借助直接扰动方法或相关分析开展“敏感性分析”。应用该方法，计算模型和计算程序通常被视为“黑匣子”，即开展不确定性分析无须对源程序进行修改，但是要保证用于模型计算的程序必须是经过充分验证和确认后的成熟程序。同时，无须保证输入参数与输出参数或系统响应之间能够建立性质良好的数学方程，且该系统的共轭方程存在并容易求解。因此，基于抽样统计理论的不确定性分析方法可以量化更多响应的不确定性，如功率分布等。

如图 7-5 所示，针对核截面自身不确定性在中子物理计算过程的传播与量化，主要包括以下四个步骤：

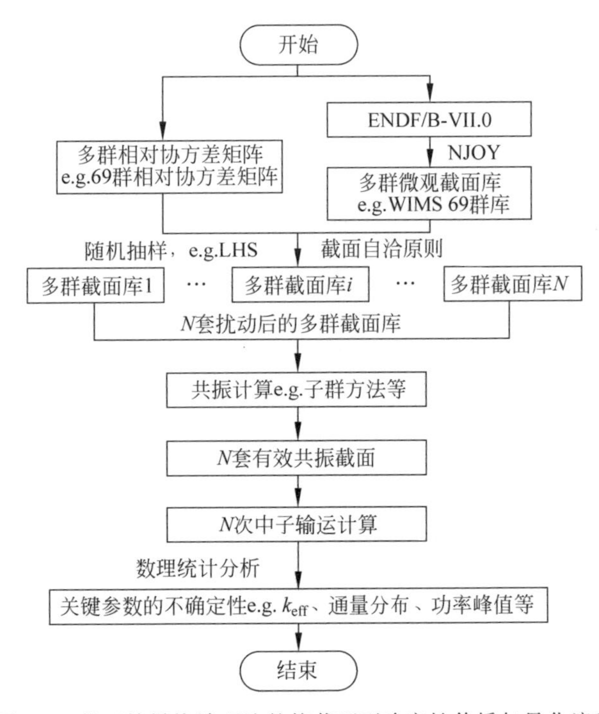

图 7-5 基于抽样统计理论的核截面不确定性传播与量化流程

(1) 基于基础核数据库信息及中子输运计算所需的多群微观截面库，建立表征核截面不确定性信息的多群相对协方差矩阵，具体方法可参考第 5 章内容；关于多群核截面的分布函数，通常认为其服从多元正态分布。

(2) 基于多元正态分布函数 $N_n\left\langle \boldsymbol{\mu}, \boldsymbol{\Sigma} \right\rangle$ 及多群相对协方差矩阵，采用 4.3 节或 4.5 节中的抽样方法产生 N 组多群核截面的样本空间，这些样本空间形成了 N 套扰动后的多群截面数据库，供后期中子物理计算使用。其中，N 表示各个截面的样本容量。

(3) 将步骤(2)中产生的 N 组多群核截面库分别导入确定论中子物理计算系统，经过共振计算，产生 N 套有效共振截面，进而再开展 N 次中子输运计算，以获得 N 组对应的系统响应 $\boldsymbol{R}$，如有效增殖因子、少群宏观截面、功率分布、功率峰值等。

(4) 基于 4.6 节的数理统计理论，对步骤(3)中产生的 N 组系统响应值进行数理统计分析，以量化系统响应的不确定性。

以一个典型的 UO_2 栅元为例[7]，分别采用基于抽样统计理论和微扰理论的不确定性分析方法，量化了部分微观反应截面对于 k_{eff} 计算不确定性的贡献。对于 k_{eff} 计算不确定性的量化，两种方法均有效，但是对于功率分布等计算不确定性分析，基于微扰理论的分析方法将会失效，只能采用基于抽样统计理论的方法传播截面不确定性和量化其对功率分布等计算不确定性的贡献。然而,为了获取可靠的不确定性量化结果,基于抽样统计理论的不确定性分析方法往往需要大量地重复模型计算。因此,研究及选用高效的抽样方法,以用尽量少的样本空间最大限度地表达输入参数的不确定性信息及输入参数间的相关信息,来减少模型的计算次数,同时还能准确地传播截面不确定性,是采用抽样统计理论的不确定性分析方法的关键问题。

如图 7-6 所示,分别采用简单随机抽样方法(SRS)、拉丁超立方体抽样方法(LHS)、拉丁超立方体耦合奇异值分解变换的高效抽样方法(LHS-SVDC)及基于微扰理论的不确定性分析方法(PTUM)量化了^{238}U 核素的辐射俘获反应截面对于栅元 k_{eff} 计算不确定性的贡献。显然,当采用 LHS-SVDC 方法且样本容量大于 100 时,^{238}U 核素的辐射俘获反应截面对于 k_{eff} 计算不确定性的贡献趋于稳定,并且与基于微扰理论的不确定性分析方法量化的结果一致。而采用 SRS 或 LHS 方法时,需要样本容量大于 800 才能获得相对稳定的计算不确定性贡献值。

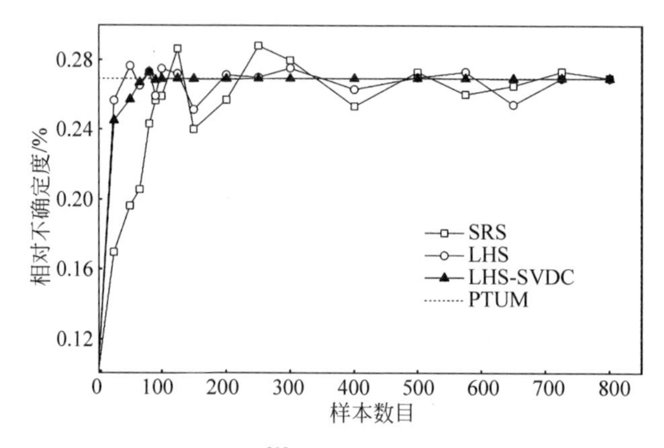

图 7-6 采用不同抽样方法量化^{238}U(n,γ)对于栅元 k_{eff} 计算不确定性的贡献

表 7-3 给出了采用拉丁超立方体耦合奇异值分解变换的高效抽样方法在样本数 N 为 100 时部分微观反应截面对于栅元 k_{eff} 计算不确定性的贡献。由表 7-3 可知,两种不同方法量化得到的不同截面对于 k_{eff} 计算不确定性的贡献是一致的,其中,对于栅元 k_{eff} 不确定性贡献最大的反应截面为^{238}U 核素的辐射俘获反应截面,相对不确定度贡献为 0.2692%。

表 7-3 部分微观反应截面对于栅元 k_{eff} 计算不确定性的贡献[7]

微观反应类型	相对不确定性/% (微扰理论/“三明治”公式)	相对不确定性/% (抽样统计方法)
^{238}U(n,γ)	2.692×10^{-1}	$2.692\times10^{-1}\pm1.905\times10^{-2}$
^{235}U(n,γ)	1.007×10^{-1}	$1.012\times10^{-1}\pm7.161\times10^{-3}$

续表

微观反应类型	相对不确定性/% (微扰理论/“三明治”公式)	相对不确定性/% (抽样统计方法)
Zr-nat(n,γ)	5.988×10^{-2}	$6.036\times10^{-2}\pm4.271\times10^{-3}$
^{235}U(n,f)	2.026×10^{-2}	$2.032\times10^{-2}\pm1.438\times10^{-3}$
^{1}H-elastic	1.979×10^{-2}	$2.045\times10^{-2}\pm1.447\times10^{-3}$
^{238}U-elastic	9.781×10^{-3}	$9.709\times10^{-3}\pm6.870\times10^{-4}$
^{16}O-elastic	9.327×10^{-3}	$9.225\times10^{-3}\pm6.549\times10^{-6}$
^{235}U-elastic	1.380×10^{-3}	$1.384\times10^{-3}\pm9.793\times10^{-5}$
Zr-nat-elastic	1.305×10^{-3}	$1.320\times10^{-3}\pm9.341\times10^{-5}$
^{16}O(n,γ)	9.880×10^{-6}	$9.725\times10^{-6}\pm6.881\times10^{-7}$
^{1}H(n,γ)	8.159×10^{-4}	$8.262\times10^{-4}\pm5.846\times10^{-5}$
总和	2.953×10^{-1}	$2.956\times10^{-1}\pm2.091\times10^{-2}$

7.2.2 基于直接扰动方法的敏感性分析

由于抽样统计方法不能直接得到系统响应对核截面的敏感性信息，为了确定系统响应对核截面数据的敏感程度，本节介绍应用直接扰动方法求解系统响应对各个核反应截面的敏感性系数的基本思路。以有效增殖因子为例，如果多群微观分反应道截面 α 的扰动直接影响多群宏观截面，进而通过输运计算使 k_{eff} 发生扰动，此时计算得到的敏感性系数为显式敏感性系数，其定义为

$$S_{k_{\mathrm{eff}},\alpha_g}^{\exp}=\frac{\delta k_{\mathrm{eff}}/k_{\mathrm{eff}}}{\delta\alpha_g/\alpha_g} \tag{7-67}$$

但若考虑输运计算前的共振计算，某些核素处于共振能量段的多群分反应道截面的扰动先经过共振自屏计算影响有效共振自屏微观截面，进而使多群宏观截面产生扰动，再次通过输运计算使 k_{eff} 发生扰动，此时计算得到的敏感性系数为隐式敏感性系数。其定义为

$$S_{k_{\mathrm{eff}},\alpha_g}^{\mathrm{imp}}=\sum_{j,x}\frac{\delta k_{\mathrm{eff}}/k_{\mathrm{eff}}}{\delta\sigma_{x,g}^{j}/\sigma_{x,g}^{j}}\frac{\delta\sigma_{x,g}^{j}/\sigma_{x,g}^{j}}{\delta\alpha_g/\alpha_g}=\sum_{j,x}S_{k_{\mathrm{eff}},\sigma_{x,g}^{j}}^{\exp}S_{\sigma_{x,g}^{j},\alpha_g}^{\mathrm{imp}} \tag{7-68}$$

其中，$\sigma_{x,g}^{j}$ 表示有效共振自屏截面；α_g 表示多群微观分反应道截面；j 表示共振核素，如^{235}U 和^{238}U；x 表示有效共振自屏截面的反应类型，包括裂变、吸收和散射；g 表示能群，此时表示共振能群，因为针对快群和热群的敏感性分析不需考虑隐式敏感性分析。

而总敏感性系数为显式敏感性系数与隐式敏感性系数之和，即

$$S_{k_{\mathrm{eff}},\alpha_g}^{\mathrm{tot}}=S_{k_{\mathrm{eff}},\alpha_g}^{\exp}+S_{k_{\mathrm{eff}},\alpha_g}^{\mathrm{imp}} \tag{7-69}$$

下面具体介绍基于直接扰动方法开展 k_{eff} 对多群微观分反应道截面敏感性分析的基本思路。

(1) 总敏感性系数

具体实施方法为：先进行一次完整的共振自屏计算和中子输运计算得到 k_{eff} 的参考值。然后分别正向和负向扰动多群库中的多群分反应道截面，如±1%，同时扰动过程中需遵循截面自洽原则。再次开展两次完整的共振自屏计算和中子输运计算，进而根据 k_{eff} 的相对扰动量计算总敏感性系数：

$$S_{k_{\mathrm{eff}},\alpha_g}^{\mathrm{tot}}=\frac{\Delta k_{\mathrm{eff}}/k_{\mathrm{eff}}}{\Delta\alpha_g/\alpha_g} \tag{7-70}$$

(2) 显式敏感性系数

具体实施方法为：先进行一次完整的共振自屏计算和中子输运计算得到 k_{eff} 的参考值。然后分别正向和负向扰动多群库中的多群分反应道截面，扰动过程中同样需遵循截面自洽原则，计算得到用于中子输运计算的多群宏观截面，最后经过两次完整的中子输运计算，进而根据 k_{eff} 的相对扰动量计算显式敏感性系数：

$$S_{k_{\mathrm{eff}},\alpha_g}^{\mathrm{exp}}=\frac{\Delta k_{\mathrm{eff}}/k_{\mathrm{eff}}}{\Delta\alpha_g/\alpha_g} \tag{7-71}$$

(3) 隐式敏感性系数

隐式敏感性系数第一项为 k_{eff} 对有效共振自屏截面的敏感性系数，它是一种显式敏感性系数，具体实施方法为：先进行一次完整的共振自屏计算和中子输运计算得到有效共振自屏截面和 k_{eff} 的参考值，然后分别正向和负向扰动有效共振自屏截面，扰动过程中同样需遵循截面自洽原则，计算得到用于中子输运计算的多群宏观截面，最后经过两次完整的中子输运计算，根据 k_{eff} 的相对扰动量计算 k_{eff} 对有效共振自屏截面的敏感性系数：

$$S_{k_{\mathrm{eff}},\sigma_{x,g}^{j}}^{\mathrm{exp}}=\frac{\Delta k_{\mathrm{eff}}/k_{\mathrm{eff}}}{\Delta\sigma_{x,g}^{j}/\sigma_{x,g}^{j}} \tag{7-72}$$

隐式敏感性系数第二项为有效共振自屏截面对多群微观分反应道截面的隐式敏感性系数，第 6 章中进行了详细的阐述，本节不再赘述，其中有效共振自屏截面对多群微观分反应道截面敏感性系数计算公式可见式(6-9)。

需要注意的是，共振核素和非共振核素的敏感性分析方法略有不同。对于共振核素来说，无须计算 k_{eff} 对多群分反应截面的显式敏感性系数，因为在计算共振核素的隐式敏感性系数时已经考虑了显式效应。但是对于非共振核素，需要计算显式敏感性系数，因为非共振核素没有与其相关的有效共振自屏截面，因此在量化其对共振核素的有效共振自屏截面的隐式效应时，并未考虑显式效应。另外，在计算 k_{eff} 对共振核素多群裂变截面的隐式敏感性系数时，无须考虑 k_{eff} 对其自身有效共振自屏吸收截面的敏感性，因为该项已经通过截面自洽原则包含在 k_{eff} 对其有效共振自屏裂变截面的敏感性计算中。

同样以典型的 UO_2 栅元为例，图 7-7 显示了对于 k_{eff} 最为敏感的前四组多群微观分反应道截面的总敏感性及隐式敏感性系数。由图 7-7 可知，k_{eff} 对于 ^{235}U

和^{238}U的中子辐射俘获反应的总敏感性为负，对于^{235}U的裂变反应和^{1}H的弹性散射反应为正。这与辐射俘获反应导致中子消失、裂变反应产生中子、慢化产生更多热中子以引发更多裂变这一物理现象是一致的。由图7-7(a)～(c)可知，对于共振核素，计算其隐式敏感性系数时已经考虑了显式效应。但对于非共振核^{1}H，应分别计算显式和隐式敏感性系数，可以发现，在共振能区，大多数能量区间的显式敏感性系数为正，而隐式敏感性系数为负。

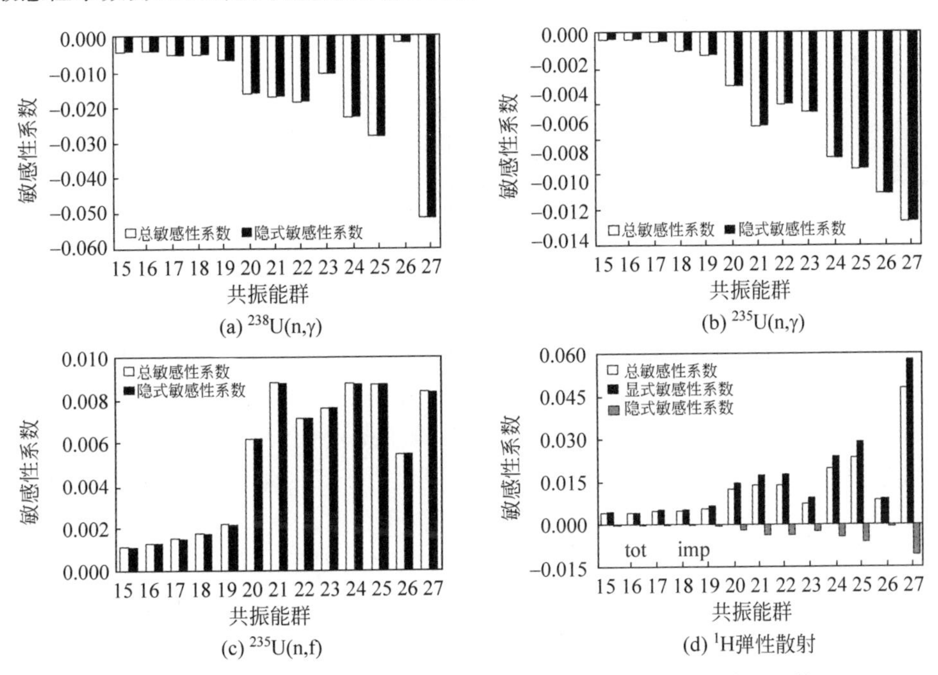

图7-7　k_{eff}对不同多群微观截面的总敏感性系数及隐式敏感性系数

7.3　核数据对堆芯关键参数计算不确定性的贡献与分析

7.3.1　核数据对不同堆芯有效增殖因子计算不确定性的贡献

核数据自身不确定性会随着中子物理计算过程不断传播至堆芯系统的关键参数，使其具有一定的不确定性。基于抽样统计理论或基于微扰理论的不确定性分析方法均可有效量化核数据自身不确定性对堆芯关键参数计算不确定性的贡献。事实上，核数据自身不确定性通过中子物理计算过程传递给堆芯关键参数的不确定性基本是恒定的，不会因为不确定性量化方法不同而改变。

但是，针对不同类型的核反应堆，如热中子反应堆、快中子反应堆等，核数据自身不确定性对于堆芯有效增殖因子计算不确定性的贡献是有较大差别的。但对于同一类型的核反应堆，核数据对堆芯有效增殖因子计算不确定性的贡献基本一致。

图 7-8 给出了核数据对于不同核反应堆堆芯有效增殖因子计算不确定性的贡献。

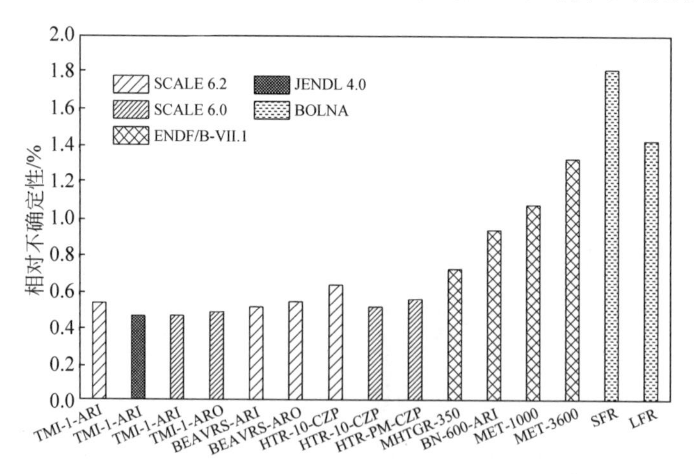

图 7-8 核数据对于堆芯 k_{eff} 计算不确定性的总贡献[2,5,8-11]

由数值分析结果可知：

(1) 由于核数据自身不确定性天然存在，使得热中子反应堆（如压水堆、高温气冷堆等）堆芯有效增殖因子具有一定的计算不确定性，其相对不确定性范围在 0.45%～0.75%，主要集中在 0.5%附近。但快中子反应堆堆芯有效增殖因子计算不确定性相对较大，其相对不确定性要大于 1%。

(2) 基于不同的相对协方差库，核数据对于 k_{eff} 计算不确定性的贡献也是不同的。究其原因是：不同的相对协方差数据库是基于不同的核数据库信息和专家经验等确定的，因而同一核反应的自身不确定性也是不相同的，特别是对于一些重要核素核反应的不确定性信息差别较大。以 SCALE 6.0 和 SCALE 6.2 中的相对协方差数据库为例，^{239}Pu 平均裂变中子数反应的自身不确定性相差 1 个数量级。

(3) 事实上，堆芯温度改变也会影响核数据对于堆芯 k_{eff} 计算不确定性的贡献。针对热中子反应堆，温度升高会导致堆芯 k_{eff} 计算不确定性增加。主要原因是温度升高，中子能谱向高能区偏移，k_{eff} 对于^{238}U 辐射俘获反应及共振非弹性散射的敏感性发生变化，特别是隐式敏感性，使得^{238}U 辐射俘获反应及共振非弹性散射的贡献增加。

7.3.2 主要核反应截面不确定性贡献与对比

针对不同堆芯，不同核反应截面对于堆芯 k_{eff} 计算不确定性的贡献也是不一样的。针对压水堆，以 TMI-1 为例，在新堆热态冷功率工况下，堆芯 k_{eff} 计算不确定性的主要贡献者包括^{238}U 的辐射俘获截面，^{1}H 的辐射俘获射截面和^{235}U 的裂变截面、辐射俘获截面及平均裂变中子数等，如图 7-9 所示。其中，^{238}U 的辐射俘获截面贡献最大，超过了 0.3%，这与^{238}U 的辐射俘获反应在压水堆物理计算中的重要性一致。另外，^{235}U 不同核反应的贡献也较显著，整体贡献较大。但事实上，堆芯 k_{eff} 对于^{235}U 平均裂变中子数和裂变反应最为敏感，对于^{238}U 的辐射俘获反应敏感性相对较小，但是^{238}U 辐射俘获反应自身不确定性很大，比^{235}U 裂变反应自身不确定性大一个数量级以上。这样使得^{238}U 辐射俘获反应成为堆芯 k_{eff} 计算不确定性的重要来源。

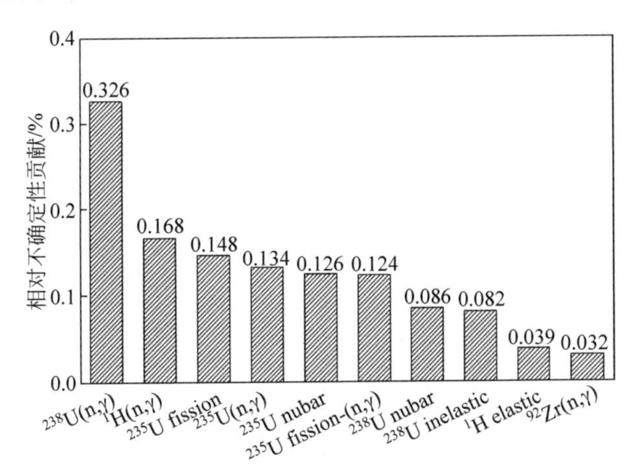

图 7.9　对 TMI-1 堆芯 k_{eff} 计算不确定性贡献最大的前 10 组核反应

不同核反应截面对于堆芯 k_{eff} 计算不确定性的贡献程度也与堆芯物质组成相关。以球床式高温气冷实验堆 HTR-10 为例，初装堆新燃料球的富集度高达 17%，也就是说燃料中^{235}U 的含量较多。因此，^{235}U 不同核反应的贡献最大，特别是^{235}U 的平均裂变中子数的贡献高达 0.38%，如图 7-10 所示。特别需要注意的是，石墨的弹性散射对于 HTR-10 堆芯 k_{eff} 计算不确定性的贡献也很大，仅次于^{235}U 的平均裂变中子数反应。究其原因是，HTR-10 采用石墨慢化，堆芯中有大量的石墨，并且石墨的弹性散射对于中子慢化起主要作用。

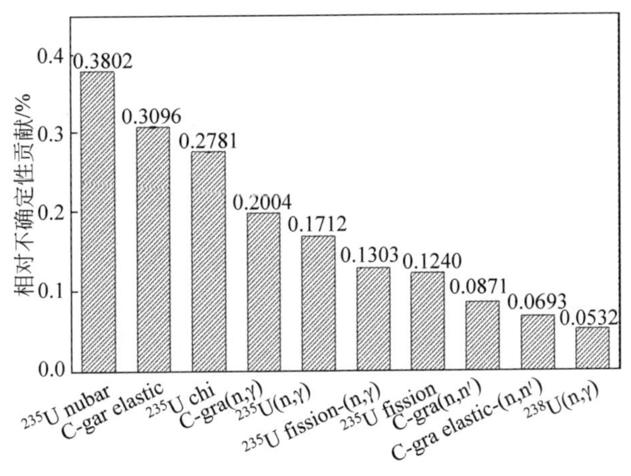

图 7-10　对 HTR-10 堆芯 k_{eff} 计算不确定性贡献最大的前 10 组核反应

而针对快堆，以 BN-600 为例，堆芯 k_{eff} 计算不确定性的主要贡献来源于^{238}U 的非弹性散射，这与热中子反应堆堆芯 k_{eff} 的情况是不同的，如图 7-11 所示。此外，不确定性贡献较大的还包括^{239}Pu 的俘获截面和裂变截面、^{238}U 的俘获截面以及^{56}Fe 和^{23}Na 的散射截面等。但是，作为主要裂变核素的^{239}Pu，堆芯 k_{eff} 对其裂变反应和平均裂变中子数反应是最为敏感的。此外，k_{eff} 对大量存在于反应堆中的结构材料的重要成分^{56}Fe 以及冷却剂^{23}Na 也比较敏感。

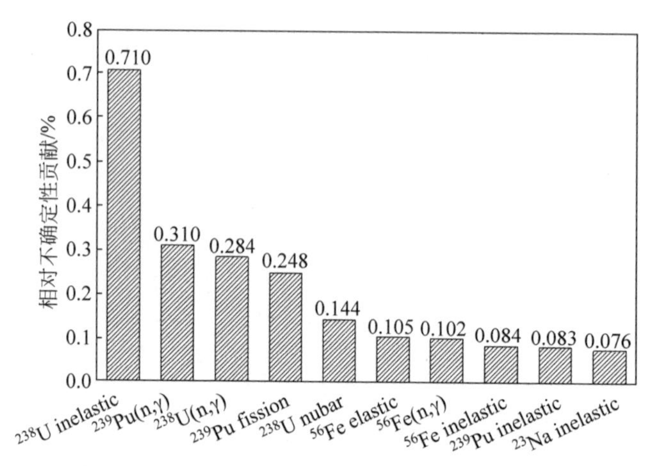

图 7-11　对 BN-600 堆芯 k_{eff} 计算不确定性贡献最大的前 10 组核反应

7.3.3　核数据对堆芯其他关键参数计算不确定性的贡献

针对堆芯其他关键参数的不确定性量化与分析，如功率分布，可采用基于抽样统计理论的不确定性分析方法，传播和量化核数据对功率分布计算不确定性的贡献。目前，针对堆芯功率分布不确定性分析，轻水反应堆开展得较为深入。以压水堆基准例题 BEAVRS 为例，功率分布最大的不确定性出现在堆芯中心组件，而核数据对其计算不确定性贡献接近 5%，如图 7-12 所示[2]。

与核数据对堆芯 k_{eff} 计算不确定性的贡献不同，^{235}U 的不确定性贡献并未很突出，而散射截面在功率不确定性中具有较为重要的贡献，其中^{238}U 的非弹性散射截面是主要的不确定性来源。另外，^{1}H 和^{16}O 在功率不确定性中的贡献程度也大于其对 k_{eff} 的不确定性贡献。

而针对沸水堆，以桃花谷 2 号反应堆堆芯为例，核数据自身的不确定性导致沸水堆堆芯功率的计算不确定性要明显小于压水堆堆芯，如图 7-13 所示[12]。究其原因是，在沸水反应堆中，强烈的空泡反馈效应抵消了截面变化引起的堆芯功率扰动，从而使堆芯功率分布具有更强的“鲁棒性”。

归一化功率

相对不确定性/%

1.02	1.07	0.96	0.78				
2.05	2.21	2.25	2.35				
0.95	1.14	0.95	1.19	1.27	0.94		
0.95	1.14	1.3	1.96	2.72	2.99		
0.96	0.90	1.01	1.04	1.21	1.29	0.94	
0.81	0.68	0.34	0.84	1.88	2.7	2.99	
0.87	0.99	0.94	1.10	1.45	1.21	1.27	
2.13	1.88	1.39	0.40	1.13	1.88	2.72	
0.95	0.86	1.01	0.95	1.10	1.04	1.19	0.78
3.06	2.92	2.30	1.43	0.40	0.84	1.96	2.35
0.79	0.91	0.85	1.01	0.91	1.01	0.95	0.96
3.94	3.67	3.16	2.3	1.39	0.34	1.30	2.25
0.78	0.75	0.91	0.86	0.99	0.90	1.14	1.07
4.57	4.33	3.67	2.92	1.88	0.68	1.14	2.21
0.69	0.78	0.79	0.95	0.87	0.96	0.95	1.02
4.85	4.57	3.94	3.06	2.13	0.81	0.95	2.05

图 7-12　核数据对压水堆 BEAVRS 堆芯功率计算不确定性的贡献

归一化功率

相对不确定性/%

1.25										
0.62										
1.15	1.32									
0.61	0.43									
1.28	1.12	1.19								
0.42	0.57	0.27								
1.12	0.96	0.83	1.25							
0.58	0.34	0.47	0.28							
1.28	0.86	0.88	1.10	1.17						
0.39	0.44	0.21	0.46	0.16						
1.15	1.28	1.09	1.26	1.12	1.25					
0.47	0.30	0.45	0.21	0.37	0.14					
1.30	1.14	1.18	1.11	1.18	1.09	1.15				
0.31	0.42	0.15	0.35	0.13	0.30	0.14				
1.19	1.05	0.90	1.25	1.08	1.01	0.88	1.14			
0.27	0.22	0.27	0.11	0.28	0.12	0.19	0.06			
1.30	0.95	0.96	1.10	1.14	0.91	0.95	1.10	1.08		
0.25	0.21	0.22	0.19	0.20	0.09	0.29	0.06	0.29		
1.10	1.27	1.10	1.17	1.01	1.22	1.12	1.15	0.92	0.88	
0.19	0.20	0.15	0.22	0.12	0.19	0.11	0.22	0.18	0.33	
1.20	1.15	1.20	1.04	1.09	1.10	1.15	1.01	0.91	0.74	0.54
0.29	0.07	0.35	0.11	0.42	0.18	0.43	0.38	0.38	0.18	0.48
1.23	1.20	1.13	1.18	1.24	1.14	1.15	0.97	0.85	0.53	
0.23	0.46	0.20	0.49	0.36	0.50	0.38	0.47	0.27	0.37	
1.16	1.18	1.11	1.09	1.10	1.02	0.96	0.78	0.56	0.36	
0.54	0.40	0.51	0.23	0.48	0.24	0.47	0.22	0.34	0.53	
1.04	0.96	0.93	0.99	0.87	0.91	0.71	0.52			
0.39	0.51	0.22	0.27	0.14	0.23	0.17	0.35			
0.62	0.61	0.59	0.58	0.56	0.50	0.44				
0.19	0.19	0.20	0.26	0.29	0.33	0.44				

图 7-13　核数据对沸水堆桃花谷(Peach Bottom)2 号反应堆堆芯功率计算不确定性的贡献

参考文献

[1] WILLIAMS M L. Perturbation theory for reactor analysis[M]. CRC Handbook of Nuclear Reactors Calculations,1986,3: 63-188.

[2] 刘勇.基于微扰理论的反应堆物理计算敏感性与不确定性分析方法及应用研究[D].西安:西安交通大学,2017.

[3] HAO C,MA J,ZHAO Q,et al. Nuclear data uncertainties propagation and quantification analysis on the PWR core level based on generalized perturbation theory[J]. Nuclear Safety and Simulation,2017,8: 165-182.

[4] MA J,HAO C,LIU L,et al. Perturbation theory based whole-core eigenvalue sensitivity and uncertainty (SU) analysis via a 2D/1D transport code[J]. Science and Technology of Nuclear Installations,2020.

[5] HAO C,CHEN Y,GUO J,et al. Mechanism analysis of the contribution of nuclear data to the keff uncertainty in the pebble bed HTR[J]. Annals of Nuclear Energy,2018,120: 857-868

[6] 郝琛,赵强,李富,等.先进压水堆燃料组件计算不确定性分析[J].核动力工程,2016,37(3): 173-180.

[7] DU J,HAO C,MA J, et al. New strategies in the code of uncertainty and sensitivity analysis (CUSA) and its application in the nuclear reactor calculation[J]. Science and Technology of Nuclear Installations,2020.

[8] PUSA M,ISOTALO A. Uncertainty analysis of assembly and core-level calculations with application to CASMO-4E and SIMULATE-3[J]. Annals of Nuclear Energy,2017,104: 124-131.

[9] QIAO L,ZHENG Y,WAN C. Uncertainty quantification of sodium-cooled fast reactor based on the UAM-SFR benchmarks: From pin-cell to full core[J]. Annals of Nuclear Energy,2019,128: 433-442.

[10] HOU J,MARAS C,GOZUM C, et al. Comparative analysis of solutions of neutronics exercises of the lwr uam benchmark. M&C 2019,Portland,Oregon,USA,August 2019.

[11] SALVATORES M,JACQMIN R. OECD/NEA WPEC subgroup 26 final report: Uncertainty and target accuracy assessment for innovative systems using recent covariance data evaluations[M]. 2008.

[12] YAMAMOTO A,KINOSHITA K,WATANABE T, et al. Uncertainty quantification of LWR core characteristics using random sampling method [J]. Nuclear Science and Engineering,2015,181: 2,160-174.

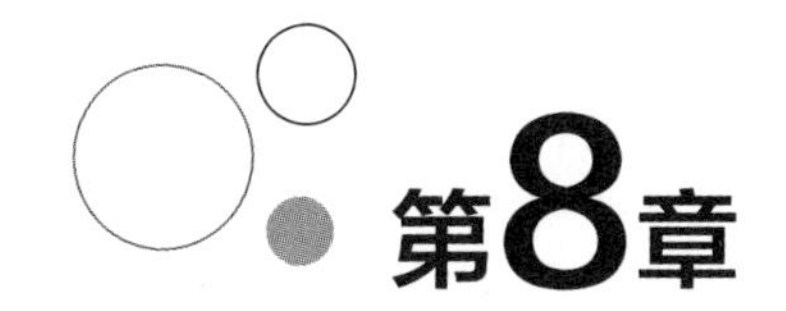

第8章

截面不确定性传播与量化——燃耗计算

核截面不确定性会随着中子物理计算过程不断传播，其中，燃耗分析需要进一步耦合中子输运计算和燃耗计算。随着核反应堆燃耗的加深，会产生更多新的核素，同时还有裂变产物的积累、活化产物的生成等，于是核反应堆物理计算不确定性分析需要考虑更多核素的贡献与影响。其中，燃耗方程可以写为

$$\frac{\mathrm{d}N_i}{\mathrm{d}t}=\sum_{j\neq i}(l_{ij}\lambda_j+f_{ij}\sigma_j\phi)N_j(t)-(\lambda_i+\sigma_i\phi)N_i(t)+S_i(t) \tag{8-1}$$

其中，N_i 为核素 i 的核子密度，λ_i 为核素 i 的衰变常数，l_{ij} 为核素 j 衰变生成核素 i 的产额，f_{ij} 为核素 j 吸收中子产生核素 i 的产额，ϕ 是与时间相关的空间和能量均匀化中子通量，σ 为均匀化截面，S_i 为时间相关的源项。

燃耗方程写成矩阵形式为

$$\frac{\mathrm{d}\boldsymbol{N}}{\mathrm{d}t}=\boldsymbol{M}(\alpha)\boldsymbol{N}(t)+\boldsymbol{S}(t) \tag{8-2}$$

其中，$\boldsymbol{M}(\alpha)$称为燃耗系数矩阵，是与问题相关的核数据信息。事实上，燃耗矩阵中衰变常数、裂变产额、均匀化截面、中子通量密度等均存在不确定性，上述不确定性在燃耗计算中不断传播，使得不同核素的核子密度具有一定的不确定性，进而使得用于中子输运计算的宏观截面具有一定的不确定性，导致反馈给燃耗计算的中子通量具有一定的不确定性。因此，燃耗计算中的不确定性分析是一个耦合、复杂的过程。

在实际分析中，针对某一特定燃耗步，燃耗计算的不确定性主要来源于衰变常数、裂变产额、均匀化截面等核数据的不确定性，燃耗计算方法及模型的不确定性，上一燃耗步计算的核子密度的不确定性，以及中子输运计算得到的反应率不确定性；而针对中子输运计算，其不确定性来源包括核数据及上一燃耗步计算的不同核素的核子密度。

然而，核反应堆物理计算、燃耗计算方法及计算模型日趋精细化，由计算方法和模型所引入的不确定性逐步减少，但是核截面自身不确定性所引入的影响相对变得越来越重要。因此，为了保证核反应堆关键参数在整个寿期内都能满足设计限制要求，非常有必要研究和量化核截面数据自身不确定性对燃耗计算不确定性的贡献。目前，传播核截面的不确定性及量化核截面自身不确定性对于燃耗计算过程中关键响应参数计算不确定性的贡献的方法主要有两大类：基于微扰理论的不确定性分析方法和基于抽样统计理论的不确定性分析方法。本章将重点介绍上述两种方法在燃耗计算中的应用和实施。

8.1 基于微扰理论的燃耗计算不确定性分析

8.1.1 燃耗敏感性系数的定义

如第3章所述，堆芯系统的某响应 R 相对于输入参数 α 的相对敏感性系数为

$$S_{R,\alpha}=\frac{\alpha}{R}\frac{\mathrm{d}R}{\mathrm{d}\alpha} \tag{8-3}$$

而在核反应堆燃耗计算过程中，系统响应 R 一般都是时间相关的，如核素的核子密度 N 或有效增殖因子 k_{eff} 都是随时间而变化的。于是，定义 t_{F} 时刻下系统响应 R 对于 t_0 时刻下输入参数 α 的相对敏感性系数为[1]

$$S_{R,\alpha}=\int_{t_0}^{t_{\mathrm{F}}}\frac{\alpha}{R}\frac{\mathrm{d}R}{\mathrm{d}\alpha}\mathrm{d}t \tag{8-4}$$

它表示 t_0 时刻输入参数 α 的扰动所引起的 t_{F} 时刻系统响应 R 的相对变化量。

在燃耗计算中，系统响应通常可以表示为截面、原子核密度、中子通量和共轭通量的函数，即

$$R=\iiint f[\sigma(\boldsymbol{r},E),\boldsymbol{N}(\boldsymbol{r}),\phi(\boldsymbol{r},E,\boldsymbol{\Omega}),\phi^{*}(\boldsymbol{r},E,\boldsymbol{\Omega})]\mathrm{d}\boldsymbol{r}\,\mathrm{d}E\,\mathrm{d}\boldsymbol{\Omega} \tag{8-5}$$

当考虑的输入参数扰动为核截面 $\sigma_{x,g}^{k}$ 的扰动时，将式(8-5)关于 $\sigma_{x,g}^{k}$ 一阶泰勒展开可得系统响应 R 对于核截面的相对敏感性系数为

$$S_{R,\sigma_{x,g}^{k}}=\frac{\sigma_{x,g}^{k}}{R}\Bigg(\underbrace{\int_{t_0}^{t_{\mathrm{F}}}\frac{\partial R}{\partial\sigma_{x,g}^{k}}\mathrm{d}t}_{S^{\text{直接}}}+\underbrace{\int_{t_0}^{t_{\mathrm{F}}}\frac{\partial R}{\partial\boldsymbol{N}}\frac{\mathrm{d}\boldsymbol{N}}{\mathrm{d}\sigma_{x,g}^{k}}\mathrm{d}t+\int_{t_0}^{t_{\mathrm{F}}}\frac{\partial R}{\partial\phi}\frac{\mathrm{d}\phi}{\mathrm{d}\sigma_{x,g}^{k}}\mathrm{d}t+\int_{t_0}^{t_{\mathrm{F}}}\frac{\partial R}{\partial\phi^{*}}\frac{\mathrm{d}\phi^{*}}{\mathrm{d}\sigma_{x,g}^{k}}\mathrm{d}t}_{S^{\text{间接}}}\Bigg) \tag{8-6}$$

其中，x 为核反应类型的标识，g 表示能群，k 表示核素。为简单起见，下述公式中将省略反应类型标识 x。

式(8-6)中，第一项为敏感性系数的直接项，表示核截面的扰动直接引起的系统响应 R 的变化；后三项为间接项，分别表示核截面的扰动引起不同核素的核子密度、中子通量及共轭通量的变化，进而引起的系统响应的变化。

基于燃耗计算的基本思路，将$[t_0, t_F]$时间段细分为 I 个燃耗步。假设在每个小燃耗步内，中子通量和共轭中子通量是常数，于是式(8-6)转化为

$$S_{R,\sigma_g^k} = \frac{\sigma_g^k}{R}\left(\int_{t_0}^{t_F}\frac{\partial R}{\partial \sigma_g^k}\mathrm{d}t + \int_{t_0}^{t_F}\frac{\partial R}{\partial N}\frac{\mathrm{d}N}{\mathrm{d}\sigma_g^k}\mathrm{d}t + \sum_{i=1}^{I}\frac{\mathrm{d}\phi_i}{\mathrm{d}\sigma_g^k}\int_{t_i}^{t_{i+1}}\frac{\partial R}{\partial \phi_i}\mathrm{d}t + \sum_{i=1}^{I}\frac{\mathrm{d}\phi_i^*}{\mathrm{d}\sigma_g^k}\int_{t_i}^{t_{i+1}}\frac{\partial R}{\partial \phi_i^*}\mathrm{d}t + \right.$$
$$\left.\frac{\partial R}{\partial N_{I+1}}\frac{\mathrm{d}N_{I+1}}{\mathrm{d}\sigma_g^k} + \frac{\partial R}{\partial \phi_{I+1}}\frac{\mathrm{d}\phi_{I+1}}{\mathrm{d}\sigma_g^k} + \frac{\partial R}{\partial \phi_{I+1}^*}\frac{\mathrm{d}\phi_{I+1}^*}{\mathrm{d}\sigma_g^k}\right) \tag{8-7}$$

由式(8-7)可知，获取燃耗计算中系统响应对于核截面的敏感性系数的关键在于求解中子通量、共轭中子通量及原子核密度对于核截面的微分。

8.1.2　基于广义微扰理论求解临界问题的燃耗敏感性系数

关于燃耗敏感性系数，可以采用直接扰动的方法求解，即逐个计算每个输入参数的扰动对于系统响应的相对影响，进而量化燃耗计算中系统响应对于核截面的敏感性系数。但是，考虑到不同核素、不同能群、不同核反应，实际的输入截面参数量是很大的，应用直接扰动方法的计算效率是非常低的。同时，应用直接扰动方法时，对于输入参数扰动量相对大小的选取一直是存在争议的。基于第 3 章内容可知，广义微扰理论可有效处理与时间相关的敏感性系数计算问题，该方法仅需一次正向计算和一次共轭计算，就可以得到系统响应对于输入参数的敏感性系数，具有较高的计算效率。

针对反应堆临界问题，为了求解燃耗过程中的敏感性系数，从反应堆物理燃耗计算和中子输运计算的基本方程出发，第 i 个燃耗步的燃耗方程可写为

$$\frac{\mathrm{d}\boldsymbol{N}}{\mathrm{d}t} = \boldsymbol{M}_i\boldsymbol{N}(t),\quad t_i \leqslant t \leqslant t_{i+1} \tag{8-8}$$

中子输运方程为

$$B_{i,g}\phi_{i,g} = \left(L_{i,g} - \frac{1}{k_{\mathrm{eff}}}F_{i,g}\right)\phi_{i,g} = 0 \tag{8-9}$$

共轭中子输运方程为

$$B_{i,g}^*\phi_{i,g}^* = \left(L_{i,g}^* - \frac{1}{k_{\mathrm{eff}}}F_{i,g}^*\right)\phi_{i,g}^* = 0 \tag{8-10}$$

相应地，在每个燃耗步中，归一化功率方程为

$$P_i = c_i\left\langle \sum_k \kappa^k\sigma_{\mathrm{f},g}^k\boldsymbol{N}_i^k\phi_{i,g}\right\rangle \tag{8-11}$$

其中，$\boldsymbol{M}_i$ 为燃耗矩阵，$B_{i,g}$ 为第 g 群中子输运算子，$L_{i,g}$ 为第 g 群除去裂变产生项的输运算子，$F_{i,g}$ 为第 g 群中子裂变产生项算子，$B_{i,g}^*$ 为第 g 群共轭中子输运算子，$L_{i,g}$ 为第 g 群共轭除去裂变产生项的输运算子，$F_{i,g}$ 为第 g 群共轭中子裂变产生项算子，$\phi_{i,g}$ 为第 i 燃耗步时第 g 群的归一化中子角通量密度，$\phi_{i,g}^*$ 为第 i 燃耗步、第 g 群的共轭中子角通量密度，P_i 为某燃耗区的第 i 燃耗步的总功率，c_i

为某燃耗区的第 i 燃耗步的功率归一因子，κ^k 为核素 k 每次裂变所释放的能量，$\sigma_{\mathrm{f},g}^k$ 是核素 k 的微观裂变截面。另外需要注意的是，燃耗矩阵 $\boldsymbol{M}_i$ 与截面、中子通量密度、功率归一因子是相关的。

由式(8-7)可知，燃耗计算中系统响应对于核截面的敏感性系数需要计算下列微分：

$$\frac{\mathrm{d}\boldsymbol{N}}{\mathrm{d}\sigma_g^k},\quad \frac{\mathrm{d}\phi_i}{\mathrm{d}\sigma_g^k},\quad \frac{\mathrm{d}\phi_i^*}{\mathrm{d}\sigma_g^k}$$

于是，将式(8-8)～式(8-11)分别对 σ_g^k 求微分，得到：

$$\frac{\mathrm{d}}{\mathrm{d}t}\left(\frac{\mathrm{d}\boldsymbol{N}}{\mathrm{d}\sigma_g^k}\right)=\left(\frac{\partial \boldsymbol{M}_i}{\partial \sigma_g^k}+\frac{\partial \boldsymbol{M}_i}{\partial \phi_{i,g}}\frac{\mathrm{d}\phi_{i,g}}{\mathrm{d}\sigma_g^k}+\frac{\partial \boldsymbol{M}_i}{\partial c_i}\frac{\mathrm{d}c_i}{\mathrm{d}\sigma_g^k}\right)\boldsymbol{N}+\boldsymbol{M}_i\frac{\mathrm{d}\boldsymbol{N}}{\mathrm{d}\sigma_g^k} \tag{8-12}$$

$$\left(\frac{\partial B_{i,g'}}{\partial \sigma_g^k}+\frac{\partial B_{i,g'}}{\partial N_i}\frac{\mathrm{d}N_i}{\mathrm{d}\sigma_g^k}\right)\phi_{i,g'}+B_{i,g'}\frac{\mathrm{d}\phi_{i,g'}}{\mathrm{d}\sigma_g^k}=0 \tag{8-13}$$

$$\left(\frac{\partial B_{i,g'}^*}{\partial \sigma_g^k}+\frac{\partial B_{i,g'}^*}{\partial N_i}\frac{\mathrm{d}N_i}{\mathrm{d}\sigma_g^k}\right)\phi_{i,g'}^*+B_{i,g'}^*\frac{\mathrm{d}\phi_{i,g'}^*}{\mathrm{d}\sigma_g^k}=0 \tag{8-14}$$

$$\begin{aligned}&\frac{\mathrm{d}c_i}{\mathrm{d}\sigma_g^k}\left\langle\sum_{g'=1}^{G}\sum_k \kappa^k\sigma_{\mathrm{f},g'}^k N_i^k\phi_{i,g'})\right\rangle+c_i\langle\kappa^k N_i^k\phi_{i,g}\rangle+\\&c_i\left\langle\sum_k\frac{\mathrm{d}N_i^k}{\mathrm{d}\sigma_g^k}\sum_{g'=1}^{G}\kappa^k\sigma_{\mathrm{f},g'}^k\phi_{i,g'}\right\rangle+c_i\left\langle\sum_{g'=1}^{G}\sum_k\kappa^k\sigma_{\mathrm{f},g'}^k N_i^k\frac{\mathrm{d}\phi_{i,g'}}{\mathrm{d}\sigma_g^k}\right\rangle=0\end{aligned} \tag{8-15}$$

引入共轭核子密度 $\boldsymbol{N}^*$，将式(8-12)两边乘以 $\boldsymbol{N}^*$ 并对空间、角度及燃耗步长做积分，有

$$\begin{aligned}\int_{t_i}^{t_{i+1}}\left\langle\boldsymbol{N}^*\frac{\mathrm{d}}{\mathrm{d}t}\left(\frac{\mathrm{d}\boldsymbol{N}}{\mathrm{d}\sigma_g^k}\right)\right\rangle\mathrm{d}t&=\left\langle\int_{t_i}^{t_{i+1}}\frac{\mathrm{d}}{\mathrm{d}t}\left(\boldsymbol{N}^*\frac{\mathrm{d}\boldsymbol{N}}{\mathrm{d}\sigma_g^k}\right)\mathrm{d}t-\int_{i_1}^{t_{i+1}}\frac{\mathrm{d}\boldsymbol{N}}{\mathrm{d}\sigma_g^k}\frac{\mathrm{d}\boldsymbol{N}^*}{\mathrm{d}t}\mathrm{d}t\right\rangle\\&=\int_{i_1}^{t_{i+1}}\left(\left\langle\boldsymbol{N}^*\frac{\partial\boldsymbol{M}_i}{\partial\sigma_g^k}\boldsymbol{N}\right\rangle+\left\langle\boldsymbol{N}^*\frac{\partial\boldsymbol{M}_i}{\partial\phi_i}\frac{\mathrm{d}\phi_i}{\mathrm{d}\sigma_g^k}\boldsymbol{N}\right\rangle+\right.\\&\left.\left\langle\boldsymbol{N}^*\frac{\partial\boldsymbol{M}_i}{\partial c_i}\frac{\mathrm{d}c_i}{\mathrm{d}\sigma_g^k}\boldsymbol{N}\right\rangle+\left\langle\frac{\mathrm{d}\boldsymbol{N}}{\mathrm{d}\sigma_g^k}\boldsymbol{M}_i^*\boldsymbol{N}^*\right\rangle\right)\mathrm{d}t\end{aligned} \tag{8-16a}$$

其中，

$$\frac{\partial\boldsymbol{M}_i}{\partial\phi_i}\frac{\mathrm{d}\phi_i}{\mathrm{d}\sigma_g^k}=\sum_{g'=1}^{G}\frac{\partial\boldsymbol{M}_i}{\partial\phi_{i,g'}}\frac{\mathrm{d}\phi_{i,g'}}{\mathrm{d}\sigma_g^k} \tag{8-16b}$$

引入广义通量 Γ 及广义共轭通量 Γ^*，将式(8-13)和式(8-14)两边分别乘以 Γ^* 和 Γ 并对空间、角度做积分，经过类似的推导过程可得：

$$\sum_{g'=1}^{G}\left\langle\Gamma_{i,g'}^*\left(\frac{\partial B_{i,g'}}{\partial\sigma_g^k}+\frac{\partial B_{i,g'}}{\partial N_i}\frac{\mathrm{d}N_i}{\mathrm{d}\sigma_g^k}\right)\phi_{i,g'}+\Gamma_{i,g'}^*B_{i,g'}\frac{\mathrm{d}\phi_{i,g'}}{\mathrm{d}\sigma_g^k}\right\rangle$$

$$
=\sum_{g'=1}^{G}\left\langle \Gamma_{i,g'}^{*}\frac{\partial B_{i,g'}}{\partial\sigma_g^k}\phi_{i,g'}+\Gamma_{i,g'}^{*}\frac{\partial B_{i,g'}}{\partial N_i}\frac{\mathrm{d}N_i}{\mathrm{d}\sigma_g^k}\phi_{i,g'}+\frac{\mathrm{d}\phi_{i,g'}}{\mathrm{d}\sigma_g^k}B_{i,g'}^{*}\Gamma_{i,g'}^{*}\right\rangle=0
\tag{8-17}
$$

$$
\begin{aligned}
&\sum_{g'=1}^{G}\left\langle \Gamma_{i,g'}\left[\left(\frac{\partial B_{i,g'}^{*}}{\partial\sigma_g^k}+\frac{\partial B_{i,g'}^{*}}{\partial N_i}\frac{\mathrm{d}N_i}{\mathrm{d}\sigma_g^k}\right)\phi_{i,g'}^{*}+B_{i,g'}^{*}\frac{\mathrm{d}\phi_{i,g'}^{*}}{\mathrm{d}\sigma_g^k}\right]\right\rangle\\
&=\sum_{g'=1}^{G}\left\langle \Gamma_{i,g'}\frac{\partial B_{i,g'}^{*}}{\partial\sigma_g^k}\phi_{i,g'}^{*}+\Gamma_{i,g'}\frac{\partial B_{i,g'}^{*}}{\partial N_i}\frac{\mathrm{d}N_i}{\mathrm{d}\sigma_g^k}\phi_{i,g'}^{*}+\frac{\mathrm{d}\phi_{i,g'}^{*}}{\mathrm{d}\sigma_g^k}B_{i,g'}\Gamma_{i,g'}\right\rangle=0
\end{aligned}
\tag{8-18}
$$

类似地，再次引入共轭功率 P_i^*，将式(8-15)两边乘以共轭功率并做积分可得：

$$
\begin{aligned}
&\frac{\mathrm{d}c_i}{\mathrm{d}\sigma_g^k}P_i^*\left\langle\sum_{g'=1}^{G}\sum_k\kappa^k\sigma_{\mathrm{f},g'}^kN_i^k\phi_{i,g'}\right)\right\rangle+c_iP_i^*\langle\kappa^kN_i^k\phi_{i,g}\rangle+c_iP_i^*\left\langle\sum_k\frac{\mathrm{d}N_i^k}{\mathrm{d}\sigma_g^k}\sum_{g'=1}^{G}\kappa^k\sigma_{\mathrm{f},g'}^k\phi_{i,g'}\right\rangle+\\
&c_iP_i^*\left\langle\sum_{g'=1}^{G}\sum_k\kappa^k\sigma_{\mathrm{f},g'}^kN_i^k\frac{\mathrm{d}\phi_{i,g'}}{\mathrm{d}\sigma_g^k}\right\rangle=0
\end{aligned}
\tag{8-19}
$$

将式(8-16)～式(8-19)加和可得：

$$
\begin{aligned}
&\sum_{i=1}^{I}\int_{t_i}^{t_{i+1}}\left\langle-\frac{\mathrm{d}\boldsymbol{N}}{\mathrm{d}\sigma_g^k}\left(\frac{\partial\boldsymbol{N}^*}{\partial t}+\boldsymbol{M}_i^*\boldsymbol{N}^*\right)\right\rangle\mathrm{d}t+\sum_{g'=1}^{G}\sum_{i=1}^{I}\left\langle\frac{\mathrm{d}\phi_{i,g'}^*}{\mathrm{d}\sigma_g^k}(-B_{i,g'}\Gamma_{i,g'})\right\rangle+\\
&\sum_{g'=1}^{G}\left\langle\frac{\mathrm{d}\phi_{I+1,g'}^*}{\mathrm{d}\sigma_g^k}(-B_{I+1,g'}\Gamma_{I+1,g'})\right\rangle+\sum_{g'=1}^{G}\sum_{i=1}^{I}\left\langle\frac{\mathrm{d}\phi_{i,g'}}{\mathrm{d}\sigma_g^k}\left(-B_{i,g'}^*\Gamma_{i,g'}^*-\int_{t_i}^{t_{i+1}}\boldsymbol{N}^*\frac{\partial\boldsymbol{M}_i}{\partial\phi_{i,g'}}\boldsymbol{N}\mathrm{d}t+\right.\right.\\
&\left.\left.c_i\sum_kP_i^*\kappa^k\sigma_{\mathrm{f},g'}^kN_i^k\right)\right\rangle+\sum_{g'=1}^{G}\left\langle\frac{\mathrm{d}\phi_{I+1,g'}}{\mathrm{d}\sigma_g^k}\left(-B_{I+1,g'}^*\Gamma_{I+1,g'}^*+c_{I+1}\sum_kP_{I+1}^*\kappa^k\sigma_{\mathrm{f},g'}^kN_{I+1}^k\right)\right\rangle+\\
&\left\langle\frac{\mathrm{d}N_{I+1}}{\mathrm{d}\sigma_g^k}\sum_{g'=1}^{G}\left(c_{I+1}\sum_kP_{I+1}^*\kappa^k\sigma_{\mathrm{f},g'}^k\phi_{I+1,g}-\Gamma_{I+1,g'}\frac{\partial B_{I+1,g}^*}{\partial N_{I+1}}\phi_{I+1,g'}^*-\Gamma_{I+1,g'}^*\frac{\partial B_{I+1,g'}}{\partial N_{I+1}}\phi_{I+1,g'}\right)\right\rangle+\\
&\left\langle\frac{\mathrm{d}N_{I+1}}{\mathrm{d}\sigma_g^k}N_{I+1}^*\right\rangle+\left\langle\frac{\mathrm{d}c_{I+1}}{\mathrm{d}\sigma_g^k}\left(P_{I+1}^*\sum_{g'=1}^{G}\sum_k\kappa^k\sigma_{\mathrm{f},g'}^kN_{I+1}^k\phi_{I+1,g'}\right)\right\rangle+\sum_{i=1}^{I}\left\langle\frac{\mathrm{d}c_i}{\mathrm{d}\sigma_g^k}\left(-\int_{t_i}^{t_{i+1}}\boldsymbol{N}^*\frac{\partial\boldsymbol{M}_i}{\partial c_i}\boldsymbol{N}\mathrm{d}t+\right.\right.\\
&\left.\left.P_i^*\sum_{g'=1}^{G}\sum_k\kappa^k\sigma_{\mathrm{f},g'}^kN_i^k\phi_{i,g'}\right)\right\rangle+\sum_{i=1}^{I}\left\langle\frac{\mathrm{d}N_i}{\mathrm{d}\sigma_g^k}\sum_{g'=1}^{G}\left(P_i^*c_i\sum_k\kappa^k\sigma_{\mathrm{f},g'}^k\phi_{i,g'}-\Gamma_{i,g'}\frac{\partial B_{i,g'}^*}{\partial N_i}\phi_{i,g'}^*-\right.\right.\\
&\left.\left.\Gamma_i^*\frac{\partial B_{i,g'}}{\partial N_i}\phi_{i,g'}+N_i^{*-}-N_i^{*+}\right)\right\rangle=\sum_{i=1}^{I}\int_{t_i}^{t_{i+1}}\left\langle\boldsymbol{N}^*\frac{\partial\boldsymbol{M}_i}{\partial\sigma_g^k}\boldsymbol{N}\right\rangle\mathrm{d}t+\sum_{i=1}^{I+1}\left\langle\Gamma_i^*\frac{\partial B_{i,g}}{\partial\sigma_g^k}\phi_i\right\rangle+\\
&\sum_{i=1}^{I+1}\left\langle\Gamma_i\frac{\partial B_{i,g}^*}{\partial\sigma_g^k}\phi_i^*\right\rangle-\sum_{i=1}^{I+1}\left\langle P_i^*\frac{\partial P_i}{\partial\sigma_g^k}\right\rangle
\end{aligned}
\tag{8-20}
$$

其中，N_i^{*+} 和 N_i^{*-} 表示 N_i^* 在 $t=t_i$ 时刻的左、右极限值，具体物理含义表示某燃耗步初始和结束时的共轭核子密度。而 N_i^* 满足如下共轭燃耗方程：

$$-\frac{\mathrm{d}\boldsymbol{N}^*}{\mathrm{d}t}=\boldsymbol{M}_i^{\mathrm{T}}\boldsymbol{N}^*+\frac{\partial R}{\partial \boldsymbol{N}} \tag{8-21}$$

其中，$\boldsymbol{M}_i^{\mathrm{T}}$ 为第 i 燃耗步燃耗矩阵的转置矩阵。

广义共轭通量 $\Gamma_{i,g}^*$ 满足如下广义共轭中子输运方程：

$$B_{i,g}^*\Gamma_{i,g}^*=-\int_{t_i}^{t_{i+1}}\left(N^*\frac{\partial \boldsymbol{M}}{\partial \phi_{i,g}}N+\frac{\partial R}{\partial \phi_{i,g}}\right)\mathrm{d}t+P_i^* c_i\sum_k \kappa^k\sigma_{\mathrm{f},g}^k N_i^k \tag{8-22}$$

而广义通量 $\Gamma_{i,g}$ 满足下列广义中子输运方程：

$$B_{i,g}\Gamma_{i,g}=-\int_{t_i}^{t_{i+1}}\frac{\partial R}{\partial \phi_{i,g}^*}\mathrm{d}t \tag{8-23}$$

共轭功率 P_i^* 则满足下列方程：

$$P_i^*=\frac{\int_{t_i}^{t_{i+1}}\left(\boldsymbol{N}^*\frac{\partial \boldsymbol{M}_i}{\partial c_i}\boldsymbol{N}+\frac{\partial R}{\partial c_i}\right)\mathrm{d}t}{\sum_{g'=1}^{G}\sum_k\langle \kappa^k\sigma_{\mathrm{f},g'}^k N_i^k\phi_{i,g'}\rangle} \tag{8-24}$$

各核素的共轭核子密度在不同燃耗步交界处满足以下方程：

$$\boldsymbol{N}_i^{*-}=\boldsymbol{N}_i^{*+}+\sum_{g'=1}^{G}\left(\Gamma_{i,g'}^*\frac{\partial B_{i,g'}^*}{\partial N_i}\phi_{i,g'}^*+\Gamma_{i,g'}^*\frac{\partial B_{i,g'}}{\partial N_i}\phi_{i,g'}-P_i^*c_i\kappa^k\sigma_{\mathrm{f},g'}^k\phi_{i,g'}\right) \tag{8-25}$$

而在寿期末，有

$$B_{I+1,g}^*\Gamma_{I+1,g}^*=c_{I+1}P_{I+1}^*\sum_k\kappa^k\sigma_{\mathrm{f},g}^k N_{I+1}^k-\frac{\partial R}{\partial \phi_{I+1,g}} \tag{8-26}$$

$$B_{I+1,g}\Gamma_{I+1,g}=-\frac{\partial R}{\partial \phi_{I+1,g}^*} \tag{8-27}$$

$$P_{I+1}^*=\frac{\left\langle \phi_{I+1}\frac{\mathrm{d}R}{\mathrm{d}\phi_{I+1}}\right\rangle}{P_{I+1}} \tag{8-28}$$

$$N_{I+1}^*=\frac{\partial R}{\partial N_{I+1}}+\sum_{g'=1}^{G}\left\langle \Gamma_{I+1,g'}\frac{\partial B_{I+1,g'}^*}{\partial N_{I+1}}\phi_{I+1,g'}^*+\Gamma_{I+1,g'}^*\frac{\partial B_{I+1,g'}}{\partial N_{I+1}}\phi_{I+1,g'}-P_{I+1}^*c_{I+1}\kappa^k\sigma_{\mathrm{f},g'}^k\phi_{I+1,g'}\right\rangle \tag{8-29}$$

于是，式(8-20)化简为

$$\sum_{i=1}^{I}\int_{t_i}^{t_{i+1}}\left\langle\frac{\mathrm{d}N}{\mathrm{d}\sigma_g^h}\frac{\partial R}{\partial \boldsymbol{N}}\right\rangle\mathrm{d}t+\sum_{i=1}^{I}\left\langle\frac{\mathrm{d}\phi_i}{\mathrm{d}\sigma_g^k}\int_{t_i}^{t_{i+1}}\frac{\partial R}{\partial \phi_i}\mathrm{d}t\right\rangle+\sum_{i=1}^{I}\left\langle\frac{\mathrm{d}\phi_i^*}{\mathrm{d}\sigma_g^k}\int_{t_i}^{t_{i+1}}\frac{\partial R}{\partial \phi_i^*}\mathrm{d}t\right\rangle+\left\langle\frac{\mathrm{d}N_{I+1}}{\mathrm{d}\sigma_g^k}\frac{\partial R}{\partial N_{I+1}}\right\rangle+\left\langle\frac{\mathrm{d}\phi_{I+1}}{\mathrm{d}\sigma_g^k}\frac{\partial R}{\partial \phi_{I+1}}\right\rangle+\left\langle\frac{\mathrm{d}\phi_{I+1}^*}{\mathrm{d}\sigma_g^k}\frac{\partial R}{\partial \phi_{I+1}^*}\right\rangle$$

$$
=\sum_{i=1}^{I}\int_{t_i}^{t_{i+1}}\left\langle \boldsymbol{N}^{*}\ \frac{\partial \boldsymbol{M}_i}{\partial \sigma_g^k}\boldsymbol{N}\right\rangle \mathrm{d}t+\sum_{i=1}^{I+1}\left\langle \Gamma_i^{*}\ \frac{\partial B_{i,g}}{\partial \sigma_g^k}\phi_i\right\rangle+\sum_{i=1}^{I+1}\left\langle \Gamma_i\ \frac{\partial B_{i,g}^{*}}{\partial \sigma_g^k}\phi_i^{*}\right\rangle-\sum_{i=1}^{I+1}\left\langle P_i^{*}\ \frac{\partial P_i}{\partial \sigma_g^k}\right\rangle \tag{8-30}
$$

对比式(8-30)和式(8-7)可知，燃耗计算中系统响应对于核截面的敏感性系数为

$$
S_{R,\sigma_g^k}=\frac{\sigma_g^k}{R}\left\{\int_{t_0}^{t_\mathrm{F}}\frac{\partial R}{\partial \sigma_g^k}\mathrm{d}t+\sum_{i=1}^{I}\int_{t_i}^{t_{i+1}}\left\langle \boldsymbol{N}^{*}\ \frac{\partial \boldsymbol{M}_i}{\partial \sigma_g^k}\boldsymbol{N}\right\rangle \mathrm{d}t+\sum_{i=1}^{I+1}\left\langle \Gamma_i^{*}\ \frac{\partial B_{i,g}}{\partial \sigma_g^k}\phi_i\right\rangle+\sum_{i=1}^{I+1}\left\langle \Gamma_i\ \frac{\partial B_{i,g}^{*}}{\partial \sigma_g^k}\phi_i^{*}\right\rangle-\sum_{i=1}^{I+1}\left\langle P_i^{*}\ \frac{\partial P_i}{\partial \sigma_g^k}\right\rangle\right\} \tag{8-31}
$$

式中，第一项称为燃耗计算过程中系统响应对于核截面相对敏感性系数的直接项；第二项称为相对敏感性系数的核子密度影响项，是由核截面的变化引起各核素的原子核密度的变化，从而最终引起系统响应的变化；第三项称为相对敏感性系数的中子通量影响项，是由核截面的变化引起中子通量密度的变化，从而引起系统响应的变化；第四项称为共轭中子通量影响项，是由核截面的变化引起共轭中子通量的变化，最终引起系统响应的改变；第五项称为功率影响项，是由核截面的变化引起功率归一因子的变化，最终引起系统响应的改变。

8.1.3　燃耗敏感性系数的求解

由式(8-31)可知，求解燃耗相对敏感性系数时需要首先求解各燃耗步下的中子通量 ϕ_i、共轭中子通量 ϕ_i^{*}、不同核素的核子密度 $\boldsymbol{N}$ 等参数。其中，中子通量密度 ϕ_i 和不同核素的核子密度 $\boldsymbol{N}$ 可通过直接求解中子输运方程和燃耗方程获得，而共轭中子通量密度需要求解共轭中子输运方程获得。由7.1.2节内容可知，共轭中子输运方程与前向中子输运方程具有完全一致的形式，差别主要有三点：①泄漏项取负；②散射矩阵转置；③裂变谱与裂变截面互换位置。因此，前向中子输运方程求解器可直接用来求解共轭中子输运方程，只需将散射矩阵转置、裂变源项中裂变谱与裂变截面互换，同时处理散射源时，还需将能群搜索次序倒转，即从 $G\rightarrow 1$。

求解燃耗相对敏感性系数还需要各燃耗步下的共轭核子密度 $\boldsymbol{N}^{*}$、广义中子通量密度 Γ_i 和广义共轭中子通量密度 Γ_i^{*}。由广义共轭中子输运方程(8-22)可知，求解 t_i 时刻的广义共轭通量，需要用到 t_{i+1} 时刻的共轭核子密度，因此，开展共轭燃耗计算时应该从寿期末向寿期初计算，其详细求解步骤如下：

(1) 基于前向中子输运及燃耗计算，获取各燃耗步下的中子通量密度、共轭通量密度及核子密度；

(2) 计算寿期末 $t_{I+1}=t_\mathrm{F}$ 时刻的共轭核子密度 N_{I+1}^{*}：首先利用式(8-28)计算寿期末的共轭功率 P_{I+1}^{*}，再利用式(8-26)和式(8-27)计算寿期末的广义共轭通

量密度 Γ_{I+1}^* 和广义中子通量密度 Γ_{I+1}，进而利用式(8-29)计算寿期末的共轭核子密度 N_{I+1}^*；

(3) 求解共轭燃耗方程(8-21)，结合寿期末 N_{I+1}^* 信息，获取上一燃耗步的共轭核子密度 N_I^*；

(4) 基于步骤(3)获取的 N_I^*，再利用式(8-24)求解共轭功率 P_I^*；

(5) 基于步骤(3)和步骤(4)获取的 N_I^* 和 P_I^*，利用式(8-22)和式(8-23)求解广义共轭中子输运方程和广义中子输运方程得到 Γ_I^* 和 Γ_I；

(6) 基于步骤(3)～步骤(5)得到的 N_I^*、P_I^*、Γ_I^*、Γ_I，利用式(8-25)计算 N_I^{*-}；

(7) 逐步重复步骤(3)～步骤(6)至寿期初，计算出不同燃耗步下的共轭功率、共轭核子密度、广义共轭中子通量、广义中子通量等信息。

另外需要注意的是，共轭核子密度 $\mathbf{N}^*$ 是与燃耗计算中系统响应 R 密切相关的。通常所考虑的系统响应均为终值响应，当系统响应 R 为寿期末 t_F 时刻的核子密度 N_{I+1} 时，此时 N_{I+1} 与 ϕ_{I+1} 和 ϕ_{I+1}^* 是不相关的，于是有 P_{I+1}^*、Γ_{I+1}^* 和 Γ_{I+1} 为零，则

$$N_{I+1}^* = \frac{\partial R}{\partial N_{I+1}} = [\underbrace{0,0,\cdots,0}_{\text{非响应核素}},\quad \underbrace{1}_{\text{响应核素}}\quad,\underbrace{0,0,0}_{\text{非响应核素}}] \tag{8-32}$$

当系统响应为寿期初的有效增殖因子 k_{eff} 时，系统响应对于核截面的敏感性系数仅保留直接项；当为寿期末的 k_{eff} 时，同样可以发现 P_{I+1}^*、Γ_{I+1}^* 和 Γ_{I+1} 为零，其中，

$$k_{\text{eff}} = \frac{\langle \phi^*, F\phi \rangle}{\langle \phi^*, L\phi \rangle} \tag{8-33}$$

则寿期末的共轭核子密度为

$$N_{I+1}^* = \frac{\partial R}{\partial \mathbf{N}}\bigg|_{t=t_F} = \frac{\left\langle \phi^* \ \frac{\partial F}{\partial \mathbf{N}}\phi \right\rangle - k_{\text{eff}}\left\langle \phi^* \ \frac{\partial L}{\partial \mathbf{N}}\phi \right\rangle}{\langle \phi^* L\phi \rangle} \tag{8-34}$$

当考虑的系统响应为增殖比时，增殖比与 ϕ_{I+1} 和 ϕ_{I+1}^* 同样是不相关的，有 P_{I+1}^*、Γ_{I+1}^* 和 Γ_{I+1} 为零，于是有

$$N_{I+1}^* = \left[\cdots, \delta_j \frac{W_j V}{F_L}, \cdots\right] \tag{8-35}$$

其中，W_j 为原子质量乘以阿伏伽德罗常数，V 表示计算区域的体积，F_L 表示易裂变核素的消耗，δ 函数为

$$\delta_j = \begin{cases} 1, & j\ 为裂变核素 \\ 0, & j\ 为非裂变核素 \end{cases} \tag{8-36}$$

基于上述信息，就可以利用式(8-31)计算燃耗敏感性系数，再次结合“三明治”

公式，就可以量化核截面不确定性对燃耗计算过程中系统响应计算不确定性的贡献。

为了更加清晰地理解燃耗敏感性系数的求解，我们通过一个简单的例子来阐述具体求解步骤和细节。研究模型为由一个燃料核素和一个毒物核素组成的无限介质、两群问题，为简单起见，只考虑一个燃耗步。所考虑的系统响应为寿期末 t_F 时刻核素 1 的核子密度 $N_1(t_F)$，恒定通量下，基于式(8-31)计算寿期末核子密度 $N_1(t_F)$对燃料微观裂变截面的相对敏感性系数。此时，式(8-31)中直接项以及间接项中的共轭中子通量密度影响项为零，相对敏感性系数只由核子密度影响项、中子通量密度影响项和功率影响项决定。其中，中子通量密度通过求解中子扩散方程获得，核截面等基本输入数据信息见表 8-1[2-3]。

表 8-1　核截面等基本输入信息

$\sigma_{a1}^1=3b$	$\sigma_{12}^1=6b$	$\sigma_{f2}^1=1b$	$\sigma_{r1}^1=9b$
$\sigma_{c2}^1=1b$	$\sigma_{c2}^2=10b$	$\chi_1=1$	$\chi_2=0$
$\Lambda=4.0\times10^{-9}\,s^{-1}$	$\nu=4.5$	$P=2.0\times10^{14}$	$\gamma=2.0$
$N_1(t_0)=1.0\times10^{24}\,atom/(cm^3\cdot s)$		$N_2(t_0)=0$	$t_F=600d$

步骤(1)：求解各燃耗步下的中子通量密度、核子密度。

针对该问题，中子扩散方程可以写为

$$\begin{pmatrix} N_1\sigma_{r1}^1 & -\lambda N_1\nu\sigma_{f2}^1 \\ -N_1\sigma_{12}^1 & N_1\sigma_{a2}^1+N_2\sigma_{a2}^2 \end{pmatrix}\begin{pmatrix}\phi_1\\ \phi_2\end{pmatrix}=0 \tag{8-37}$$

其中，σ_a 表示吸收截面，σ_r 表示移出截面，σ_f 表示裂变截面，σ_c 表示俘获截面，λ 为特征值。将表 8-1 数据代入式(8-37)可得：

$$\begin{pmatrix} 10^{24}\times9\times10^{-24} & -\lambda\times10^{24}\times4.5\times1\times10^{-24} \\ -10^{24}\times6\times10^{-24} & 10^{24}\times(1+1)\times10^{-24} \end{pmatrix}\begin{pmatrix}\phi_1\\ \phi_2\end{pmatrix}=0 \tag{8-38a}$$

$$\begin{pmatrix} 9 & -4.5\lambda \\ -6 & 2 \end{pmatrix}\begin{pmatrix}\phi_1\\ \phi_2\end{pmatrix}=0 \tag{8-38b}$$

令式(8-38)系数行列式等于 0，可求得上述扩散方程的特征值，而有效增殖因子就是特征值的倒数，即

$$k_{eff}=\frac{1}{\lambda}=1.5$$

于是有 $3\phi_1=\phi_2$。结合通量归一化条件：

$$P=N_1\sigma_{f2}^1\phi_2 \tag{8-39}$$

于是，寿期初的中子通量密度分别为

$$\phi_1(t_0)=0.6667\times10^{14}\,cm^{-2}\cdot s^{-1}$$

$$\phi_2(t_0)=2\times10^{14}\,cm^{-2}\cdot s^{-1}$$

该问题考虑的是定通量问题，因此将此中子通量密度作为恒定通量。

燃耗方程为

$$\frac{\mathrm{d}}{\mathrm{d}t}\begin{bmatrix}N_1\\N_2\end{bmatrix}=\begin{bmatrix}-(\sigma_{a1}^1\phi_1+\sigma_{a2}^1\phi_2) & 0\\ \gamma\sigma_{f2}^1\phi_2 & -(\sigma_{a2}^2\phi_2+\Lambda)\end{bmatrix}\times\begin{bmatrix}N_1\\N_2\end{bmatrix} \tag{8-40}$$

其中，N_1 和 N_2 分别表示燃料核素和毒物核素的核子密度，求解燃耗方程可得：

$$N_1(t)=N_1(t_0)\mathrm{e}^{m_{11}t} \tag{8-41a}$$

$$N_2(t)=\frac{m_{21}N_1(t_0)}{m_{11}-m_{22}}\mathrm{e}^{m_{11}t}+\left(N_2(t_0)-\frac{m_{21}N_1(t_0)}{m_{11}-m_{22}}\right)\mathrm{e}^{m_{22}t} \tag{8-41b}$$

其中，m_{11}，m_{22} 和 m_{21} 的表达式分别为

$$m_{11}=-(\sigma_{a1}^1\phi_1+\sigma_{a2}^1\phi_2) \tag{8-41c}$$

$$m_{21}=\gamma\sigma_{f2}^1\phi_2 \tag{8-41d}$$

$$m_{22}=-(\sigma_{a2}^2\phi_2+\Lambda) \tag{8-41e}$$

将表 8-1 中数据代入式(8-41)可求得寿期末燃料核素和毒物核素的核子密度：

$$N_1(t_F)=0.96937\times10^{24}\,\mathrm{atom/(cm^3\cdot s)}$$

$$N_2(t_F)=1.75326\times10^{22}\,\mathrm{atom/(cm^3\cdot s)}$$

步骤(2)：计算寿期末 t_F 时刻的共轭核子密度。

在寿期末，由共轭功率(式(8-28))可知 $P_{I+1}^*=0$，再次利用式(8-26)和式(8-27)计算广义共轭中子通量密度 $\Gamma_{I+1}^*=0$，广义中子通量密度 $\Gamma_{I+1}=0$，进而利用式(8-29)计算寿期末的共轭核子密度 N_{I+1}^* 为

$$N_1^*(t_F)=1$$

$$N_2^*(t_F)=0$$

步骤(3)：计算寿期末 t_F 时刻的共轭核子密度。求解共轭燃耗方程，计算寿期初的共轭核子密度。

求解共轭燃耗方程(8-21)，结合寿期末共轭核子密度信息，得到寿期初的共轭核子密度为

$$N_2^*(t)=N_2^*(t_F)\mathrm{e}^{-m_{22}(t-t_F)} \tag{8-42a}$$

$$N_1^*(t)=-\frac{m_{21}N_2^*(t_F)}{m_{11}-m_{22}}\mathrm{e}^{-m_{22}(t-t_F)}+\left(N_1^*(t_F)+\frac{m_{21}N_2^*(t_F)}{m_{11}-m_{22}}\right)\mathrm{e}^{-m_{11}(t-t_F)} \tag{8-42b}$$

将基础数据及步骤(2)求得的数据代入式(8-42)，计算得到寿期初的共轭核子密度为

$$N_1^*(t_0)=0.96937$$

$$N_2^*(t_0)=0$$

步骤(4)：求解共轭功率。

结合步骤(3)计算得到的共轭核子密度，利用式(8-24)求解寿期初的共轭功率$P^*(t_0)$，如下：

$$P^*(t_0)=\frac{\int_{t_0}^{t_F}\left(\begin{bmatrix}N_1^*(t) & N_2^*(t)\end{bmatrix}\begin{bmatrix}-(\sigma_{a1}^1\phi_1+\sigma_{a2}^1\phi_2) & 0\\ \gamma\sigma_{f2}^1\phi_2 & -(\sigma_{a2}^2\phi_2+\Lambda)\end{bmatrix}\begin{bmatrix}N_1(t)\\N_2(t)\end{bmatrix}\right)\mathrm{d}t}{P(t_0)}$$

$$=\frac{\int_{t_0}^{t_F}(m_{11}N_1(t)N_1^*(t)+m_{21}N_1(t)N_2^*(t)+m_{22}N_2(t)N_2^*(t))\mathrm{d}t}{P(t_0)}$$

(8-43)

将步骤(1)～步骤(3)计算结果及基础数据代入，可得：

$$P^*(t_0)=-1.50759\times10^8$$

步骤(5)：求解广义共轭中子通量密度。

基于步骤(3)和步骤(4)获取的$\boldsymbol{N}^*(t_0)$和$P^*(t_0)$，求解广义共轭中子输运方程(8-22)如下：

$$\begin{bmatrix}9 & -6\\-3 & 2\end{bmatrix}\begin{bmatrix}\Gamma_1^*\\\Gamma_2^*\end{bmatrix}$$

$$=\begin{bmatrix}-\int_{t_0}^{t_F}\begin{bmatrix}N_1^*(t) & N_2^*(t)\end{bmatrix}\begin{bmatrix}-\sigma_{a1}^1 & 0\\0 & 0\end{bmatrix}\begin{bmatrix}N_1(t)\\N_2(t)\end{bmatrix}\mathrm{d}t\\ -\int_{t_0}^{t_F}\begin{bmatrix}N_1^*(t) & N_2^*(t)\end{bmatrix}\begin{bmatrix}-\sigma_{a2}^1 & 0\\ \gamma\sigma_{f2}^1 & -\sigma_{a2}^2\end{bmatrix}\begin{bmatrix}N_1(t)\\N_2(t)\end{bmatrix}\mathrm{d}t+P^*(t_0)\sigma_{f2}^1N_1(t_0)\end{bmatrix}$$

$$=\begin{bmatrix}\int_{t_0}^{t_F}N_1(t)N_1^*(t)\sigma_{a1}^1\mathrm{d}t\\ \int_{t_0}^{t_F}[N_1(t)N_1^*(t)\sigma_{a1}^1-N_1(t)N_2^*(t)\gamma\sigma_{f2}^1+N_2(t)N_2^*(t)\sigma_{a2}^2]\mathrm{d}t+P^*(t_0)\sigma_{f2}^1N_1(t_0)\end{bmatrix}$$

$$=\begin{bmatrix}1.507564\times10^8\\-0.502547\times10^8\end{bmatrix}\tag{8-44}$$

忽略计算误差，式(8-44)中两个方程线性相关，为了使其有唯一解，广义共轭通量需满足$\langle\Gamma^*F\phi\rangle=0$，即

$$\begin{bmatrix}\Gamma_1^* & \Gamma_2^*\end{bmatrix}\begin{bmatrix}0 & -3\\0 & 3\end{bmatrix}\begin{bmatrix}\phi_1\\\phi_2\end{bmatrix}=0\tag{8-45}$$

于是，广义共轭中子通量密度值为

$$\Gamma_1^*(t_0)=0$$

$$\Gamma_2^*=-2.51167\times10^7$$

步骤(6)：求解广义共轭中子通量密度。

基于上述信息，利用式(8-31)计算寿期末核子密度对燃料微观裂变截面的相对敏感性系数，首先考虑核子密度影响项：

$$S_D=\frac{\sigma_{f2}^1}{N_1(t_F)}\int_{t_0}^{t_F}\left\langle \boldsymbol{N}^* \ \frac{\partial \boldsymbol{M}}{\partial \sigma_{f2}^1}\boldsymbol{N}\right\rangle \mathrm{d}t$$

$$=\frac{\sigma_{f2}^1}{N_1(t_F)}\int_{t_0}^{t_F}\left([N_1^*(t) \quad N_2^*(t)]\begin{bmatrix}-\phi_2 & 0\\ \gamma\phi_2 & 0\end{bmatrix}\begin{bmatrix}N_1(t)\\ N_2(t)\end{bmatrix}\right)\mathrm{d}t$$

$$=\frac{\sigma_{f2}^1}{N_1(t_F)}\int_{t_0}^{t_F}[-N_1(t)N_1^*(t)\phi_2+N_1(t)N_2^*(t)\gamma\phi_2]\mathrm{d}t \tag{8-46}$$

代入数据可得：

$$S_{\mathrm{D}}=-1.0368\times 10^{-2}$$

敏感性系数的中子通量密度影响项为

$$S_{\mathrm{F}}=\frac{\sigma_{f2}^1}{N_1(t_{\mathrm{F}})}\sum_{i=1}^{I+1}\left\langle \Gamma_i^* \ \frac{\partial B_i}{\partial \sigma_{f2}^1}\phi_i\right\rangle$$

$$=\frac{\sigma_{f2}^1}{N_1(t_{\mathrm{F}})}[\Gamma_2^*(t_0)N_1(t_0)\phi_2] \tag{8-47}$$

代入数据可得：

$$S_{\mathrm{F}}=-5.182\times 10^{-3}$$

敏感性系数的功率影响项为

$$S_{\mathrm{p}}=-\frac{\sigma_{f2}^1}{N_1(t_{\mathrm{F}})}\sum_{i=1}^{2}\left\langle P_i^* \ \frac{\partial P_i}{\partial \sigma_{f2}^1}\right\rangle$$

$$=-\frac{\sigma_{f2}^1}{N_1(t_{\mathrm{F}})}[P^*(t_0)N_1(t_0)\phi_2] \tag{8-48}$$

代入数据可得：

$$S_{\mathrm{p}}=3.11\times 10^{-2}$$

于是，寿期末核子密度 $N_1(t_{\mathrm{F}})$对燃料微观热裂变截面的总敏感性系数为

$$S_{N_1(t_{\mathrm{F}}),\sigma_{f2}^1}=S_{\mathrm{D}}+S_{\mathrm{F}}+S_{\mathrm{P}}=1.555\times 10^{-2}$$

8.1.4 基于广义微扰理论求解次临界问题的燃耗敏感性系数

与临界问题的燃耗计算相比，次临界问题的燃耗计算中，中子输运方程和共轭中子输运方程中没有有效增殖因子 k_{eff}，但是方程右端多了外加中子源项。其表达式为

$$B_{i,g}\phi_{i,g}=(L_{i,g}-F_{i,g})\phi_{i,g}=q_{i,g} \tag{8-49}$$

$$B_{i,g}^*\phi_{i,g}^*=(L_{i,g}^*-F_{i,g}^*)\phi_{i,g}^*=q_{i,g}^* \tag{8-50}$$

其中，$q_{i,g}$ 表示单位外中子源强，$q_{i,g}^{*}$ 为单位共轭外中子源强。

基于临界问题时燃耗相对敏感性系数公式的推导过程，同样可以得到次临界问题时燃耗计算过程中系统响应对于核截面的相对敏感性系数，其公式如下：

$$S_{R,\sigma_g^k}=\frac{\sigma_g^k}{R}\left(\int_{t_0}^{t_F}\frac{\partial R}{\partial\sigma_g^k}\mathrm{d}t+\sum_{i=1}^{I}\int_{t_i}^{t_{i+1}}\left\langle \boldsymbol{N}^*\frac{\partial \boldsymbol{M}_i}{\partial\sigma_g^k}\boldsymbol{N}\right\rangle\mathrm{d}t+\sum_{i=1}^{I+1}\left\langle \Gamma_i^*\frac{\partial B_{i,g}}{\partial\sigma_g^k}\phi_i\right\rangle+\right.$$
$$\left.\sum_{i=1}^{I+1}\left\langle \Gamma_i\frac{\partial B_{i,g}^*}{\partial\sigma_g^k}\phi_i^*\right\rangle-\sum_{i=1}^{I+1}\left\langle P_i^*\frac{\partial P_i}{\partial\sigma_g^k}\right\rangle-\left\langle \Gamma_i^*\frac{\mathrm{d}q_{i,g}}{\mathrm{d}\sigma_g^k}\right\rangle-\left\langle \Gamma_i\frac{\mathrm{d}q_{i,g}^*}{\mathrm{d}\sigma_g^k}\right\rangle\right) \tag{8-51}$$

需要注意的是，在实际的次临界反应堆或装置中，外加中子源的源强不随核截面的变化而改变，于是有

$$\frac{\mathrm{d}q_{i,g}}{\mathrm{d}\sigma_g^k}=0$$

而针对具体的响应，燃耗敏感性系数的公式有不同的表达式。如不同核素的核子密度，该响应与共轭中子通量是不相关的，并且有广义中子通量密度为零，因此，核子密度对于核截面的相对敏感性系数进一步简化为

$$S_{R,\sigma_g^k}=\frac{\sigma_g^k}{R}\left(\int_{t_0}^{t_F}\frac{\partial R}{\partial\sigma_g^k}\mathrm{d}t+\sum_{i=1}^{I}\int_{t_i}^{t_{i+1}}\left\langle \boldsymbol{N}^*\frac{\partial \boldsymbol{M}_i}{\partial\sigma_g^k}\boldsymbol{N}\right\rangle\mathrm{d}t+\sum_{i=1}^{I+1}\left\langle \Gamma_i^*\frac{\partial B_{i,g}}{\partial\sigma_g^k}\phi_i\right\rangle-\sum_{i=1}^{I+1}\left\langle P_i^*\frac{\partial P_i}{\partial\sigma_g^k}\right\rangle\right) \tag{8-52}$$

8.2　基于抽样统计理论的燃耗计算不确定性分析

8.2.1　燃耗计算不确定性分析流程

基于抽样统计理论的不确定性分析方法先开展“不确定性分析”，然后利用直接扰动方法量化系统响应对于输入参数的相对敏感性系数。当然，也可以借助相关性分析的手段，如量化系统响应与输入参数间的 Pearson 相关系数等，开展系统响应对于输入参数的敏感性分析。应用该方法，核心就是采用合理的抽样方法获取合理的表征输入参数不确定性的样本空间，进而通过充分验证和确认后的计算程序或计算模型传播不确定性，最终利用数理统计方法量化系统响应的不确定性信息。该方法不要求输入参数与输出响应之间建立性质良好的数学方程，更为重要的是，可以有效地开展多物理耦合过程的计算不确定性传播和量化。而针对燃耗计算的不确定性分析，其基本物理计算过程涉及共振计算、中子输运计算及燃耗计算的相互耦合，采用基于抽样统计理论的不确定性分析方法可以有效传播输入参数的不确定性，并且量化更多系统响应的计算不确定性。

如图 8-1 所示，针对核截面自身不确定性在中子燃耗计算过程的传播与量化，主要包括以下七个步骤：

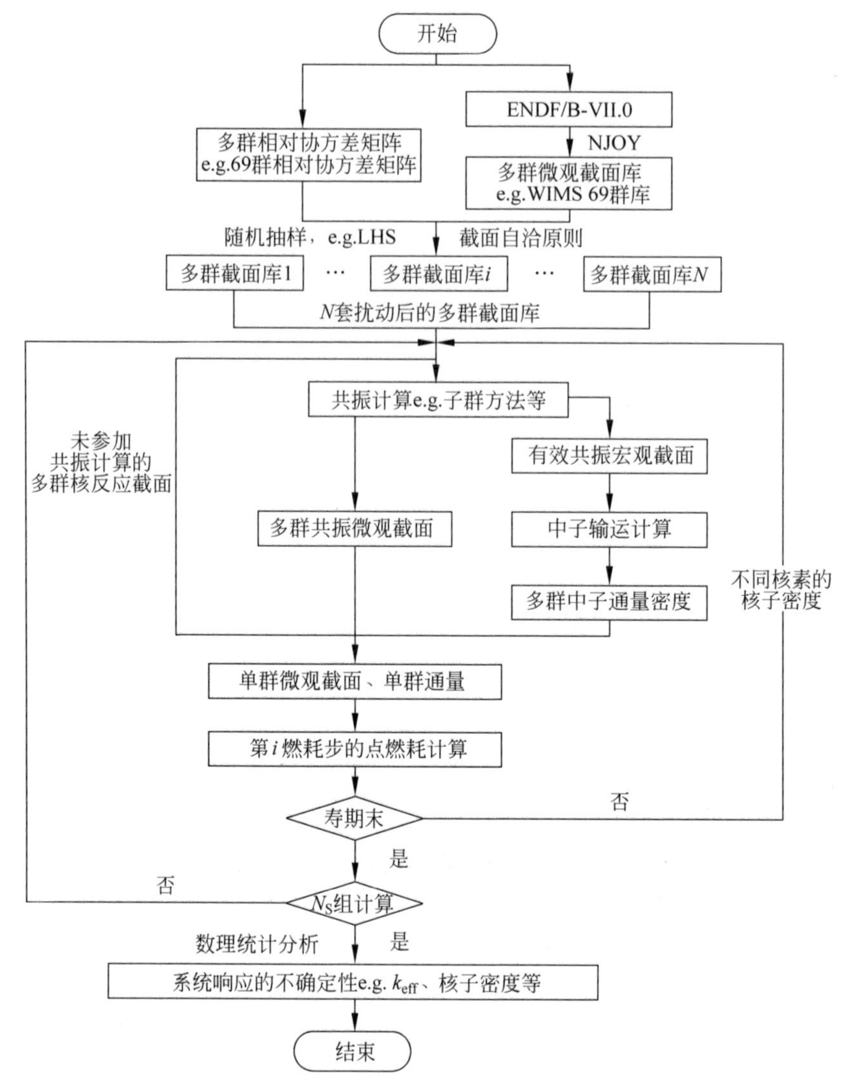

图 8-1 基于抽样统计理论的燃耗计算不确定性传播与量化

(1) 基于基础核数据库信息及中子输运计算所需的多群微观截面库，建立表征核截面不确定性信息的多群相对协方差矩阵；关于多群核截面的分布函数，通常认为其服从多元正态分布。

(2) 基于多元正态分布函数 $N_n(\boldsymbol{\mu}, \boldsymbol{\Sigma})$ 及多群相对协方差矩阵，采用4.3节或4.5节中的抽样方法产生 N_S 组多群核截面的样本空间，这些样本空间形成了 N_S 套扰动后的多群截面数据库，供后期共振及中子输运计算使用。其中，N_S 表示各个截面的样本容量。

(3) 将步骤(2)中产生的多群核截面库及第 i 燃耗步下计算得到的不同核素的核子密度 N_i 分别导入确定论中子物理计算系统，经过共振计算，产生有效共振微观截面；然后结合第 i 燃耗步下计算得到的不同核素的核子密度 N_i 计算获取有效共振宏观截面，进而开展中子输运计算，以获得多群中子通量密度 ϕ_i 及对应的系统响应，如有效增殖因子。

(4) 基于步骤(3)获得的有效共振微观截面及多群中子通量密度 ϕ_i，在保证反应率守恒的条件下，产生对应的单群微观截面及单群中子通量密度；同理，基于多群评价库中未参与共振计算的多群微观截面及多群中子通量密度 ϕ_i 归并产生单群微观截面。

(5) 将步骤(4)中产生的单群微观截面及单群中子通量密度导入第 $i+1$ 燃耗步的燃耗计算，产生新的不同核素的核子密度 N_{i+1}。

(6) 将步骤(5)产生的新的核子密度再次代入步骤(3)，重复步骤(3)～步骤(5)直至寿期末。

(7) 针对每一组多群核截面样本，执行步骤(3)～步骤(6)，于是获得 N_S 组燃耗计算过程中的系统响应 R，如有效增殖因子、核子密度等。再基于4.6节的数理统计理论，对产生的 N_S 组系统响应值进行数理统计分析，以量化系统响应的不确定性。

上述不确定性分析流程只考虑了截面不确定性的传播与量化，但是应用基于抽样统计理论的不确定性分析方法，可以传播和量化更多输入参数的不确定性，如裂变产额、衰变常数、燃料制造公差等，基本分析思路是一致的，均是在寿期初基于输入参数的不确定性信息及概率密度函数进行随机抽样，进而按照上述步骤开展不确定性的传播与量化。

8.2.2 基于直接扰动方法的燃耗敏感性分析

虽然可以通过输入输出之间的相关性分析得到系统响应与输入参数的相关程度，但基于抽样统计理论的不确定性分析方法无法直接得到系统响应对于输入参数的敏感性信息。为了确定燃耗计算中系统响应对于多群核截面数据的敏感性信息，可应用直接数值扰动的方法量化敏感性系数，即燃耗计算过程中的某响应 R 相对于某核素 k 多群微观截面 σ_g^k 的相对敏感性系数为

$$S_{R,\sigma_g^k}=\frac{\sigma_g^k}{R}\times\frac{R[\sigma_g^k(1+\delta^+)]-R[\sigma_g^k(1+\delta^-)]}{\sigma_g^k(1+\delta^+)-\sigma_g^k(1+\delta^-)} \tag{8-53}$$

其中，δ^+ 和 δ^- 分别表示核截面的正向相对扰动和负向相对扰动，如 $\pm1\%$。

应用该方法量化敏感性系数需要逐个计算每个输入参数的扰动对于系统响应的相对影响，进而量化燃耗计算中系统响应对于核截面的敏感性系数。但是，考虑到不同核素、不同能群、不同核反应，实际的输入截面参数量是很大的，应用直接扰动方法的计算效率是非常低的。但是，该方法可以用于验证应用微扰理论或广义微扰理论计算的相对敏感性系数的正确性。

同样以8.1.3节中描述的两群、无限介质问题为例，采用直接数值扰动方法量

化了寿期末核素1的核子密度 $N_1(t_F)$ 对于燃料微观裂变热群截面的相对敏感性信息。其中,微观截面的相对扰动量为±1%,具体步骤如下:

(1) 核子密度影响项

研究燃耗相对敏感性系数的核子密度影响项时,仅需扰动燃耗矩阵 $\boldsymbol{M}$ 中的微观热群裂变截面 σ_{f2}^1。以正向扰动为例,此时燃耗方程变为

$$\frac{\mathrm{d}}{\mathrm{d}t}\begin{bmatrix}N_1\\N_2\end{bmatrix}=\begin{bmatrix}-[\sigma_{a1}^1\phi_1+(\sigma_{a2}^1+\Delta\sigma_{f2}^1)\phi_2] & 0\\ \gamma(\sigma_{f2}^1+\Delta\sigma_{f2}^1)\phi_2 & -(\sigma_{a2}^2\phi_2+\Lambda)\end{bmatrix}\times\begin{bmatrix}N_1\\N_2\end{bmatrix} \tag{8-54}$$

而扩散方程中的截面未受扰动,因此其通量不变,即 $\phi_1=0.6667\times10^{14}$,$\phi_2=2\times10^{14}$,代入并求解燃耗方程(8-54)得:

$$N_1^+(t_F)=0.9692737508\times10^{24} \tag{8-55a}$$

同理对微观热群裂变截面进行负向扰动,求得对应的核子密度为

$$N_1^-(t_F)=0.9694747603\times10^{24} \tag{8-55b}$$

于是,燃耗相对敏感性系数中的核子密度影响项为

$$\begin{aligned}S_D&=\frac{N_1^+(t_F)-N_1^-(t_F)}{N_1(t_F)}\Bigg/\frac{\Delta\sigma_{f2}^1}{\sigma_{f2}^1}\\&=\frac{0.9692737508\times10^{24}-0.9694747603\times10^{24}}{0.96937\times10^{24}}\Bigg/0.02\\&=-1.0368\times10^{-2}\end{aligned} \tag{8-56}$$

(2) 通量密度影响项

此时,仅扰动扩散方程中的微观热群裂变截面 σ_{f2}^1。以正向扰动为例,此时扰动后的扩散方程变为

$$\begin{bmatrix}N_1\sigma_{r1}^1 & -\lambda N_1\nu(\sigma_{f2}^1+\Delta\sigma_{f2}^1)\\ -N_1\sigma_{12}^1 & N_1(\sigma_{a2}^1+\Delta\sigma_{f2}^1)+N_2\sigma_{a2}^2\end{bmatrix}\begin{bmatrix}\phi_1\\\phi_2\end{bmatrix}=0 \tag{8-57}$$

代入数据有

$$\begin{bmatrix}9 & -4.545\lambda\\-6 & 2.01\end{bmatrix}\begin{bmatrix}\phi_1\\\phi_2\end{bmatrix}=0 \tag{8-58}$$

令系数矩阵的行列式等于0,可求得特征为

$$\lambda^+=\frac{67}{101}$$

而此时功率项中的微观热群裂变截面未受扰动,于是有

$$P(t_0)=N_1(t_0)\sigma_{f2}^1\phi_2^+$$

最终求得扰动后中子通量密度为

$$\phi_1^+=0.67\times10^{14}\,\mathrm{cm^{-2}\cdot s^{-1}}$$

$$\phi_2^+=2\times10^{14}\,\mathrm{cm^{-2}\cdot s^{-1}}$$

将此通量作为恒定通量，而燃耗矩阵中截面未受扰动，于是求得对应的核子密度为

$$N_1^+(t_F)=0.9693245018\times10^{24} \tag{8-59a}$$

同理对微观热群裂变截面进行负向扰动，求得对应的核子密度为

$$N_1^-(t_F)=0.9694250568\times10^{24} \tag{8-59b}$$

于是，燃耗相对敏感性系数中的中子通量密度影响项为

$$\begin{aligned}S_F&=\frac{N_1^+(t_F)-N_1^-(t_F)}{N_1(t_F)}\Big/\frac{\Delta\sigma_{f2}^1}{\sigma_{f2}^1}\\&=\frac{0.9693245018\times10^{24}-0.9694250568\times10^{24}}{0.96937\times10^{24}}\Big/0.02\\&=-5.186616\times10^{-3}\end{aligned} \tag{8-60}$$

(3) 功率影响项

此时，仅扰动功率项中的微观热群裂变截面 σ_{f2}^1，而扩散方程中的截面未受扰动，此时特征值未变，于是，有 $3\phi_1=\phi_2$。以正向扰动为例，结合通量归一化条件

$$P(t_0)=N_1(t_0)(\sigma_{f2}^1+\Delta\sigma_{f2}^1)\phi_2^+ \tag{8-61}$$

此时扩散方程中截面未扰动，即 $3\phi_1^+=\phi_2^+$。于是，基于扰动后计算得到的定通量解为

$$\phi_1^+=0.660066\times10^{14}\,\mathrm{cm^{-2}\cdot s^{-1}}$$

$$\phi_2^+=1.98020\times10^{14}\,\mathrm{cm^{-2}\cdot s^{-1}}$$

而燃耗方程中的截面未受扰动，求解燃耗方程可得核子密度为

$$N_1^-(t_F)=0.96967331\times10^{24} \tag{8-62a}$$

同理对微观热群裂变截面进行负向扰动，求得对应的核子密度为

$$N_1^-(t_F)=0.9690702562\times10^{24} \tag{8-62b}$$

于是，燃耗相对敏感性系数中的功率影响项为

$$\begin{aligned}S_P&=\frac{N_1^+(t_F)-N_1^-(t_F)}{N_1(t_F)}\Big/\frac{\Delta\sigma_{f2}^1}{\sigma_{f2}^1}\\&=\frac{0.96967331\times10^{24}-0.9690702562\times10^{24}}{0.96937\times10^{24}}\Big/0.02\\&=3.1105\times10^{-2}\end{aligned} \tag{8-63}$$

(4) 总敏感性系数

此时，需要同时扰动扩散方程中功率项和燃耗矩阵的微观热群裂变截面 σ_{f2}^1。以正向扰动为例，首先扰动扩散方程中的微观热群裂变截面，根据式(8-57)，求得：

$$\phi_1^+=\frac{67}{200}\phi_2^+$$

扰动功率项中的微观热群裂变截面：

$$P(t_0)=N_1(t_0)(\sigma_{f2}^1+\Delta\sigma_{f2}^1)\phi_2^+$$

于是，基于扰动后的扩散方程和扰动后的功率计算得到的定通量解为

$$\phi_1^+=0.663366\times10^{14}\,\text{cm}^{-2}\cdot\text{s}^{-1}$$

$$\phi_2^+=1.980198\times10^{14}\,\text{cm}^{-2}\cdot\text{s}^{-1}$$

燃耗方程中的微观热群裂变截面也受扰动，根据式(8-54)，代入上述通量，求解燃耗方程得：

$$N_1^+(t_F)=0.9695240341\times10^{24} \tag{8-64a}$$

同理对微观热群裂变截面同时进行负向扰动，求得对应的核子密度为

$$N_1^-(t_F)=0.9692225001\times10^{24} \tag{8-64b}$$

于是，寿期末核子密度 $N_1(t_F)$对燃料微观热裂变截面的总敏感性系数为

$$\begin{aligned}S_T&=\frac{N_1^+(t_F)-N_1^-(t_F)}{N_1(t_F)}\Big/\frac{\Delta\sigma_{f2}^1}{\sigma_{f2}^1}\\&=\frac{0.9695240341\times10^{24}-0.9692225001\times10^{24}}{0.96937\times10^{24}}\Big/0.02\\&=1.5553\times10^{-2}\end{aligned} \tag{8-65}$$

与基于广义微扰理论计算的敏感性系数相比，二者结果是一致的，这也进一步验证了两种方法计算敏感性系数的有效性和正确性。

8.3 燃耗计算不确定性分析方法的应用

8.3.1 燃耗过程中核数据对有效增殖因子计算不确定性的贡献

核数据自身不确定性会随着燃耗过程不断传播至堆芯系统的有效增殖因子，使其具有一定的不确定性。本章介绍的基于抽样统计理论或基于微扰理论的不确定性分析方法均可有效量化核数据自身不确定性对于燃耗过程中有效增殖因子计算不确定性的贡献。

实际上，由于核数据不确定性引起的堆芯有效增殖因子的不确定性会随着燃耗过程不断变化，同时不同核素的贡献也会发生变化。以压水堆为例，随着燃耗的加深，有效增殖因子逐渐减小，但核数据引起的有效增殖因子的计算不确定性显著增大，如图 8-2 所示。

究其原因是随着燃耗的加深，^{235}U 和^{238}U 不断被消耗，而^{239}Pu 不断积累。而在寿期初，有效增殖因子的不确定性主要来源于^{235}U 和^{238}U 的辐射俘获反应的贡献，但随着燃耗的不断加深，^{239}Pu 的俘获反应和裂变反应成为有效增殖因子计算不确定性的主要贡献。同时，^{235}U 和^{238}U 的贡献随着燃耗逐渐减少，^{239}Pu 和^{241}Pu 的贡献逐渐增加，如图 8-3 所示。

不确定性贡献的变化主要取决于有效增殖因子对于不同核反应敏感性的变

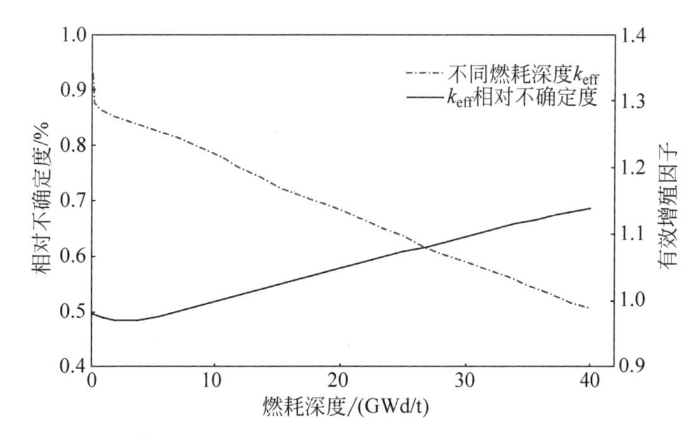

图 8-2　燃耗过程中核数据引起的有效增殖因子的计算不确定性[4]

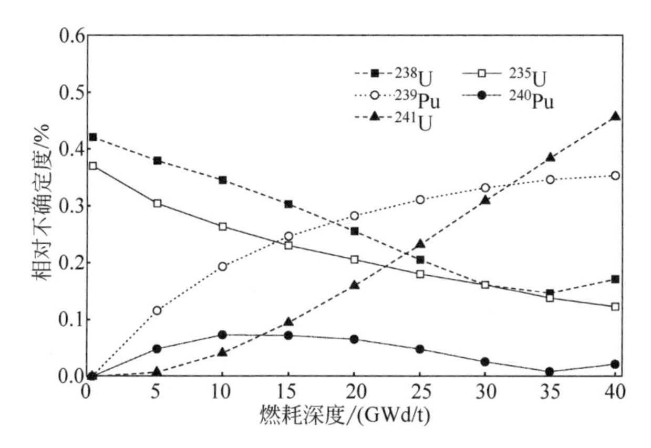

图 8-3　燃耗过程中不同核反应对有效增殖因子计算不确定性的贡献[5]

化。随着燃耗的加深，有效增殖因子对于^{235}U 和^{238}U 俘获反应及^{235}U 的平均裂变中子数反应的敏感性不断减小，而对^{239}Pu 核反应的敏感性不断增大，如图 8-4 所示。

事实上，燃耗过程中有效增殖因子计算不确定性主要来源于锕系元素的核反应截面，而裂变产额和衰变数据的贡献则可忽略，其中裂变产额引起的不确定性相对较大，但也小于 0.03%[5]。

针对高温气冷堆，与压水堆类似，在寿期初，核数据对有效增殖因子计算不确定性的贡献一致，大约为 0.5%；随着燃耗的加深，有效增殖因子逐渐减小，而核数据引起的有效增殖因子的计算不确定性显著增大。究其原因是堆芯由寿期初的低富集度纯铀系统逐步变为寿期末的高钚含量的 MOX 系统。对于高温气冷堆，寿期初有效增殖因子计算不确定性主要来源于^{238}U 俘获反应，而寿期末主要来源于^{239}Pu 中子裂变反应，如图 8-5 所示。

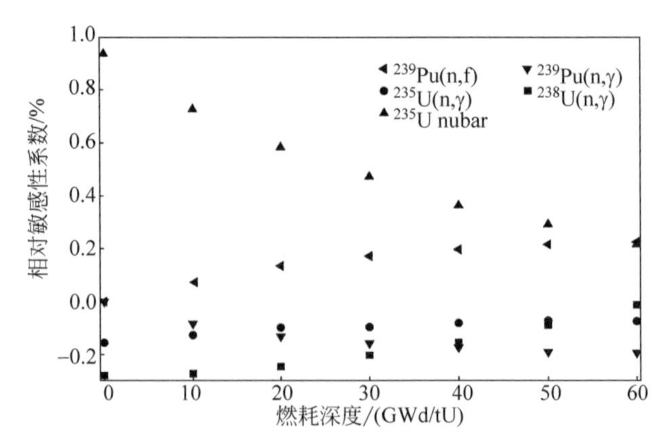

图 8-4 燃耗过程中有效增殖因子对部分重要核反应的敏感性系数[1]

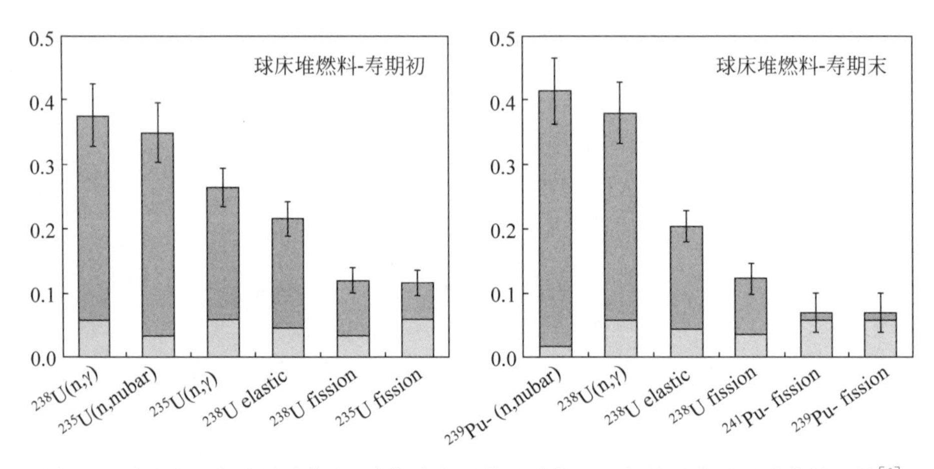

图 8-5 球床高温气冷堆寿期初/寿期末主要核反应与 k_{eff} 相关系数及不确定性贡献[6]

8.3.2 核子密度计算不确定性分析

同理,基于抽样统计理论或基于微扰理论的不确定性分析方法均可量化核数据自身不确定性对于燃耗过程中不同核素的核子密度计算不确定性的贡献。

针对世界经济合作与发展组织(OECD)核能机构(NEA)提出的热态满功率条件下的燃耗不确定性计算基准例题,不同研究机构基于不同的协方差数据库采用不同的不确定性分析方法,量化了核数据不确定性对于部分锕系元素和主要裂变产物核子密度的计算不确定性,所有参与者计算结果的均值如图 8-6 所示。由图 8-6 可知,^{149}Sm、^{155}Eu 和^{155}Gd 的核子密度计算不确定性较大。其中,^{155}Eu 和^{155}Gd 核子密度的不确定性主要来源于^{155}Eu 的俘获反应,因为^{155}Gd 主要通过^{155}Eu 俘获反应产生,而^{155}Eu 主要通过自身俘获反应消失,因此,^{155}Eu 和^{155}Gd 的核子密度对于^{155}Eu 俘获反应具有较大的敏感性系数,而^{55}Eu 俘获反应截面自

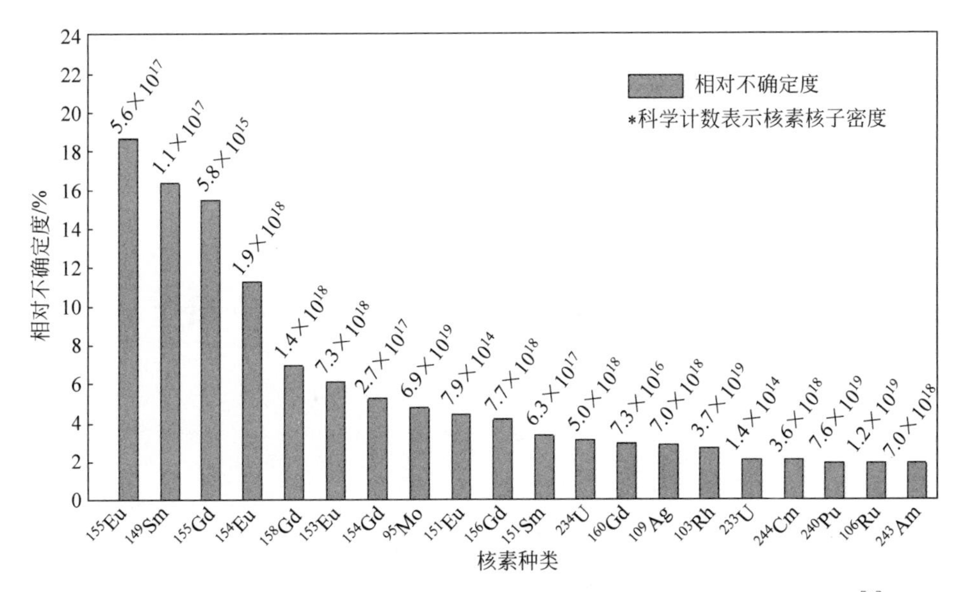

图 8-6　60 GWd/Mt U 下主要锕系元素和裂变产物平均核子密度的不确定性[7]

身的不确定性也较大。

参考文献

[1] 杨超.燃耗计算不确定性计算方法及其在核废料嬗变分析中的应用研究[D].西安：西安交通大学,2016.

[2] WILLIAMS M L. Development of depletion perturbation theory for coupled neutron/nuclide fields[J]. Nuclear Science and Engineering,1979,70(1)：20-36.

[3] YANG W S,DOWNAR T J. Generalized perturbation theory for constant power core depletion[J]. Nuclear Science and Engineering,1988,99(4)：353-366.

[4] ZWERMANN W,AURES A,GALLNER L,et al. Nuclear data uncertainty and sensitivity analysis with XSUSA for fuel assembly depletion calculations[J]. Nuclear Engineering and Technology,2014,46(3)：343-352.

[5] CHIBA G,OKUMURA S. Uncertainty quantification of neutron multiplication factors of light water reactor fuels during depletion[J]. Journal of nuclear science and technology,2018,55(9)：1043-1053.

[6] AURES A,ZWERMANN W,ROUXELIN P,et al. Uncertainty and sensitivity analysis for an OECD/NEA HTGR benchmark with XSUSA[C]//Proceedings of American Nuclear Society (ANS) Reactor Physics (PHYSOR) 2014 Conference-The Role of Reactor Physics Toward a Sustainable Future,2014.

[7] BRATTON R N,AVRAMOVA M,IVANOV K. OECD/NEA benchmark for uncertainty analysis in modeling (UAM) for LWRs-summary and discussion of neutronics cases (phase I)[J]. Nuclear Engineering and Technology,2014,46(3)：313-342.

第9章

控制棒价值计算不确定性分析

反应堆物理设计需要精确地开展控制棒计算，以提高堆芯物理设计和计算的准确性。然而，控制棒价值的计算是比较复杂的，需要采用严格的中子输运理论计算方法。目前，关于压水堆控制棒计算已有较为成熟的方法，如等效截面方法、响应矩阵方法、超级均匀化方法等。然而，控制棒价值计算过程中由于控制棒制造公差、核数据不确定性、不同堆芯状态及不同计算方法导致控制棒价值计算结果存在一定的不确定性，在成熟压水堆中传统认为控制棒价值的计算不确定性为10%左右，与堆芯有效增殖因子、功率峰值计算不确定性1%左右相比大很多，同时还没有理论依据。堆芯控制棒价值计算不确定性到底是不是10%，需要从机理上找到理论根据，以量化控制棒价值计算不确定性。而对于新堆芯，控制棒价值计算不确定性是未知的，在新堆芯设计时需要有较大的安全裕量，以保证堆芯安全。因此，非常有必要采用合理高效的计算不确定性分析方法来量化控制棒价值计算不确定性。这样不仅可以提高控制棒价值计算结果的可信度，同时对反应堆的安全运行、功率调节、降低功率峰值因子等有重要的工程指导意义。

控制棒价值计算是一个比较复杂的过程，其计算输入、计算过程、计算结果均存在不确定性，同时与堆芯状态密切相关。首先，核反应本身是具有随机性的，通过实验确定的核反应截面自身带有一定的不确定性。其次，控制棒元件的几何尺寸、物质构成在制造安装过程中带有随机误差。另外，不同控制棒计算方法对最终控制棒价值计算结果也会带来计算不确定性。上述分析仅仅考虑了控制棒自身不确定性及其计算方法不确定性，但是控制棒价值与堆芯运行状态是密切相关的，堆芯状态对于控制棒价值的影响更大。经验表明，同样的控制棒，在不同堆芯状态下其价值是不同的，最典型的就是堆芯寿期初和寿期末控制棒价值区别是很大的，如何分析堆芯状态对于控制棒价值计算不确定性的影响将存在很大的挑战。因此，控制棒价值计算的各个环节都存在不确定性，并且与堆芯状态密切相关，各个环节的不确定性信息不断传递最终导致控制棒价值计算结果存在一定的不确定性。虽然可以借鉴轻水反应堆及高温气冷堆模型计算不确定性分析的思路和方法，但考虑控制棒价值计算特殊性和复杂性后，开展此项研究便存在很大的挑战，若从机理上、数学上更系统、更深入地开展控制棒价值计算不确定性研究将会更难。

开展控制棒价值计算不确定性分析，需要首先明确控制棒价值计算过程中的各个不确定性输入，根据不同的控制棒价值计算方法选择合适的不确定性分析方法。一方面，控制棒价值的计算有多种方法。传统的控制棒价值计算方法为两次临界计算方法，其中临界计算可以基于输运计算，也可选择扩散计算。当反应性扰动较小时，也可以用微扰理论来进行计算。另一方面，不确定性分析也可基于多种方法。由于控制棒价值的计算较为复杂，采用基于抽样统计理论的不确定性分析方法是目前可行的方案。

本章将根据控制棒价值计算方法和不确定性来源建立控制棒价值计算不确定性的传播框架，并提出适合控制棒价值的不确定性分析方法。

9.1 控制棒价值计算方法

控制棒价值并不是反应堆物理的直接状态参量。目前，在反应堆设计和分析中，并不能直接对控制棒价值进行计算，而是通过计算有效增殖因子后，根据控制棒价值的定义，再计算出控制棒价值。在处理吸收体的微小改变时，反应性可以由微扰理论来进行计算，但是作为强吸收体，微扰理论可以用作控制棒价值的初步计算或预测。

9.1.1 传统两次临界计算方法

控制棒价值指控制棒在不同棒位状态下的堆芯反应性之差。通常很难用解析法计算获得控制棒价值。目前，通常采用数值方法进行计算。采用传统“两次临界法”计算控制棒价值，首先需要对不同控制棒棒位下的堆芯进行临界计算，求得有效增殖因子，并分别计算其反应性，二者的反应性的差即对应棒位间的控制棒价值。即

$$\rho_1=\frac{k_1-1}{k_1} \tag{9-1a}$$

$$\rho_2=\frac{k_2-1}{k_2} \tag{9-1b}$$

$$\Delta\rho=\rho_2-\rho_1=\frac{1}{k_1}-\frac{1}{k_2} \tag{9-1c}$$

在工程设计中，控制棒价值的计算过程一般为：首先，对栅元或组件进行均匀化处理，求出其均匀化截面，这个过程一般需要采用输运理论计算相关参数；其

次，将获取的均匀化截面输入到少群扩散计算程序中，对不同棒位状态下的堆芯进行临界计算，求出这些情况下的堆芯有效增殖因子；最后，计算得到控制棒的价值为两种堆芯状态下的反应性之差。上述计算过程需要先获取准确的组件（或栅元）均匀化截面，进而计算得到较为准确的控制棒价值计算结果。当然，也可以基于一步法精细化物理计算，如一步法确定论方法或蒙特卡罗法，直接计算不同棒位下的堆芯有效增殖因子，进而计算控制棒价值。总之，采用“两次临界法”，首先需要保证堆芯物理计算的准确性。

9.1.2 基于高阶微扰理论的控制棒价值计算方法

在反应堆物理计算中，微扰理论被广泛用于评估由于系统参数扰动而引起的反应性变化。根据微扰理论计算反应堆系统的反应性变化，而不需要求解反应堆系统的有效增殖因子，避免了传统两次临界法中有效增殖因子的计算偏差对反应性扰动结果的影响。特别是在系统所引入的反应性扰动较小，或者是有效增殖因子的计算误差较大甚至超过扰动量本身时，微扰理论可以更好地预测系统的反应性变化。但由于一阶微扰理论中，假设反应堆系统扰动前后的中子通量密度几乎不变，因此，一阶微扰理论也只适用于反应性扰动量较小的情况。另外，如果并不期望得到准确的反应性扰动结果，也可以应用一阶微扰理论计算扰动量一定的反应性变化，如控制棒价值的预测。

但对于控制棒移动给堆芯带来的强扰动问题，在扰动区域会形成一个大的中子通量凹陷或者峰值，采用一阶微扰理论会使计算结果引入较大的误差，甚至使计算结果被计算误差淹没。假设由于控制棒的存在，某位置的吸收反应率为

$$R=\Sigma_{\mathrm{a}}\phi \tag{9-2}$$

控制棒的移动相当于改变当前位置的吸收截面，则改变吸收截面引入局部反应率的相对变化为

$$\frac{\Delta R}{R}=\frac{\Delta\Sigma_{\mathrm{a}}}{\Sigma_{\mathrm{a}}}+\frac{\Delta\phi}{\phi}+\frac{\Delta\Sigma_{\mathrm{a}}}{\Sigma_{\mathrm{a}}}\frac{\Delta\phi}{\phi} \tag{9-3}$$

当一阶扰动项远大于二阶扰动项时，一阶微扰理论是有效的。但是，对于强吸收体附近，控制棒位置的变化使得中子通量、中子价值发生剧烈扰动，数值上通量变化近似等于截面变化，但变化趋势正好相反[1]，即

$$\frac{\Delta\Sigma_{\mathrm{a}}}{\Sigma_{\mathrm{a}}}\approx-\frac{\Delta\phi}{\phi} \tag{9-4}$$

此时，一阶项作用自我抵消，二阶项发挥重要作用，于是

$$\frac{\Delta R}{R}\approx\left(\frac{\Delta\Sigma_{\mathrm{a}}}{\Sigma_{\mathrm{a}}}\right)^{2}\approx\left(\frac{\Delta\phi}{\phi}\right)^{2} \tag{9-5}$$

因此，在强吸收体附近仅依靠一阶微扰理论是不够的，十分有必要采取高阶微扰计算，以提高控制棒价值计算结果的准确性，为有效开展控制棒价值计算不确定

性提供基础保障。针对高阶微扰计算，其实就是在一阶微扰理论的基础之上进行更加精确的求解。其中，一阶微扰理论忽略了复杂的高阶项，只保留一阶项。而采用高阶微扰理论则需要重新考虑高阶项来进行精确控制棒价值的求解。

对于未受扰动的反应堆系统，其中子通量和伴随通量可通过求解下列形式的前向方程及其共轭方程得到：

$$L\phi = \frac{1}{k}F\phi \tag{9-6a}$$

$$L^*\phi^* = \frac{1}{k}F^*\phi^* \tag{9-6b}$$

以中子扩散方程为例，L 为扩散、吸收和散射产生的中子消失项；F 为裂变产生项；k 为反应堆系统的有效增殖因数。对于多群扩散系统，定义一个新的项 Q：

$$Q = L - F \tag{9-7}$$

由反应性定义可知：

$$\rho = \frac{k-1}{k} \tag{9-8}$$

于是式(9-6a)可改写为

$$Q\phi = -\rho F\phi \tag{9-9}$$

控制棒的移动，可视为向反应堆系统中引入一个扰动，这个扰动可以用系统参数的变化来表示。用 δL 和 δF 表示 L 项和 F 项的变化，于是扰动后的参数可表示为

$$L' = L + \delta L \tag{9-10a}$$

$$F' = F + \delta F \tag{9-10b}$$

对于扰动后的反应堆系统，有

$$L'\phi' = \frac{1}{k'}F'\phi' \tag{9-11}$$

将反应性计算公式代入可得：

$$Q'\phi' = -\rho' F'\phi' \tag{9-12}$$

其中，

$$Q' = Q + \delta Q$$

$$\rho' = \frac{k'-1}{k'}$$

为了求解方程，将 ρ' 分解成 ρ 和 ρ_c 两部分，则方程写成

$$Q'\phi' = -(\rho + \rho_c)F'\phi' \tag{9-13}$$

其中，ρ_c 表示控制棒移动所引起的反应性变化。为了获得扰动后的中子通量和反应性，引入了量子力学中的变分迭代法，即将上式中的 δQ 和 δF 分别用 $\tau\delta Q$ 和 $\tau\delta F$ 替换，则有

$$(Q+\tau\delta Q)\phi'=-\rho(F+\tau\delta F)\phi'-\rho_c(F+\tau\delta F)\phi' \tag{9-14}$$

ϕ'和ρ_c可写成如下形式：

$$\phi'=\phi^{(0)}+\tau\phi^{(1)}+\tau^2\phi^{(2)}+\cdots \tag{9-15a}$$

$$\rho_c=\tau\rho^{(1)}+\tau^2\rho^{(2)}+\tau^3\rho^{(3)}+\cdots \tag{9-15b}$$

其中，$\phi^{(n)}$和$\rho^{(n)}$分别表示n阶扰动通量和n阶反应性。当$\tau=1$时，ϕ'和ρ_c就是方程(9-13)的解。将式(9-15)代入式(9-14)，并且让方程两边τ的系数对应相等，于是可以得到一系列高阶扰动方程，如下：

$$Q\phi^{(0)}=-\rho F\phi^{(0)} \tag{9-16a}$$

$$(Q+\rho F)\phi^{(1)}=q^{(1)}-\rho^{(1)}F\phi^{(0)} \tag{9-16b}$$

$$(Q+\rho F)\phi^{(2)}=q^{(2)}-\rho^{(2)}F\phi^{(0)} \tag{9-16c}$$

$$\vdots$$

$$(Q+\rho F)\phi^{(n)}=q^{(n)}-\rho^{(n)}F\phi^{(0)} \tag{9-16d}$$

其中，

$$q^{(n)}=-\delta Q\phi^{(n-1)}-\rho\delta F\phi^{(n-1)}-\sum_{i=1}^{n-1}\rho^{(i)}F\phi^{(n-i)}-\sum_{i=1}^{n-1}\rho^{(i)}\delta F\phi^{(n-i-1)} \tag{9-16e}$$

观察式(9-16)可知，式(9-16a)等价于未扰动前的反应堆系统方程，其中$\phi^{(0)}$就是未扰动前的中子通量ϕ。

将方程(9-16d)两边分别乘以反应堆系统未受扰动时的共轭通量$\phi^{(0)*}$，并且在空间和能量上进行积分，得：

$$\langle\phi^{(0)*},(Q+\rho F)\phi^{(n)}\rangle=\langle\phi^{(0)*},q^{(n)}\rangle-\rho^{(n)}\langle\phi^{(0)*},F\phi^{(0)}\rangle \tag{9-17}$$

由共轭通量的定义及方程(9-9)可知：

$$\langle\phi^{(0)*},(Q+\rho F)\phi^{(n)}\rangle=0 \tag{9-18}$$

于是，将式(9-16e)代入式(9-17)可得高阶微扰计算公式中的反应性为

$$\rho^{(n)}=-\langle 0\mid\delta Q\mid n-1\rangle-\rho\langle 0\mid\delta F\mid n-1\rangle-\sum_{i=1}^{n-1}\rho^{(i)}\langle 0\mid F\mid n-i\rangle-\sum_{i=1}^{n-1}\rho^{(i)}\langle 0\mid\delta F\mid n-i-1\rangle \tag{9-19}$$

其中，

$$\langle 0\mid A\mid m\rangle=\frac{\langle\phi^{(0)*}A\phi^{(m)}\rangle}{\langle\phi^{(0)*}F\phi^{(0)}\rangle} \tag{9-20}$$

于是，n阶反应性$\rho^{(n)}$可以由$\phi^{(1)},\rho^{(1)},\phi^{(2)},\rho^{(2)},\cdots,\phi^{(n-1)},\rho^{(n-1)}$求出，而$n$阶扰动通量$\phi^{(n)}$可以由$\phi^{(1)},\rho^{(1)},\cdots,\phi^{(n-1)},\rho^{(n)}$求出，求解顺序为

$$\phi^{(0)}\rightarrow\rho^{(1)}\rightarrow\phi^{(1)}\rightarrow\rho^{(2)}\rightarrow\cdots\rightarrow\phi^{(n-1)}\rightarrow\rho^{(n)}$$

基于高阶微扰理论计算控制棒价值，以中子扩散为例，首先需要针对物理模型进行扩散计算，得到反应堆系统未受扰动时的堆芯中子通量分布以及有效增殖因子；其次开展高阶微扰计算，将未受扰动的堆芯参数作为基本输入，代入高阶微扰计算式中，进行一阶运算，得到一阶反应性；再次由一阶反应性以及未受扰的通量分布计算得到一阶通量，至此完成一阶微扰的计算；最后以相同的步骤进行二阶运算甚至更高阶的运算，最终的控制棒价值为 n 阶反应性之和，即

$$\Delta\rho = \sum_{i=1}^{n} \rho^{(i)} \tag{9-21}$$

值得注意的是，基于高阶微扰理论建立了控制棒积分或微分价值与中子通量、共轭通量、宏观截面和初始反应性的直接函数关系。以两群中子扩散方程为例，采用高阶微扰理论计算得到的一阶反应性的详细表达式为

$$\begin{aligned}\rho^{(1)} = &-\frac{\int \left[\left(-\nabla\cdot \Delta D_1 \nabla + \Delta\Sigma_{a1} + \Delta\Sigma_{s1-2} - \Delta(\nu_1\Sigma_{f1})\right)\phi_1^{(0)} - \Delta(\nu_2\Sigma_{f2})\phi_2^{(0)}\right]\phi_1^{(0)*}\,dV}{\int (\nu_1\Sigma_{f1}\phi_1^{(0)} + \nu_2\Sigma_{f2}\phi_2^{(0)})\phi_1^{(0)*}\,dV} - \\ &\frac{\int \left[(-\Delta\Sigma_{s1-2})\phi_1^{(0)} + (-\nabla\cdot \Delta D_2 \nabla + \Delta\Sigma_{a2})\phi_2^{(0)}\right]\phi_2^{(0)*}\,dV}{\int (\nu_1\Sigma_{f1}\phi_1^{(0)} + \nu_2\Sigma_{f2}\phi_2^{(0)})\phi_1^{(0)*}\,dV} - \\ &\rho\frac{\int \left[\Delta(\nu_1\Sigma_{f1})\phi_1^{(0)} + \Delta(\nu_2\Delta\Sigma_{f2})\phi_2^{(0)}\right]\phi_1^{(0)*}\,dV}{\int (\nu_1\Sigma_{f1}\phi_1^{(0)} + \nu_2\Sigma_{f2}\phi_2^{(0)})\phi_1^{(0)*}\,dV}\end{aligned} \tag{9-22}$$

上式可以简化表示为

$$\Delta\rho = f(\rho, \phi, \phi^{*}, \Sigma) \tag{9-23}$$

式(9-23)对于截面不确定性的传播非常重要，因为基于高阶微扰理论，建立了控制棒价值与宏观截面的直接函数关系，而不再依赖于两次不同棒位下的有效增殖因子来间接传播不确定性。

以一个 3×3 的 Mini 堆芯模型为例[2-4]，控制棒每次移动 3.2cm，从完全提棒状态到完全插棒共需 100 步。分别使用两次临界计算和基于高阶微扰理论的控制棒价值计算方法量化控制棒积分价值和微分价值，如图 9-1 和图 9-2 所示。其中，基于高阶微扰理论的控制棒价值计算方法采用四阶近似。由图 9-1 和图 9-2 可知，两种方法均可有效量化控制棒价值。其中，两次临界计算需要精确地计算不同棒位下堆芯有效增殖因子，而基于高阶微扰理论的方法需要考虑高阶扰动才能准确地预测控制棒价值，如图 9-3 所示。同时，当每步插棒深度加深后，需要更高的阶数来计算控制棒价值。

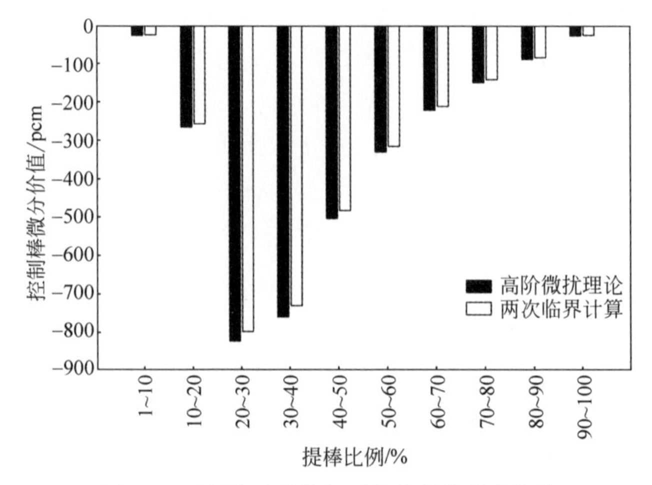

图 9-1 不同方法计算得到的控制棒微分价值

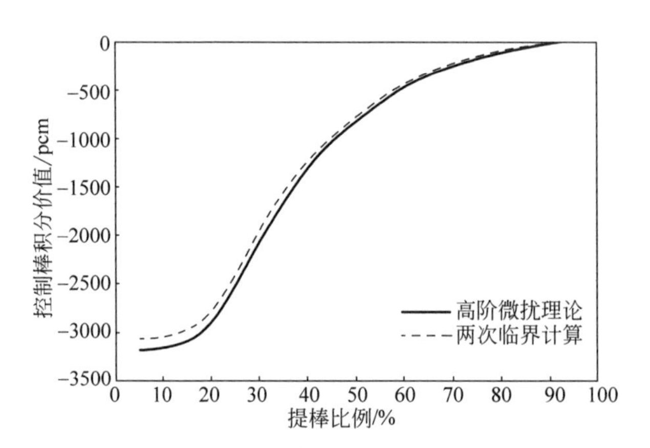

图 9-2 不同方法计算得到的控制棒积分价值

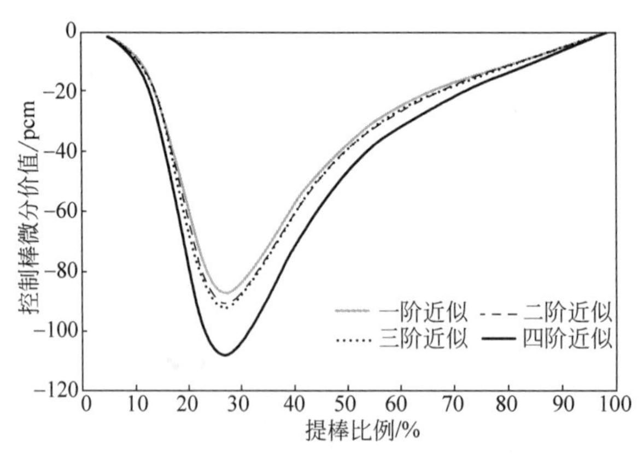

图 9-3 采用不同阶数的高阶微扰理论公式计算控制棒价值

步长＝3.2cm

9.2　控制棒价值计算不确定性传播框架

不确定性在控制棒价值的计算过程中逐步传播，最终使得控制棒价值计算结果具有一定的不确定性。首先，宏观截面信息作为输入参数存在一定的不确定性，包括核数据自身不确定性和控制棒及其周围燃料棒材料的制造公差。微观核数据是核数据工作者通过分析核物理实验测量结果，进行合理的综合评价后总结出来的经验结果，因此核数据不确定性是天然存在的。核数据自身的不确定性会通过组件计算传递给多群常数。在进行组件宏观截面的均匀化计算时，可以采取不同的均匀化手段，如引入 SPH 因子或不连续因子等，也可以采用蒙特卡罗方法直接得到更加准确的均匀化常数，这一过程中也不可避免地引入了一定的不确定性。同时，在计算均匀化宏观组件截面时，由于燃料棒和控制棒具有一定的制造公差，使物理、数值模型与真实组件有一定的差别，由此也会向宏观截面的计算引入一定的不确定性。获取宏观截面后进行堆芯临界计算，在扩散计算中由于存在近似处理，使得计算得到的有效增殖因子和中子通量分布也具有一定的不确定性。

其次，控制棒价值与堆芯状态紧密相关，控制棒插入和提出时堆芯状态变化很大，堆芯中子通量分布、中子价值分布、功率分布、慢化剂空泡份额、温度分布都会出现较大扰动，进而使得中子能谱和中子价值具有较大的不确定性，表现为控制棒价值计算时有效吸收截面具有较大的不确定性，最终通过临界计算得到的控制棒价值也会具有较大的计算不确定性。具体表现为：控制棒移动后向堆芯引入扰动，含硼水会由于控制棒的插入或提出而排挤或补充，使得控制棒区域的宏观截面产生扰动。同时，堆芯状态改变意味着中子通量分布和中子价值分布发生变化，控制棒附近的区域也会产生扰动。堆芯状态的变化还包括功率分布和温度分布的改变。温度分布的改变会产生一些延时效应，如燃料温度效应、慢化剂温度效应以及硼浓度的改变。功率分布的改变会使堆芯内出现氙振荡，氙振荡会进一步影响中子通量分布和中子价值分布，进而使堆芯状态参数具有一定的不确定性。

最后，不同控制棒计算方法及模型也会引入一定的计算不确定性。在控制棒价值计算时，建立的物理模型难免会存在一些简化的部分，比如压力塞、格架等会在模型中忽略掉。另外，不同的计算方法也会使计算结果引入不同程度的误差，因此不同的计算方法也会使控制棒价值计算结果引入一定的不确定性。

基于以上分析的控制棒价值计算不确定性的来源，根据控制棒价值计算流程，采用不确定性传播的思路，建立控制棒价值计算过程中的不确定性传播框架，如图 9-4 所示。

控制棒价值计算不确定性传播框架为系统地开展控制棒价值计算不确定性提供了良好的基础。从该框架入手，可以根据控制棒价值不确定性来源，量化核数据

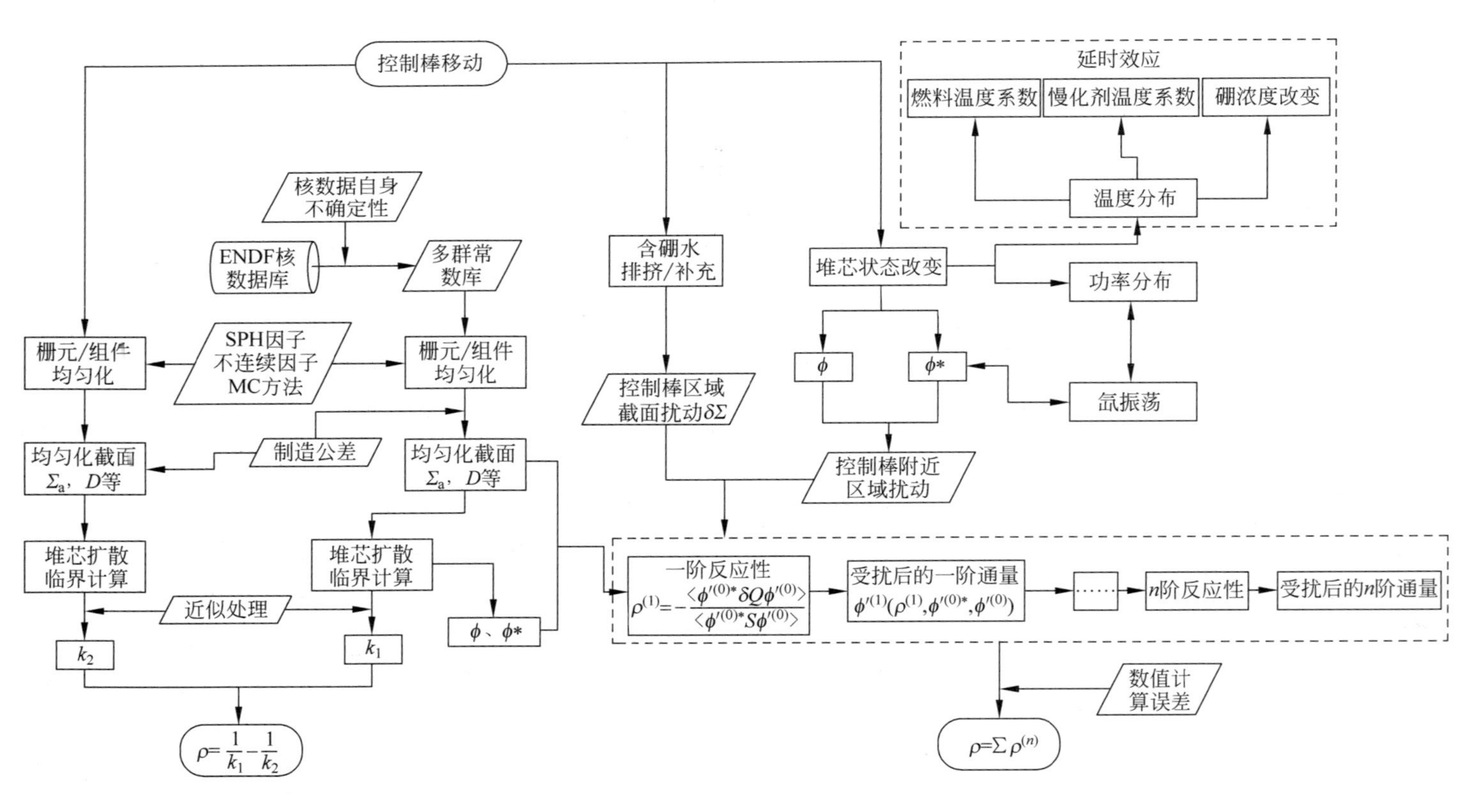

图 9-4　控制棒价值计算不确定性传播框架

不确定性、几何参数、物质组成不确定性对控制棒计算不确定性的影响与贡献；基于高阶微扰理论的控制棒价值计算方法，还可以分析控制棒插入堆芯不同位置时堆芯状态参数(如中子通量分布、中子价值分布)不确定性对控制棒计算不确定性的影响；最后，通过使用不同的控制棒价值计算方法，量化在控制棒价值计算过程中由于方法而引入的不确定性。

9.3　控制棒价值计算不确定性分析方法

9.3.1　直接方差传播

不确定度表征了合理地赋予被测量值的分散性，数学中采用标准差反映一个被测量值相对于其数学期望的分散性。因此，应用控制棒价值的标准差 $\sigma(\Delta\rho)$ 来表征控制棒价值的计算不确定度，用标准差 $\sigma(k)$ 来表征有效增殖因子的计算不确定度。

以核数据不确定性传播为例，其自身不确定性会随着中子物理计算传播至有效增殖因子，使其具有一定的不确定性 $\sigma(k)$。基于两次临界法计算控制棒价值，控制棒价值计算不确定性可表示为

$$\sigma(\Delta\rho)=f(\sigma(k_1),\sigma(k_2),c_k(k_1,k_2)) \tag{9-24}$$

其中，$c_k(k_1,k_2)$ 表示控制棒移动前后两个不同堆芯状态的有效增殖因子之间的相关系数。由于两次临界计算方法中涉及两个堆芯状态，其具有相似的堆芯结构和材料组成，因此两个堆芯状态对应的有效增殖因子之间也必然存在相关性，在量化控制棒价值不确定度的过程中，考虑该相关性 $c_k(k_1,k_2)$ 是必要的。

由式(9-1c)可知，控制棒价值的方差为

$$D(\Delta\rho)=D(\rho_1-\rho_2) \tag{9-25}$$

考虑不同堆芯状态下的反应性之间的相关性，则式(9-25)可展开为

$$D(\Delta\rho)=D(\rho_1)+D(\rho_2)-2\mathrm{Cov}(\rho_1,\rho_2) \tag{9-26a}$$

其中，

$$D(\rho_1)=D\left(\frac{1-k_1}{k_1}\right)=D\left(\frac{1}{k_1}\right) \tag{9-26b}$$

令 $y=1/k$，基于方差定义可知：

$$D(\rho_1)=D\left(\frac{1}{k_1}\right)=\langle(\delta y)^2\rangle \tag{9-27}$$

其中，“$\langle\ \rangle$”表示取数学期望，δy 表示 y 相对于其数学期望的偏差，由于在 k_1 合理取值范围内 y 的全微分存在，于是 δy 表示为

$$\delta y=\frac{\mathrm{d}y}{\mathrm{d}k_1}\delta k_1=-\frac{1}{k_1^2}\delta k_1 \tag{9-28}$$

将式(9-28)代入式(9-27),同时对于某个特定堆芯状态,有效增殖因子是个定值,于是有

$$D(\rho_1)=\langle(\delta y)^2\rangle=\frac{1}{k_1^4}\langle(\delta k_1)^2\rangle=\frac{1}{k_1^4}D(k_1) \tag{9-29}$$

同理可得:

$$D(\rho_2)=\frac{1}{k_2^4}D(k_2) \tag{9-30}$$

基于协方差定义,可知:

$$\mathrm{Cov}(\rho_1,\rho_2)=\langle\delta\rho_1,\delta\rho_2\rangle \tag{9-31}$$

在 k 合理取值范围内,反应性 ρ 的全微分存在,即

$$\delta\rho_1=\frac{\mathrm{d}\rho_1}{\mathrm{d}k_1}\delta k_1 \tag{9-32a}$$

$$\delta\rho_2=\frac{\mathrm{d}\rho_2}{\mathrm{d}k_2}\delta k_2 \tag{9-32b}$$

将式(9-32)代入式(9-31),可得:

$$\mathrm{Cov}(\rho_1,\rho_2)=\langle\delta\rho_1\delta\rho_2\rangle=\frac{1}{k_1^2}\frac{1}{k_2^2}\langle\delta k_1\delta k_2\rangle=\frac{1}{k_1^2}\frac{1}{k_2^2}\mathrm{Cov}(k_1,k_2) \tag{9-33}$$

Pearson 相关系数表征了两个随机变量之间的线性相关程度,k_1 和 k_2 之间的 Pearson 相关系数 c_k 可表示为

$$c_k=\frac{\mathrm{Cov}(k_1,k_2)}{\sigma(k_1)\sigma(k_2)} \tag{9-34}$$

于是有

$$\mathrm{Cov}(\rho_1,\rho_2)=\frac{1}{k_1^2}\frac{1}{k_2^2}\mathrm{Cov}(k_1,k_2)=\frac{c_k\sigma(k_1)\sigma(k_2)}{k_1^2k_2^2} \tag{9-35}$$

于是,控制棒的方差可进一步写成如下形式:

$$D(\Delta\rho)=\frac{1}{k_1^4}D(k_1)+\frac{1}{k_2^4}D(k_2)-2\frac{c_k\sigma(k_1)\sigma(k_2)}{k_1^2k_2^2} \tag{9-36}$$

最终,控制棒价值的相对不确定性为

$$\frac{\sigma(\Delta\rho)}{\Delta\rho}=\frac{k_1k_2}{k_2-k_1}\sqrt{\frac{1}{k_1^4}D(k_1)+\frac{1}{k_2^4}D(k_2)-2\frac{c_k\sigma(k_1)\sigma(k_2)}{k_1^2k_2^2}} \tag{9-37}$$

由式(9-37)可知,量化控制棒价值计算不确定性需要先量化以下数据:

(1) 不同棒位下的堆芯有效增殖因子;

(2) 不同棒位下输入参数对堆芯增殖系数计算不确定性的贡献,如核数据;

(3) 不同棒位下堆芯有效增殖因子间的 Pearson 相关系数 c_k。

针对有效增殖因子及其计算不确定性的量化是相对成熟的内容,本章不再赘述。下面将重点讨论不同堆芯状态下有效增殖因子间的 Pearson 相关系数 c_k 的

计算方法。

控制棒移动前后两个堆芯的结构和材料组成存在相似性。因此，二者有效增殖因子之间必然具有相关性，并不完全独立。协方差体现了两个随机变量之间的相关性，Pearson 相关系数量化两个随机变量间线性相关的程度。下面基于两个堆芯有效增殖因子 k_1 和 k_2 间的协方差，推导并量化 k_1 和 k_2 间的 Pearson 相关系数。

事实上，在一定范围内堆芯有效增殖因子 k_1 和 k_2 与各个组件的少群宏观截面之间满足线性关系[5]。令 Σ_i 和 Σ_j 分别表示堆芯状态 1 和状态 2 的各组件的宏观截面，则 δk_1 和 δk_2 采用泰勒展开后的一阶近似为

$$\delta k_1 = \sum_{i=1}^{n} \frac{\partial k_1}{\delta \Sigma_i} \delta \Sigma_i \tag{9-38a}$$

$$\delta k_2 = \sum_{j=1}^{n} \frac{\partial k_2}{\partial \Sigma_j} \delta \Sigma_j \tag{9-38b}$$

其中，n 表示组件少群宏观截面的总数目；$\delta\Sigma_i$，$\delta\Sigma_j$ 分别表示不同堆芯状态下各个组件少群宏观截面相对于其数学期望的偏差。

将式(9-38)代入式(9-31)可得：

$$\mathrm{Cov}(k_1, k_2) = \left\langle \sum_{i=1}^{n} \frac{\partial k_1}{\partial \Sigma_i} \delta \Sigma_i \sum_{j=1}^{n} \frac{\partial k_2}{\partial \Sigma_j} \delta \Sigma_j \right\rangle \tag{9-39}$$

对式(9-39)进行形式整理，并引入 k_1 和 k_2 之间的相对协方差，得：

$$\frac{\mathrm{Cov}(k_1, k_2)}{k_1 k_2} = \left\langle \sum_{i=1}^{n} \sum_{j=1}^{n} \frac{\partial k_1 / k_1}{\partial \Sigma_i / \Sigma_i} \frac{\partial k_2 / k_2}{\partial \Sigma_j / \Sigma_j} \frac{\delta \Sigma_i \delta \Sigma_j}{\Sigma_i \Sigma_j} \right\rangle \tag{9-40}$$

有效增殖因子 k 对组件少群宏观截面的灵敏度系数定义为

$$S_{\Sigma_i}^{k_1} = \frac{\partial k_1 / k_1}{\partial \Sigma_i / \Sigma_i} \tag{9-41a}$$

$$S_{\Sigma_j}^{k_2} = \frac{\partial k_2 / k_2}{\partial \Sigma_j / \Sigma_j} \tag{9-41b}$$

将式(9-41)代入式(9-40)。对于一个确定的堆芯状态而言，其中子通量、共轭通量以及组件宏观截面均为确定值，所以有效增殖因子对组件少群宏观截面的灵敏度系数为一个确定值，因此有

$$\frac{\mathrm{Cov}(k_1, k_2)}{k_1 k_2} = \left\langle \sum_{i=1}^{n} \sum_{j=1}^{n} S_{\Sigma_i}^{k_1} S_{\Sigma_j}^{k_2} \frac{\delta \Sigma_i \delta \Sigma_j}{\Sigma_i \Sigma_j} \right\rangle = \sum_{i=1}^{n} \sum_{j=1}^{n} S_{\Sigma_i}^{k_1} S_{\Sigma_j}^{k_2} \left\langle \frac{\delta \Sigma_i \delta \Sigma_j}{\Sigma_i \Sigma_j} \right\rangle \tag{9-42}$$

另外，组件少群截面的相对协方差为

$$R\mathrm{Cov}(\Sigma_i,\Sigma_j)=\frac{\mathrm{Cov}(\Sigma_i,\Sigma_j)}{\Sigma_i\Sigma_j}=\left\langle\frac{\delta\Sigma_i\delta\Sigma_j}{\Sigma_i\Sigma_j}\right\rangle \tag{9-43}$$

进一步将式(9-43)代入式(9-42)可得：

$$\frac{\mathrm{Cov}(k_1,k_2)}{k_1k_2}=\sum_{i=1}^{n}\sum_{j=1}^{n}S_{\Sigma_i}^{k_1}S_{\Sigma_j}^{k_2}R\mathrm{Cov}(\Sigma_i,\Sigma_j) \tag{9-44}$$

针对堆芯物理计算，控制棒移动前后堆芯均采用同一套核数据库，因此控制棒移动前后的两个不同堆芯状态的组件少群宏观截面的相对协方差矩阵是相同的，可用 $\boldsymbol{D}$ 表示，是一个 $n\times n$ 方阵。用 $1\times n$ 的行矩阵 $\boldsymbol{S}$ 表示堆芯状态 1 的灵敏度矩阵，$n\times 1$ 的列矩阵 $\boldsymbol{S}^{\mathrm{T}}$ 表示堆芯状态 1 的灵敏度矩阵，则 k_1 和 k_2 之间的相对协方差计算式用矩阵形式表示为

$$R\mathrm{Cov}(k_1,k_2)=\frac{\mathrm{Cov}(k_1,k_2)}{k_1k_2}=\boldsymbol{SDS}^{\mathrm{T}} \tag{9-45a}$$

将式(9-45a)的计算结果进一步推广，假设 m 表示考虑不同控制棒棒位下的堆芯状态总数目，那么矩阵 $\boldsymbol{S}$ 表示 m 个堆芯状态的灵敏度矩阵，是一个 $m\times n$ 的矩阵，而 $\boldsymbol{S}^{\mathrm{T}}$ 为 $n\times m$ 矩阵。于是式(9-45a)计算结果为一个 $m\times m$ 方阵，表示 m 个堆芯状态的有效增殖因子间的相对协方差矩阵，如下所示：

$$\begin{bmatrix}(\sigma k_1/k_1)^2 & \cdots & R\mathrm{Cov}(k_1,k_m)\\ \vdots & \ddots & \vdots\\ R\mathrm{Cov}(k_m,k_1) & \cdots & (\sigma_{k_m}/k_m)^2\end{bmatrix} \tag{9-45b}$$

其中，主对角线元素是任意一个棒位下堆芯有效增殖因子的相对方差，在本节中还可以表示由核数据不确定性引起的堆芯有效增殖因子的计算不确定性。而非主对角线元素表示任意两个堆芯状态有效增殖因子之间的相对协方差。

结合式(9-34)可知，k_1 和 k_m 之间的 Pearson 相关系数 c_k 表示为

$$c_k=\frac{\mathrm{Cov}(k_1,k_m)}{\sigma_{k_1}\sigma_{k_m}} \tag{9-46a}$$

于是有

$$c_k=\frac{\mathrm{Cov}(k_1,k_m)/(k_1k_m)}{\sigma_{k_1}\sigma_{k_m}/(k_1k_m)}=\frac{R\mathrm{Cov}(k_1,k_m)}{\sqrt{(\sigma_{k_1}/k_1)^2}\sqrt{(\sigma_{k_m}/k_m)^2}} \tag{9-46b}$$

因此，结合式(9-45)和式(9-46)，便可计算出任意两个棒位下的堆芯有效增殖因子间的 Pearson 相关系数，进而利用式(9-37)便可量化核数据不确定性对控制棒价值计算不确定性的贡献。

9.3.2 高阶微扰理论耦合高效抽样

基于高阶微扰理论得到的控制棒价值计算公式，可直接将输入参数的不确定

性传播至控制棒价值，如核数据不确定性、燃料制造公差等。利用该公式传播不确定性有如下优点：

(1) 输入参数的不确定性可直接传播至控制棒价值，当控制棒移动时，不需要量化不同堆芯有效增殖因子间的相关系数。事实上，该相关系数较难量化，且精度对于最终不确定性结果影响很大。

(2) 可考虑和量化中子通量和伴随通量不确定性对于控制棒价值计算不确定性的贡献。

(3) 对于传播不同输入参数的不确定性很有效，只要输入参数的不确定性传播至少群宏观截面并量化其影响，就可量化输入参数对于控制棒价值计算不确定性的贡献，如多群核截面、燃耗计算中的衰变数据、裂变份额、几何参数、物质组成等。

基于此，提出了高阶微扰理论耦合高效抽样(HOPES)的控制棒价值计算不确定性量化方法。以传播核数据不确定性及量化其对控制棒价值计算不确定性的贡献为例，其主要步骤如下：

(1) 从多群截面及其对应的多群相对协方差矩阵出发，基于中子输运计算和广义微扰理论，获取组件的均匀化少群截面参数和响应的计算不确定性信息。

(2) 建立全堆芯不同组件的少群宏观截面相对协方差矩阵。

(3) 基于步骤(1)和步骤(2)确定的少群宏观截面和全局少群截面相对协方差矩阵，采用第4章中介绍的高效抽样方法，如拉丁超立方体耦合奇异值分解变换的高效抽样方法，抽样产生 N 组高质量的少群截面参数的随机样本空间。

(4) 将 N 组少群截面样本分别导入堆芯中子扩散求解器，产生 N 组堆芯有效增殖因子、中子通量及共轭通量信息。

(5) 控制棒移动一定高度，将 N 组扰动后的少群截面和扰动前的堆芯有效增殖因子、中子通量和共轭通量作为基本输入，代入式(9-19)，以获得 N 组高阶反应性，进而获得在某特定位置下的 N 组控制棒微分价值。

(6) 对 N 组控制棒微分价值进行统计分析，获得某特定位置下控制棒微分价值的计算不确定性。

(7) 控制棒不断移动，对所有选定位置重复步骤(4)～步骤(6)，这样可以量化所有选定位置处控制棒微分价值的计算不确定性。

(8) 一旦量化了所有位置处的控制棒微分价值及其计算不确定性，就可以基于式(9-47)和式(9-48)量化控制棒积分价值及其相对不确定性。

$$\rho_{\mathrm{IRW}}^{i}=\sum_{j=1}^{P}\rho_{\mathrm{DRW}_j}^{i} \tag{9-47}$$

$$\mathrm{Rsd}(\rho_{\mathrm{IRW}})=\frac{\sqrt{D(\rho_{\mathrm{IRW}})}}{\mu(\rho_{\mathrm{IRW}})} \tag{9-48}$$

其中，ρ_{IRW}^{i} 为控制棒积分价值，$\rho_{\mathrm{DRW}_j}^{i}$ 为第 j 次移动对应的控制棒微分价值，

$\mathrm{Rsd}(\rho_{\mathrm{IRW}})$为控制棒积分价值的相对不确定性,$D(\rho_{\mathrm{IRW}})$为控制棒积分价值的标准差,$\mu(\rho_{\mathrm{IRW}})$为控制棒积分价值的均值。

9.3.3 传统两次临界计算耦合高效抽样

采用高阶微扰理论耦合高效抽样(HOPES)的方法对于传播输入参数不确定性及量化其对控制棒价值计算不确定性的贡献非常有效,但是非常耗时[6]。与基于抽样统计理论的方法相比,直接方差传播(DVPM)的方法需要较少的计算,效率很高,但是基于 DVPM 方法量化的控制棒价值计算不确定性对于不同堆芯状态下的有效增殖因子间的相关性非常敏感,而这一相关系数很难准确量化。另外一种量化控制棒价值的方法是两次传统临界法,即控制棒价值等于提棒前后两种堆芯状态下的反应性之差。基于该方法,少群宏观截面不确定性并不能直接传播至控制棒价值,而是传播至堆芯有效增殖因子,且不同堆芯状态下的有效增殖因子具有较大的相关性。但是,将传统两次临界计算耦合高效抽样方法后,不仅可传播少群宏观截面不确定性信息至有效增殖因子并能保持它们间的相关性,还可利用式(9-1)计算相应的控制棒价值并通过统计分析量化其计算不确定性,而计算堆芯有效增殖因子本身并不耗时。其主要步骤如下:

(1) 以输入参数的不确定性信息为基本不确定性输入,如多群微观截面协方差矩阵、裂变产物份额不确定性信息及控制棒、燃料棒及毒物棒制造公差等,基于组件输运计算及高效抽样方法或广义微扰理论,将输入不确定性传播至少群宏观截面,使不同少群宏观截面具有一定的不确定性及相关性。

(2) 基于步骤(1)获得的少群宏观截面不确定性及相关性信息,建立全局少群宏观截面协方差矩阵。

(3) 以少群宏观截面协方差矩阵为基础,应用高效抽样方法,如拉丁超立方体耦合奇异值分解变换的高效抽样方法,生成 N 组样本空间。

(4) 以 N 组少群宏观截面样本为输入,基于全堆芯扩散计算,获得某一特定控制棒插入深度下的 N 组堆芯有效增殖因子;提棒,进而获得 N 组新的有效增殖因子信息。

(5) 基于步骤(4)所获得的信息,应用传统两次临界计算方法计算控制棒价值,进而获得提棒特定高度后的 N 组控制棒微分价值;应用第 4 章中介绍的统计分析理论量化微分价值的计算不确定性。

(6) 重复步骤(4)和步骤(5),直到从堆芯底部到顶部所有选定位置处的控制棒微分价值计算结束;基于控制棒微分价值信息,进一步计算得到 N 组控制棒积分价值及相应的计算不确定性。

需要指出的是,采用传统两次临界计算耦合高效抽样(TCCES)方法量化控制棒价值的计算不确定性主要有两个优点。首先,通过抽样方法合理地考虑和保持了控制棒插入不同深度时反应堆堆芯有效增殖因子之间的相关性;其次,与高阶微扰理论相比，采用 TCCES 不再引入新的近似值。然而，严格的特征值计算收敛标准对于应用 TCCES 方法量化控制棒价值的计算不确定性至关重要。同样，以一个 3×3 的 Mini 堆芯模型为例[2-4]，分别应用高阶微扰理论耦合高效抽样及传统两次临界方法耦合高效抽样方法量化核数据对控制棒价值计算不确定性的贡献，如图 9-5 所示。

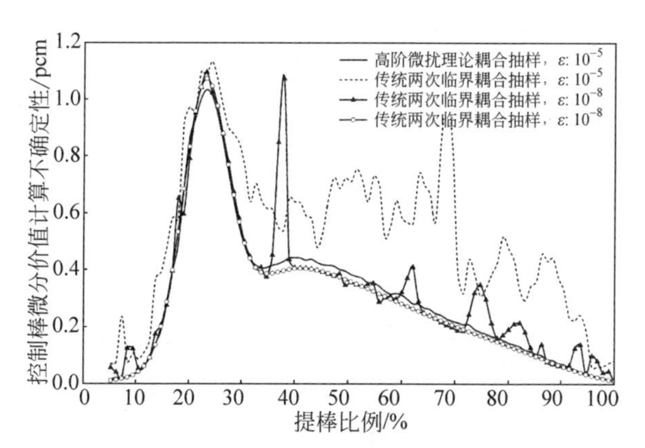

图 9-5　不同方法量化的核数据不确定性对控制棒微分价值计算不确定性的贡献

针对反应堆堆芯物理计算，特征值收敛标准一般设定为 10^{-6}，若采用传统两次临界计算耦合高效抽样方法量化控制棒价值计算不确定性，则需设置更为严格的特征值收敛标准。这样才能获得与采用高阶微扰理论耦合高效抽样方法一致的计算不确定性结果。因此，在保证方法足够收敛的前提下，两种不同方法可获得一致的不确定性结果，对不确定性传播的影响很小，可忽略。

9.4　控制棒价值计算不确定性分析方法在轻水反应堆的应用

基于本章提出的控制棒价值计算不确定性分析方法，以 MIT 定义的轻水反应堆 BEAVRS 基准题为研究对象，将不确定性分析方法在该堆芯应用实施，并系统地开展了全堆芯热态零功率状态堆芯第一循环的控制棒价值计算不确定性分析，其控制棒束径向布置如图 9 6 所示[7]。其中，D、C、B、A 为调节棒束，S_E、S_D、S_C 为停堆棒束。

特别是量化了核数据、部分选定的制造公差对于上述控制棒棒束计算不确定性的贡献。其中，核数据不确定性信息来源于 SCALE 6.2 程序中的 56 群核截面相对协方差库。而基于敏感性分析，另外选取了燃料的密度、富集度、燃料芯块外径和可燃毒物外径作为重要的不确定性输入，其不确定性信息见表 9-1[6,8]。

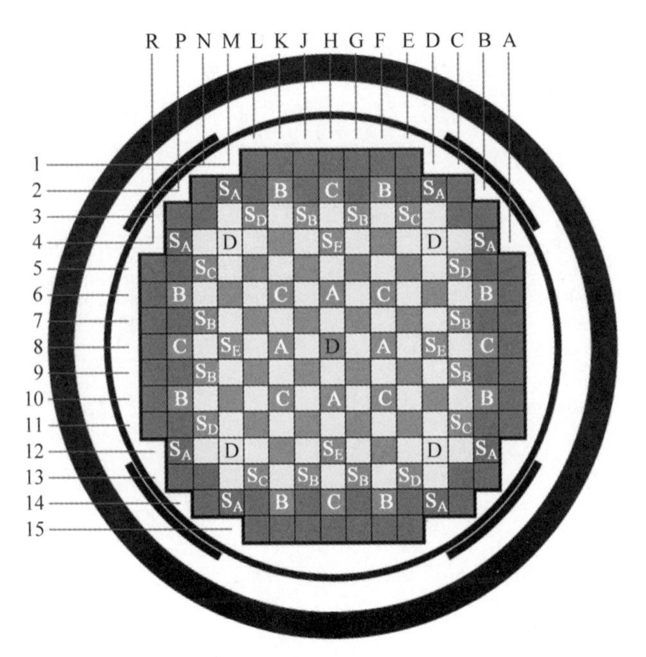

图 9-6　BEAVRS 堆芯控制棒束径向布置(见文前彩图)

表 9-1　选定几何和材料参数的不确定性信息

不确定性输入参数	均值	1 σ 值	分布类型
1.6%富集度的燃料密度/(g/cm^3)	10.31	0.0365	正态
2.4%富集度的燃料密度/(g/cm^3)	10.31	0.0365	正态
3.1%富集度的燃料密度/(g/cm^3)	10.31	0.0365	正态
1.6% ^{235}U 富集度/%	1.6	0.0167	正态
2.4% ^{235}U 富集度/%	2.4	0.0167	正态
3.1% ^{235}U 富集度/%	3.1	0.0167	正态
燃料芯块外径/cm	0.39218	0.0002	正态
可燃毒物外径/cm	0.42672	0.0002	正态

针对不同控制棒布置的堆芯,由上述不确定性输入引起的堆芯有效增殖因子计算不确定性的范围是 0.55%～0.59%,控制棒积分价值计算不确定性范围是 1.65%～12.64%。其中,中子截面贡献最大,为 0.69%～9.77%;选定的部分制造参数次之,为 0.88%～8.02%,详细信息见表 9-2。

表 9-2　BEAVRS 堆芯不同控制棒束的积分价值计算不确定性

控制棒束	积分价值/pcm	相对不确定性/%	对相对不确定性的贡献	
			多群核截面/%	制造公差/%
D	788	2.19±0.14	0.88±0.03	2.01±0.14
C	1274	2.87±0.14	2.31±0.07	1.69±0.12

续表

控制棒束	积分价值/pcm	相对不确定性/%	对相对不确定性的贡献	
			多群核截面/%	制造公差/%
B	1232	4.00±0.23	2.64±0.08	3.01±0.21
A	546	12.64±0.65	9.77±0.31	8.02±0.57
S_E	493	10.97±0.51	9.23±0.29	5.92±0.42
S_D	775	1.65±0.08	1.39±0.04	0.88±0.06
S_C	788	1.65±0.11	0.69±0.02	1.50±0.11

对于控制棒微分价值的计算不确定性，最大的相对不确定性出现在最大的微分价值处，且相对不确定性随着微分价值的降低而降低。另外，多群截面对于微分价值不确定性的贡献也大于所选的制造公差的贡献。以 C 棒和 SE 棒为例，其微分价值曲线及相应的计算不确定性信息如图 9-7 所示。

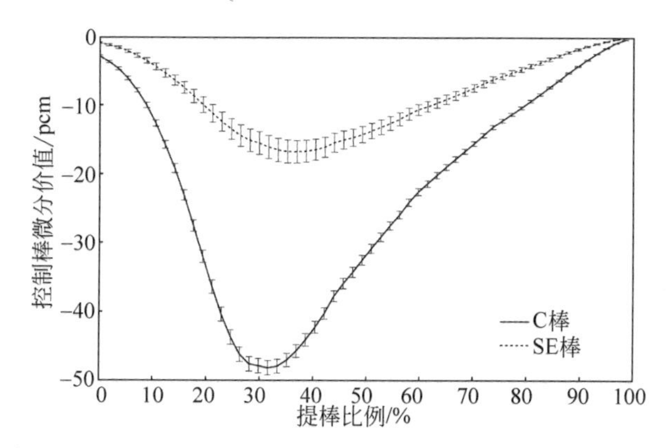

图 9-7　BEAVRS 堆芯 C 棒和 SE 棒微分价值及计算不确定性

参考文献

[1] WILLIAMS M L. Perturbation theory for nuclear reactor analysis[M]. CRC Handbook of Nuclear Reactors Calculations,1986,3: 63-188.

[2] HAO C,LI F,HU W,et al. Quantification of control rod worth uncertainties propagated from nuclear data via a hybrid high-order perturbation and efficient sampling method[J]. Annals of Nuclear Energy 2018(114): 227-235.

[3] 胡文琪. 控制棒价值计算不确定性传播方法研究[D]. 哈尔滨: 哈尔滨工程大学,2017.

[4] 郝琛,徐宁,滕琦琛,等. 控制棒价值计算不确定性分析[C]//第十七届反应堆数值计算与粒子输运学术会议暨 2018 年反应堆物理会议. 广东深圳,2018.

[5] 王毅箴. 核数据对控制棒价值计算不确定性的影响分析[D]. 哈尔滨: 哈尔滨工程大学,2016.

[6] HAO C,MA J,XU N,et al. Uncertainty propagation analysis for control rod worth of

PWR based on the statistical sampling method[J]. Annals of Nuclear Energy, 2020, 137: 107054.

[7] HORELIK N, HERMAN B, FORGET B, et al. Benchmark for evaluation and validation of reactor simulations (BEAVRS)[C]//Proc. Int. Conf. Mathematics and Computational Methods Applied to Nuc. Sci. & Eng. 2013: 5-9.

[8] 徐宁. 压水堆全堆芯控制棒价值计算不确定性分析[D]. 哈尔滨：哈尔滨工程大学，2018.

第10章

核数据调整及目标精度评估

核数据自身不确定性会随着中子物理计算过程传递至堆芯积分响应(堆芯目标参数),使其具有一定的不确定性。应用敏感性和不确定性分析方法,不仅可以有效量化核数据不确定性对堆芯积分响应计算不确定性的贡献,还可以通过对积分响应进行敏感性和不确定性分析,为反应堆数值模拟计算提供更多的数据支撑(例如,甄别反应堆系统关键的输入参数等)。然而,随着核工业的不断发展以及越来越多的新型反应堆概念的提出,核反应堆数值模拟的范围以及模拟精度的需求也在日益增长。为与这些需求相适应,核数据也需要不断地更新与完善。如何基于核数据的不确定性与敏感性分析数据,反向地调整核数据本身以及指导核数据优化方向将是本章重点讨论的内容。

核数据的更新与完善主要包括:核数据的预测准确度以及精度的提高。前者,核数据预测准确度的提高,需要合理地调整核数据名义值本身,使其调整后的堆芯目标参数预测值更好地符合实验测量值。核数据预测准确度是与模拟的反应堆系统相关的。尽管核数据对于目前主流反应堆系统模拟具有较高的准确度,但在面对与其具有不同物理特性与燃料循环特性的新型反应堆系统概念的模拟时,核数据预测准确度依然存在较大的差异。在核数据的不确定度范围内,合理地调整核数据名义值以缩小这些差异,这便是核数据调整的主要任务与目标。本章10.1节将对基于广义最小二乘方法以及贝叶斯更新方法的核数据调整理论进行重点介绍。

核数据预测精度的提高则要求降低核数据的测量与评价不确定度。这就需要扩大核数据测量范围、提高核数据测量精度以及核数据预测模型的预测精度。由于核数据是一个高维复杂的系统,以提高精度为目的,开展核数据全面的评估是不现实的。并且,不同的核数据对于不同反应堆系统、不同目标参数的不确定度贡献也是各异的,一刀切地全面提高所有的核数据精度也是不经济的。因此,如何根据所研究的反应堆系统中目标参数的目标精度要求，确定核数据的优化范围以及需求的优化不确定度，是核数据目标精度评估的主要任务。10.2 节将从核数据的目标精度评估问题的建立以及评估方法两个方面，对核数据的目标精度评估问题进行简要介绍。

与前面的核数据正向不确定度传递与量化不同，核数据的调整以及目标精度评估属于核数据逆向不确定度分析过程。利用核数据的前向不确定度分析结果以及敏感性系数，反向地提高核数据的预测准确度以及精度，可以为未来反应堆系统的模拟与设计提供更为准确可信的数据基础。

10.1 核数据调整方法

核数据调整(nuclear data adjustment)，也称核数据校准(nuclear data calibration)，是对核数据的名义值进行合理调整，从而缩小积分响应的预测值与基准实验装置测量值之间的差异，提高核数据预测准确度的过程。由于不同的反应堆系统具有不同的中子物理过程，如热中子堆和快中子堆，核数据对其积分响应的准确预测需要在全中子能量区间提供准确的核数据值。尽管随着核工业的不断发展，与热中子堆相适应的核数据库已日趋完善，但是与快中子堆以及其他新型反应堆概念相适应的核数据库仍需建立。这就需要持续不断地开展基础核数据测量与评价研究，尽管如此，依然无法满足日益增长的新型反应堆模拟的需求。由于核数据具有不确定性，是否可以在其自身的不确定度范围内，针对模拟的目标反应堆系统合理适当地调整其名义值，从而快速地提高核数据在这些堆芯系统中的模拟预测准确度，满足新型反应堆系统的模拟需求，是核数据调整主要探讨的问题。而随着大量与新型反应堆系统具有相似物理特性的基准实验装置的建立，更多的临界积分实验得以开展，其积分响应的测量值为核数据的调整提供了参照与目标。基于基准实验装置的积分响应测量值，如何对核数据进行调整将是本节重点讨论的内容。

开展核数据调整的基础与前提是开展积分响应关于核数据的敏感性分析。敏感性分析能够建立积分响应与核数据之间的线性映射关系，为核数据调整提供了基础框架。基于该线性模型，如何将核数据以及积分响应测量不确定度引入其中，指导约束核数据的调整过程，是核数据调整的核心问题。目前主要有两种思路来解决该问题：一种思路是通过建立核数据与积分响应测量值之间的线性回归模型，将不确定度引入核数据调整过程，在最小二乘误差意义下调整核数据，这是基于广义线性最小二乘方法的核数据调整的基本思想，10.1.1 节将对该方法进行详细介绍；另一种思路是建立积分响应测量值与核数据的概率模型，从概率分布的角度引入不确定度，通过调整核数据的后验概率分布推演出其最佳调整值，这是基于贝叶斯更新方法的核数据调整过程，10.1.2 节与 10.1.3 节将对此展开详细介绍。

10.1.1　广义线性最小二乘方法

广义线性最小二乘方法(generalized least square method,GLSM)是一种频率学派观点下的参数估计方法。采用该方法调整核数据的基本思路为：将核数据作为待估参数,将调整前的核数据及积分响应测量值作为观测数据,利用积分响应关于核数据的敏感性系数,构建核数据与观测数据之间的线性回归模型,核数据的调整值即使得该线性回归模型误差的平方和最小的待估参数解。1973 年 Gandini 和 Petilli 基于正态误差的极大似然方法推导了核数据调整的框架[1]；随后 1989 年 Muir 以构造性的证明方法建立了广义最小二乘法的核数据调整框架[2]。二者给出的核数据调整结果是一致的,这也体现了广义线性最小二乘法给出的核数据调整结果具有正态误差下极大似然的含义,本节的最后会对二者的一致性做详细的说明。接下来,本节将从观测数据的线性回归模型出发,从最优化的角度推导核数据调整值的广义最小二乘解。

为进一步阐述该方法,考虑核数据调整值与观测数据线性回归模型：

$$\boldsymbol{Y}=\boldsymbol{H}\hat{\boldsymbol{x}}+\hat{\boldsymbol{\varepsilon}} \tag{10-1}$$

其中,假设待调整核数据及积分响应预测值的维度分别为 N 和 M；待估参数 $\hat{\boldsymbol{x}}$ 为核数据的调整值,$\hat{\boldsymbol{x}}\in\mathbb{R}^{N\times 1}$；观测数据 $\boldsymbol{Y}$ 为调整前的核数据及积分响应值,$\boldsymbol{Y}\in\mathbb{R}^{(N+M)\times 1}$；$\boldsymbol{H}$ 为敏感性系数矩阵,表示积分响应关于核数据的敏感性信息,$\boldsymbol{H}\in\mathbb{R}^{(N+M)\times N}$；$\boldsymbol{H}\hat{\boldsymbol{x}}$ 是基于调整后的核数据计算的积分响应预测值；$\boldsymbol{\varepsilon}$ 为预测误差,反映了积分响应预测值相较于其观测值的预测误差,$\boldsymbol{\varepsilon}\in\mathbb{R}^{(N+M)\times 1}$。

分块划分式(10-1)中核数据与积分响应的线性回归模型：

$$\begin{pmatrix}\boldsymbol{x}\\ \boldsymbol{\nu}\end{pmatrix}=\begin{pmatrix}\boldsymbol{I}\\ \boldsymbol{S}\end{pmatrix}\hat{\boldsymbol{x}}+\begin{pmatrix}\boldsymbol{\varepsilon}_x\\ \boldsymbol{\varepsilon}_\nu\end{pmatrix} \tag{10-2}$$

其中,$\boldsymbol{x}$ 为调整前核数据,$\boldsymbol{x}\in\mathbb{R}^{N\times 1}$；$\boldsymbol{\nu}$ 为积分响应测量值,$\boldsymbol{\nu}\in\mathbb{R}^{M\times 1}$；$\boldsymbol{I}$ 为单位阵,表征核数据对核数据自身的敏感性矩阵,$\boldsymbol{I}\in\mathbb{R}^{N\times N}$；$\boldsymbol{S}$ 为积分响应关于核数据的敏感性系数矩阵,该矩阵中每行表示各积分响应关于核数据的敏感性系数向量,$\boldsymbol{S}\in\mathbb{R}^{M\times N}$；$\boldsymbol{\varepsilon}_x$ 为核数据自身的预测误差,$\boldsymbol{\varepsilon}_x\in\mathbb{R}^{N\times 1}$；$\boldsymbol{\varepsilon}_\nu$ 为积分响应的预测误差,$\boldsymbol{\varepsilon}_\nu\in\mathbb{R}^{M\times 1}$。

这里对上述变量做如下特征说明,待估参数 $\hat{\boldsymbol{x}}$ 被认为是真值未知的确定变量,预测误差$\boldsymbol{\varepsilon}$ 为随机变量,其随机性来源于测量及评估过程中的随机误差。可以看出,由于$\boldsymbol{\varepsilon}$ 的随机性,不同次测量或评估出的观测数据也是不同的,因此观测数据 $\boldsymbol{Y}$ 是误差$\boldsymbol{\varepsilon}$ 随机变量的函数,也为随机变量。由于广义最小二乘估计过程中需要使用这些随机变量的一阶和二阶数字特征,因此需要首先确定观测数据随机变量 $\boldsymbol{Y}$ 和预测误差$\boldsymbol{\varepsilon}$ 的数学期望和协方差矩阵。

在核数据调整中,一般假设观测数据随机变量的数学期望等于积分响应预测值，其等价结论是预测误差具有零数学期望：

$$\mathrm{E}[\boldsymbol{Y}]=\boldsymbol{H}\hat{\boldsymbol{x}} \tag{10-3}$$

$$\mathrm{E}[\boldsymbol{\varepsilon}]=\boldsymbol{0} \tag{10-4}$$

该假设是保证采用最小二乘方法开展核数据无偏调整的关键。由于积分响应的预测与所使用的堆芯物理计算模型和程序有关，因此在开展核数据调整之前，需要合理评估堆芯物理的数值模拟过程是否与提供积分响应测量值的基准实验装置是一致的。一般是在积分响应的总不确定度的度量下，通过构建不同的积分响应预测差异的评价指标来衡量这种一致性[3]。

在已知 $\boldsymbol{Y}$ 的数学期望时，其协方差矩阵为

$$\mathrm{Var}[\boldsymbol{Y}]=\mathrm{Var}[\boldsymbol{\varepsilon}]=\begin{pmatrix}\Sigma_x & \Sigma_{x,\nu}\\ \Sigma_{\nu,x} & \Sigma_\nu\end{pmatrix} \tag{10-5}$$

关于观测数据随机变量 $\boldsymbol{Y}$ 协方差矩阵的推导过程，如例 10.1 所示。

例 10.1 已知关于观测数据随机变量 $\boldsymbol{Y}$ 的线性回归模型如式(10-2)所示，数学期望如式(10-3)所示，则其协方差矩阵的推导过程如下：

根据方差的定义可知：

$$\begin{aligned}\mathrm{Var}[\boldsymbol{Y}]&=\mathrm{E}\left[(\boldsymbol{Y}-\mathrm{E}[\boldsymbol{Y}])(\boldsymbol{Y}-\mathrm{E}[\boldsymbol{Y}])^{\mathrm{T}}\right]\\&=\mathrm{E}\left[(\boldsymbol{H}\hat{\boldsymbol{x}}+\boldsymbol{\varepsilon}-\boldsymbol{H}\hat{\boldsymbol{x}})(\boldsymbol{H}\hat{\boldsymbol{x}}+\boldsymbol{\varepsilon}-\boldsymbol{H}\hat{\boldsymbol{x}})^{\mathrm{T}}\right]=\mathrm{E}[\boldsymbol{\varepsilon}\boldsymbol{\varepsilon}^{\mathrm{T}}]=\mathrm{Var}[\boldsymbol{\varepsilon}]\end{aligned}$$

将$\boldsymbol{\varepsilon}$ 表达为$\boldsymbol{\varepsilon}_x$，$\boldsymbol{\varepsilon}_\nu$ 的形式，于是对 $\mathrm{Var}[\boldsymbol{\varepsilon}]$展开：

$$\begin{aligned}\mathrm{Vav}[\boldsymbol{\varepsilon}]&=\mathrm{E}[\boldsymbol{\varepsilon}\boldsymbol{\varepsilon}^{\mathrm{T}}]=\mathrm{E}\left[\begin{pmatrix}\boldsymbol{\varepsilon}_x\\ \boldsymbol{\varepsilon}_\nu\end{pmatrix}(\boldsymbol{\varepsilon}_x^{\mathrm{T}} \quad \boldsymbol{\varepsilon}_\nu^{\mathrm{T}})\right]\\&=\mathrm{E}\left[\begin{pmatrix}\boldsymbol{\varepsilon}_x\boldsymbol{\varepsilon}_x^{\mathrm{T}} & \boldsymbol{\varepsilon}_x\boldsymbol{\varepsilon}_\nu^{\mathrm{T}}\\ \boldsymbol{\varepsilon}_\nu\boldsymbol{\varepsilon}_x^{\mathrm{T}} & \boldsymbol{\varepsilon}_v\boldsymbol{\varepsilon}_\nu^{\mathrm{T}}\end{pmatrix}\right]=\left[\begin{pmatrix}\mathrm{E}[\boldsymbol{\varepsilon}_x\boldsymbol{\varepsilon}_x^{\mathrm{T}}] & \mathrm{E}[\boldsymbol{\varepsilon}_x\boldsymbol{\varepsilon}_\nu^{\mathrm{T}}]\\ \mathrm{E}[\boldsymbol{\varepsilon}_\nu\boldsymbol{\varepsilon}_x^{\mathrm{T}}] & \mathrm{E}[\boldsymbol{\varepsilon}_\nu\boldsymbol{\varepsilon}_\nu^{\mathrm{T}}]\end{pmatrix}\right]\\&=\begin{pmatrix}\boldsymbol{\Sigma}_x & \boldsymbol{\Sigma}_{x,\nu}\\ \boldsymbol{\Sigma}_{\nu,x} & \boldsymbol{\Sigma}_\nu\end{pmatrix}\end{aligned}$$

因此，观测数据随机变量 $\boldsymbol{Y}$ 和预测误差$\boldsymbol{\varepsilon}$ 具有相同的协方差矩阵，如式(10-5)所示，并且基于核数据和积分响应测量值的划分方式，由以下三类协方差矩阵构成：

(1) 核截面协方差矩阵$\boldsymbol{\Sigma}_x$：包括待调整核截面的方差(主对角线)及核截面之间的协方差(非主对角线)。其中，核截面的方差来自核截面数据的测量及评价过程中引入的不确定性，而核截面间的协方差数据来自核截面之间物理约束及测量过程的共同随机误差等。核截面协方差矩阵一般可从评价核数据库中加工获得，读者可参考第 5 章的介绍。

(2) 积分响应测量值协方差矩阵$\boldsymbol{\Sigma}_\nu$：包括用于核数据调整的各个积分响应测量值的方差(主对角线)，来自积分响应测量过程中的测量精度。而积分响应测量值之间的协方差(非主对角线)，则来自测量过程中的共同随机误差等。该协方差

矩阵一般从基准实验装置提供的积分响应测量数据库中获取[4-5]。

(3) 核截面与积分响应测量值的协方差矩阵$\boldsymbol{\Sigma}_{x,\nu}$：代表核截面数据和积分响应测量值之间的相关性。一般在核截面与积分响应测量过程中具有共同的随机误差时,这种相关性会产生,如二者共同使用同一个探测器或者处理数据时应用了共同参数等。当积分响应为堆芯有效增殖因子时,一般认为积分响应测量数据与核数据之间不存在相关性,即

$$\boldsymbol{\Sigma}_{x,\nu} = \boldsymbol{\Sigma}_{\nu,x}^{\mathrm{T}} = \boldsymbol{0} \tag{10-6}$$

当核截面与积分响应测量值之间的协方差为0时,基于已知的敏感性系数矩阵$\boldsymbol{H}$,核数据及积分响应测量值的协方差矩阵$\boldsymbol{\Sigma}_x$,$\boldsymbol{\Sigma}_\nu$,已知的观测数据$\boldsymbol{Y}=\boldsymbol{y}$,对核数据的调整值进行最小二乘估计,其具体步骤如下:

建立核数据调整的线性回归模型如下:

$$\boldsymbol{y} = \boldsymbol{H}\boldsymbol{x} + \boldsymbol{\varepsilon} \tag{10-7a}$$

$$\mathrm{E}[\boldsymbol{\varepsilon}] = \boldsymbol{0}, \quad \mathrm{Var}[\boldsymbol{\varepsilon}] = \begin{pmatrix} \boldsymbol{\Sigma}_x & \\ & \boldsymbol{\Sigma}_\nu \end{pmatrix} = \boldsymbol{G}, \quad \boldsymbol{y} = \begin{pmatrix} \boldsymbol{x}_0 \\ \boldsymbol{\nu}_0 \end{pmatrix} \tag{10-7b}$$

其中,$\boldsymbol{x}_0$为调整前核数据的名义值;$\boldsymbol{\nu}_0$为积分响应测量值,也为核数据调整的最终误差缩减目标。为方便讨论,本节将该模型记作($\boldsymbol{y}$,$\boldsymbol{Hx}$,$\boldsymbol{G}$),其中$\boldsymbol{G}$为误差$\boldsymbol{\varepsilon}$的协方差矩阵,$\boldsymbol{G}\in\mathbb{R}^{(N+M)\times(N+M)}$。

线性回归模型通常根据误差$\boldsymbol{\varepsilon}$的协方差矩阵$\boldsymbol{G}$的不同形式,对模型做如下分类:

(1) 如果协方差矩阵$\boldsymbol{G}$是对角阵,并且随机变量的各个分量具有相同的方差,即$\boldsymbol{G}=\sigma^2\boldsymbol{I}$,单位矩阵$\boldsymbol{I}$与$\boldsymbol{G}$同维度,$\sigma^2$为共同方差,$\sigma^2\in\mathbb{R}$,则模型($\boldsymbol{y}$,$\boldsymbol{Hx}$,$\sigma^2\boldsymbol{I}$)称为独立观测线性回归模型,也称Gauss-Markov模型。

(2) 如果协方差矩阵$\boldsymbol{G}$不满足上述条件,则模型($\boldsymbol{y}$,$\boldsymbol{Hx}$,$\boldsymbol{G}$)称为广义Gauss-Markov模型。实际上,$\boldsymbol{\Sigma}_x$,$\boldsymbol{\Sigma}_\nu$为非对角阵,并且各个核数据及积分响应测量值之间存在不同的方差。但是,广义Gauss-Markov模型与Gauss-Markov模型之间是可以通过对模型进行特定的线性变换来互相转化的,如例10.2所示。

例10.2　广义Gauss-Markov模型($\boldsymbol{y}$,$\boldsymbol{Hx}$,$\boldsymbol{G}$),下面将其线性变换为($\hat{\boldsymbol{y}}$,$\hat{\boldsymbol{H}}\boldsymbol{x}$,$\boldsymbol{I}$)。其中$\hat{\boldsymbol{y}}$是$\boldsymbol{y}$的同维线性变换,$\hat{\boldsymbol{H}}$为$\boldsymbol{H}$的同维线性变换,$\boldsymbol{I}$是与$\boldsymbol{G}$具有相同维度的单位矩阵,表示变换后的模型误差$\hat{\boldsymbol{\varepsilon}}$的协方差矩阵。则线性变换过程如下:

由于协方差矩阵$\boldsymbol{G}$为对称正定矩阵,因此其正交分解具有如下形式:

$$\begin{aligned}\boldsymbol{G} &= \boldsymbol{\Sigma}\boldsymbol{\Lambda}\boldsymbol{\Sigma}^{\mathrm{T}} = \boldsymbol{\Sigma}\sqrt{\boldsymbol{\Lambda}}\,\boldsymbol{\Sigma}^{\mathrm{T}}\boldsymbol{\Sigma}\sqrt{\boldsymbol{\Lambda}}\,\boldsymbol{\Sigma}^{\mathrm{T}} \\ &= \left(\boldsymbol{\Sigma}\sqrt{\boldsymbol{\Lambda}}\,\boldsymbol{\Sigma}^{\mathrm{T}}\right)\left(\boldsymbol{\Sigma}\sqrt{\boldsymbol{\Lambda}}\,\boldsymbol{\Sigma}^{\mathrm{T}}\right) = \boldsymbol{P}^2\end{aligned}$$

其中,矩阵$\boldsymbol{P}$是与$\boldsymbol{G}$同维的对称正定矩阵,$\boldsymbol{\Sigma}$和$\boldsymbol{\Lambda}$为正交阵和对角阵,正定性保证了$\boldsymbol{\Lambda}$的主对角线的特征值均大于0,$\sqrt{\boldsymbol{\Lambda}}$为$\boldsymbol{\Lambda}$主对角线特征值的开方。

将 $\boldsymbol{P}^{-1}$ 左乘模型$(\boldsymbol{y},\boldsymbol{Hx},\boldsymbol{G})$可得：

$$\hat{\boldsymbol{y}}=\hat{\boldsymbol{H}}\boldsymbol{x}+\boldsymbol{\varepsilon}$$

其中，

$$\hat{\boldsymbol{y}}=\boldsymbol{P}^{-1}\boldsymbol{y},\quad \hat{\boldsymbol{H}}=\boldsymbol{P}^{-1}\boldsymbol{H},\quad \hat{\boldsymbol{\varepsilon}}=\boldsymbol{P}^{-1}\boldsymbol{\varepsilon}$$

经过上述转换后，模型的误差$\hat{\boldsymbol{\varepsilon}}$ 的数学期望和协方差信息为

$$\mathrm{E}[\hat{\boldsymbol{\varepsilon}}]=\boldsymbol{0}$$

$$\mathrm{Var}[\hat{\boldsymbol{\varepsilon}}]=\mathrm{Var}[\boldsymbol{P}^{-1}\boldsymbol{\varepsilon}]=\boldsymbol{P}^{-1}\mathrm{Var}[\boldsymbol{\varepsilon}]\boldsymbol{P}^{-\mathrm{T}}=\boldsymbol{P}^{-1}\boldsymbol{G}\boldsymbol{P}^{-1}=\boldsymbol{I}$$

其中，$\boldsymbol{P}^{-\mathrm{T}}$ 代表矩阵 $\boldsymbol{P}$ 的逆矩阵转置。

因此，核数据的调整可分别基于上述两个模型开展，即广义 Gauss-Markov 模型$(\boldsymbol{y},\boldsymbol{Hx},\boldsymbol{G})$和 Gauss-Markov 模型$(\hat{\boldsymbol{y}},\hat{\boldsymbol{H}}\boldsymbol{x},\boldsymbol{I})$。针对核数据调整值的最小二乘估计，上述两种模型的过程是一致的，以 Gauss-Markov 模型为例，例 10.3 给出了详细推导过程。

例 10.3 已知 Gauss-Markov 模型(如例 10.2)，寻找核数据调整值 $\boldsymbol{x}$ 的最小二乘估计 $\boldsymbol{x}_{\mathrm{GLSE}}$ 使上述模型误差$\hat{\boldsymbol{\varepsilon}}$ 的二范数平方最小。

首先，定义无约束的优化问题如下：

$$g(\boldsymbol{x})=(\hat{\boldsymbol{y}}-\hat{\boldsymbol{H}}\boldsymbol{x})^{\mathrm{T}}(\hat{\boldsymbol{y}}-\hat{\boldsymbol{H}}\boldsymbol{x}),\quad g(\boldsymbol{x})\in\mathbb{R}$$

$$\boldsymbol{x}_{\mathrm{GLSE}}=\min_{\boldsymbol{x}}[g(\boldsymbol{x})]$$

将目标函数 $g(\boldsymbol{x})$展开可得：

$$\begin{aligned}g(\boldsymbol{x})&=(\hat{\boldsymbol{y}}-\hat{\boldsymbol{H}}\boldsymbol{x})^{\mathrm{T}}(\hat{\boldsymbol{y}}-\hat{\boldsymbol{H}}\boldsymbol{x})\\&=(\hat{\boldsymbol{y}}^{\mathrm{T}}-\boldsymbol{x}^{\mathrm{T}}\hat{\boldsymbol{H}}^{\mathrm{T}})(\hat{\boldsymbol{y}}-\hat{\boldsymbol{H}}\boldsymbol{x})\\&=\hat{\boldsymbol{y}}^{\mathrm{T}}\hat{\boldsymbol{y}}-\boldsymbol{x}^{\mathrm{T}}\boldsymbol{H}^{\mathrm{T}}\hat{\boldsymbol{y}}-\hat{\boldsymbol{y}}^{\mathrm{T}}\hat{\boldsymbol{H}}\boldsymbol{x}+\boldsymbol{x}^{\mathrm{T}}\hat{\boldsymbol{H}}^{\mathrm{T}}\hat{\boldsymbol{H}}\boldsymbol{x}\end{aligned}$$

由于目标函数 $g(\boldsymbol{x})$关于自变量 $\boldsymbol{x}$ 的黑塞矩阵 $g''(\boldsymbol{x})=2\hat{\boldsymbol{H}}^{\mathrm{T}}\hat{\boldsymbol{H}}$ 为半正定，因此目标函数是关于自变量 $\boldsymbol{x}$ 的凸函数，其导函数的零点即为目标函数的最小值点：

$$g'(\boldsymbol{x})=-2\hat{\boldsymbol{H}}^{\mathrm{T}}\hat{\boldsymbol{y}}+2\hat{\boldsymbol{H}}^{\mathrm{T}}\hat{\boldsymbol{H}}\boldsymbol{x}_{\mathrm{GLSE}}=0$$

$$\hat{\boldsymbol{H}}^{\mathrm{T}}\hat{\boldsymbol{H}}\boldsymbol{x}_{\mathrm{GLSE}}=\hat{\boldsymbol{H}}^{\mathrm{T}}\hat{\boldsymbol{y}}$$

当 $\hat{\boldsymbol{H}}$ 为列满秩时，上述方程存在唯一解，该解即为最小二乘解：

$$\boldsymbol{x}_{\mathrm{GLSE}}=(\hat{\boldsymbol{H}}^{\mathrm{T}}\hat{\boldsymbol{H}})^{-1}\hat{\boldsymbol{H}}^{\mathrm{T}}\hat{\boldsymbol{y}}=(\boldsymbol{H}^{\mathrm{T}}\boldsymbol{G}^{-1}\boldsymbol{H})^{-1}\boldsymbol{H}^{\mathrm{T}}\boldsymbol{G}^{-1}\boldsymbol{y}\tag{10-8}$$

根据例 10.3 的推导，同样可以得到基于广义 Gauss-Markov 模型的核数据调整值的最小二乘估计 $\boldsymbol{x}_{\mathrm{LSE}}$，如式(10-9)所示：

$$\boldsymbol{x}_{\mathrm{LSE}}=(\boldsymbol{H}^{\mathrm{T}}\boldsymbol{H})^{-1}\boldsymbol{H}^{\mathrm{T}}\boldsymbol{y}\tag{10-9}$$

对比式(10-8)和式(10-9)可以发现，二者的区别在于预测误差$\boldsymbol{\varepsilon}$ 的协方差矩阵 $\boldsymbol{G}$ 是否引入核数据调整值的估计中。

由于核数据调整值的最小二乘估计均是在观测数据 $\boldsymbol{Y}=\boldsymbol{y}$ 下产生的，而对于不

同的观测，观测数据 $\boldsymbol{y}$ 会发生变化，从而引起 $\boldsymbol{x}_{\mathrm{LSE}}$ 和 $\boldsymbol{x}_{\mathrm{GLSE}}$ 值的不同，因此核数据调整值的最小二乘估计是关于观测数据 $\boldsymbol{Y}$ 的随机变量。因此，有必要进一步研究不同模型下核数据调整值 $\hat{x}$ 的无偏性以及估计的方差。其中，无偏性证明和协方差比较如例 10.4 所示。

例 10.4 已知估计 $\boldsymbol{x}_{\mathrm{LSE}}$ 和 $\boldsymbol{x}_{\mathrm{GLSE}}$，见式(10-8)和式(10-9)，其中观测数据 $\boldsymbol{y}$ 为随机变量 $\boldsymbol{Y}$ 的一次观测，随机变量 $\boldsymbol{Y}$ 具有数学期望 $\boldsymbol{Hx}$，如式(10-3)所示，方差为 $\boldsymbol{G}$，则 $\boldsymbol{x}_{\mathrm{LSE}}$ 和 $\boldsymbol{x}_{\mathrm{GLSE}}$ 的数学期望为

$$
\begin{aligned}
\mathrm{E}[\boldsymbol{x}_{\mathrm{LSE}}] &= \mathrm{E}[(\boldsymbol{H}^{\mathrm{T}}\boldsymbol{H})^{-1}\boldsymbol{H}^{\mathrm{T}}\boldsymbol{Y}] \\
&= (\boldsymbol{H}^{\mathrm{T}}\boldsymbol{H})^{-1}\boldsymbol{H}^{\mathrm{T}}\mathrm{E}[\boldsymbol{Y}] \\
&= (\boldsymbol{H}^{\mathrm{T}}\boldsymbol{H})^{-1}\boldsymbol{H}^{\mathrm{T}}\boldsymbol{Hx} \\
&= \boldsymbol{x} \\
\mathrm{E}[\boldsymbol{x}_{\mathrm{GLSE}}] &= \mathrm{E}[(\boldsymbol{H}^{\mathrm{T}}\boldsymbol{G}^{-1}H)^{-1}\boldsymbol{H}^{\mathrm{T}}\boldsymbol{G}^{-1}\boldsymbol{Y}] \\
&= (\boldsymbol{H}^{\mathrm{T}}\boldsymbol{G}^{-1}\boldsymbol{H})^{-1}\boldsymbol{H}^{\mathrm{T}}\boldsymbol{G}^{-1}\mathrm{E}[\boldsymbol{Y}] \\
&= (\boldsymbol{H}^{\mathrm{T}}\boldsymbol{G}^{-1}\boldsymbol{H})^{-1}\boldsymbol{H}^{\mathrm{T}}\boldsymbol{G}^{-1}\boldsymbol{Hx} \\
&= \boldsymbol{x}
\end{aligned}
$$

可以发现：$\boldsymbol{x}_{\mathrm{LSE}}$ 和 $\boldsymbol{x}_{\mathrm{GLSE}}$ 的数学期望均为核数据调整值 $\boldsymbol{x}$ 自身。因此，两个估计均为核数据调整值的无偏估计。

由于两个估计均为多元随机变量，因此二者的方差即为协方差矩阵，其大小可通过二者的差矩阵的正定性来判断[6]。

假设估计 $\boldsymbol{x}_{\mathrm{LSE}}$ 可表达为 $\boldsymbol{x}_{\mathrm{GLSE}}$ 的线性变换，如下：

$$
\begin{aligned}
\boldsymbol{x}_{\mathrm{LSE}} &= \boldsymbol{x}_{\mathrm{GLSE}} + \boldsymbol{BY} + \boldsymbol{b} \\
&= ((\boldsymbol{H}^{\mathrm{T}}\boldsymbol{G}^{-1}\boldsymbol{H})^{-1}\boldsymbol{H}^{\mathrm{T}}\boldsymbol{G}^{-1} + \boldsymbol{B})\boldsymbol{Y} + \boldsymbol{b}
\end{aligned}
$$

其中，$\boldsymbol{B}$ 为 $\boldsymbol{Y}$ 的线性空间内的某种线性变换，$\boldsymbol{b}$ 与 $\boldsymbol{Y}$ 同维。

由于估计 $\boldsymbol{x}_{\mathrm{LSE}}$ 为 $\boldsymbol{x}$ 的无偏估计，则

$$
\begin{aligned}
\mathrm{E}[\boldsymbol{x}_{\mathrm{LSE}}] &= \mathrm{E}[[(\boldsymbol{H}^{\mathrm{T}}\boldsymbol{G}^{-1}\boldsymbol{H})^{-1}\boldsymbol{H}^{\mathrm{T}}\boldsymbol{G}^{-1} + \boldsymbol{B}]\boldsymbol{Y} + \boldsymbol{b}] \\
&= [(\boldsymbol{H}^{\mathrm{T}}\boldsymbol{G}^{-1}\boldsymbol{H})^{-1}\boldsymbol{H}^{\mathrm{T}}\boldsymbol{G}^{-1} + \boldsymbol{B}]\mathrm{E}[\boldsymbol{Y}] + \boldsymbol{b} \\
&= [(\boldsymbol{H}^{\mathrm{T}}\boldsymbol{G}^{-1}\boldsymbol{H})^{-1}\boldsymbol{H}^{\mathrm{T}}\boldsymbol{G}^{-1} + \boldsymbol{B}]\boldsymbol{Hx} + \boldsymbol{b} \\
&= (\boldsymbol{H}^{\mathrm{T}}\boldsymbol{G}^{-1}\boldsymbol{H})^{-1}\boldsymbol{H}^{\mathrm{T}}\boldsymbol{G}^{-1}\boldsymbol{Hx} + \boldsymbol{BHx} + \boldsymbol{b} \\
&= \boldsymbol{x} + \boldsymbol{BHx} + \boldsymbol{b} \\
&= \boldsymbol{x}
\end{aligned}
$$

于是有 $\boldsymbol{BH} = \boldsymbol{0}, \boldsymbol{b} = \boldsymbol{0}$。因此，估计 $\boldsymbol{x}_{\mathrm{LSE}}$ 和 $\boldsymbol{x}_{\mathrm{GLSE}}$ 具有如下关系：

$$
\boldsymbol{x}_{\mathrm{LSE}} = [(\boldsymbol{H}^{\mathrm{T}}\boldsymbol{G}^{-1}\boldsymbol{H})^{-1}\boldsymbol{H}^{\mathrm{T}}\boldsymbol{G}^{-1} + \boldsymbol{B}]\boldsymbol{Y}
$$

而估计 $\boldsymbol{x}_{\mathrm{LSE}}$ 和 $\boldsymbol{x}_{\mathrm{GLSE}}$ 的方差分别为

$$
\mathrm{Var}[\boldsymbol{x}_{\mathrm{GLSE}}] = \mathrm{Var}[(\boldsymbol{H}^{\mathrm{T}}\boldsymbol{G}^{-1}\boldsymbol{H})^{-1}\boldsymbol{H}^{\mathrm{T}}\boldsymbol{G}^{-1}\boldsymbol{Y}]
$$

$$=(\boldsymbol{H}^{\mathrm{T}}\boldsymbol{G}^{-1}\boldsymbol{H})^{-1}\boldsymbol{H}^{\mathrm{T}}\boldsymbol{G}^{-1}\mathrm{Var}[\boldsymbol{Y}]\boldsymbol{G}^{-1}\boldsymbol{H}(\boldsymbol{H}^{\mathrm{T}}\boldsymbol{G}^{-1}\boldsymbol{H})^{-1}$$
$$=(\boldsymbol{H}^{\mathrm{T}}\boldsymbol{G}^{-1}\boldsymbol{H})^{-1}\boldsymbol{H}^{\mathrm{T}}\boldsymbol{G}^{-1}\boldsymbol{G}\boldsymbol{G}^{-1}\boldsymbol{H}(\boldsymbol{H}^{\mathrm{T}}\boldsymbol{G}^{-1}\boldsymbol{H})^{-1}$$
$$=(\boldsymbol{H}^{\mathrm{T}}\boldsymbol{G}^{-1}\boldsymbol{H})^{-1}$$

$$\begin{aligned}\mathrm{Var}[\boldsymbol{x}_{\mathrm{LSE}}] &= \mathrm{Var}[[(\boldsymbol{H}^{\mathrm{T}}\boldsymbol{G}^{-1}\boldsymbol{H})^{-1}\boldsymbol{H}^{\mathrm{T}}\boldsymbol{G}^{-1}+\boldsymbol{B}]\boldsymbol{Y}] \\ &= [(\boldsymbol{H}^{\mathrm{T}}\boldsymbol{G}^{-1}\boldsymbol{H})^{-1}\boldsymbol{H}^{\mathrm{T}}\boldsymbol{G}^{-1}+\boldsymbol{B}]\mathrm{Var}[\boldsymbol{Y}][(\boldsymbol{H}^{\mathrm{T}}\boldsymbol{G}^{-1}\boldsymbol{H})^{-1}\boldsymbol{H}^{\mathrm{T}}\boldsymbol{G}^{-1}+\boldsymbol{B}]^{\mathrm{T}} \\ &= (\boldsymbol{H}^{\mathrm{T}}\boldsymbol{G}^{-1}\boldsymbol{H})^{-1}+\boldsymbol{B}\boldsymbol{G}\boldsymbol{B}^{\mathrm{T}} \\ &= \mathrm{Var}[\boldsymbol{x}_{\mathrm{GLSE}}]+\boldsymbol{B}\boldsymbol{G}\boldsymbol{B}^{\mathrm{T}}\end{aligned}$$

不难发现，估计 $\boldsymbol{x}_{\mathrm{LSE}}$ 与 $\boldsymbol{x}_{\mathrm{GLSE}}$ 的方差（协方差矩阵）之间的差为 $\boldsymbol{B}\boldsymbol{G}\boldsymbol{B}^{\mathrm{T}}$。由于协方差矩阵 $\boldsymbol{G}$ 为对称正定矩阵，于是有

$$\mathrm{Var}[\boldsymbol{x}_{\mathrm{LSE}}]-\mathrm{Var}[\boldsymbol{x}_{\mathrm{GLSE}}]=\boldsymbol{B}\boldsymbol{P}\boldsymbol{P}\boldsymbol{B}^{\mathrm{T}}=(\boldsymbol{B}\boldsymbol{P})(\boldsymbol{B}\boldsymbol{P})^{\mathrm{T}}$$

可以看出：对于任意非零向量，两种估计的协方差矩阵差的二次型大于或等于零。因此，$\boldsymbol{x}_{\mathrm{LSE}}$ 估计的协方差矩阵是大于 $\boldsymbol{x}_{\mathrm{GLSE}}$ 估计的，也就是说，$\boldsymbol{x}_{\mathrm{GLSE}}$ 的估计精度要高于 $\boldsymbol{x}_{\mathrm{LSE}}$ 的估计精度。当且仅当矩阵 $\boldsymbol{B}$ 为零矩阵时，二者协方差矩阵相等，即 $\boldsymbol{x}_{\mathrm{LSE}}$ 估计等于 $\boldsymbol{x}_{\mathrm{GLSE}}$ 估计。

其实，以上结论并非偶然。根据 Gauss-Markov 定理可知，所有线性回归模型中，独立观测线性回归模型下给出的最小二乘估计是待估参数的最好线性无偏估计（best linear unbiased estimate，BLUE），即此时的线性无偏估计是所有可能的线性无偏估计中精度最高的。因此，基于广义最小二乘法进行核数据调整中，一般采用估计 $\boldsymbol{x}_{\mathrm{GLSE}}$ 作为核数据的调整值，该调整值的估计精度由其协方差矩阵 $\mathrm{Var}[\boldsymbol{x}_{\mathrm{GLSE}}]$ 衡量，如下式所示：

$$\mathrm{Var}[\boldsymbol{x}_{\mathrm{GLSE}}]=(\boldsymbol{H}^{\mathrm{T}}\boldsymbol{G}^{-1}\boldsymbol{H})^{-1} \tag{10-10}$$

式(10-9)和式(10-10)给出的是分块矩阵形式下的核数据调整值及其协方差矩阵。为便于计算，通常将其展开为核数据调整前的观测值 $\boldsymbol{x}_0$、积分响应测量值 $\boldsymbol{v}_0$ 以及二者的协方差 $\boldsymbol{\Sigma}_x$ 和 $\boldsymbol{\Sigma}_\nu$ 的形式，如下：

$$\boldsymbol{x}_{\mathrm{GLSE}}=\boldsymbol{x}+\boldsymbol{\Sigma}_x\boldsymbol{S}^{\mathrm{T}}\left(\boldsymbol{\Sigma}_\nu+\boldsymbol{S}\boldsymbol{\Sigma}_x\boldsymbol{S}^{\mathrm{T}}\right)^{-1}(\boldsymbol{v}_0-\boldsymbol{S}\boldsymbol{x}_0) \tag{10-11}$$

$$\mathrm{Var}[\boldsymbol{x}_{\mathrm{GLSE}}]=\boldsymbol{\Sigma}_x-\boldsymbol{\Sigma}_x\boldsymbol{S}^{\mathrm{T}}\left(\boldsymbol{\Sigma}_\nu+\boldsymbol{S}\boldsymbol{\Sigma}_x\boldsymbol{S}^{\mathrm{T}}\right)^{-1}\boldsymbol{S}\boldsymbol{\Sigma}_x \tag{10-12}$$

关于式(10-11)和式(10-12)的详细推导过程，可参见例 10.5。

例 10.5 已知 $\boldsymbol{x}_{\mathrm{GLSE}}$ 及其方差如式(10-9)和式(10-10)所示，其中敏感性系数矩阵 $\boldsymbol{H}$、协方差矩阵 $\boldsymbol{G}$ 及观测数据 $\boldsymbol{y}$ 具有如下分块形式：

$$\boldsymbol{H}=\begin{pmatrix}\boldsymbol{I}\\ \boldsymbol{S}\end{pmatrix},\quad \boldsymbol{G}\begin{pmatrix}\boldsymbol{\Sigma}_x & \\ & \boldsymbol{\Sigma}_\nu\end{pmatrix},\quad \boldsymbol{y}=\begin{pmatrix}\boldsymbol{x}_0\\ \boldsymbol{v}_0\end{pmatrix}$$

关于 $\boldsymbol{x}_{\text{GLSE}}$ 的方差的展开，其中采用 Woodbury 矩阵恒等式①对矩阵的逆展开如下：

$$\begin{aligned}\text{Var}[\boldsymbol{x}_{\text{GLSE}}] &= (\boldsymbol{H}^{\text{T}}\boldsymbol{G}^{-1}\boldsymbol{H})^{-1}\\ &= \left((\boldsymbol{I}\quad \boldsymbol{S}^{\text{T}})\begin{pmatrix}\boldsymbol{\Sigma}_x^{-1} & \\ & \boldsymbol{\Sigma}_\nu^{-1}\end{pmatrix}\begin{pmatrix}\boldsymbol{I}\\ \boldsymbol{S}\end{pmatrix}\right)^{-1}\\ &= (\boldsymbol{\Sigma}_x^{-1}+\boldsymbol{S}^{\text{T}}\boldsymbol{\Sigma}_\nu^{-1}\boldsymbol{S})^{-1}\\ &= \boldsymbol{\Sigma}_x-\boldsymbol{\Sigma}_x\boldsymbol{S}^{\text{T}}(\boldsymbol{\Sigma}_\nu+\boldsymbol{S}\boldsymbol{\Sigma}_x\boldsymbol{S}^{\text{T}})^{-1}\boldsymbol{S}\boldsymbol{\Sigma}_x\end{aligned}$$

而针对 $\boldsymbol{x}_{\text{GLSE}}$ 的展开如下：

$$\begin{aligned}\boldsymbol{x}_{\text{GLSE}} &= (\boldsymbol{H}^{\text{T}}\boldsymbol{G}^{-1}\boldsymbol{H})^{-1}\boldsymbol{H}^{\text{T}}\boldsymbol{G}^{-1}\boldsymbol{y}\\ &= \left((\boldsymbol{I}\quad \boldsymbol{S}^{\text{T}})\begin{pmatrix}\boldsymbol{\Sigma}_x^{-1} & \\ & \boldsymbol{\Sigma}_\nu^{-1}\end{pmatrix}\begin{pmatrix}\boldsymbol{I}\\ \boldsymbol{S}\end{pmatrix}\right)^{-1}(\boldsymbol{I}\quad \boldsymbol{S}^{\text{T}})\begin{pmatrix}\boldsymbol{\Sigma}_x^{-1} & \\ & \boldsymbol{\Sigma}_\nu^{-1}\end{pmatrix}\begin{pmatrix}\boldsymbol{x}_0\\ \boldsymbol{v}_0\end{pmatrix}\\ &= (\boldsymbol{\Sigma}_x^{-1}+\boldsymbol{S}^{\text{T}}\boldsymbol{\Sigma}_\nu^{-1}\boldsymbol{S})^{-1}(\boldsymbol{\Sigma}_x^{-1}\boldsymbol{x}_0+\boldsymbol{S}^{\text{T}}\boldsymbol{\Sigma}_\nu^{-1}\boldsymbol{v}_0)\end{aligned}$$

可以发现，估计 $\boldsymbol{x}_{\text{GLSE}}$ 展开式右侧的第一项为 $\text{Var}[\boldsymbol{x}_{\text{GLSE}}]$，同样对其采用 Woodbury 恒等式展开，则有

$$\boldsymbol{x}_{\text{GLSE}} = \boldsymbol{x}_0+\boldsymbol{\Sigma}_x\boldsymbol{S}^{\text{T}}\left(\boldsymbol{\Sigma}_\nu+\text{S}\boldsymbol{\Sigma}_x\boldsymbol{S}^{\text{T}}\right)^{-1}(\boldsymbol{v}_0-\boldsymbol{S}\boldsymbol{x}_0) \tag{10-13}$$

$$\boldsymbol{x}_{\text{GLSE}} = \boldsymbol{x}_0+\left(\boldsymbol{\Sigma}_x^{-1}+\boldsymbol{S}^{\text{T}}\boldsymbol{\Sigma}_\nu^{-1}\boldsymbol{S}\right)^{-1}\boldsymbol{S}^{\text{T}}\boldsymbol{\Sigma}_\nu^{-1}(\boldsymbol{v}_0-\boldsymbol{S}\boldsymbol{x}_0) \tag{10-14}$$

上述两种形式是等价的。从形式上看，均是根据积分响应预测误差（$\boldsymbol{v}_0-\boldsymbol{S}\boldsymbol{x}_0$）的线性变换计算出核数据的"修正量"，再对核数据调整前的值 $\boldsymbol{x}_0$ 进行调整，得到调整后的核数据 $\boldsymbol{x}_{\text{GLSE}}$。但两种表达式中采用了不同的思路来构造这种线性变换：

(1) 式(10-13) 首先根据积分响应的总协方差对积分响应预测误差进行归一化。这里积分响应的总协方差矩阵$\left(\boldsymbol{\Sigma}_\nu+\boldsymbol{S}\boldsymbol{\Sigma}_x\boldsymbol{S}^{\text{T}}\right)$包括了两个协方差来源：积分响应测量值的测量协方差矩阵$\boldsymbol{\Sigma}_\nu$ 和核数据不确定性引起的积分响应预测协方差矩阵$\boldsymbol{S}\boldsymbol{\Sigma}_x\boldsymbol{S}^{\text{T}}$。归一化的积分响应预测误差$\left(\boldsymbol{\Sigma}_\nu+\boldsymbol{S}\boldsymbol{\Sigma}_x\boldsymbol{S}^{\text{T}}\right)^{-1}\left(\boldsymbol{v}-\boldsymbol{S}\boldsymbol{x}_0\right)$由敏感性系数矩阵从积分响应空间映射到核数据空间中。在核数据空间中，归一化的积分响应预测误差经由核数据自身不确定度$\boldsymbol{\Sigma}_x$ 的放缩，得到核数据不确定度范围内的修正量。值得注意的是，式(10-13) 中采用积分响应的总协方差矩阵作为归一化因

---

① Woodbury 矩阵恒等式（Woodbury matrix identity）：$(\boldsymbol{A}+\boldsymbol{UCV})^{-1}=\boldsymbol{A}^{-1}-\boldsymbol{A}^{-1}\boldsymbol{U}(\boldsymbol{C}^{-1}+\boldsymbol{V}\boldsymbol{A}^{-1}\boldsymbol{U})^{-1}\boldsymbol{V}\boldsymbol{A}^{-1}$，其中，矩阵 $\boldsymbol{A}\in\mathbb{R}^{n\times n}$，$\boldsymbol{U}\in\mathbb{R}^{n\times k}$，$\boldsymbol{C}\in\mathbb{R}^{k\times k}$，$\boldsymbol{V}\in\mathbb{R}^{k\times n}$，并且矩阵 $\boldsymbol{A}$，$\boldsymbol{C}$，$(\boldsymbol{A}+\boldsymbol{UCV})$以及$(\boldsymbol{C}^{-1}+\boldsymbol{V}\boldsymbol{A}^{-1}\boldsymbol{U})$为可逆矩阵。

子，即预测误差完全来自模型$(\boldsymbol{y},\boldsymbol{Hx},\boldsymbol{G})$中观测数据的不确定度。也就是推断完全来自观测数据，这是一种似然的思想。

(2) 式(10-14)中核数据的修正量不同于式(10-13)，其中，积分响应预测误差的归一化因子为积分响应的测量协方差矩阵$\boldsymbol{\Sigma}_\nu$，而在核数据空间中经由核数据调整值的协方差矩阵$(\boldsymbol{\Sigma}_x^{-1}+\boldsymbol{S}^{\mathrm{T}}\boldsymbol{\Sigma}_\nu^{-1}\boldsymbol{S})^{-1}$进行放缩，从而得到核数据调整值不确定度范围内的修正量。这里不同于式(10-13)的是：积分响应的预测误差仅来自积分响应的测量不确定度，核数据的修正量则是在核数据调整后的不确定度范围内评估的，这里体现了贝叶斯估计的思想。该表达式与10.2节贝叶斯更新方法直接推导出的核数据调整值是一致的。

至此，我们给出了关于广义最小二乘法用于核数据调整的理论与方法。当然，也可以从极大似然估计的角度提供另一种核数据调整值估计的推导。在模型$(\boldsymbol{y},\boldsymbol{Hx},\boldsymbol{G})$的基础上，认为预测误差$\boldsymbol{\varepsilon}$服从正态分布，其数学期望为$\boldsymbol{0}$，协方差矩阵为$\boldsymbol{G}$，则其概率密度分布函数为

$$p_{\boldsymbol{Y}}(\boldsymbol{y}'\mid \boldsymbol{Hx},\boldsymbol{G})=\frac{1}{(2\pi)^{(N+M)/2}\mid \boldsymbol{G}\mid^{1/2}}\exp\left[-\frac{1}{2}(\boldsymbol{y}'-\boldsymbol{Hx})^{\mathrm{T}}\boldsymbol{G}^{-1}(\boldsymbol{y}'-\boldsymbol{Hx})\right] \tag{10-15}$$

基于已知的一组观测数据$\boldsymbol{Y}=\boldsymbol{y}$，可以定义核数据调整值在正态分布概率密度下的似然函数为

$$L(\boldsymbol{Hx};\boldsymbol{y})=\frac{1}{(2\pi)^{(N+M)/2}\mid \boldsymbol{G}\mid^{1/2}}\exp\left[-\frac{1}{2}(\boldsymbol{y}-\boldsymbol{Hx})^{\mathrm{T}}\boldsymbol{G}^{-1}(\boldsymbol{y}-\boldsymbol{Hx})\right] \tag{10-16}$$

其中，$L(\boldsymbol{Hx};\boldsymbol{y})$为在给定观测数据$\boldsymbol{y}$的条件下参数$\boldsymbol{Hx}$的函数。由极大似然估计的不变性可知，若$\boldsymbol{Hx}_{\mathrm{MLE}}$为参数$\boldsymbol{Hx}$的极大似然估计，那么$\boldsymbol{x}_{\mathrm{MLE}}$也是核数据调整值$\boldsymbol{x}$的极大似然估计。观察式(10-16)可发现，极大化该似然函数的指数项即可极大化该似然函数，因此构造最优化问题：

$$\boldsymbol{x}_{\mathrm{MLE}}=\min_{\boldsymbol{x}'}[(\boldsymbol{y}-\boldsymbol{Hx}')^{\mathrm{T}}\boldsymbol{G}^{-1}(\boldsymbol{y}-\boldsymbol{Hx}')] \tag{10-17}$$

将式(10-17)中的目标函数按照例10.5展开，并记作χ^2，有

$$\chi^2=(\boldsymbol{x}^2-\boldsymbol{x}')^{\mathrm{T}}\boldsymbol{\Sigma}_x^{-1}(\boldsymbol{x}_0-\boldsymbol{x}')+(\boldsymbol{v}_0-\boldsymbol{Sx}')^{\mathrm{T}}\boldsymbol{\Sigma}_\nu^{-1}(\boldsymbol{v}_0-\boldsymbol{Sx}') \tag{10-18}$$

由于协方差矩阵的逆同样为正定矩阵，因此χ^2是关于$\boldsymbol{x}'$的凸函数，其关于$\boldsymbol{x}'$导函数的零点即为最小值解：

$$\boldsymbol{x}_{\mathrm{MLE}}(\boldsymbol{\Sigma}_x^{-1}+\boldsymbol{S}^{\mathrm{T}}\boldsymbol{\Sigma}_\nu^{-1}\boldsymbol{S})^{-1}(\boldsymbol{\Sigma}_x^{-1}\boldsymbol{x}_0+\boldsymbol{S}^{\mathrm{T}}\boldsymbol{\Sigma}_\nu^{-1}\boldsymbol{v}_0) \tag{10-19}$$

再次利用Woodbury矩阵恒等变化可得到与式(10-13)一致的核数据调整结果为

$$\boldsymbol{x}_{\mathrm{MLE}}=\boldsymbol{x}_0+\boldsymbol{\Sigma}_x\boldsymbol{S}^{\mathrm{T}}(\boldsymbol{\Sigma}_\nu+\boldsymbol{S}\boldsymbol{\Sigma}_x\boldsymbol{S}^{\mathrm{T}})^{-1}(\boldsymbol{v}_0-\boldsymbol{Sx}_0) \tag{10-20}$$

广义最小二乘法或极大似然估计给出的核数据调整值的估计是建立在如下假设条件下的：认为待估参数(核数据调整值)不是随机变量，而是一个确定的未知值。该值可通过观测数据推断或估计出，但由于观测数据天然地具有观测不确定

性,会为待估参数的估计带来不确定性。因此,尽管待估参数本身不是随机变量,但是关于其的估计却是随机变量,因而估计存在估计方差。因此,广义最小二乘法给出的核数据调整值的估计方差并不能理解为核数据具有的不确定性,而是基于当前的观测数据对核数据调整值进行估计的精度。为进一步研究调整后的核数据的不确定性的传递,需要证明广义最小二乘估计或极大似然估计的渐进正态性,感兴趣的读者可以参考文献[7]。

10.1.2 贝叶斯更新方法

为考虑核数据调整值的不确定性传递,一种比较直接的方法是假定核数据为随机变量,具有先验概率分布,这样可以在贝叶斯统计学方法的框架下,研究其概率密度在积分实验响应观测值更新下的后验概率分布,该后验概率分布可用于核数据不确定性传递的研究。

贝叶斯更新方法是贝叶斯统计学派下的一种参数估计方法。不同于广义最小二乘方法,该方法认为核数据是随机变量,可用参数化的概率密度函数描述。在给定观测数据的条件下,可对核数据的概率分布进行修正或更新,从而获得核数据调整后的概率分布。需要注意的是,贝叶斯更新方法一般不直接给出调整后的核数据值,而是给出其调整后的概率密度分布。在最大后验概率估计的意义下,调整后的概率密度取值最大点的核数据值被认为是核数据的最佳调整值。其具体实施方法及步骤如下:

考虑线性回归模型$(\boldsymbol{y},\boldsymbol{Hx},\boldsymbol{G})$,在贝叶斯统计学框架下,认为核数据是随机变量,记作$\boldsymbol{X}$,其服从概率密度函数$p_{\boldsymbol{X}}(\boldsymbol{x})$,$\boldsymbol{X}\in\mathbb{R}^{N\times 1}$;同样,积分响应测量数据为随机变量$\boldsymbol{V}$,服从概率密度$p_{\boldsymbol{V}}(\boldsymbol{\nu})$,$\boldsymbol{V}\in\mathbb{R}^{M\times 1}$。其中,核数据调整前的数学期望和协方差矩阵为

$$\mathrm{E}[\boldsymbol{X}]=\boldsymbol{x}_0,\quad \mathrm{Var}[\boldsymbol{X}]=\boldsymbol{\Sigma}_x \tag{10-21}$$

$$\mathrm{E}[\boldsymbol{V}]=\boldsymbol{Sx}\quad \mathrm{Var}[\boldsymbol{V}]=\boldsymbol{\Sigma}_\nu \tag{10-22}$$

其中,$\boldsymbol{x}_0$为调整前的核数据,$\boldsymbol{x}_0\in\mathbb{R}^{N\times 1}$;$\boldsymbol{S}$为积分响应对于核数据的敏感性系数矩阵,该矩阵的每一行表示各个基准实验装置中积分响应对于核数据的敏感性系数向量,$\boldsymbol{S}\in\mathbb{R}^{M\times 1}$;$\Sigma_x$,$\Sigma_\nu$分别为核数据和积分响应测量值的协方差矩阵,其中$\Sigma_x\in\mathbb{R}^{N\times N}$,$\Sigma_\nu\in\mathbb{R}^{M\times M}$。贝叶斯更新方法的基本思路就是利用上述已知的数据,基于贝叶斯定理对核数据的概率密度函数$p_{\boldsymbol{X}}(\boldsymbol{x})$进行调整更新,并从更新后的概率密度中推断出核数据的调整值,使得基于调整后的核数据计算出的积分响应更加符合实验测量值。

根据已知的一组积分响应测量值$\boldsymbol{\nu}_0$,建立核数据概率密度贝叶斯更新过程如下:

$$p_{\boldsymbol{X}}(\boldsymbol{x}\mid\boldsymbol{\nu}_0)=\frac{p_{\boldsymbol{V}}(\boldsymbol{\nu}_0\mid\boldsymbol{x})p_{\boldsymbol{X}}(\boldsymbol{x})}{\int p_{\boldsymbol{V}}(\boldsymbol{\nu}_0\mid\boldsymbol{x})p_{\boldsymbol{X}}(\boldsymbol{x})\mathrm{d}\boldsymbol{x}} \tag{10-23}$$

其中，$p_{\boldsymbol{X}}(\boldsymbol{x}|\boldsymbol{\nu}_0)$为核数据在积分响应测量值$\boldsymbol{\nu}_0$更新下的概率密度分布，记为核数据的后验概率密度分布；与之对应的，$p_{\boldsymbol{X}}(\boldsymbol{x})$为核数据调整前的概率密度分布，记为核数据的先验概率密度分布；$p_{\boldsymbol{V}}(\boldsymbol{\nu}_0|\boldsymbol{x})$为任意一组核数据$\boldsymbol{x}$在积分响应测量值$\boldsymbol{\nu}_0$度量下的似然值，数值上等于积分响应$\boldsymbol{V}$在$\boldsymbol{X}=\boldsymbol{x}$条件下的概率密度中$\boldsymbol{V}=\boldsymbol{\nu}_0$时的概率密度值。将$p_{\boldsymbol{V}}(\boldsymbol{\nu}_0|\boldsymbol{x})$记作似然函数，是关于核数据$\boldsymbol{x}$的函数。式(10-23)的分母表示积分响应测量值$\boldsymbol{\nu}_0$出现的概率密度。由于积分响应测量值$\boldsymbol{\nu}_0$为已知数据，因此该概率密度为常数。于是，式(10-23)常写为如下正比形式：

$$p_{\boldsymbol{X}}(\boldsymbol{x} \mid \boldsymbol{\nu}_0) \propto p_{\boldsymbol{V}}(\boldsymbol{\nu}_0 \mid \boldsymbol{x}) p_{\boldsymbol{X}}(\boldsymbol{x}) \tag{10-24}$$

式(10-24)表示核数据的后验概率密度$p_{\boldsymbol{X}}(\boldsymbol{x}|\boldsymbol{\nu}_0)$正比于核数据的先验概率密度$p_{\boldsymbol{X}}(\boldsymbol{x})$与似然函数$p_{\boldsymbol{V}}(\boldsymbol{\nu}_0|\boldsymbol{x})$的乘积。

在确定核数据的后验概率密度分布之前，首先需要确定核数据的先验概率密度形式。如果先前的研究经验已知，可以基于先前研究经验选取核数据的先验概率密度。在未有研究经验供参考时，可根据核数据已有的信息进行先验概率密度的选取，如核数据的数学期望和协方差矩阵等信息。如果关于核数据的任何信息均未提供，可采用最小信息先验(least informative prior)来给定核数据的先验概率分布，具体可参考文献[8]和文献[9]。

关于核数据的数学期望和协方差矩阵一般可从核数据库中得到，因此可基于上述信息来确定核数据的先验概率分布。根据随机变量未知分布的可测信息确定该未知分布时，基于Jaynes于1957年提出的最大熵原理[10]，描述该随机变量的最小无偏分布是能够给出最大信息熵的概率密度分布。考虑离散随机变量X的概率分布为$P(x)$，则该随机变量具有的信息熵$H(X)$为

$$H(X) = -\sum_i P(x_i)\log P(x_i) \tag{10-25}$$

这里可以理解为，随机变量取值为$X=x_i$所蕴含的信息量为其概率的负对数。这里负值是为了保证信息量的非负性而引入的。信息量的物理含义为从该概率密度分布中随机抽取一个样本，该样本的观测所消除的不确定性越大，则该样本具有的信息量也越大，因此概率越小的事件具有的信息量越大。信息熵则是随机变量蕴含的信息量在其概率分布下的数学期望。可以看出，随机变量取值的概率越小，则其蕴含的信息量越大，而信息熵是将随机变量所有的信息量在其各自概率加权下的平均体现。

将离散随机变量的信息熵定义推广到连续随机变量时，有[11]

$$H(X) = -\int_S p(x)\log p(x)\mathrm{d}x \tag{10-26}$$

其中，随机变量X为定义在S上的连续随机变量，其概率密度分布函数为$p(x)$。值得注意的是，连续形式的信息熵只是仿照离散形式的定义得到的，其本身并不是离散形式的信息熵在随机事件数目趋于极限情况下的直接推导。由于信息熵是关于概率分布$p(x)$的函数，因此可记为$H[p(x)]$。

在为随机变量赋予概率密度分布时，能够符合已知可测信息的概率分布是不唯一的，比如不同的概率分布可能具有相同的方差等。但是，不同的概率分布能够给出的信息熵是不同的，而最大信息熵分布意味着采用该分布描述随机变量是具有最大"不确定性的"，也是最随机的，从该分布中进行抽样能够给出最大的信息量。因此，最大熵原理可用来指导核数据的先验概率密度的选取。实际上，在已知核数据的数学期望和协方差矩阵的条件下，由最大熵原理可推导出：选取核数据的先验概率分布为正态分布时，可使得核数据的概率分布具有最大信息熵。如例 10.6 所示，假设核数据是一维情况时，给出了最大熵概率分布的推导。

例 10.6　考虑核数据为一维随机变量，记作 $X, X\in\mathbb{R}$，具有数学期望 μ 和方差 σ^2，推导其最大熵分布。

假设其概率密度分布为 $p(x)$，由式(10-26)定义其信息熵 $H[X]$ 为

$$H(X)=-\int p(x)\ln[p(x)]\mathrm{d}x$$

其中，$\int$ 表示在$(-\infty,+\infty)$上的积分。

由于已知概率分布的数学期望和方差及概率密度全空间积分为 1，因此可建立关于最大熵分布的带约束的最优化泛函问题：

$$\max_{p(x)}\left\{H(X)=-\int p(x)\ln[p(x)]\mathrm{d}x\right\}$$

$$\text{s. t.}$$

$$\int p(x)\mathrm{d}x=1$$

$$\int(x-\mu)^2 p(x)\mathrm{d}x=\sigma^2$$

利用拉格朗日乘数法，构造如下泛函：

$$\begin{aligned}L[p(x)]-\lambda_1-\lambda_2\sigma^2&=\int\{-p(x)\ln[p(x)]-\lambda_1 p(x)-\lambda_2(x-\mu)^2 p(x)\}\,\mathrm{d}x\\&=\int F[p(x)]\mathrm{d}x\end{aligned}$$

$$L[p(x)]=-\int p(x)\ln[p(x)]\mathrm{d}x-\lambda_1\left[\int p(x)\mathrm{d}x-1\right]-\lambda_2\left[\int(x-\mu)^2 p(x)\mathrm{d}x-\sigma^2\right]$$

其中，λ_1 和 λ_2 为常数。该泛函欧拉方程的解，即为泛函的极值点，同时二阶偏导数为$-1/p(x)<0$，因此其也为最大值点。于是有

$$\frac{\partial F[p(x)]}{\partial p(x)}=-1-\ln[p(x)]-\lambda_1-\lambda_2(x-\mu)^2=0$$

因此可得最大熵概率密度函数形式为

$$p(x)=\exp[-1-\lambda_1-\lambda_2(x-\mu)^2]$$

将概率密度函数 $p(x)$代入上述两个约束条件中，得到关于未知参数 λ_1 和 λ_2 的方程组，联立求解可得：

$$\lambda_1=\ln(\sqrt{2\pi\sigma^2})-1,\quad \lambda_2=\frac{1}{2\sigma^2}$$

将参数 λ_1 和 λ_2 再次代入概率密度函数 $p(x)$ 中，可得到在随机变量分布数学期望和方差已知的条件下，该随机变量的最大熵分布为

$$p(x)=\frac{1}{\sqrt{2\pi\sigma^2}}\exp\left[-\frac{(x-\mu)^2}{2\sigma^2}\right],\quad x\in(-\infty,+\infty)$$

因此，在已知核数据的数学期望和方差时，赋予核数据正态分布是具有最大信息熵意义的，也是最能描述核数据随机性的概率分布。在实际工程应用中，核数据大多被认为是多元随机变量，而提供的可测数据为核数据的均值向量和协方差矩阵，应用最大熵原理导出的概率分布则为多元正态分布，这和一维情况下的推导是一致的，感兴趣的读者可参考 Phil Gregory 在其书中给出的论述[12]。

于是，根据最大熵原理，分别赋予式(10-24)中先验概率密度和似然函数以多元正态分布函数，即

$$p_{\boldsymbol{X}}(\boldsymbol{x})=\frac{1}{(2\pi)^{N/2}\left|\boldsymbol{\Sigma}_x\right|^{1/2}}\exp\left[-\frac{1}{2}(\boldsymbol{x}-\boldsymbol{x}_0)^{\mathrm{T}}\boldsymbol{\Sigma}_x^{-1}(\boldsymbol{x}-\boldsymbol{x}_0)\right]\tag{10-27}$$

$$p_{\boldsymbol{V}}(\boldsymbol{\nu}_0\mid\boldsymbol{x})=\frac{1}{(2\pi)^{M/2}\left|\boldsymbol{\Sigma}_\nu\right|^{1/2}}\exp\left[-\frac{1}{2}(\boldsymbol{\nu}_0-\boldsymbol{S}\boldsymbol{x})^{\mathrm{T}}\boldsymbol{\Sigma}_\nu^{-1}(\boldsymbol{\nu}_0-\boldsymbol{S}\boldsymbol{x})\right]\tag{10-28}$$

根据式(10-24)可推导出核数据随机变量 $\boldsymbol{X}$ 的后验概率密度函数具有如下形式：

$$P_{\boldsymbol{X}}(\boldsymbol{x}\mid\boldsymbol{\nu}_0)=\frac{1}{C}\exp\left\{-\frac{1}{2}\left[(\boldsymbol{x}-\boldsymbol{x}_0)^{\mathrm{T}}\boldsymbol{\Sigma}_x^{-1}(\boldsymbol{x}-\boldsymbol{x}_0)+(\boldsymbol{\nu}_0-\boldsymbol{S}\boldsymbol{x})^{\mathrm{T}}\boldsymbol{\Sigma}_\nu^{-1}(\boldsymbol{\nu}_0-\boldsymbol{S}\boldsymbol{x})\right]\right\}\tag{10-29a}$$

其中，比例系数 C 用于归一化后验概率密度函数，以保证积分为 1，为

$$C=\int\exp\left\{-\frac{1}{2}\left[(\boldsymbol{x}-\boldsymbol{x}_0)^{\mathrm{T}}\boldsymbol{\Sigma}_x^{-1}(\boldsymbol{x}-\boldsymbol{x}_0)+(\boldsymbol{\nu}_0-\boldsymbol{S}\boldsymbol{x})^{\mathrm{T}}\boldsymbol{\Sigma}_\nu^{-1}(\boldsymbol{\nu}_0-\boldsymbol{S}\boldsymbol{x})\right]\right\}\mathrm{d}\boldsymbol{x}\tag{10-29b}$$

值得注意的是，式(10-29)中的指数项可进一步整理为正态分布指数项的形式，即

$$p_{\boldsymbol{X}}(\boldsymbol{x}\mid\boldsymbol{\nu}_0)\propto\exp\left[-\frac{1}{2}(\boldsymbol{x}-\boldsymbol{x}_1)^{\mathrm{T}}\boldsymbol{\Sigma}_{x,1}^{-1}(\boldsymbol{x}-\boldsymbol{x}_1)\right]\tag{10-30a}$$

$$\boldsymbol{\Sigma}_{x,1}=\boldsymbol{\Sigma}_x-\boldsymbol{\Sigma}_x\boldsymbol{S}^{\mathrm{T}}\left(\boldsymbol{\Sigma}_\nu+\boldsymbol{S}\boldsymbol{\Sigma}_x\boldsymbol{S}^{\mathrm{T}}\right)^{-1}\boldsymbol{S}\boldsymbol{\Sigma}_x\tag{10-30b}$$

$$\boldsymbol{x}_1=\boldsymbol{x}_0+\boldsymbol{\Sigma}_{x,1}\boldsymbol{S}^{\mathrm{T}}\boldsymbol{\Sigma}_\nu^{-1}(\boldsymbol{\nu}_0-\boldsymbol{S}x_0)\tag{10-30c}$$

由式(10-30)可知：核数据的后验概率密度亦为多元正态分布，与先验概率密度相比，其数学期望和协方差矩阵被积分响应测量数据调整了。这里核数据的后验概率密度分布和先验概率密度分布都是属于多元正态分布族的现象，称为共轭先验。即当核数据的先验分布和似然函数选择的是共轭先验分布时，可保证核数

据调整后的后验概率密度分布与其先验概率密度分布属于同一个分布族。共轭先验不仅在数学上具有方便推导后验概率密度分布的性质，还具有很强的数值可实现性。例如，在共轭先验条件下式(10-29)中的归一化系数 C 可直接根据多元正态分布进行计算，即

$$C=\left[(2\pi)^{N/2}\left|\boldsymbol{\Sigma}_x\right|^{1/2}\right]^{-1}$$

从而避免了式(10-29)中复杂的数值积分计算。不仅如此，物理直观性也是共轭先验的优良特性的体现。

贝叶斯更新方法可以给出在积分响应测量数据的调整下，核数据随机变量的后验概率分布，其中最大概率密度点处的核数据值即为核数据的调整值，该调整值也被称为极大后验估计。由于核数据的后验概率密度分布(式(10-30a))为多元正态分布，其在均值向量 $\boldsymbol{x}_1$ 处具有最大概率密度。因此，应用贝叶斯更新方法，核数据的调整值为式(10-30c)，核数据的后验协方差矩阵为式(10-30b)。

对比基于广义最小二乘法给出的核数据调整值及该调整值估计的协方差矩阵，两种方法得到的核数据调整值的极大后验估计是一致的。但是，二者存在本质的差异，该差异体现在两种方法给出的协方差矩阵的理解上：广义最小二乘估计的协方差矩阵描述了广义最小二乘估计自身的估计不确定性，并不是核数据调整值自身的不确定性，因为在频率学派统计学框架下，核数据的调整值不是随机变量，是不具有不确定性的；而在贝叶斯统计学框架下，考虑核数据的随机性，并推导出其在积分响应测量数据调整下的后验概率密度，该概率密度可以直接应用于后续核数据的不确定性传递分析中。

贝叶斯更新方法除了可以给出核数据的后验概率分布以外，还具有序贯地利用观测数据进行核数据调整的特性。为说明序贯贝叶斯更新原理，考虑多组观测数据 $\{\boldsymbol{v}_i \mid i=1,2,\cdots,n\}$，每组观测数据分别具有协方差矩阵 $\{\boldsymbol{\Sigma}_i \mid i=1,2,\cdots,n\}$，并且具有敏感性系数矩阵 $\{\boldsymbol{S}_i \mid i=1,2,\cdots,n\}$。基于这些观测数据对核数据的先验概率密度分布 $N(\boldsymbol{x}_0,\boldsymbol{\Sigma}_x)$ 进行调整。由贝叶斯公式可知，在这些观测数据更新下核数据随机变量 $\boldsymbol{X}$ 的后验概率密度分布为

$$p_{\boldsymbol{X}}(\boldsymbol{x} \mid \{\boldsymbol{v}_i \mid i=1,2,\cdots,n\}) \propto p_{\{\mathbf{V}_i \mid i=1,2,\cdots,n\}}(\{\boldsymbol{v}_i \mid i=1,2,\cdots,n\} \mid \boldsymbol{x})\, p_{\boldsymbol{X}}(\boldsymbol{x}) \tag{10-31}$$

式(10-31)右侧表示核数据 $\boldsymbol{x}$ 和观测数据 $\{\boldsymbol{v}_i \mid i=1,2,\cdots,n\}$ 同时产生的概率密度，于是根据条件概率公式，对其展开为

$$p_{\boldsymbol{X}}(\boldsymbol{x} \mid \{\boldsymbol{v}_i \mid i=1,2,\cdots,n\}) \propto \prod_{i=1}^{n} p_{\mathbf{V}_i}(\boldsymbol{v}_i \mid \{\boldsymbol{x},\boldsymbol{v}_j \mid j=1,2,\cdots,i-1\})\, p_{\boldsymbol{X}}(\boldsymbol{x}) \tag{10-32}$$

由式(10-32)可知，n 组观测数据可依据如下过程逐渐地引入核数据的后验概率密度中：

(1) 首先,引入第一组观测数据。于是,式(10-32)展开为

$$
\begin{aligned}
& p_{\boldsymbol{X}}(\boldsymbol{x} \mid \{\boldsymbol{v}_i \mid i=1,2,\cdots,n\}) \\
\propto & \prod_{i=2}^{n} p_{\boldsymbol{V}_i}(\boldsymbol{v}_i \mid \{\boldsymbol{x},\boldsymbol{v}_j \mid j=1,2,\cdots,i-1\}) p_{\boldsymbol{V}_i}(\boldsymbol{v}_1 \mid \boldsymbol{x}) p_{\boldsymbol{X}}(\boldsymbol{x}) \\
\propto & \prod_{i=2}^{n} p_{\boldsymbol{V}_i}(\boldsymbol{v}_i \mid \{\boldsymbol{x},\boldsymbol{v}_j \mid j=1,2,\cdots,i-1\}) p_{\boldsymbol{X}}(\boldsymbol{x} \mid \boldsymbol{v}_1)
\end{aligned}
\tag{10-33a}
$$

调整后的核数据后验概率密度分布为 $p_{\boldsymbol{X}}(\boldsymbol{x} \mid \boldsymbol{v}_1)$。根据式(10-30)可知调整后的数学期望 $\boldsymbol{x}_1$ 和协方差矩阵$\boldsymbol{\Sigma}_{x,1}$ 为

$$
\boldsymbol{x}_1 = \boldsymbol{x}_0 + \boldsymbol{\Sigma}_{x,1}\boldsymbol{S}_1^{\mathrm{T}}\boldsymbol{\Sigma}_1^{-1}(\boldsymbol{v}_1 - \boldsymbol{S}_1\boldsymbol{x}_0) \tag{10-33b}
$$

$$
\boldsymbol{\Sigma}_{x,1} = \boldsymbol{\Sigma}_x - \boldsymbol{\Sigma}_x\boldsymbol{S}_1^{\mathrm{T}}\left(\boldsymbol{\Sigma}_1 + \boldsymbol{S}_1\boldsymbol{\Sigma}_x\boldsymbol{S}_1^{\mathrm{T}}\right)^{-1}\boldsymbol{S}_1\boldsymbol{\Sigma}_x \tag{10-33c}
$$

(2) 引入第二组观测数据,在式(10-33a)的基础上进一步展开为

$$
\begin{aligned}
& p_{\boldsymbol{X}}(\boldsymbol{x} \mid \{\boldsymbol{v}_i \mid i=1,2,\cdots,n\}) \\
\propto & \prod_{i=3}^{n} p_{\boldsymbol{V}_i}(\boldsymbol{v}_i \mid \{\boldsymbol{x},\boldsymbol{v}_j \mid j=1,2,\cdots,i-1) p_{\boldsymbol{V}_2}(\boldsymbol{v}_2 \mid \boldsymbol{x},\boldsymbol{v}_1) p_{\boldsymbol{X}}(\boldsymbol{x} \mid \boldsymbol{v}_1) \\
\propto & \prod_{i=3}^{n} p_{\boldsymbol{V}_i}(\boldsymbol{v}_i \mid \{\boldsymbol{x},\boldsymbol{v}_j \mid j=1,2,\cdots,i-1) p_{\boldsymbol{X}}(\boldsymbol{x} \mid \boldsymbol{v}_1,\boldsymbol{v}_2)
\end{aligned}
\tag{10-34a}
$$

然后根据第一组数据更新后的后验概率密度分布 $p_{\boldsymbol{X}}(\boldsymbol{x}|\boldsymbol{v}_1)$的分布参数,得到引入第二组观测数据后的核数据后验概率密度分布 $p_{\boldsymbol{X}}(\boldsymbol{x}|\boldsymbol{v}_1,\boldsymbol{v}_2)$,其数学期望和协方差矩阵为

$$
\boldsymbol{x}_2 = \boldsymbol{x}_1 + \boldsymbol{\Sigma}_{x,2}\boldsymbol{S}_2^{\mathrm{T}}\boldsymbol{\Sigma}_2^{-1}(\boldsymbol{v}_2 - \boldsymbol{S}_2\boldsymbol{x}_1) \tag{10-34b}
$$

$$
\boldsymbol{\Sigma}_{x,2} = \boldsymbol{\Sigma}_{x,1} - \boldsymbol{\Sigma}_{x,1}\boldsymbol{S}_2^{\mathrm{T}}\left(\boldsymbol{\Sigma}_2 + \boldsymbol{S}_2\boldsymbol{\Sigma}_{x,1}\boldsymbol{S}_2^{\mathrm{T}}\right)^{-1}\boldsymbol{S}_2\boldsymbol{\Sigma}_{x,1} \tag{10-34c}
$$

(3) 依此类推,对于任意第 k 组观测数据的引入,均可直接在 $k-1$ 组观测数据调整下的核数据后验概率基础上进行,并且基于第 k 组观测数据更新后的核数据后验概率密度分布的数学期望和协方差矩阵为

$$
\boldsymbol{x}_k = \boldsymbol{x}_{k-1} + \boldsymbol{\Sigma}_{x,k}\boldsymbol{S}_k^{\mathrm{T}}\boldsymbol{\Sigma}_k^{-1}(\boldsymbol{v}_k - \boldsymbol{S}_k\boldsymbol{x}_{k-1}) \tag{10-35a}
$$

$$
\boldsymbol{\Sigma}_{x,k} = \boldsymbol{\Sigma}_{x,k-1} - \boldsymbol{\Sigma}_{x,k-1}\boldsymbol{S}_k^{\mathrm{T}}\left(\boldsymbol{\Sigma}_k + \boldsymbol{S}_k\boldsymbol{\Sigma}_{x,k-1}\boldsymbol{S}_k^{\mathrm{T}}\right)^{-1}\boldsymbol{S}_k\boldsymbol{\Sigma}_{x,k-1} \tag{10-35b}
$$

在实际工程应用中,可利用式(10-35)给出的核数据调整的递推公式,将多组观测数据逐步引入核数据的后验概率密度分布中,从而实现多组观测数据下的核数据调整。

10.1.3 马尔可夫链蒙卡模拟法

10.1.2 节中的推导是基于赋予核数据正态先验分布和似然函数的基础上开

展的，正态分布的共轭先验性保证了后验概率分布依然处于正态分布族，从而使得核数据的后验概率分布及其分布参数能够解析求解出。而在实际应用中，由于不同类型的核数据可能需要不同的先验概率及似然函数来描述，于是不能满足共轭先验性。此时，核数据后验概率密度分布难以基于数学推导或数值计算给出，其计算将停留在式(10-24)中先验分布与似然函数的乘积的阶段。更为重要的是，在利用贝叶斯更新方法序贯地引入多个观测数据对核数据后验概率分布进行修正时，后验概率分布将随着引入的观测数据增多而变得更加复杂，从而使得数值计算后验概率分布的归一化因子的代价十分巨大。事实上，在非共轭先验下的实现难度是限制贝叶斯方法发展的原因之一，直到马尔可夫链蒙卡模拟法(Markov chain Monte Carlo，MCMC)的出现，为评估贝叶斯后验概率密度分布提供了行之有效的模拟计算方法。

MCMC 的基本思想是构造平稳分布为目标分布的马尔可夫过程，通过对该过程抽样得到服从目标分布的样本数据，根据样本数据对目标分布的参数进行估计。这里的目标分布为核数据的后验概率密度分布，如图 10-1 所示。可以看到，MCMC 并不能直接计算出核数据的后验概率分布本身，而是模拟产生了一系列服从核数据后验概率密度分布的样本点。基于这些新产生的样本数据，根据 Monte-Carlo 积分对后验概率密度分布的分布函数、数学期望以及方差(协方差)等进行估计。其中，马尔可夫过程及随机过程的平稳分布等概念如例 10.7 中所示，这里仅做简要回顾，详细介绍请读者参考文献[6]和文献[13]。

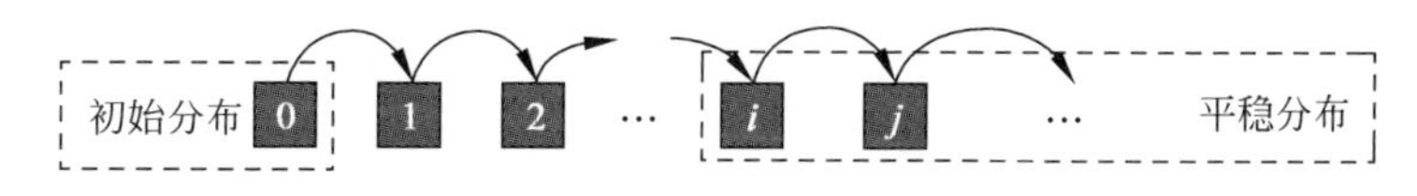

图 10-1 MCMC 样本产生示意图

例 10.7 马尔可夫过程是指定义在状态空间为 S 的一个随机变量序列$\{X^{(t)} \mid t=1,2,\cdots\}$，在给定的前 $t-1$ 个时刻的随机变量取值为$\{X^{(i)}=x_i \mid i=1,2,\cdots,t-1\}$条件下，$t$ 时刻随机变量 $X^{(t)}$ 的概率密度函数具有如下性质：

$$p_{X^{(t)}}(x_t)=\int_S p(x_t \mid x_{t-1})p_{X^{(t-1)}}(x_{t-1})\mathrm{d}x_{t-1}$$

则称该随机变量序列$\{X^{(t)} \mid t=1,2,\cdots,\}$为一个马尔可夫过程，简称马氏过程。对于一个马氏过程，任意一个时刻随机变量的概率密度函数 $p_{X^{(t)}}(x_t)$只与其前一时刻的概率密度函数 $p_{X^{(t-1)}}(x_{t-1})$及概率密度分布 $p(x_t \mid x_{t-1})$有关。由于概率密度分布 $p(x_t \mid x_{t-1})$定义了相邻两个随机变量之间的状态转移，因此将其称为转移核，记作 $p(\cdot \mid \cdot)$。当转移核的函数形式不随时间 t 发生变化时，称该马氏过程为齐次马氏过程。对于齐次马氏过程而言，任意 t 时刻随机变量 $X^{(t)}$ 的概率密度仅由初始函数 $p_{X^{(0)}}(x_0)$以及转移核 $p(\cdot \mid \cdot)$就可以确定：

$$p_{X^{(t)}}(x_t)=\int_S\cdots\int_S p(x_t x_{t-1})\cdots p(x_1 \mid x_0)p_{x^{(0)}}(x_0)\mathrm{d}x_0\cdots\mathrm{d}x_{t-1}$$

当齐次马氏过程中相邻两个随机变量的概率密度分布相同时，则称该马氏过程达到了平稳，并将概率密度分布 $\pi(x)$ 记作该马氏过程的平稳分布：

$$\pi(x_t)=\int_S p(x_t \mid x_{t-1})\pi(x_{t-1})\mathrm{d}x_{t-1}$$

$$p_{X^{(t)}}(x_t)=\pi(x_t)=\pi(x)$$

$$p_{X^{(t-1)}}(x_{t-1})=\pi(x_{t-1})=\pi(x)$$

马氏过程的平稳分布具有如下特征：

(1) 平稳分布 $\pi(x)$ 的存在与否及其具体形式仅与转移核 $p(\cdot \mid \cdot)$ 有关，而与初始分布 $p_{X^{(0)}}(x_0)$ 无关。当齐次马氏过程的转移核满足马氏链的遍历性定理时，则该马氏过程存在唯一的平稳分布。

(2) 当马氏过程的平稳分布存在时，式(10-36)提供了一种平稳分布与转移核间的关系：

$$\pi(x_i)p(x_j \mid x_i)=\pi(x_j)p(x_i \mid x_j) \tag{10-36}$$

需要注意的是，该条件是一个充分条件，即满足该条件的齐次马氏过程具有转移核 $p(\cdot \mid \cdot)$ 时，一定具有平稳分布 $\pi(x)$。但是，存在具有平稳分布的马氏过程不满足上述条件。

基于例 10.7，如果将目标分布 $\pi(x)$ 定为核数据的后验概率密度分布，则只需要找到与该目标分布满足细致平稳条件式(10-36)的转移核即可。任意假定一个核数据的初始概率分布，从该初始概率分布中随机采样核数据样本，根据该样本及构造的转移核来抽取下一个样本。依次采样，当采样次数足够多时，样本点服从的概率密度分布即为目标分布，也就是核数据的后验概率密度分布。此时，样本点可认为是从该概率密度分布中抽取的样本。根据转移核的不同，不同的 MCMC 算法被提出。本节介绍一种经典的 MCMC 算法：Metropolis-Hastings 算法（M-H 算法）。该算法是 1953 年 Nicolas Metropolis 在研究粒子系统平稳性质问题中提出的[14-15]。

参考式(10-24)，将平稳分布设定为核数据的后验概率密度分布如下：

$$\pi_{\boldsymbol{X}}(\boldsymbol{x})=\frac{1}{C}p_{\boldsymbol{V}}(\boldsymbol{v}_0 \mid \boldsymbol{x})p_{\boldsymbol{X}}(\boldsymbol{x}) \tag{10-37}$$

其中，C 为归一化因子。

假设给定一个抽样概率密度分布 $q_{\boldsymbol{X}}(\boldsymbol{x}_j \mid \boldsymbol{x}_i)$。抽样分布是一种条件概率密度，其表达的含义是在已知核数据样本点 $\boldsymbol{x}_i$ 的条件下，下一个样本点 $\boldsymbol{x}_j$ 所服从的概率分布，即下一个样本点 $\boldsymbol{x}_j$ 从该概率分布中抽样产生。可以看出，对于任意给定的两个核数据样本点 $\boldsymbol{x}_i$ 和 $\boldsymbol{x}_j$，目标分布和抽样分布之间不一定满足式(10-36)的细致平稳条件，即

$$p_{\boldsymbol{V}}(\boldsymbol{v}_0 \mid \boldsymbol{x}_i)p_{\boldsymbol{X}}(\boldsymbol{x}_i)q_{\boldsymbol{X}}(\boldsymbol{x}_j \mid \boldsymbol{x}_i) \neq p_{\boldsymbol{V}}(\boldsymbol{v}_0 \mid \boldsymbol{x}_j)p_{\boldsymbol{X}}(\boldsymbol{x}_j)q_{\boldsymbol{X}}(\boldsymbol{x}_i \mid \boldsymbol{x}_j) \tag{10-38}$$

此时,引入两个系数 $\alpha(\boldsymbol{x}_j|\boldsymbol{x}_i)$ 和 $\alpha(\boldsymbol{x}_i|\boldsymbol{x}_j)$,从而使得目标分布和抽样分布满足细致平稳条件:

$$\begin{aligned} &p_{\boldsymbol{V}}(\boldsymbol{v}_0 \mid \boldsymbol{x}_i)p_{\boldsymbol{X}}(\boldsymbol{x}_i)q_{\boldsymbol{X}}(\boldsymbol{x}_j \mid \boldsymbol{x}_i)\alpha(\boldsymbol{x}_j \mid \boldsymbol{x}_i) \\ &= p_{\boldsymbol{V}}(\boldsymbol{v}_0 \mid \boldsymbol{x}_j)p_{\boldsymbol{X}}(\boldsymbol{x}_j)q_{\boldsymbol{X}}(\boldsymbol{x}_i \mid \boldsymbol{x}_j)\alpha(\boldsymbol{x}_i \mid \boldsymbol{x}_j) \end{aligned} \tag{10-39}$$

由式(10-39)可知,一种简单的确定新引入系数的方法是对称取为等式两边的目标分布和抽样分布的乘积,即

$$\alpha(\boldsymbol{x}_j \mid \boldsymbol{x}_i) = p_{\boldsymbol{V}}(\boldsymbol{v}_0 \mid \boldsymbol{x}_j)p_{\boldsymbol{X}}(\boldsymbol{x}_j)q_{\boldsymbol{X}}(\boldsymbol{x}_i \mid \boldsymbol{x}_j) \tag{10-40a}$$

$$\alpha(\boldsymbol{x}_i \mid \boldsymbol{x}_j) = p_{\boldsymbol{V}}(\boldsymbol{v}_0 \mid \boldsymbol{x}_i)p_{\boldsymbol{X}}(\boldsymbol{x}_i)q_{\boldsymbol{X}}(\boldsymbol{x}_j \mid \boldsymbol{x}_i) \tag{10-40b}$$

这两个系数可以看作对抽样分布的修正系数。考虑式(10-39)左侧,根据 $\boldsymbol{x}_i$ 对抽样分布 $q_{\boldsymbol{X}}(\boldsymbol{x}_j|\boldsymbol{x}_i)$进行抽样,产生下一个样本 $\boldsymbol{x}_j^*$。此时称 $\boldsymbol{x}_j^*$ 为下一个样本点的候选样本,因为该样本是否能够真正作为下一个样本点,需要按照 $\alpha(\boldsymbol{x}_j^*|\boldsymbol{x}_i)$ 进行接受或拒绝,方法如下。

首先根据式(10-40)计算出 $\alpha(\boldsymbol{x}_j^*|\boldsymbol{x}_i)$并对其进行归一化,然后在 $U\sim U(0,1)$ 抽取样本 u,若 $u<\alpha(\boldsymbol{x}_j^*|\boldsymbol{x}_i)$,则接受跳转,即下一个样本为抽样产生的样本点 $\boldsymbol{x}_j=\boldsymbol{x}_j^*$,否则不接受跳转,下一个样本点维持原样本 $\boldsymbol{x}_j=\boldsymbol{x}_i$。需要注意的是,尽管式(10-37)的后验概率密度分布需要评估归一化因子,但是由式(10-39)可以看出,该因子并不影响马氏链的细致平稳条件。因此,可以在 MCMC 过程中忽略该因子。

但在实际应用过程中,常常会遇到 $\alpha(\boldsymbol{x}_j^*|\boldsymbol{x}_i)$过小,难以满足 $u<\alpha(\boldsymbol{x}_j^*|\boldsymbol{x}_i)$,导致马氏链不能跳转从而具有很低的抽样效率。为提高抽样效率,需要调整式(10-39),构造一种满足细致平衡条件且具有较大修正因子的形式,其形式如下:

$$p_{\boldsymbol{V}}(\boldsymbol{v}_0 \mid \boldsymbol{x}_i)p_{\boldsymbol{X}}(\boldsymbol{x}_i)q_{\boldsymbol{X}}(\boldsymbol{x}_j \mid \boldsymbol{x}_i)\frac{\alpha(\boldsymbol{x}_j \mid \boldsymbol{x}_i)}{\alpha(\boldsymbol{x}_i \mid \boldsymbol{x}_j)} = p_{\boldsymbol{V}}(\boldsymbol{v}_0 \mid \boldsymbol{x}_j)p_{\boldsymbol{X}}(\boldsymbol{x}_j)q_{\boldsymbol{X}}(\boldsymbol{x}_i \mid \boldsymbol{x}_j) \tag{10-41}$$

此时修正因子为 $\alpha(\boldsymbol{x}_j^*|\boldsymbol{x}_i)/\alpha(\boldsymbol{x}_i|\boldsymbol{x}_j^*)$和 1,其中,

$$\frac{\alpha(\boldsymbol{x}_j^* \mid \boldsymbol{x}_i)}{\alpha(\boldsymbol{x}_i \mid \boldsymbol{x}_j^*)} = \left[\frac{p_{\boldsymbol{V}}(\boldsymbol{v}_0 \mid \boldsymbol{x}_j^*)p_{\boldsymbol{X}}(\boldsymbol{x}_j^*)}{p_{\boldsymbol{V}}(\boldsymbol{v}_0 \mid \boldsymbol{x}_i)p_{\boldsymbol{X}}(\boldsymbol{x}_i)}\right] \times \left[\frac{q_{\boldsymbol{X}}(\boldsymbol{x}_i \mid \boldsymbol{x}_j^*)}{q_{\boldsymbol{X}}(\boldsymbol{x}_j^* \mid \boldsymbol{x}_i)}\right] \tag{10-42}$$

式(10-42)中的修正因子描述了样本点从 $\boldsymbol{x}_i$ 到 $\boldsymbol{x}_j^*$ 跳转的两种影响因素:①目标分布的影响,如第一个方括号内所示。如果 $\boldsymbol{x}_j^*$ 相较于 $\boldsymbol{x}_i$ 处于目标分布高概率密度区域,即具有更加符合目标分布的样本点,此时该项对修正因子具有较大的贡献,从而使马氏链更加倾向于向 $\boldsymbol{x}_j^*$ 的跳转游动。②抽样分布的贡献,代表了抽样分布对两个样本点跳转的影响,如第二个方括号所示。因此,在二者的影响下,该修正因子的物理意义为在抽样分布给出的样本跳转基础上,由目标分布对其进行影响修正,从而使得样本逐渐向着目标分布跳转游动。可以看出,当马氏链具

有足够的长度时，样本点会充分遍历目标分布。该比值越大，代表越容易接受跳转，其最大值定义为1，则可定义M-H算法中的接受概率α为

$$\alpha=\min\left[\frac{\alpha(\boldsymbol{x}_j^* \mid \boldsymbol{x}_i)}{\alpha(\boldsymbol{x}_i \mid \boldsymbol{x}_j^*)},1\right] \tag{10-43}$$

基于上述理论，完整的M-H算法过程如下：

(1) 设定目标分布$\pi_{\boldsymbol{X}}(\boldsymbol{x})$、抽样分布$q_{\boldsymbol{X}}(\cdot|\cdot)$及初始核数据样本点$\boldsymbol{x}_0$，其中目标分布为核数据的先验概率密度分布$p_{\boldsymbol{X}}(\boldsymbol{x})$与似然函数$p_{\boldsymbol{V}}(\boldsymbol{v}_0 \mid \boldsymbol{x})$的乘积，而抽样分布可以任意选定，如正态分布$N\left(\boldsymbol{x}_q,\boldsymbol{\Sigma}_q\right)$，其中分布参数$\boldsymbol{x}_q$与$\boldsymbol{\Sigma}_q$可任意给定。

(2) 设定马氏链的长度N与需要抽样的样本量S。其中，马氏链的总长度代表该链一共进行的跳转次数，而样本量为最后获得用于后验概率密度估计的样本数据，一般样本量为马氏链长度的最后S个样本。

(3) 马氏链中任意第i个样本点的产生：首先从抽样分布$q(\boldsymbol{x}|\boldsymbol{x}_{i-1})$中抽样产生候选样本$\boldsymbol{x}_i^*$，然后计算该候选样本的接受概率$\alpha$为

$$\alpha=\min\left[\frac{p_{\boldsymbol{V}}(\boldsymbol{v}_0 \mid \boldsymbol{x}_i^*)p_{\boldsymbol{X}}(\boldsymbol{x}_i^*)q_{\boldsymbol{X}}(\boldsymbol{x}_{i-1} \mid \boldsymbol{x}_i^*)}{p_{\boldsymbol{V}}(\boldsymbol{v}_0 \mid \boldsymbol{x}_{i-1})p_{\boldsymbol{X}}(\boldsymbol{x}_{i-1})q_{\boldsymbol{X}}(\boldsymbol{x}_i^* \mid \boldsymbol{x}_{i-1})},1\right]$$

最后从均匀分布$U(0,1)$中抽取样本u，则马氏链的第i个样本$\boldsymbol{x}_i$为

$$\boldsymbol{x}_i=\begin{cases}\boldsymbol{x}_i^*, & u<\alpha \\ \boldsymbol{x}_{i-1}, & u\geqslant\alpha\end{cases}$$

(4) 持续抽样直到达到目标链长度N，于是有样本点数据集为$\{\boldsymbol{x}_i \mid i=0,1,\cdots,N\}$，从中选取最后$S$个样本点作为核数据后验概率密度分布中的样本点，即

$$\{\boldsymbol{x}_{N-S+1},\boldsymbol{x}_{N-S},\cdots,\boldsymbol{x}_N\}\sim p_{\boldsymbol{X}}(\boldsymbol{x} \mid \boldsymbol{v}_0)$$

针对M-H算法的抽样效率，可通过优化抽样分布$q_{\boldsymbol{X}}(\cdot \mid \cdot)$、设定较好的抽样起点$\boldsymbol{x}_0$等方法来提高。关于链长度$N$的设定关系着马氏链是否“收敛”到目标分布中，因此不同的收敛判定方法被提出用于判断链是否收敛以及研究链长度的设定问题[13]。尽管M-H算法在抽样过程中具有较高的接受概率，但是随着样本点的状态空间维度升高，该概率同样会出现变低的情况。对于较高维空间的MCMC模拟，一般可采用Gibbs采样法[16]、Hybrid Monte Carlo[17]方法等来保证较高的抽样效率，如图10-2所示。

由于MCMC方法仅仅需要提供先验概率密度以及似然函数即可对后验概率密度分布进行模拟，这与贝叶斯方法的序贯特性是相适应的。应用MCMC方法，可以将各级观测数据的似然函数与核数据先验概率密度相乘作为目标分布，直接通过MCMC模拟产生多观测数据下的核数据后验概率密度分布样本，实现对复杂后验概率分布的模拟。更重要的是，每当有新观测数据产生时，可以得到的后验概率分布样本点作为初始分布样本点，然后在新观测数据下进行MCMC模拟，即可

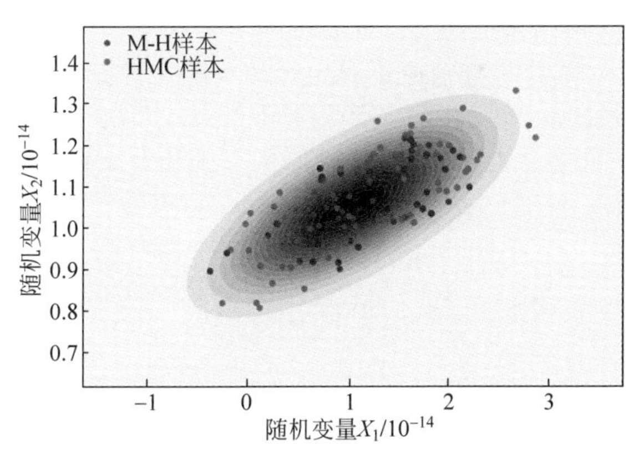

图 10-2　M-H 样本与 HMC 样本对比(二维正态分布后验分布采样实例)(见文前彩图)

将新的观测数据引入核数据调整中考虑多观测数据下的核数据后验概率密度的调整问题,读者可参考文献[18]。

10.2　目标精度评估

随着第四代核反应堆概念的提出与发展,未来反应堆的设计将以最小核废料产生、可持续、安全性、经济性以及非核扩散为目标。基于此,新提出了多种新型反应堆设计概念及燃料循环设计方案。基于核数据的不确定性与敏感性分析方法研究,发现现有的核数据精度难以满足新型核反应堆设计及燃料循环方案的精度需求,于是需要进一步提高核数据的精度。然而,核数据测量与评价是一个多维(不同核素、不同反应类型以及不同入射中子能量等)的复杂过程。以核反应截面为例,全面提高所有核反应截面的测量与评价精度,将付出巨大的经济和时间代价。但是,可以利用新型反应堆及燃料循环设计中的核数据不确定性与敏感性分析结果,再次结合提出的堆芯积分响应的不确定度要求,即目标精度,进而反向评价出核数据"应有的不确定性",并将其与现有的核数据不确定性比较,找出对于降低不确定性最敏感的核数据,反馈核数据评价过程,最终针对性地提高核数据的测量与评价的精度。上述过程就是目标精度评估(target accuracy assessment)过程。显而易见,不确定性分析是基于输入截面不确定性量化堆芯关键积分响应的不确定性,而目标精度评估是根据积分响应的不确定性要求,反求出截面不确定性水平的要求。因此,二者是个互逆的过程,本节将简述如何利用核数据敏感性与不确定性分析结果,实现目标精度评估。

10.2.1　建立目标精度评估问题

目标精度评估问题是建立在核数据的不确定性传播与敏感性分析基础上,关于目标精度评估的详细发展与介绍，读者可参考文献[19]～文献[21]。本节以分群核截面不确定性对堆芯积分响应不确定性的贡献及目标精度评估为例，来简要说明目标精度评估过程。

考虑堆芯积分响应 R 对于分群核数据 $\sigma_{i,j,g}$ 的相对敏感性系数向量 $\boldsymbol{s}$ 为

$$\boldsymbol{s}=\begin{pmatrix} s_1 \\ s_2 \\ \vdots \\ s_N \end{pmatrix},\quad s_{i,j,g}=\frac{\partial R}{\partial \sigma_{i,j,g}}\times\frac{\sigma_{i,j,g}}{R} \tag{10-44}$$

其中，$\boldsymbol{s}\in\mathbb{R}^{N\times 1}$，$i\in[1,I]$为核素标识，$j\in[1,J]$为核反应标识，$g\in[1,G]$为能群标识，相对敏感性系数的总数目为 $N=I\times J\times G$。

同时，分群核数据具有的相对协方差矩阵 $\boldsymbol{C}$ 为

$$\boldsymbol{C}=\begin{pmatrix} \dfrac{d_1^2}{\sigma_1^2} & \cdots & \dfrac{\rho_{p,1}d_pd_1}{\sigma_p\sigma_1} & \cdots & \dfrac{\rho_{N,1}d_Nd_1}{\sigma_N\sigma_1} \\ \vdots & \ddots & \vdots & \ddots & \vdots \\ \dfrac{\rho_{1,p}d_1d_p}{\sigma_1\sigma_p} & \cdots & \dfrac{d_p^2}{\sigma_p^2} & \cdots & \dfrac{\rho_{N,p}d_Nd_p}{\sigma_N\sigma_p} \\ \vdots & \ddots & \vdots & \ddots & \vdots \\ \dfrac{\rho_{1,N}d_1d_N}{\sigma_1\sigma_N} & \cdots & \dfrac{\rho_{p,N}d_pd_N}{\sigma_p\sigma_N} & \cdots & \dfrac{d_N^2}{\sigma_N^2} \end{pmatrix} \tag{10-45}$$

于是，核数据自身不确定性对于积分响应 R 的相对不确定性贡献为

$$(\partial R/R)^2=\boldsymbol{s}^{\mathrm{T}}\boldsymbol{C}\boldsymbol{s}=\sum_{k=1}^{N}\left(\frac{s_k}{\sigma_k}\right)^2 d_k^2+\sum_{k=1}^{N}\sum_{\substack{p=1\\p\neq k}}^{N}\left(\frac{s_ks_p\rho_{k,p}}{\sigma_k\sigma_p}\right)d_kd_p \tag{10-46}$$

其中，$\boldsymbol{C}\in\mathbb{R}^{N\times N}$，$d_p$ 为分群核反应截面 p 的标准差，$\rho_{p,k}$ 为分群核反应截面 p 和 k 之间的皮尔逊相关性系数，σ_p 为分群核反应截面 p 的评价值，$p\in[1,N]$。

基于核数据不确定性传播及积分响应的相对不确定性量化过程，可知在分群核截面的评价值、分群核截面的敏感性系数及分群核截面之间的皮尔逊相关系数不变时，积分响应的相对不确定性是各个分群核截面不确定性（标准差）的函数，即

$$(\partial R/R)^2=f(d_1,d_2,\cdots,d_N) \tag{10-47}$$

假设当前积分响应的目标不确定性记为$(\partial R/R)_{\mathrm{T}}^2$，则目标精度评估问题中可定义如下约束条件：

$$f(\hat{d}_1,\hat{d}_2,\cdots,\hat{d}_N)<(\partial R/R)_{\mathrm{T}}^2 \tag{10-48}$$

目标精度评估问题就是要评估出满足式(10-48)目标精度不确定性量化需求条件下，最大允许的分群核截面的不确定性，因此定义如下最优化问题：

$$\min_{\{\hat{d}_p\mid p=[1,P]\}} \quad Q=\sum_{p=1}^{P}\frac{\lambda_p}{\hat{d}_p^2}$$

$$
\begin{aligned}
&\text{s.t.}\\
&f(\hat{d}_1,\cdots,\hat{d}_P,d_{P+1},\cdots,d_N)<(\partial R/R)_{\mathrm{T}}^2\\
&\hat{d}_p^2<\hat{d}_p^2,\quad p=[1,P]
\end{aligned}
\tag{10-49}
$$

其中，$\{\hat{d}_p \mid p\in[1,N]\}$为目标精度评估后给出的分群核截面的标准差。

图 10-3 给出了目标精度评估过程的示意图。根据式(10-49)给出的目标精度评估的基本问题定义，有如下几点说明：

(1) 目标精度评估核反应截面范围 P：基于现有核截面不确定性传播结果可以发现，不同的核截面对于积分响应相对不确定性的贡献是不同的。如果对全范围的核截面开展目标精度将使最优化的问题规模显著放大，问题求解的复杂度及代价也将显著增大。因此有必要在目标精度评估之前，首先筛选出对积分响应不确定性贡献较大的核反应截面集合。进而将全范围的核反应截面分为评估核反应截面与不参与评估的核反应截面两类，从而有针对性地开展核截面不确定性评估。

(2) 代价因子 λ_p：对参与评估的核反应截面赋予对应的代价因子，该因子反映了不同的核反应截面不确定性改进难易程度，该因子越大代表着对应的核反应截面不确定性的改进越难，反之则越易。可以看出，对于被赋予较大代价因子的核反应截面，相较于被赋予较小代价因子的核反应截面，当其在最优化过程中具有较大的不确定性时，对最终优化目标 Q 的贡献也会较小，从而使得这些核反应截面具有较宽松的优化特征。代价因子的引入将核反应截面评价的现实约束引入核反应截面的目标精度评估中，使得该评估过程具有较强的现实与工程意义。

(3) 目标精度评估给出的核反应截面不确定性要求小于其现有的不确定性，即数学上避免了经过目标精度评估后核反应截面不确定性被放大的可能。

10.2.2 目标精度评估方法

本节针对目标精度评估过程的几个具体评价方法进行简要描述。

进行核数据的目标精度评估之前，需要首先确定所研究的积分响应的目标精度(target accuracy)。由于核数据的目标精度评估更多地应用于新型反应堆系统以及燃料循环方案设计中，因此该目标精度的设定是基于这些新型系统的研究与设计的精度需求以及工业应用实践中的精度要求。比如，在 NEA/WPEC-26 的研究报告中详细总结了一些堆芯积分响应的目标精度，其中涉及快堆、加速器驱动次锕系元素燃烧堆、超高温气冷堆等。而关注的堆芯积分响应包括：堆芯有效增殖因子、燃耗反应性变化、慢化剂空泡反应性系数、多普勒反应性系数、功率峰值以及寿期末时核素核子密度等。另外，关于压水堆也给出了一些关键积分响应的目标精度(以标准差表示)，比如有效增殖因子为 0.5%、多普勒反应性系数为 10%、燃耗反应性变化为 500pcm 等。

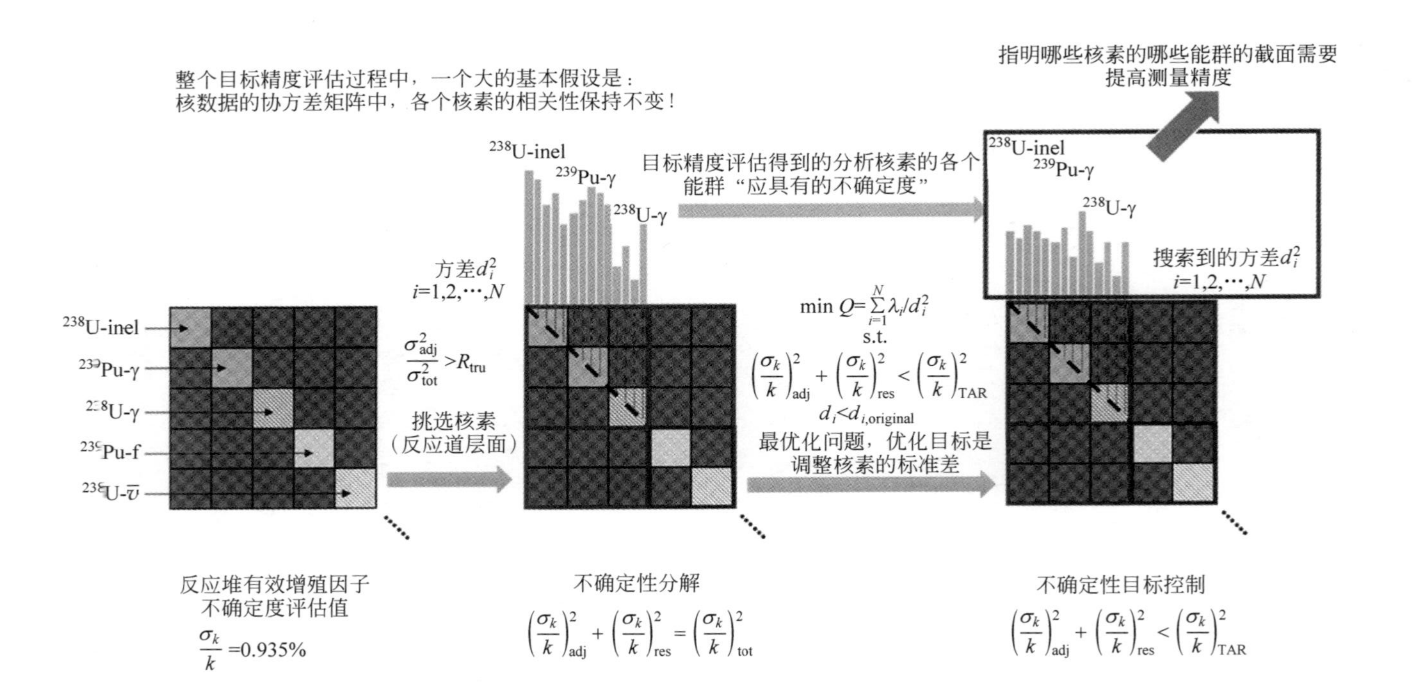

图 10-3　目标精度评估过程示意图(见文前彩图)

给定所研究的积分响应目标精度后,需要根据不同的核数据对积分响应不确定性的贡献,确定目标精度评价核数据的范围。以分群核截面数据为例,一般将不同核素的不同反应道核截面按组划分,将其不确定性贡献由大到小排序,由不确定性贡献大的反应道开始逐渐累积不确定性贡献,直到累计不确定性贡献达到积分响应总不确定性的98%为止。此时确定下来的不同核素的分反应道核截面集合即为目标精度评价核数据的范围。于是,式(10-49)中的第一个不等式约束可表达为

$$f(\hat{d}_1,\cdots,\hat{d}_P,\hat{d}_{P+1},\cdots,d_N)$$
$$=\sum_{k=1}^{P}\left(\frac{s_k}{\sigma_k}\right)^2\hat{d}_k^2+\sum_{k=1}^{P}\sum_{\substack{p=1\\p\neq k}}^{p}\left(\frac{s_k s_p \rho_{k,p}}{\sigma_k\sigma_p}\right)\hat{d}_k\hat{d}_p+2\sum_{k=1}^{P}\sum_{p=P+1}^{N}\left(\frac{s_k s_p \rho_{k,p}}{\sigma_k\sigma_p}\right)\hat{d}_k d_p+B \tag{10-50}$$

其中,等式右边第一项为目标精度评价核数据自身对积分响应不确定性的贡献,第二项为目标精度评价核数据之间协方差对不确定性的贡献,第三项为参与目标精度评价的核数据与未参与目标精度评价的核数据之间协方差的贡献,最后一项 B 为未参与目标精度评价的核数据对积分响应不确定性的贡献。

关于代价因子的赋予,一般是根据所分析的核数据是否有实验数据支持以及核截面测量精度提高的难易程度给定。一般地,当所有参与目标精度评价的核数据具有相同评价代价难度时,可将所有的代价因子赋予1。考虑到常见的易裂变锕系元素(如^{235}U、^{238}U以及^{239}Pu)的裂变截面具有较多的实验测量数据支持,于是对于其他易裂变锕系元素核素的裂变截面数据,可以适当调大其代价因子为2,表示其精度提高具有较大的代价。而针对非弹性散射截面,其精度提高具有较大的难度,可以调大其代价因子为10。

当目标精度评估的优化问题建立完成后,如式(10-49)所示,可以发现其是一个带有不等约束的非线性优化问题。一般可以通过启发式的优化算法进行求解,该算法的具体细节可参考相关文献[13]和文献[22]。

参考文献

[1] CANDINI A,PETILLI M. AMARA: A code using the Lagrange's multipliers method for nuclear data adjustment[J]. Comitato Nazionale per l'Energia Nucleare,1973(73): 39.

[2] MUIR D W. Evaluation of correlated data using partitioned least-squares-a minimum-variance derivation[J]. Nuclear Science and Engineering,1989,101(1): 88-93.

[3] PALMIOTTI G,SALVATORES M,ALIBERTI G. A-priori and a-posteriori covariance data in nuclear cross section adjustments: Issues and challenges[J]. Nuclear Data Sheets,2015,123.

[4] ICSBEP2020-HANDBOOK,International criticality safety benchmark experiment handbook

[EB/OL]. https://www.oecd-nea.org/download/science/icsbep-handbook/CD2020/.
[5] International handbook of evaluated reactor physics benchmark experiments[EB/OL]. https://www.oecd-nea.org/tools/abstract/detail/nea-1765.
[6] 茆诗松,王静龙,濮晓龙. 高等数理统计[M]. 北京:高等教育出版社,2006.
[7] 高玉福,梁华. 关于 EV 线性回归模型中的广义最小二乘估计[J]. 数学的实践与认识,1996,26(4):343-348.
[8] FRÖHNER F H. Assigning uncertainties to scientific data[J]. Nuclear Science and Engineering,2017,126(1):1-18.
[9] 杨艳秋,宋立新. 基于九种分布的 Jeffreys 后验规律研究[J]. 吉林师范大学学报:自然科学版,2011(1):77-80.
[10] JAYNES E. Information theory and statistical mechanics I[J]. Physical Review,1957,106:620-630.
[11] MARSH C. Introduction to continuous entropy[M]. Princeton University,2013.
[12] GRESORY P. Bayesian. Logical data analysis for the physical sciences[M]. Cambridge,UK:Cambridge University Press,2010.
[13] GIVENS H G,HOETING A J. Computational statistics[M]. Hoboken,New Jersey and simultaneously in Canada:John Wiley & Sons,Inc,2013.
[14] HASTINGS W K. Monte Carlo sampling methods using Markov chains and their applications[J]. Biometrika,1970,57(1):97-109.
[15] METROPOLIS N,ROSENBLUTH A,ROSENBLUTH M, et al. Equation of state calculations by fast computing machines[J]. J. Chem. Phys.,1952,21:1087-1092.
[16] GEMAN S,GEMAN D:Stochastic relaxation, Gibbs distributions, and the Bayesian restoration of images[M]. San Francisco(CA):Morgan Kaufmann,1987:564-584.
[17] DUANE S,KENNEDY A D,PENDLETON B J,et al. Hybrid Monte Carlo[J]. Physics Letters B,1987,195(2):216-222.
[18] BOGNANNI M,ZITO J. Sequential Bayesian inference for vector autoregressions with stochastic volatility[J]. Journal of Economic Dynamics and Control,2020,113:103851.
[19] KHUWAILEH B A,TURINSKY P J. Non-linear, time dependent target accuracy assessment algorithm for multi-physics,high dimensional nuclear reactor calculations[J]. Progress in Nuclear Energy,2019,114:227-233.
[20] SALVATORES M,JACQMIN R. Uncertainty and target accuracy assessment for innovative systems using recent covariance data evaluations[R]. The Working Party on International Evaluation Co-operation of the NEA Nuclear Science Committee,2008.
[21] ALIBERTI G,PALMIOTTI G,SALVATORES M, et al. Nuclear data sensitivity, uncertainty and target accuracy assessment for future nuclear systems[J]. Annals of Nuclear Energy,2006,33(8):700-733.
[22] 刘勇,曹良志,吴宏春. 核数据敏感性与不确定性分析及其在目标精度评估中的应用[J]. 原子能科学技术,2019,53(1):86-93.